四川盆地天然气勘探开发技术丛书

有水气藏开发实践

李 海 周 宏 朱豫川 吴洪波 等编著

石油工业出版社

内 容 提 要

本书回顾了四川盆地有水气藏开发的历史，从20世纪50年代的控水采气初始阶段，到20世纪80年代的单井治理技术应用，再到20世纪末"气藏整体治水"理念的实践，既解析有水气藏开发的关键技术，又提供典型案例，同时对治水理论方法进行了提炼总结。"气藏整体治水"理念的应用，极大提高了有水气藏的开发效率，为国内外深层、超深层有水气藏的高效开发提供了重要借鉴。

本书可供从事有水气藏开发的管理人员和技术人员使用。

图书在版编目（CIP）数据

有水气藏开发实践 / 李海等编著.
北京：石油工业出版社，2024.8. -- （四川盆地天然气勘探开发技术丛书）. -- ISBN 978-7-5183-6803-7

Ⅰ．TE375

中国国家版本馆 CIP 数据核字第 2024ZT7700 号

出版发行：石油工业出版社
　　　　　（北京安定门外安华里2区1号　100011）
　　　　网　　址：www.petropub.com
　　　　编辑部：(010) 64523604
　　　　图书营销中心：(010) 64523633
经　　销：全国新华书店
印　　刷：北京中石油彩色印刷有限责任公司

2024年8月第1版　2024年8月第1次印刷
787×1092毫米　开本：1/16　印张：21
字数：500千字

定价：160.00元
（如出现印装质量问题，我社图书营销中心负责调换）
版权所有，翻印必究

《有水气藏开发实践》编写组

组　　长：李　海

副 组 长：周　宏　　朱豫川　　吴洪波

编　　委：唐建荣　　李明国　　何激扬　　朱　庆

　　　　　　凡田友　　冉　林　　何　宇　　聂　权

　　　　　　郭富凤　　吴　东　　陈古明　　杨通水

　　　　　　刘奇林　　周光亮　　庞宇来　　马颜良

　　　　　　余　翔　　吴　越　　邹　翔　　欧阳沐鲲

　　　　　　谢　波　　曾　伟　　刘家屹　　梁帮治

　　　　　　韩维雷　　赵江涵　　王　萌　　兰启奎

　　　　　　宋　宇　　何桥松　　陈虹锦　　杨　强

　　　　　　何天宝　　彭　通

续表

序号	井号	累计产气量 ($10^4 m^3$)	累计产水量 (m^3)	非线性物质平衡方法	
				B 值	累计水侵量 ($10^4 m^3$)
14	岳101-82-H1井	2828	8533	5.28	6.80
15	岳101-7-X1井	3409	8174	5.35	3.24
16	岳101-7-X2井	2209	7908	5.36	1.35
17	岳101-77-H1井	1392	7769	4.88	1.79
18	岳101-5-X1井	2891	7752	4.68	1.20
19	岳101-75-H1井	923	7616	2.63	1.02
20	岳101井	2627	7608	5.18	2.48
21	通2井	2027	7203	5.21	5.21
22	岳101-21-H1井	731	6777	2.97	1.50
23	岳101-91-X2井	3265	6723	5.20	11.62
24	岳114井	7313	6681	4.49	6.16
25	岳101-74-H1井	4711	6022	4.55	0.61
26	威东12井	4069	5965	4.39	2.70
27	威东7井	5110	5872	4.56	1.67
28	岳142井	1728	5755	3.10	3.59
29	岳111井	6985	5700	4.34	1.04
30	岳101-73-H2井	3301	5428	4.80	4.34
31	岳101-71-X2井	933	5409	4.76	4.76
32	岳101-17-X2井	2594	5259	3.98	1.67
33	岳101-65-X2井	1830	5007	3.34	0.82
34	岳101-20-X1井	20	4930	1.25	1.25
35	岳118井	3616	4846	3.52	3.39
36	通6井	5557	4479	5.24	0.52
37	岳101-29-H2井	706	4449	3.14	1.97
38	岳101-22-H1井	1490	4440	2.84	2.84
39	通1井	2412	4235	3.20	0.52
40	岳101-34-X1井	1928	4201	2.92	3.67
41	岳101-70-H2井	1728	4019	1.66	3.60
42	安岳2井	986	3984	2.89	3.37
43	岳101-45-H1井	4812	3890	2.52	5.92
44	岳101-67-X2井	5183	3775	2.48	13.46
45	岳101-9-X2井	2884	3528	4.18	0.36

序

四川盆地有水气藏主要分布于川南、川中、川西北及川东地区，纵向上具多产层特点，储集层多数为低孔低渗裂缝—孔隙型碳酸盐岩和砂岩储层，储层非均质性强，水体活跃程度差异大，开发工作面临着诸多严峻的挑战。一是裂缝预测困难，气水关系复杂，常规水体动态分析方法多有局限性，水侵规律描述难度大；二是地层水沿高渗条带侵入，在低渗区域形成"水封气"，或者在小裂缝、喉道、溶孔中形成"水锁气"，减小气藏可动储量；三是气井井筒积液，自喷带液能力降低，井筒腐蚀与结垢，排水采气工艺难度增大；四是气田水处理难度、环保风险、治水成本逐渐增加。

面对这些困难和挑战，中国石油西南油气田分公司科技战线和生产一线的同志们在威远气田震旦系气藏和蜀南地区多裂缝系统茅口组气藏气水界面实施"低排低采、低排高采"气藏排水采气的开发方式，形成了产气规模，恢复了气藏生产；在中坝须二气藏精细水体刻画和动态监测，完善井网，控制水线推进过程，多次获得集团公司、股份公司"高效开发气田"等荣誉；在宋家场茅口组气藏实施"边部排水、顶部采气"，但由于未能准确识别水侵通道、井况变差和气田水无出路等未能持续排水。通过不断总结四川盆地有水气藏开发经验教训，得到需重视水体研究、重视水侵动态监测、根据实际情况实施不同治水对策、配套完善地面集输工艺等认识，最终形成了以减缓封闭气形成、实现气水前沿均匀推进、推动封闭气"解封"、降低气藏废弃压力为核心的"气藏整体治水"技术理念。

《有水气藏开发实践》回顾了四川盆地有水气藏的开发历程，从20世纪50年代的早期控水采气阶段，到20世纪80年代化学、小油管、机抽、气举等单井治水阶段，再到20世纪末期的"气藏整体治水"阶段，展示了气藏工作者积极探索，勇于实践的精神风貌。特别是"气藏整体治水"技术理念的提出，大幅提升了有水气藏开发效果，为国内外深层—超深层有水气藏及其他复杂有水气藏高效开发提供理论技术指导和有益借鉴。

前　言

我国是世界上最早开发和利用天然气的国家，特别是四川盆地天然气开采历史可以追溯到两千年前。同全球其他地区一样，四川盆地95%的已开发气藏均存在不同活跃程度的边水、底水(统称为有水气藏)。受水区与气区压差、岩石骨架膨胀等因素影响，在有水气藏开发过程中，地层水会不断侵入气藏，产生指进、舌进等非均匀水侵现象，形成大量"水封气"，同时伴随着部分气井被水淹、甚至暴性水淹，排水采气工艺面临一系列的挑战。在深入认识四川盆地多个有水气藏开发情况的基础上，总结有水气藏开发经验与认识，为准确把控有水气藏治理难点、采取有效防水治水措施、提高有水气藏采收率、实现有水气藏自身效益最大化提供相应指导，相关经验可供矿场和有关科研技术人员参考。

在有水气藏领域，中国虽然资源基础较为雄厚，但开发对象都较为复杂，有水气藏主要类型为裂缝—孔隙型、裂缝—孔洞型边水气藏；裂缝—孔洞型、裂缝—孔隙型底水气藏；缝洞发育型多裂缝系统有水气藏；孔隙型有水气藏等四种。针对四川盆地众多的有水气藏和日益复杂的开发对象，气藏工作者在60多年的开发实践中，积累了较丰富的开发经验，依靠技术进步，逐渐发展为寻找水侵通道、定量分析井间关联性影响、优化配产、主动排水、整体治水等，已基本形成了一套成熟的"气田整体治水技术"，大幅提升了气藏采收率，不仅能适应各类气藏，也能适应于气藏的不同开发阶段。对"气藏整体治水"技术理念的探索历程无疑是本书的特色之一。

除了对有水气藏开发难点及开发经验归纳总结外，还细致地对威远气田震旦系气藏、蜀南地区多裂缝系统茅口组气藏、中坝须二气藏等七个四川盆地典型有水气藏的气藏概况、气藏主要特征、开发方式及效果、经验及认识进行描述，希望对广大的科研、生产工作者有所启迪。这是本书的重点及又一大特色。

本书作者是多年从事有水气藏开发工作的油气田专家，有着丰富的有水气藏水侵治理经验，本书中的许多内容都是其多年现场工作的经验和认识。全书共分为八章，其中第一章由李海、周宏、朱豫川、吴洪波编写，第二章由何激扬、聂权、兰启奎、赵江涵、陈虹锦编写，第三章由唐建荣、余翔、杨通水、郭富凤、王萌、杨强编写，第四章由冉林、刘奇林、周光亮、彭通编写，第五章由朱庆、刘家屹、马彦良、韩维雷编写，第六章由李明国、吴东、庞宇来、欧阳沐鲲、宋宇编写，第七章由何宇、谢波、周光亮、陈古明、邹翔编写，第八章由凡田友、梁帮治、吴越、何桥松、曾伟、何天宝编写，最终由何宇统稿整理。

在全书编写过程中得到了西南石油大学谭晓华教授的指导，给予了大力帮助，在此深表感谢！同时对为本书的编写提供资料的相关人员及参考文献的作者也一一表示感谢！

由于编者水平有限，书中疏漏和不当之处在所难免，敬请广大读者批评指正。

目 录

第一章 绪论 ·· (1)
　第一节 四川盆地有水气藏开发现状及历程 ·· (1)
　第二节 有水气藏主要类型及开发难点 ·· (10)
　第三节 有水气藏开发经验与认识 ·· (29)

第二章 威远气田震旦系气藏开发实践 ·· (52)
　第一节 气藏概况 ·· (52)
　第二节 气藏主要特征 ·· (56)
　第三节 气藏开发主要做法及效果 ·· (64)
　第四节 经验与认识 ··· (72)

第三章 蜀南地区多裂缝系统茅口组气藏开发实践 ······································· (79)
　第一节 气藏概况 ·· (79)
　第二节 气藏主要特征 ·· (80)
　第三节 气藏开发主要做法及效果 ·· (102)
　第四节 经验与认识 ··· (128)

第四章 中坝须二气藏开发实践 ··· (131)
　第一节 气藏概况 ·· (131)
　第二节 气藏主要特征 ·· (135)
　第三节 气藏开发主要做法及效果 ·· (155)
　第四节 经验与认识 ··· (167)

第五章 宋家场茅口组气藏开发实践 ··· (173)
　第一节 气藏概况 ·· (173)
　第二节 气藏主要特征 ·· (175)
　第三节 气藏开发主要做法及效果 ·· (189)
　第四节 经验与认识 ··· (196)

第六章 大天池气田五百梯区块石炭系气藏开发实践 ···································· (197)
　第一节 勘探开发简况 ·· (197)
　第二节 气藏主要特征 ·· (199)
　第三节 气藏开发主要做法 ·· (210)
　第四节 经验与认识 ··· (232)

第七章　中坝雷三气藏开发实践 …………………………………………………（235）
　第一节　气藏概况 ………………………………………………………………（235）
　第二节　气藏主要特征 …………………………………………………………（240）
　第三节　气藏开发主要做法及效果 ……………………………………………（255）
　第四节　经验与认识 ……………………………………………………………（266）

第八章　安岳须家河组气藏开发实践 …………………………………………（271）
　第一节　勘探开发简况 …………………………………………………………（271）
　第二节　气藏主要特征 …………………………………………………………（275）
　第三节　气藏开发主要做法 ……………………………………………………（296）
　第四节　经验与认识 ……………………………………………………………（323）

参考文献 …………………………………………………………………………（326）

第一章 绪 论

四川盆地位于四川省和重庆市所属辖区，北界为米仓山、大巴山，南界为大凉山、娄山，西界为龙门山、邛崃山，东界为七曜山(也称齐岳山)。

四川盆地沉积岩发育较齐全，基底由太古宇至古元古界岩浆岩结晶基底和其上的中—新元古界变质岩褶皱基底组成。在双重基底之上沉积了震旦系至第四系海、陆相沉积岩，厚 6000~12000m，除泥盆系、石炭系仅在盆地东西两侧分布外，其余各层系在盆地各地均有分布。震旦系—中三叠统以海相碳酸盐岩为主，夹砂、泥岩和蒸发相膏、盐层，厚 4000~6000m，上三叠统—第四系以陆相砂、泥岩为主，夹石灰岩及煤岩，厚 2000~6000m。震旦系、寒武系、奥陶系、石炭系、二叠系、三叠系、侏罗系均为工业油气层，其中震旦系、寒武系、石炭系、二叠系、三叠系、侏罗系为主力油气生产层。

第一节 四川盆地有水气藏开发现状及历程

一、开发现状

四川油气田分布面积广，个数多，多为背斜构造型和背斜—断层—岩性复合型或背斜构造背景上的裂缝圈闭型，纵向上具多产层特点，横向上成排成带分布。储层多数为低孔低渗透碳酸盐岩和砂岩，孔隙度 2%~12%，渗透率一般 0.08~6.14mD，储层非均质性强，产层埋深 700~6000m，气田水的活跃程度差异大，气水关系复杂。天然气性质以干气为主，嘉陵江组以上产层产少量凝析油，天然气普遍含硫化氢，其中雷口坡组、嘉陵江组、飞仙关组和长兴组气藏具高含硫特点。气藏温度随深度变化而变化，气藏压力一般为常压—弱超压，但川南地区下二叠统气藏和川西北梓潼地区须家河组气藏多高压和超高压。

四川盆地出水气田广泛分布于四川盆地的川南、川中、川西北及川东地区。出水气藏主要分布在侏罗系、三叠系、二叠系、石炭系、奥陶系、寒武系、震旦系等地层中。2017年底，四川盆地已开发气田及含气构造 147 个，累计探明天然气地质储量 22249.11×$10^8 m^3$(不含页岩气储量)，有水气田及含气构造 137 个，累计产气量 3738.01×$10^8 m^3$，占总产气量的 92.44%。气田水年处理量 239.1×$10^4 m^3$，处理回注率 100%。

二、开发历程

1. 四川盆地有水气藏开发历史悠久

四川盆地是世界上最早钻探和利用天然气的地方，自四川先民最早在今邛崃一带发现和利用天然气以来，至今已有两千多年的历史，比欧洲最早利用天然气作为能源的英国还早13个世纪。到北宋庆历、皇祐年间（公元1041—1053年），自贡地区勘探和钻凿技术成就已闻名于世。在开发古老的自流井气田中，四川先民就学会"识齐脉"定井，开凿新井时不得不审慎选定井位，"开火井勿集中一隅，因二井火气同来一源，此盛彼衰"。掌握了"立缝见火""横缝见水"的规律，并用"岩口簿"进行记载。在清康熙年间（公元1662—1722年），在今犍为、乐山、富顺、荣县等地，即四川自流井地区钻凿出一批压力较高、产量较大的天然气井和气水同产井，工匠们针对其开采难度发明了"盆加气道采气""推卤舒气"和"山枧"输气等原始而完整的采气技术。"盆采气"井口的出现使原始采气工艺有了很大进步。"推卤舒气"是气水同产井排水采气理论和工艺的最早起源，如水大则火为水柱所压，不易上升或窒息，需经常以枧筒汲之，火气始能维持不断，否则将呈现衰竭现象，推卤次数视水量多寡而定，"有昼夜汲卤不停者，有一日仅推卤十余者"。这种利用天然气泄出同时将卤水带至地面的工艺称之为"推卤舒气"。

清道光年间（公元1835年）在今富顺县自流井构造用顿钻凿成1001.42m的燊海井，是当时世界上第一口1000m以上的天然气井，日产天然气$2×10^4m^3$左右；钻获的磨子井，在井深954~980m，钻开自流井构造三叠系嘉三主力气藏，日产气$20×10^4m^3$以上，史称"火井王"，时为自贡第一大火井。古代四川先民们在自流井气田发明和创造的一整套作坊式开发利用天然气的开发工艺，有力地推动了社会生产力的发展，1840年以后，自流井地区三叠系嘉陵江组气藏开始开发。自1850年至1950年，累计产气量约$295×10^8m^3$，成为四川地区古代最大气田。

1882年开钻的自流井气田源丰系统是贡井区嘉五气藏最大的一个裂缝系统，系统具有统一的原始气水界面（海拔-656m），含气高度106m，原始地层压力10.69MPa。气藏属于边水能量有限的弹性气驱气藏。该系统于当时开采的主要目的是采卤水熬盐。由于源丰系统属于边水气藏，绝大部分井钻遇水层，气藏实际开采过程也是天然气和地层水开采的过程。

1897年前，源丰系统的气水产量小（气、水产量分别为$0.35×10^4m^3/d$和$140m^3/d$）。1897年系统开始大规模生产，其中断层带上盘以采气为主，由于采气量过大而采水量过小，导致区块开采中心压降漏斗大，南翼水体以舌形推进方式由东南方向沿断层带向西北方向推进，形成不规则水淹（图1-1）。1910年系统日产气$9.6×10^4m^3$，日水产$610m^3$，南翼气水界面由原始的海拔-656m上升到-605m（升高了51m），中部区域气水界面升高到-638m。1917年系统日产气量上升到$12.4×10^4m^3$，日产水$770m^3$，水体继续以舌形方式推进，主要表现在面积上扩大，海拔高度上没有变化。1918年系统大量新井投产，生产井达到了历史最高的74口，系统的气、水产量也分别达到了历史最高的$18.6×10^4m^3/d$和$1180m^3/d$，采水速度明显超过了采气速度，水层压力显著下降，已没有能量继续推进和向系统内部侵入，系统内的气水界面变化不大，气水关系处于相对稳定状态。该阶段一直持续到1930年。

从源丰系统的开采曲线（图1-2）看，1923年以前，随着排水量的增加，产气量也不断增加，反映出气藏天然气储量不断增加的过程（图1-3）。源丰系统有水气藏开发具有悠久的历史，为当今油气开发工作者提供启迪和思考。

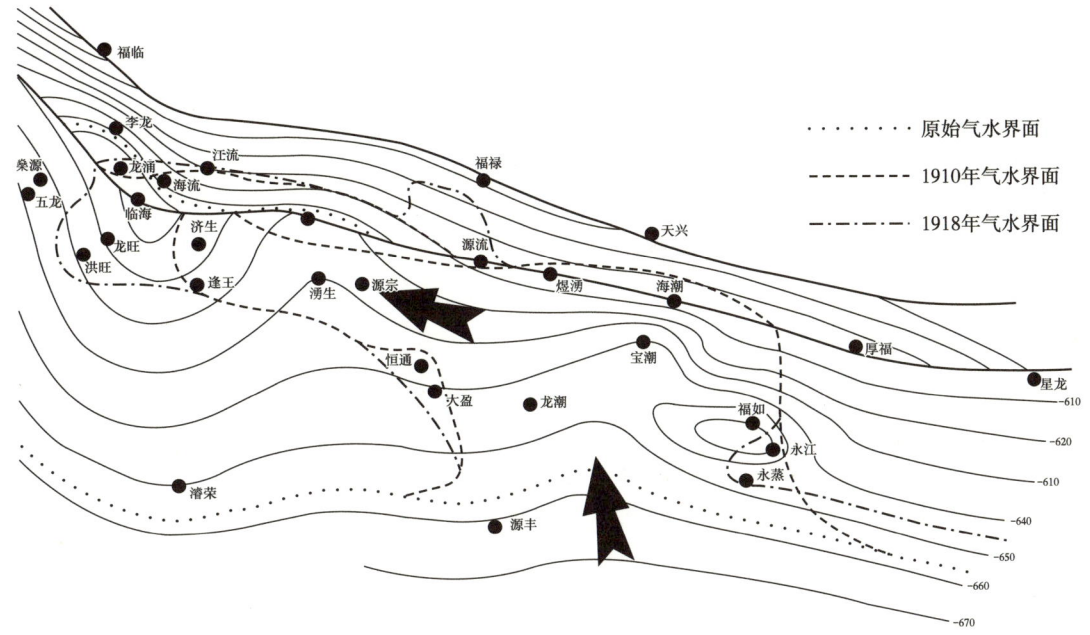

图 1-1　自流井贡井区嘉五层源丰系统水侵方向示意图

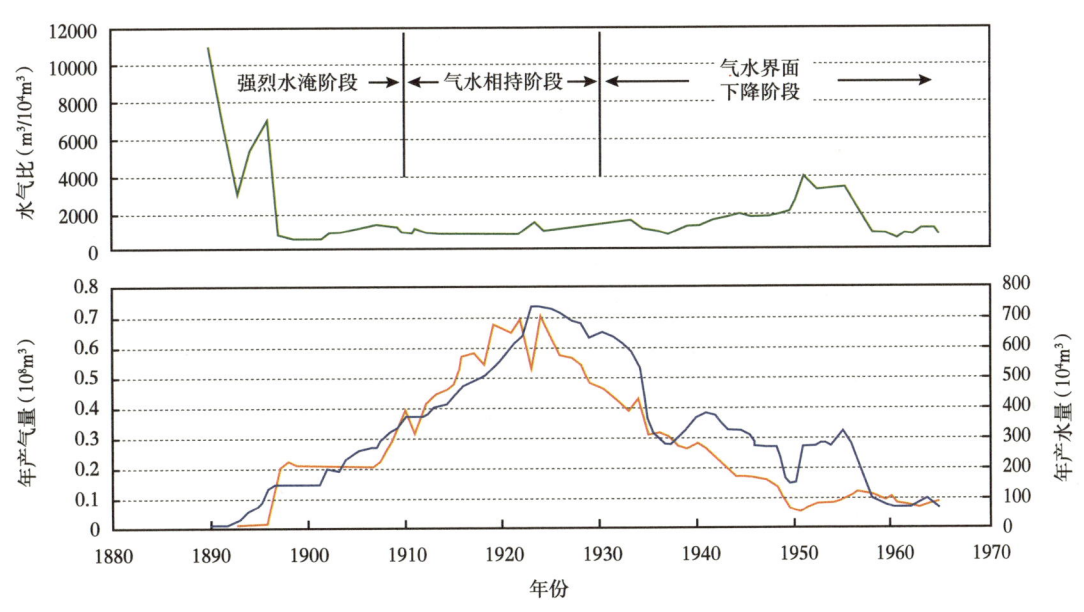

图 1-2　自流井贡井区嘉五层源丰系统开采曲线图

自贡劳动人民在吸卤熬盐的实践中，就创造性地总结出许多宝贵的经验，其中"排水采气"法为后来有水气藏治水及排水采气工艺技术发展提供了宝贵的借鉴。

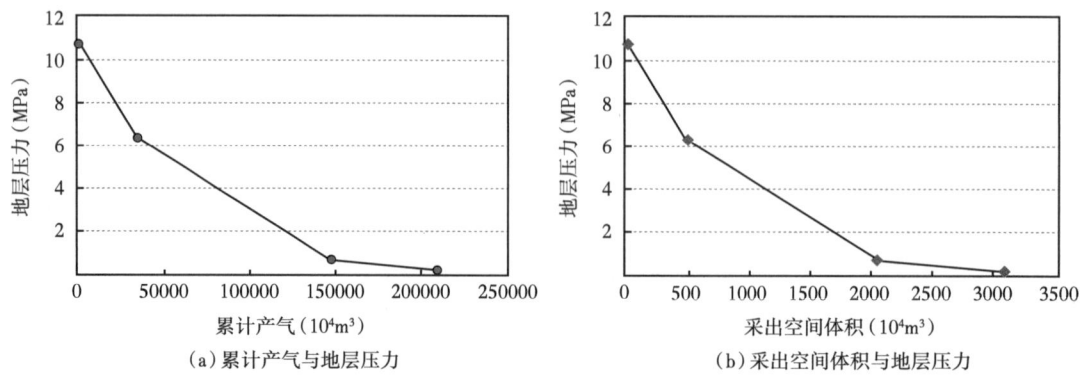

图 1-3　自流井气田累计产气和采出空间体积与地层压力关系图

2. 四川盆地有水气藏开发以来治水阶段划分

新中国成立后，在四川盆地众多有水气藏的开发实践中，有许多经验和教训：中坝须二气藏的开发为局部活跃边水气藏的水侵治理提供了经验；威远震旦系气藏的开发给了更多的启迪。通过多年的积累和发展，目前四川盆地有水气藏的开发已基本形成了一套成熟的气田整体治水技术，不仅能适应各类气藏，也能适应于气藏的不同开发阶段。科学合理的地层水综合治理可以有效地减轻地层水对气藏产能的影响，实现高效开发。

根据四川盆地有水气田开发的历程，按照治水思路与治水措施的转变，大致可划分以下几个阶段。

1）早期控水采气（1953—1979 年）

新中国成立初期（1953—1959 年），四川天然气工业处于恢复阶段，生产规模小，年产气多小于 $1×10^8m^3$，年产水小于 $3×10^4m^3$，地层水不明显。水影响较严重的气田只有圣灯山气田，该气田重点生产井隆 2 井在新中国成立前以排水采气为主，日排水 $250~360m^3$，日产气 $(0.5~3)×10^4m^3$；新中国成立后主要采用控水采气，同时开展了 3 种生产制度的试验：(1) 套管生产，油管定期排水、定期关井恢复压力的间歇式生产方式，采用这种方式由于井筒积液逐渐增加，产气量逐步下降，使气井产能不能正常发挥；(2) 油、套管同时生产油管大量排水，每日产气 $2.5×10^4m^3$，后来考虑到气水层位关系没有搞清楚而终止试验；(3) 油、套管同时生产，油管少量放水，日产气 $2.3×10^4m^3$，试验认为这种方式可以控制一定回压，保持一定产量，结果造成隆 2 井在 1969 年 2 月水淹停产。20 世纪 60 年代四川陆续发现大量气田，天然气产量明显上升，年产达到 $(10~15)×10^8m^3$，年产水 $(2~6)×10^4m^3$。尽管有水气田占有一定比例，但多处于高压生产初期，地层水不如圣灯山气田活跃，气井出水问题不突出。直到 20 世纪 70 年代，川东南裂缝性气藏和威远震旦系底水气藏在开采过程中，气井快速出水，年产水由 $6.9×10^4m^3$ 升至 $79.1×10^4m^3$，年产气由 $14.3×10^8m^3$（1969 年）升至 $68.1×10^8m^3$（1979 年），再降至 $53.5×10^8m^3$（1983 年）。其中威远气田于 1964 年投产，1973 年 1 月气藏开始出水，出水井迅速增加（由 0 口升至 16 口），日产水由 $15m^3$ 升至 $550m^3$。1976 年生产井数上升至 25 口，产量上升到最高 $360×10^4m^3/d$，出水井达到 20 口。气藏遂采取均匀布井、均匀开发、控制生产压差生产，但 1976 年 2 月气藏产量仍开始快速递减，至 1979 年底，投入 41 口井中出水井达到 31 口，产量递减至 $210\times10^4m^3/d$。该期间由于气井出水后产量锐减，甚至水淹，就害怕气井出水，采取了"控"的开采方法，结果是越控气井产量越小，最后反而加快了水淹。该阶段，"控"水采气思路在四川油气田被广泛认可并实施。其中，1964 年地质工作年报即明确提出，大量排水不是好办法。

2）被动排水采气（20 世纪 80 年代）

由于控水采气生产效果差，水淹井越来越多，气田产量不升反降，这一问题引起普遍重视。为了扭转这一被动局面，20 世纪 80 年代开始对有水气田开展了大量的研究与试验。研究认为：四川有水气藏，特别是川东南裂缝性气藏水体是封闭的，能量是有限的；气井出水是有水气藏的客观规律，"控"是控不住的，只有采取较积极的排水采气措施，才能提高出水气井的成活率和气藏的采收率。在此基础上广泛地开展了室内、外排水采气的工艺技术试验，取得了较好的效果。该阶段产水量显著上升，年产水 $100\times10^4\sim150\times10^4m^3$，产气量相对稳定，年产气 $55\times10^8\sim63\times10^8m^3$。

（1）在化学排水采气方面。1980 年，四川石油管理局研究院通过建立室内物理模型，开展对化学排水采气机理研究及大量的化学剂室内实验，推荐了 8001、8002、8003 等 3 种化学排水剂（简称化排剂）。1981 年分别选择了井下积液的纯气井、生产后期的出水井、水淹井、产水量大的气井等各种生产情况及不同井身结构、不同井深的井 23 口开展现场试验。据川南矿区统计，在该矿试验的 10 口井增产天然气 $423.8\times10^4m^3/d$。1982 年，在川南、川西南、川西北等矿区 50 口井扩大试验。1983 年建厂生产 8001 化排剂。1982 年完成含硫气井化排剂 8004 的研制，1982 年 9 月后在威远、付家庙、桐梓园等气田试验，1983—1984 年在威远、观音场、牟家坪等气田 18 口含硫气井扩大试验，效果令人满意。1985 年完成针对无论是否含硫或是否含凝析油的普遍适用的化学起泡剂研制，1986 年投入现场试验，此后逐步推广。在液体化排剂研制的同时，1982 年也完成了固体棒状起泡剂研制，并得到推广应用。并形成了 BP 泡棒、SB 酸棒、JY 滑棒 3 种成品。同时也伴随化排车的研制成功，至 1990 年在各大矿区共配置了 20 余台化排车。

（2）在小油管排水采气方面。1981 年完成相关研究。1982 年在纳 17 井试验，该井试验前每月须关井 2~7d 才能生产一次，日产气 $1.2\times10^4m^3$，下入 38mm 油管后，该井可连续生产，日产气 $1.3\times10^4m^3$，日排水 $20m^3$。至 1990 年，共实施 9 口井。其中纳 17 井效果最为显著，该井连续生产 10 余年。

（3）在机抽排水采气方面。该工艺在 1978 年初完成调研，1978 年 11 月在威 40 井试验，日排水 $40m^3$，1986 年 3 月恢复自喷，日产气 $1.4\times10^4m^3$。此后在威 46 井、威 5 井、威 93 井、孔 11 井、合 8 井、付 22 井等井进行试验，由于各种工艺问题，技术不成熟，该工艺在 20 世纪 80 年代仅限于试验，未能推广应用。

（4）在气举排水采气方面。气举工艺在 1982 年前不用气举阀，且只用于诱喷。1982 年，四川石油管理局从美国进口全套气举装置，12 月 18 日在威 2 井成功进行气举施工作业，日排水达上百立方米，至 12 月 31 日该井恢复自喷。1983—1985 年四川石油管理局采用自制气举阀在付 31 井、威 66 井、合 8 井、董 3 井、鹿 3 井、中 9 井等井试验，并取得成功，仅 1985 年就实施作业了 16 口井，全部达到预期效果，年排水 $30\times10^4m^3$，年增产天然气 $1.74\times10^8m^3$。此前主要采用高压气井进行气举。20 世纪 80 年代中后期，由于气田压力下降，提供高压气源的气井逐渐减少，产水气井增多，产水量增大，开始采用高压压缩机提供气源。1985 年 8 月，水淹井威 94 井采用美国进口的 2 台压缩机进行气举施工首获成功，气井复产，日产气 $11\times10^4\text{m}^3$。1986—1990 年完成以威远威 5、威 6 两个高压压缩机站为中心，供气管线与 18 口气举井相连的高压供气管网。

(5) 在电潜泵排水采气方面。针对产水量大的井，采用电潜泵排水。1984 年 11 月在水淹井威 34 井试验成功，气井复活。1985 年、1988 年两次在纳 30 井试用，均因设备故障较多而失败。1989 年在杨家山 8 井和南井 9 井运行成功。该阶段电潜泵排水采气处于试验阶段，1990 年 4 月总结认为，电潜泵排水采气工艺具有排水量大、速度快的优点，对水淹复产具有显著的优越性，可以继续推广使用。

该阶段排水采气工作技术思路发生了较明显的转变：认为气井出水是有水气藏的客观规律，"控"是控不住的，气井出水后必须采取排水采气措施。在该认识基础上，被迫在排水采气工艺方面开展试验与探索，但是由于认识仍较局限，仅重点对出水单井实施被动的排水措施，而且以化学排水采气为主，气举排水取得较好效果，但应用范围较小，普及面不够，而小油管、机抽、电潜泵等排水工艺仅开展了少量的试验工作，不过这对此后气井实施主动排水积累了丰富经验。

3) 主动排水（20 世纪 90 年代）

20 世纪 80 年代所采用的单井排水采气取得较好的生产效果：部分水淹井复产，递减出水井生产稳定，稳定气水同产井效果变好，产量增加。这些效果不仅坚定了实施排水采气的信心和决心，也转变了出水井被动排水采气的观念，认为实施积极主动的排水采气措施更有利于气井的生产，特别是对川东南裂缝性气藏水体的认识，得出水体有限，气水自为一体，采取强排水，会形成"水落气出"，不产气的水井也可能产气的结论，形成和丰富了"排水找气"理论。同时，结合气田新阶段的生产形势：更多的气田进入开发中后期，出水井越来越多，产水量越来越大，排水采气在四川油气区得到广泛的推广应用，一大批水淹井得到复产，较多的气水同产井实现了增产和稳产，加上川东石炭系的发现与上产，四川石油管理局天然气产量持续上升，年产天然气由 $63.4\times10^8\text{m}^3$（1989 年）升至 $75.27\times10^8\text{m}^3$（1999 年），年排水量也显著增加，年产水由 $148.7\times10^4\text{m}^3$（1989 年）升至 $298.5\times10^4\text{m}^3$（1999 年）。

该阶段排水采气以实施多工艺单井排水为特点，油气田以川东南裂缝性气藏单井排水为主。由于化学排水成本低，实施工艺流程简单，在小产水井应用十分普遍，气举排水成为产水量大的井的主要措施手段。同时开展一系列新工艺试验，例如，1990 年开始在威远气田先后开展了 5 口井柱塞举升工艺试验，其中威 63 井效果较好，日排水 20m^3，日产气 $1\times10^4\text{m}^3$。1992—1995 年在威 40 井进行射流泵排水采气试验，日排水 367m^3，日产天然气 $2.1\times10^4\text{m}^3$。在纳 30 井也取得较好效果并得到推广应用。1992—1998 年，继续在威 34 井、威 43 井、威 44 井、威 83 井、威 47 井及镇 2 井等 6 口井实施电潜泵排水采气试验，由于气井含硫高，井底温度高，设备运行时效差，排水采气效果较差，但在川西北、川南等低含硫水淹井排水效果较好（如中 19 井、中 35 井）。隆 10 井 1959 年水淹后改为间歇生产至 1962 年停产，1994 年在该井采用车载式压缩机开展开式气举恢复自喷生产，日产气从开始的 $(2\sim3)\times10^4\text{m}^3$ 逐步上升到 $(4\sim5)\times10^4\text{m}^3$，1997 年恢复连续气举，气产量上升至 $6\times$

$10^4m^3/d$ 以上。1995 年 1 月在威 23 井进行双油管的气举—泡排复合工艺试验取得成功，此后相继在威 47 井、威 89 井、威 93 井、威 51 井、威 109 井、自 30 井推广。

威远气田 1985 年开展气举排水采气试验，因工艺明显见效，气藏产量有所上升，但随着气藏地层压力的进一步下降，1986 年气藏基本全面水淹。1990 年完成以威 5、威 6 两个高压压缩机站为中心，供气管线与 18 口气举井相连的高压供气管网，实施气藏局部强排水，但终因排水量小于水侵量，气藏产量持续下降，至 1995 年 5 月气藏日产气量下降到 $13.6×10^4m^3$。为了控制气藏产量进一步递减，分别在 1995 年、1998 年开始对威 2 井顶部区、威五井区进行强排水采气，一批水淹停产井再次恢复生产，生产井数最高达 48 口，1999 年 10 月气藏排水最高达到 $4082.7m^3/d$，年排水 $133.25×10^4m^3$，天然气日产量最高升至 $40×10^4m^3$。2004 年 1 月 29 日威远气田水淹全面停产。

中坝气田须二气藏于 1990 年完成《中坝须二气藏排水采气方案地质论证》，并在水侵通道上的中 19 井、中 35 井实施强排，相当于在气藏实施积极主动的气藏整体排水采气措施，从水侵通道上切断水源，初期日排水量 $500m^3$，后根据气藏生产情况将排水规模下调至 $250m^3/d$，气藏实现了稳定生产。该阶段气藏气水排侵平衡，气藏生产形势出现了根本性的好转，水侵线回退并保持较长时间，气水同产井产水量减少，产气量、井口压力明显上升，水淹停产的中 19 井 1993 年 6 月恢复自喷，气水同产中 37 井变为纯气井，十余年无新增出水井。

该阶段以单井治水为主，但对有边底水的整装气藏来说，单井排水仅在短期内取得效果，随着气藏的进一步开发，气藏仍会增加新的出水井，如何防止气藏边底水侵入，避免新的水井产生，实施气藏整体排水、综合治理被提上议事日程。

4) 气藏整体治水 (20 世纪末期以来)

实施气藏排水的理念最早起于 20 世纪 80 年代。1989 年 8 月，在总结威远气田的气藏水侵动态特征及气井出水特征和气水同产井的管理经验后，第一次提出了在威远气田震旦系气藏进行气藏强化排水的设想，认为气藏底水严重窜扰是气藏产能持续大幅度下降、水淹井不断增加的主要原因；但是底水属于封闭型，泄压面积不大，产层孔隙度不高，底水窜扰产层进入气藏总量不是很大，且沿裂缝水窜，气藏实施分区排水可以有所作为；并提出通过精心设计专层排水井和部分水井的排水方案。与此同时，川南矿区与西南石油学院合作，完成《宋家场气田阳新气藏排水采气提高采收率方案报告》，方案采用了数值模拟技术编制了排水采气方案，推荐最佳排水点为高含水区和水线附近，其中以宋 9 井为主要排水点，气藏总体日排水 $500m^3$ 为最佳。该方案于 1990 年实施，由于排水采气工艺不正常，气藏实际生产未能达到气藏排水的设计要求，气藏产量和产水量显著下降 (气：由 $20×10^4m^3/d$ 降至 $2.3×10^4m^3/d$，水：由 $290m^3/d$ 降至 $60m^3/d$)。1990 年 3 月，川西北气矿与成都地质学院合作完成《中坝须二气藏排水采气方案地质论证》，提出加强气藏北部水侵区排水，在中 3 井、中 4 井、中 31 井、中 36 井、中 37 井等井进行排水采气作业，维持日排水量 $200m^3$；在主要水侵方向的中 19 井、中 35 井两口水淹井开展排水作业，日排水 $300m^3$；气藏维持日产气 $60×10^4m^3$、日排水 $500m^3$，1990 年 8 月开始实施，在实施过程中，根据气藏生产情况将排水规模下调至 $250m^3/d$。随着气藏排水采气方案的实施，气藏生产形势出现了根本性的好转，水侵前缘得到有效控制，水侵线回退并保持较长时间，气水同产井产水量减少，产气量、井口压力明显上升，水淹停产的中19井1993年6月恢复自喷，气水同产中37井变为纯气井，十余年无新增出水井。截至2009年6月底，气藏已稳产30余年，采出程度已达82.35%，目前气藏仍处于稳产阶段，生产形势良好，气藏治水效果十分突出，取得显著的经济、社会效益。总的来讲，中坝须二气藏排水采气是最早采用气藏整体治水取得成功的气藏。真正意义上的气田整体治水是在2000年后，即2001年开始将采出的地层水实施异层回注，建立了完善的地面地层水回注处理系统，从根本上解决气藏生产障碍，达到了气藏整体排水、综合治理的目的。

自2011年对威远气田灯影组气藏按整体部署、分阶段、分区块实施二次开发，在气藏现状评估的基础上，通过重构地下地质认识体系、重建井网结构、重组地面工艺流程的"三重"技术路线，在气区、水淹区实施"水平井+直井"排水采气井网设计方案，水平井实施强排水采气，阻滞底水上窜和促使早期侵入气藏内的地层水回落，不断改善气藏内部天然气的渗流条件，增加邻近直井带水采气效果。

从1989年天东1井获百万级高产气流发现石炭系气藏开始，在五百梯各构造部位钻井均未产水，曾一度认为五百梯石炭系气藏为无水气藏，直到在钻探主体构造边部的探井天东23井（东北翼）和天东8井（南翼）时，测试均为水井，认识到气藏存在边水的可能。认识到气藏存在边水后，对勘探思路进行了调整，布井尽量避开边水，主要集中在主体构造，1995—2007年期间部署的21口开发井中，获气井19口，水井1口（大天4井），气水同产井1口（天东107井），获气成功率达95.2%。通过3年6口井的试采，虽然试采井在试采期间均未产地层水，但通过实钻井的测井、测试情况论证，确定了气藏为边水气藏，气藏原始气水界面为海拔−4700m。在编制开发方案时，提前介入，提前部署，充分考虑了地层水可能对开发存在的影响，从井位部署、排水采气工艺措施、地面气田水输送系统和回注井选井等方面均进行了细致的考量，并与产能建设同时进行，为气藏后期开发提供了重要保障。

通过静动态资料的相互印证，逐步深化了对气藏水侵特征的认识，如天东107井区为局部封存水，大天2井为边水。并根据不同的水侵特征制定了不同的治水对策：

如天东107井局部封存水，由于水体能量封闭有限，制定了强排水的治水策略，配产较高（$25×10^4m^3/d$），充分依靠地层天然能量携液生产，实现了近5年的稳产期，生产过程中产水量不断下降，气井开发效果好。

再如大天2井，开展了控水生产的治水策略。投产初期以$30×10^4m^3/d$组织生产，认识到气藏存在边水，调整至$13×10^4m^3/d$控制生产，日产凝析水$1m^3$左右，气井生产稳定。2000年5月开始，产水有上升趋势，经证实气井产地层水，认识到边水的侵入后，调整了工作制度，以$8×10^4m^3/d$组织生产，产水量缓慢上升至$2m^3/d$，生产稳定。大天2井从投产至2007年底，阶段控水生产有效地控制了边水的侵入，达到了不错的开发效果。

安岳须二气藏自2010年开发以来，不断开展气藏开发跟踪评价及排液工艺技术试验。安岳区块须二气藏为低孔、低渗透、有水、中含凝析油、弹性气驱、高压岩性圈闭砂岩气藏。在勘探阶段，充分利用三维地震储层预测技术和储层流体识别技术，在钻完井过程中，尽量避开高含水层；在开发过程中，通过前期对气藏的深化认识，在明确气藏储层分布特征、连通关系的基础上，提出了"整体治水+单井排水"的气藏开发对策。由于气藏不同区域沉积物源、沉积微相、压力均存在较大差异，导致威东区块、岳 105 区块和岳 103 区块区域间连通性差或不连通。由于砂体横向连续性差、储层致密高含水、渗流受阈压效应的影响、裂缝发育局限等因素，三个区块内部或井间连通性差异大。威东区块内部连通性较好，岳 103 区块和岳 105 区块连通性较差。对连通关系较好的威东区块实施整体治水。对连通关系不好的气井实施单井排水采气。通过对油气水分布及活动特征的认识，从排水采气实施技术难点出发，结合气井自身特点，提出了针对不同产水量、不同出水类型气井的排水采气技术思路。

岳 101-45-H1 水平气井作为柱塞工艺试验井成功投产，初期日产天然气 $5\times10^4 m^3$，截止到 2017 年 4 月 9 日，措施增产天然气 $1033.7\times10^4 m^3$、油 125t、排水 $5901 m^3$。该井取得了柱塞工艺试验四项第一，为推广研究奠定了基础。一是川渝气田第一口在水平井中实施柱塞举升工艺的气井。2015 年 4 月 1 日，卡定器缓冲弹簧总成在井深 2090m，井斜约 13°位置成功坐放，为下步该井实施柱塞举升、提高气井排水采气效率奠定了基础。二是川渝气田第一次在通径 88.9mm 油管中实施柱塞举升工艺的气井。投放外径 73mm 鱼骨柱塞及采取油管注气的反举方式的经验，为下步在该类油管中实施柱塞举升工艺提供了技术支撑。三是蜀南气矿中含凝析油气田成功投运的第一口柱塞气举井。四是蜀南气矿第一口采用远传远控的柱塞控制系统的气井，该井无需现场人员操作，即可对其运行参数进行远程调整。

2016 年，对重点气藏开展新一轮整体治水深化研究，优选中坝气田须二气藏深化治水工艺，对中 35 井实施电潜泵排水见到了良好效果，单井排水量从 $60 m^3/d$ 升至 $100 m^3/d$，气藏整体排水规模由 $120 m^3/d$ 升至 $160 m^3/d$，使中坝须二气藏天然气产量继续保持 $60\times10^4 m^3/d$ 水平。

自 2012 年 9 月安岳气田龙王庙组气藏发现以来，高效开展气藏开发评价工作，获取了大量动静态资料，深化了气藏认识，针对磨溪区块龙王庙组气藏长期稳产面临的储量动用不均和水侵风险两大严峻挑战，及时跟踪钻井、取心、测试最新进展，开展气井生产能力评价、渗流特征评价、产水特征及其对生产影响评价等方面的研究，形成完善的气藏三维地质模型，掌握异常高压条件下气藏水侵影响风险及预测，及时开展龙王庙组气藏气水分布刻画与治水对策研究。同时，将气田水回注井与生产气井同等管理，强化回注过程监控，在磨溪龙王庙组气藏 2 口回注井开展地面浅井和井下微地震监测试验，确保气田水回注安全受控。龙王庙组气藏整体治水原则为"早期治水，主动治水，整体治水"，总体思路为"整体部署、分期实施、一区一策、持续优化"，磨溪 9 井区采取主动排水的治水对策，排水规模 $800 m^3/d$，利用磨溪 X210 井、磨溪 009-8-X1 井、磨溪 116 井、磨溪 009-3-X2 井、磨溪 009-3-X3 井主动排水；磨溪 8 井区南部以控水为主，磨溪 8 井区南翼边部气井降产 $60\times10^4 m^3/d$，若开发后期边水影响加剧，可考虑磨溪 8 井、磨溪 008-18-X1 井、磨溪 205 井采取人工助排措施；磨溪 8 井区北部采取排控结合的方式，先期采过渡区的气，磨溪 008-X23 井、磨溪 008-H26 井优化配产，后期转为人工助排。气藏排水井以气举工艺为主，电潜泵工艺接替；泡排工艺作为小产水量气井的辅助带液手段。

四川盆地有水气藏实施整体治水已成为开发生产者的重要开发技术政策。其具体内容是：单井排水与气藏排水互为一体，整体考虑；排水采气以保持较高气区压力、降低水区压力为出发点；具体实施以低部位排水、高部位采气或者低部位既排水又采气来降低水区地层压力；排水点选在储层渗透性好和水侵主要方向上；具有完善的地层水处理系统，符合环保要求。自2001年以来，四川盆地已开发的产水气田中的各主要产水气藏已从气藏整体开发着眼，大部分气藏根据气藏勘探开发认识成果，以气藏地质为基础，采用数值模拟技术，陆续完成了气藏排水采气方案或开发调整方案，实施气藏整体排水采气、地层水综合治理，不仅在气藏排水方案上着眼全局，在气田水处理上更是严格遵守相关环保法规，实施地层水综合治理，在同一片区建立完善的地层水集输、回注系统，达到了以片区为单位的地层水综合治理的目的，保证了气田正常生产。

西南油气田在天然气发展、能源结构调整的战略大背景下，经过多年尤其是近十年的建设发展和调整改造，形成了满足开发生产的"采、集、增、脱、净、输、配"及气田水回注于一体的地面集输与处理配套系统。2012年以来，西南油气田在川中龙王庙、高石梯震旦系等领域取得勘探开发重大突破，规模建成了安岳气田龙王庙组气藏、高石梯震旦系气藏等主要新增气区。有水气藏开发由常规气藏治水向非常规气藏排采技术拓展，由直井向大斜度井水平井排水技术发展，由单井排水向气藏整体防治技术相结合，由气田水达标治理向回注井监测井完善、回注井噪声测井及微地震监测等回注评估，由传统的开采技术逐步向自动化、智能化开采发展，极大地丰富和拓展了四川盆地有水气藏开发内涵和技术特色。

第二节　有水气藏主要类型及开发难点

有水气藏是指带有边水、底水、层间水或含气水层的气藏。带有边水的气藏一般呈层状分布，单个储层通常较薄，有时具有多产层的特点。具有底水的气藏储层多为厚层块状，非均质性较强，储层中多发育不完全的隔夹层。具有层间水的气藏一般是水层夹杂于上下气层之间，属于封存水，水体与外界不连通，无直接补给区，水体能量有限。含气水层气藏从成因上讲应属于过渡带类型气藏，是气藏成藏过程中气源能量不足，未能彻底将储层孔隙中的水驱替出去，所以形成含气水层，这类气藏的气井通常是气水同产。

一、四川盆地有水气藏主要类型

有水气藏是指带有边水、底水、层间水或含气水层的气藏。带有边水的气藏一般呈层状分布，单个储层通常较薄，有时具有多产层的特点。具有底水的气藏储层多为厚层块状，非均质性较强，储层中多发育不完全的隔夹层。具有层间水的气藏一般是水层夹杂于上下气层之间，属于封存水，水体与外界不连通，无直接补给区，水体能量有限。含气水层气藏从成因上讲应属于过渡带类型气藏，是气藏成藏过程中气源能量不足，未能彻底将储层孔隙中的水驱替出去，所以形成含气水层，这类气藏的气井通常是气水同产。

四川盆地出水气藏较多，地质情况复杂，水体赋存形式有边水、底水、孔隙水等，储层类型又有裂缝—孔隙型、裂缝—孔洞型、孔隙型等，水体活跃程度也有很大差别。通过对四川盆地各类气藏动态特征的深入分析，根据气藏水体分布特征、储层特征、水体活跃程度等的不同，将四川盆地有水气藏按多种分类方式划分为不同类型。

1. 根据储层特征及水体分布分类

有水气藏按储渗类型及水体分布特征可分为：裂缝—孔隙型、裂缝—孔洞型边水气藏；裂缝—孔洞型、裂缝—孔隙型底水气藏；缝洞发育型多裂缝系统有水气藏；孔隙型孔隙水气藏等四种主要类型。

1）边水气藏

（1）裂缝—孔隙型边水气藏：这类气藏储层基质孔隙度大于3%、渗透率一般在0.1~1.0mD，孔隙是主要储集空间，裂缝是主要渗滤通道，但裂缝分布不均，储层具较强的非均质性。裂缝发育以小缝、微缝为主，但裂缝与孔隙搭配关系较好，在构造轴部和陡带裂缝较发育，气井产量一般高，生产稳定性较好；在平缓翼部裂缝不发育，因而气井产量低且稳定性较差。尽管储层孔隙介质渗透性能较差，但基本连通，原始状态下气藏具有统一水动力学系统，呈局部或某一方向形成活跃边水水体。气藏出水后水侵以舌进为主，沿裂缝发育带横侵纵窜，如平落坝气田须二气藏、中坝气田雷三气藏、黄家场气田茅口组气藏、福成寨气田石炭系气藏、高峰场气田石炭系气藏、七里峡气田双家坝石炭系气藏、麻柳场气田嘉陵江组气藏、圣灯山气田嘉陵江组气藏等（表1-1）。

裂缝—孔隙型边水气藏共同特征：尽管受气藏构造圈闭、岩性及断层的影响，裂缝与孔隙的分布、发育都具有较强的非均质性。但在气藏构造低部位的边部区域普遍存在边水区域。由于气藏储层受断层的切割、岩性变化的影响，气藏边水在局部或长、短轴方向较为活跃。

表1-1 裂缝—孔隙型边水气藏储层、水体分布及水侵方式表

气藏名称	投产时间	水体分布	储层特征	水侵方式			
				似均质		水窜	
				均匀推进	舌进	裂缝水窜	断层水窜
平落坝须二	1991-01	边水	裂缝—孔隙型			裂缝水窜	
邛西须二（北）	2002-01	边水	裂缝—孔隙型			裂缝水窜	
邛西须二（南）	2005-01	具有底水特征的边水气藏	裂缝—孔隙型			裂缝水窜	
大兴西须二	1981-03	具有底水特征的边水气藏	裂缝—孔隙型			裂缝水窜	
中坝雷三	1982-03	边水	裂缝—孔隙型	均匀推进			
牟家坪茅口组	1977-10	边水	裂缝—孔隙型				断层水窜
黄家场茅口组	1966-05	边水	裂缝—孔隙型			裂缝水窜	
麻柳场嘉陵江组	2002-01	边水	裂缝—孔隙型			不活跃+裂缝水窜	
同福场嘉陵江组	1988-11	边水+局部封存水	裂缝—孔隙型			裂缝水窜	
圣灯山嘉陵江组	1957-05	边水	裂缝—孔隙型			较活跃+裂缝水窜	

续表

气藏名称	投产时间	水体分布	储层特征	水侵方式 似均质 均匀推进	水侵方式 似均质 舌进	水侵方式 水窜 裂缝水窜	水侵方式 水窜 断层水窜
长垣坝嘉陵江组	1964-12	底水+边水	裂缝—孔隙型				
邓井关嘉陵江组	1958-11	边水	裂缝—孔隙型				
龙头吊钟坝石炭系	1990-05	边水	裂缝—孔隙型		舌进	裂缝水窜	
磨盘场石炭系	1990-01	北、东、南三面边水	裂缝—孔隙型		舌进		
高峰场石炭系	1990-10	西、北、南三面边水	裂缝—孔隙型		舌进	裂缝水窜	
双家坝石炭系	1989-09	边水	裂缝—孔隙型		舌进		断层传导
胡家坝石炭系	1994-09	北、东、南三面边水	裂缝—孔隙型		舌进		
五百梯石炭系	1992-12	边水、局部封存水	裂缝—孔隙型		舌进		
张家场石炭系	1981-02	四面环水	裂缝—孔隙型	均匀推进			
沙坪场石炭系	1998-03	边水	裂缝—孔隙型		舌进		断层传导
龙门石炭系	1997-12	边水、局部封存水（天东9）	裂缝—孔隙型		舌进		
云和寨石炭系	1990-06	边水、鞍部局部水体	裂缝—孔隙型		舌进	裂缝水窜	
福成寨石炭系	1982-12	边水、局部封存水	裂缝—孔隙型		舌进		
檀木场石炭系	1990-12	边水	裂缝—孔隙型			裂缝水窜	
西河口石炭系	2002-08	西河口高点四面环水，中和场高点三面环水	裂缝—孔隙型		舌进		
肖家沟石炭系	2004-05	边水	裂缝—孔隙型			裂缝水窜	
五灵山石炭系	1995-05	西、北、南三面边水	裂缝—孔隙型			裂缝水窜	
蒲西石炭系	1996-06	西、北、南三面边水	裂缝—孔隙型		舌进		
雷音铺石炭系	1983-08	边水	裂缝—孔隙型	均匀推进			
茶园寺石炭系	2002-11	西、南两面边水	裂缝—孔隙型			裂缝水窜	
高都铺石炭系	2003-01	边水	裂缝—孔隙型		舌进		
沙罐坪石炭系	1986-09	边水	裂缝—孔隙型		舌进		
明月北石炭系	2004-03	边水	裂缝—孔隙型			裂缝水窜	
观音桥石炭系	2006-06	四面环水	裂缝—孔隙型		舌进		
铁山石炭系	1991-03	边水	裂缝—孔隙型		舌进		
亭子铺石炭系	1986-03	北、西、南三面边水	裂缝—孔隙型	均匀推进			
相国寺石炭系	1977-11	封闭边水	裂缝—孔隙型		舌进		

从表 1-2 中可以看出，气藏储层基质岩块平均孔隙度 3.35%～6.90%，平均渗透率 0～2.0mD，有较大的差异。总体上水对大部分气藏的影响以局部影响为主，如果不及时治理会影响全气藏。

表 1-2 部分裂缝—孔隙型边水气藏储层物性数据表

气藏名称	基质孔隙度（%）		基质渗透率（mD）	
	区间	平均值	区间	平均值
中坝气田雷三	0.10～25.30	3.93	0～127.00	1.65
张家场气田石炭系	0.48～19.40	5.44	0～9.80	1.85
福成寨气田石炭系	0.07～23.27	5.48	0～67.50	<1.00
高峰场气田石炭系	0.29～16.79	3.65	0～140.00	0.69
大池干井气田万盛场高点石炭系	0.73～15.99	6.90	0～221.00	2.00
七里峡气田双家坝石炭系	0.98～15.50	6.45	0～5.88	<0.10
付家庙气田嘉二 1—嘉一	0.29～8.32	3.35	0～20.62	<0.01

裂缝—孔隙型边水气藏不同特征如下：

①川东石炭系：构造是断层背斜复合圈闭，出水后水量上升较慢（裂缝水窜除外），水侵方式以均匀推进或舌进为主，出水后对产能影响也相对较小。

②川西须家河组：构造也是断层背斜复合圈闭，但裂缝发育，气藏水侵主要发生在沿裂缝发育的断裂带或高渗透带。气井出水的特征主要有两类，其一是沿微裂缝或高渗透带水侵（中 4 井），其二是沿中小裂缝或断裂带水窜。出水后水量上升快、水量大，出水后对气藏及气井影响较大。单井产量较高，边水气藏普遍有稳产期，在合理的工作制度下，稳产年限较长。

③川南嘉陵江：具有多个互不连通或连通不好的裂缝系统（异常高压气藏，出水快，减弱也快），裂缝发育，以裂缝水窜为主，出水后水量上升较快、水量较大，出水后对气藏及气井影响也较大。

（2）裂缝—孔洞型边水气藏：储集空间以裂缝或溶蚀孔洞为主，裂缝是流体的主要渗流通道，孔隙、溶洞及微细裂缝中的流体通过裂缝互相连通。气藏往往由单个或多个裂缝系统组成，裂缝系统气水共存，天然气与地层水受致密岩性的封隔，可动水储量一般较小（表 1-3）。储层具有很强的非均质性。出水后没有统一的气水界面，出水量大，出水快，出水后产量递减较快，如川南的茅口组气藏等（表 1-3 和表 1-4，图 1-4）。

表 1-3 茅口组部分气藏、裂缝系统可动水体数据表

裂缝系统及气藏	天然气原始地下体积（10⁴m³）	原始可动水体	
		体积（10⁴m³）	占天然气地下体积比例（%）
包 23 井	49.86	28.07	56.30
包 24 井	80.94	42.51	52.52
界 17 井	74.74	25.22	33.74
界 29 井	13.36	8.21	61.45
宋家场茅口组	1349.60	593.00	43.94

表 1-4 裂缝—孔洞型边水气藏储层、水体分布及水侵方式表

气藏名称	投产时间	水体分布	储层特征	水侵方式	
				水窜	
				裂缝水窜	断层水窜
阳高寺茅口组	1965-01	边水	裂缝—孔洞型		断层水窜
孔滩茅口组	1976-11	边水	裂缝—孔洞型		沿断层、裂缝水窜
自流井茅口组	1964-04	边水	裂缝—孔洞型	不活跃+裂缝水窜	
灵音寺茅口组	1989-09	边水	裂缝—孔洞型	裂缝+断层水窜	
宋家场茅口组	1975-08	边水	裂缝—孔洞型	裂缝水窜	

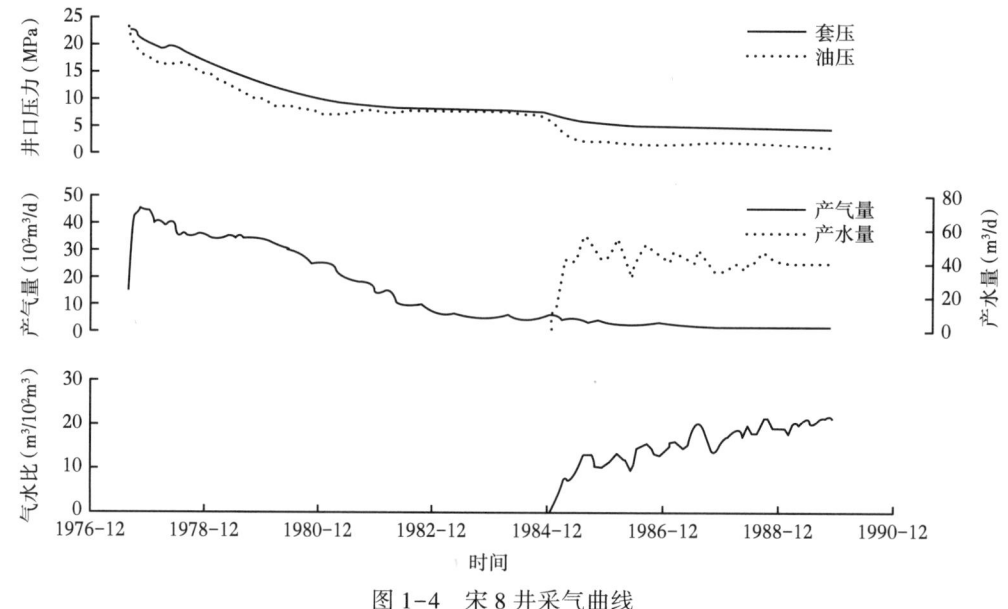

图 1-4 宋 8 井采气曲线

2) 底水气藏

（1）裂缝—孔洞型底水气藏：储层基质孔隙度 1.0%~3.0%，渗透率 0.0447mD 左右，气藏水体以不均匀分布的底水形式存在。储集空间大多以孔隙为主，以洞穴层作为主要储水体，孔、洞、缝互相穿插，储层的非均质性很强。气水活动的主要渗流通道是各向异性裂缝，底水沿裂缝纵窜横侵，由于气藏的非均质性和底水的不规则纵窜横侵分割气藏，气藏最终被水淹，如威远灯影组气藏（表 1-5）。

表 1-5 裂缝—孔洞型底水气藏储层、水体分布及水侵方式表

气藏名称	投产时间	水体分布	储层特征	水侵方式	
				水窜	
				裂缝水窜	断层水窜
威远灯影组气藏	1964-09	底水气藏	裂缝—孔洞型	活跃	

威远气田震旦系灯影组气藏气井水侵方式多样，主要有纵窜型、水锥型和纵窜横侵型。

①纵窜型水侵。

储层具有传导性很好的高角度裂缝把井底与能量较大的局部水体连通起来，底水沿高角度大缝向上窜进。这类出水气井无水采气期短，出水后气井产能变化小，产水量或气水比大，关井后底水可暂时退回地层裂缝中，水淹后需要较长时间的排水才能复活。气井出水后日产水量大或气水比较高，生产油压下降速度加剧，经过一段时间后气水比趋于稳定（图1-5）。

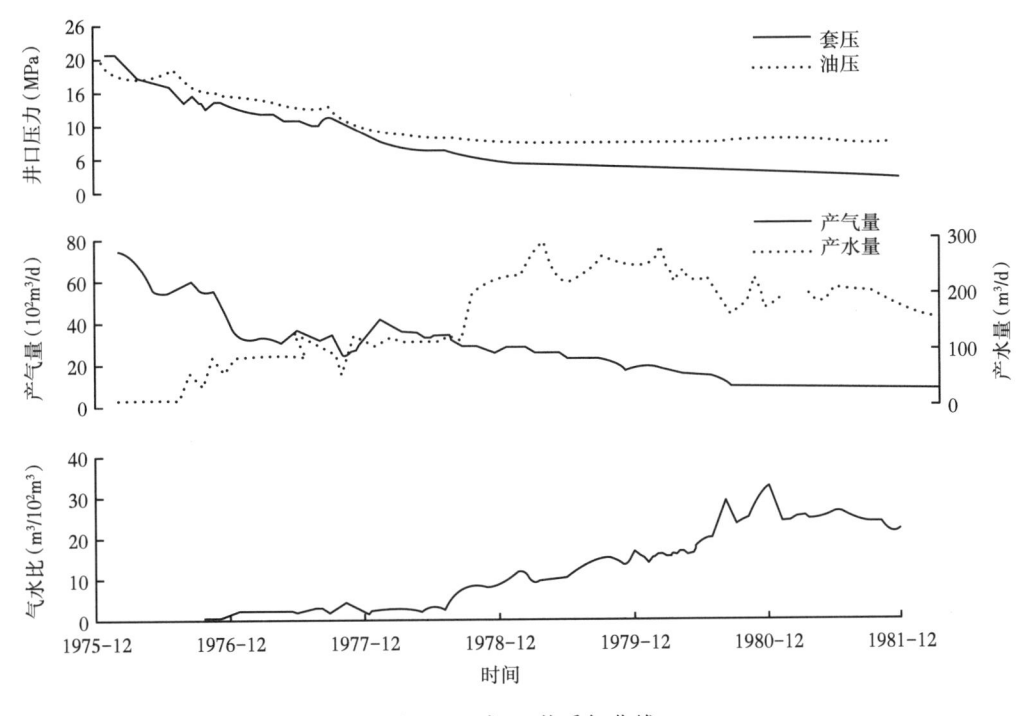

图1-5 威44井采气曲线

②水锥型水侵。

底水通过大量渗透性有限的网状微细裂缝连通。这类出水气井无水采气期长，微细裂缝发育，底水呈水锥方式推进，速度慢。气井出水后气井产量明显下降，关井后底水难以退回地层，水淹后排水时间较短即可恢复生产。这类气井出水后日产水量和气水比较小，生产油套压差逐渐加大。经过一段时间带水后，气水比逐渐趋于稳定，气井随地层压力不断下降逐渐水淹（图1-6）。

③纵窜横侵型水侵。

底水首先沿远离井筒的直缝或斜交缝上窜，遇到高孔隙层或平缝便横侵入井筒。由于水侵道路通过微细裂缝相对漫长曲折，这类气井无水采气期最长，出水后气产量和生产油压下降幅度较大，气水比很高，关井后地层水难以退走，水淹后难于恢复生产。

（2）裂缝—孔隙型底水气藏：孔隙是主要储集空间，裂缝是主要渗滤通道，非均质性强，边水与底水特征均具有，断层及裂缝发育，出水后对气藏及气井影响均很大（表1-6）。

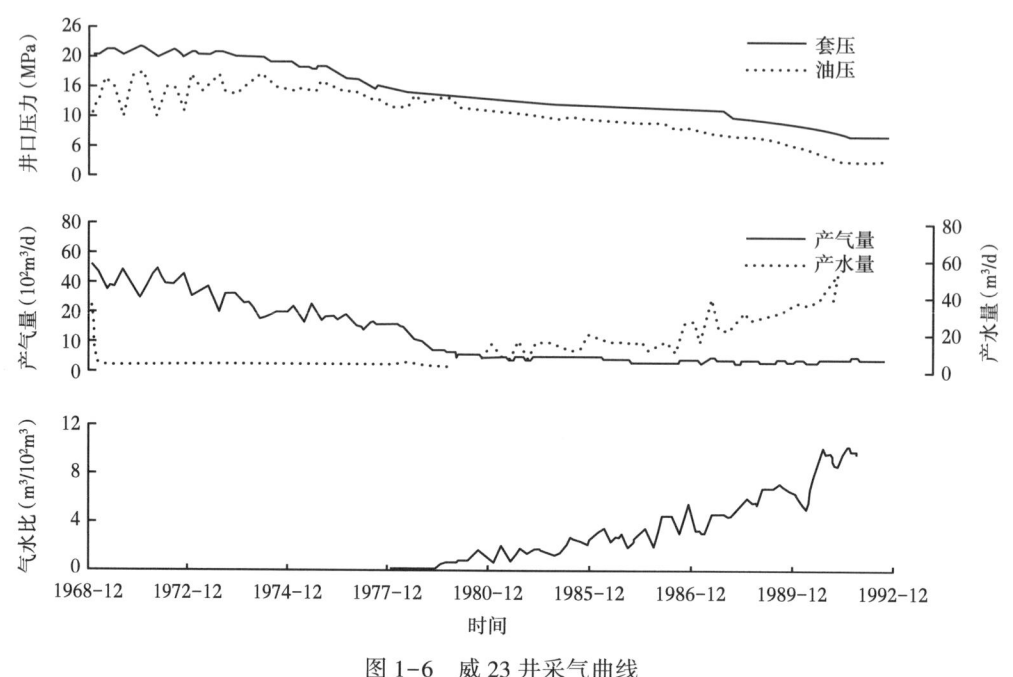

图 1-6 威 23 井采气曲线

表 1-6　裂缝—孔隙型底水气藏储层、水体分布及水侵方式表

气藏名称	投产时间	水体分布		储层特征	水侵方式	
		边水	底水		裂缝水窜	断层水窜
邛西须二(南)	2005-01	具有底水特征的边水气藏		裂缝—孔隙型	裂缝水窜	
大兴西须二	1981-03	具有底水特征的边水气藏		裂缝—孔隙型	裂缝水窜	
磨溪嘉二	1980-06		底水	裂缝—孔隙型		
长垣坝嘉陵江组	1964-12	底水+边水		裂缝—孔隙型		断层水窜

3) 缝洞发育型多裂缝系统有水气藏

多裂缝系统有水气藏是在一个气藏内形成的多个互不连通或连通不好的裂缝系统，地层水的活动普遍存在其裂缝系统中。溶蚀孔隙、溶洞为主要储集空间，裂缝为次要储集空间。溶洞连通性差，主要通过裂缝互相连通，裂缝是气藏气水渗滤的主要通道。储渗类型以裂缝—洞孔型及裂缝—洞穴型为主。储层基质孔隙度 1.0%~2.0%、渗透率小于 0.01mD。气藏主要以单个储渗体形式存在，各裂缝系统具有不同的气水界面（表 1-7）。裂缝分散、分布范围复杂，产层非均质性极强，同一气田同一气藏无统一气水界面，水的分布受裂缝系统控制，甚至在同一裂缝系统内气水关系也相当复杂，归纳起来主要有四种基本模式，即边水式、底水式、隔气式、隔水式，如川南地区部分茅口组气藏（表 1-8）。

表1-7 缝洞发育型多裂缝系统有水气藏部分井测试结果对比表

井号	产层层位	产层底部井深（m）	产层底部海拔（m）	气产量（$10^4 m^3/d$）	水产量（m^3/d）
包27井	P_1m^1a	3070.00	-2669.59	7.11	48.00
包29井	P_1m^1a	3411.00	-3025.31	3.85	
孔26井	$P_1m^2b—P_1m^2c$	3529.00	-3183.65	4.06	
孔29井	$P_1m^4—P_1m^2c$	3150.00	-2802.31		24.00
纳31井	$P_1m^2a—P_1m^2b$	2779.67	-2437.85	15.20	
纳39井	P_1m^2b（下）	2667.00	-2299.10	28.31	131.41

表1-8 多裂缝系统有水气藏储层、水体分布及水侵方式表

气藏名称	投产时间	水体分布	储层特征			水侵方式			
			裂缝—孔隙型	裂缝—孔洞型	裂缝型	似均质		水窜	
						均匀推进	舌进	裂缝水窜	断层水窜
合江茅口组	1978-02	封闭水体		裂缝—孔洞型					断层水窜
庙高寺茅口组	1974-08	隔气式		裂缝—孔洞型				裂缝水窜	
中心场茅口组	1977-09	隔气式			裂缝型			裂缝水窜	
桐梓园茅口组	1972-07	有限含水			裂缝型			裂缝水窜+视均质	
荷包场茅口组	1983-07	高压封闭性有限含水			裂缝型			活跃+裂缝水窜	
鹿角场茅口组	1978-12	封闭性地层水			裂缝型			不活跃	
威远茅口组	1965-04			裂缝—孔洞型					
纳溪茅口组		隔气式		裂缝—孔洞型				裂缝水窜	
老翁场茅口组	1971-05	封闭性地层水		裂缝—孔洞型				不活跃+裂缝水窜	
付家庙茅口组	1970-08	封闭性地层水		裂缝—孔洞型					断层水窜
李子坝茅口组	1979-09	封闭水体			裂缝型				
观音场茅口组	1980-05	封闭水体		裂缝—孔洞型				裂缝水窜	
花果山茅口组	1986-03	封闭水体			裂缝型				
荔枝滩茅口组	1976-04	隔气式			裂缝型			裂缝+断层水窜	
沈公山嘉陵江组	1966-03		裂缝—孔隙型					裂缝水窜	
合江嘉陵江组	1970-10	封闭水体	裂缝—孔隙型				舌进		

续表

气藏名称	投产时间	水体分布	储层特征			水侵方式			
			裂缝—孔隙型	裂缝—孔洞型	裂缝型	似均质		水窜	
						均匀推进	舌进	裂缝水窜	断层水窜
庙高寺嘉陵江组	1971-03	封闭水体	裂缝—孔隙型					裂缝水窜	
宜宾嘉陵江组	1999-06	孔隙水	裂缝—孔隙型			均匀推进			
纳溪嘉陵江组	1960-08	封闭性地层水	裂缝—孔隙型			均匀推进			
付家庙嘉陵江组	1964-11		裂缝—孔隙型						断层水窜
塘河嘉陵江组	1966-06	封闭性地层水	裂缝—孔隙型						边水+断层水窜
兴隆场嘉陵江组	1965-09	封闭水体	裂缝—孔隙型						
黄家场嘉陵江组	1965-03	封闭水体	裂缝—孔隙型						

缝洞发育型多裂缝系统有水气藏气井出水后生产油压大幅下降，日产水量急剧上升，日产气量明显下降，气水比不断上升。经过一段时间的带水生产后。日产水量及气水比逐渐趋于稳定或下降。对于水体能量较大的储渗体，出水初期日产水量较大，气水比上升较快，气井带水生产较长时间日产水量和气水比才趋于稳定。对于水体能量较小储渗体，气井经较短时间的带水生产后，日产水量或气水比逐渐下降，气井生产制度趋于稳定。说明缝洞发育型多裂缝系统有水气藏流体主要渗流通道是裂缝，水体有限封闭，尽管地层水活跃，但水体能量较弱（图1-7）。

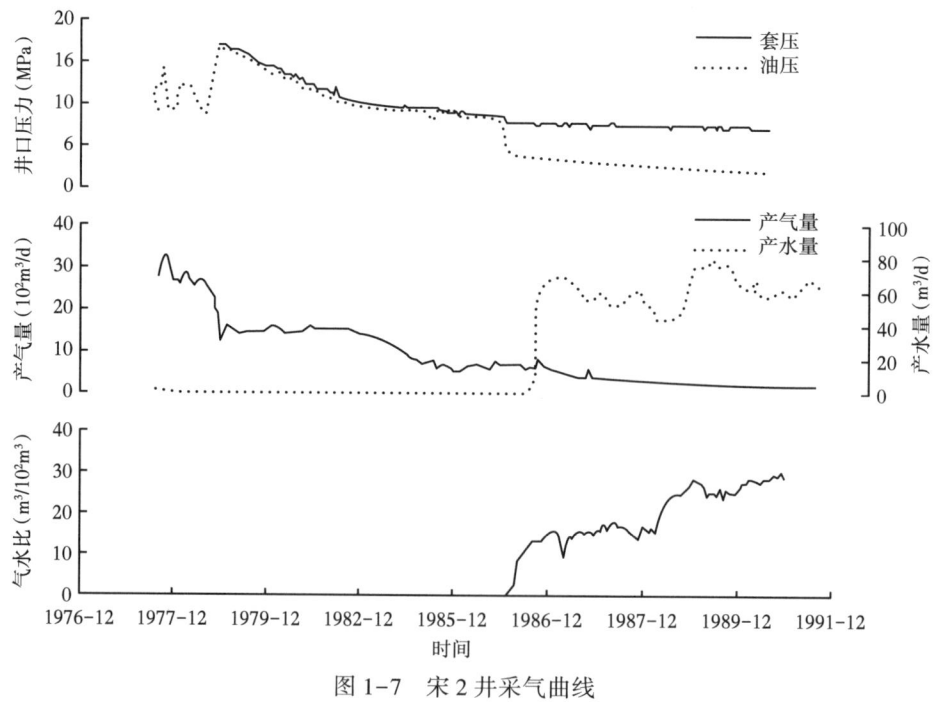

图1-7 宋2井采气曲线

4）孔隙型孔隙水气藏

当孔隙中含水饱和度大于束缚水饱和度时，有部分水在压差驱动下可流动，这部分水称之为孔隙水。孔隙型孔隙水气藏的基质孔隙度大多在6%~16%，基质渗透率为0.01~10mD。孔隙既是气也是水的储集空间，渗流通道主要为孔喉，在一定压差下可以发生流动，孔隙水的推进方式基本是均匀推进，出水后对气藏及气井的影响相对较小。单井产量较低，气井普遍产水，产水差异较大，生产压力下降较快，气水同产井生产一段时间后，多出现停产或间歇生产的现象。如川中地区广安须六气藏和白马庙蓬莱镇气藏（表1-9）。

表1-9 孔隙型孔隙水气藏储层、水体分布及水侵方式表

气藏名称	投产时间	水体分布		储层特征		水侵方式		
		边水	底水	孔隙型	裂缝—孔隙型	孔隙水	水窜	
							裂缝水窜	断层水窜
广安须六	2005-05			孔隙型		孔隙水		
白马庙蓬莱镇	1997-05			孔隙型		孔隙水		

2. 根据水活跃程度强弱分类

水体活跃程度的高低对气藏开发的影响很大。水体活跃程度高的气藏，见水早，产水量大，气井的举升压力高，气藏的废弃压力也高，因而气藏的合理产气量小，采收率也较低。相反，水体活跃程度低的气藏，见水晚，产水量小，气井的举升压力低，气藏的废弃压力也低，因而气藏的合理产气量大，采收率也较高。

建立水侵体积系数 ω 与采出程度 R 的关系：

$$\omega = R^B \tag{1-1}$$

$$\omega = \frac{W_e - W_p B_w}{G B_{gi}}, \quad R = \frac{G_p}{G} \tag{1-2}$$

式中 ω——水侵体积系数；

R——采出程度；

B——水侵相关常数；

G_p——累计产气量，$10^8 m^3$；

G——地质储量，$10^8 m^3$；

W_e——水侵量，$10^8 m^3$；

W_p——累计产水量，$10^8 m^3$；

B_w——水的体积系数；

B_{gi}——原始地层压力、温度下的天然气体积系数。

G 取动态储量，计算 B 值。B 值大于4，说明气藏水体不活跃。B 值小于4，说明气藏水体活跃。

五百梯区块石炭系气藏主体区边水推进较缓慢，用差值法计算的2011年水侵量为 $134.4 \times 10^4 m^3$。采用罐状水层模型，假定不同的水体大小，计算该水体大小情况下气藏的

水侵量。然后，根据气藏生产资料、流体性质、岩石性质和计算的水侵量计算 pH 压力，并作 pH 压力与累计产气量 G_p 关系曲线，得到确切的水体大小。五百梯区块石炭系气藏主体区对应水体为 $0.18×10^8 m^3$（图 1-8）。经过计算 B 值为 4.04，大于 4，说明五百梯区块石炭系气藏边底水活跃程度为不活跃。

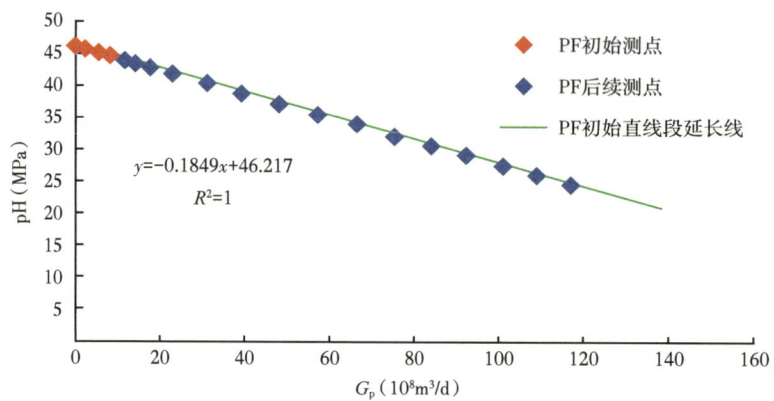

图 1-8　五百梯石炭系气藏主区块水体参数确定图（罐状水层模型）

安岳气田须二气藏根据 AIF 法和非线性物质平衡法计算，产水气井整体水侵能量较弱，部分单井水侵较强。整个气藏主要以小水体、局部水体存在，没有大的水体分布在气田。气田水侵整体偏弱，局部较强，对 75 口单井计算结果见表 1-10。

表 1-10　气藏累计产水量大于 1000m³ 气井水侵量计算表

序号	井号	累计产气量（$10^4 m^3$）	累计产水量（m^3）	非线性物质平衡方法	
				B 值	累计水侵量（$10^4 m^3$）
1	岳 101-14-X1 井	1943	43664	2.75	4.44
2	岳 101-X12 井	4112	28714	2.99	4.45
3	岳 110 井	3387	24980	3.72	3.41
4	岳 106 井	5027	11735	3.47	11.64
5	岳 101-X10 井	487	11087	3.44	1.70
6	岳 101-76-H1 井	3828	11003	3.45	3.41
7	岳 101-27-H2 井	7249	10443	3.16	18.41
8	岳 101-53-X2 井	1321	10313	3.14	2.72
9	岳 101-77-H2 井	2173	9900	5.31	3.38
10	岳 101-H1 井	2988	9728	5.34	1.52
11	岳 101-29-X1 井	4474	9193	5.32	13.99
12	岳 101-73-H1 井	4391	8591	5.30	3.76
13	岳 101-39-X2 井	2899	8553	5.29	3.43

续表

序号	井号	累计产气量 ($10^4 m^3$)	累计产水量 (m^3)	非线性物质平衡方法 B值	累计水侵量 ($10^4 m^3$)
46	岳101-53-H3井	1371	3452	4.21	4.01
47	岳101-X61井	5290	3367	4.25	0.59
48	岳101-52-X2井	255	3356	3.89	0.65
49	岳137井	2702	3313	3.24	6.93
50	岳101-81-H1井	984	3193	4.78	0.24
51	岳101-18-X2井	2047	2976	3.82	1.21
52	岳101-16-X2井	3061	2924	6.15	2.10
53	岳103井	14573	2887	4.92	0.37
54	岳101-88-H2井	2548	2814	4.34	2.72
55	岳101-5-X2井	419	2778	2.22	0.62
56	岳101-80-H1井	2433	2731	2.41	2.43
57	岳101-34-X2井	569	2489	3.42	3.44
58	岳101-93-H1井	1330	2220	4.52	4.54
59	岳101-88-X1井	1203	2220	4.24	4.26
60	岳101-67-H1井	1789	2166	4.36	4.38
61	岳101-46-H1井	250	2153	2.82	2.82
62	岳105井	3395	2115	3.25	3.27
63	岳121井	1516	2091	4.56	4.59
64	岳101-35-X1井	2293	1803	2.32	1.22
65	岳101-94-H2井	134	1758	4.23	4.25
66	岳101-33-X2井	1873	1639	2.52	2.54
67	岳101-39-X1井	2707	1564	2.82	2.84
68	岳101-69-X1井	68	1499	3.49	0.22
69	岳101-66-X2井	268	1303	3.93	2.14
70	岳101-8-X1井	198	1265	3.96	0.18
71	岳101-32-H1井	1446	1244	1.59	1.33
72	岳101-94-X1井	1079	1239	3.95	3.97
73	岳101-37-H1井	1015	1239	3.52	3.54
74	岳101-92-H1井	4339	1176	2.58	2.59
75	岳101-35-X2井	1672	1001	2.34	1.59
	合计	199304	447813		256.30

通过计算,安岳气田须二气藏累计产水量大于 1000m³ 的 75 口气井的累计水侵量为 256.3×10⁴m³。安岳气田产水气井整体水侵能量较弱,部分单井水侵较强。

二、有水气藏开发难点

四川盆地有水气藏类型多样化,地质情况极为复杂,气藏开发过程中水侵危害严重,对气田开发技术提出了更高要求。

四川盆地有水气藏开发主要有以下难点:

1. 水体描述困难

1)水体描述资料缺乏

通常,现场人员只重视气区的钻井及生产动态监测工作,对于水区,除了意外(气井失利)获得一些水区的观察井外,很难有专门钻的水井,甚至有时候获得了一些水井也被报废或者封堵,严重影响了对地层水的监测及研究工作,由于获得的水区资料少,往往导致对水体的认识不足。

由于水区的钻井资料少,甚至没有,往往导致气藏气水关系不清、无法开展早期地层水预测,以及对地层水危险认识不足,结果只有在气藏出水后才知道水可能来自某个方向,此时,地层水已经对气藏造成了危害,治水措施滞后。例如,平落坝须二气藏由于气藏水区钻井少,早期认为该气藏是弱边水气驱气藏,但是气藏投产 15 年后开始大量产水,由于对气藏气水关系认识不清、水的活跃程度及危害认识不足,造成气藏产量快速递减、治水措施滞后,治水效果不理想。

因此,虽然钻一些专层的水井看似增加了投资,但由于更容易认识气藏气水关系及为排水采气创造条件,其结果是缩短了对气藏的认识周期,加快了气藏的开采进度,减少了工作量,提高了开发效益。

2)气水识别技术有待提高,水体分布认识不足

采用先进的技术方法来识别气、水层对提高天然气勘探价值和扩大储量起到了很大作用。通过对现今油气开发领域的各种方法进行分析,气水识别方法广义上可分为三大类:测井技术、叠后地震资料处理解释技术及叠前地震资料处理解释技术。

测井技术一直是油气藏资源开发中必不可少的工作,并且随着科技的不断进步,测井技术也不断发展丰富。它通过钻井、地质等资料综合分析测井数据,以达到划分地层、判别油气等目的。其就流体判别方法而言大体上可分为两大类:电法判别和非电法判别。电法判别类主要分为电阻率绝对值法、深浅侧向比值法、电阻率—孔隙度交会法、深侧向—深感应交会法这四种具体方法;非电法判别类主要分为三孔隙度重叠法、纵横波速度比法、核磁共振判别法这 3 种具体判别方法。当然,在开发比较成熟的地区,测井方面也会根据区域的气水界面直接应用进行流体性质判别。

受测井资料丰富程度的影响,不是每种方法在特定地区的效果都表现良好,同时它们也都有一定的适用条件。而在当前勘探难度日益加大的背景下,特别是对于气水关系复杂地区,因为这类储层是不同成因的地质沉积过程叠加形成,反应储层及其含气水性质的各类测井曲线信号相互叠加从而相互干扰,必然使得测井数据的分析存在多解性,使气水识

别过程变得更加复杂，因此单纯利用测井曲线进行气水识别显然已远远不够。为此，一些学者提出利用钻井得到的测试及测井资料与数学理论结合进而识别气水。目前该类数学理论主要有模式识别、神经网络、灰色理论、多组判别等，实践表明，这类方法一定程度上提高了气水识别的效率与准确度。采用模式识别方法进行气水识别，虽然有一定效果，但这种方法需要在勘探开发中后期、有相当多的气水井后才能预测，且效果很难把握，受样本影响大，不同的样本群会有不同的结果。

地震勘探一直是寻找油气的主要方法，地震资料中含有丰富的特征参数信息，如何有效利用这些信息进行气水识别是研究的关键。叠后方面，瞬时谱分析技术是近年来兴起的热点研究，其核心思想是采用各种数学方法根据连续时频分析地震信号，提取其特征参数，通过分析特征参数进行气水识别。叠前数据一直是人们研究的重点，传统的 AVO 技术是利用地震资料研究岩性和含油气性的不可或缺的工具，并且还在不断发展创新。应用 AVO 方法进行气水识别已经取得了一定成效，但是由于该方法理论上的近似或实际资料难以满足计算条件，其效果难以令人满意。

无论是测井技术还是地震勘探，都有其优越性和不足，结合地震、测井资料进行储层综合预测已成为当今气水识别的主流研究方向。

川中地区须家河组储层具有典型的低电阻率特征：高束缚水含量使储层表现为低电阻率，储层电阻率明显小于邻近围岩电阻率，气层与邻近水层的电阻增大率普遍小于 2。常规的双侧向电阻率曲线在储层往往出现重合现象，深侧向电阻率增大率比其他低阻气藏小，不能直观地、有效地识别流体性质。

2. 水侵动态分析难度大

1）气藏开发初期确定水侵路径难度大

四川盆地有水气藏储层主要为裂缝孔隙型储层，水主要沿裂缝通道流动。而裂缝预测是个世界级难题，因此，需要从地质到地震加强对裂缝预测的联合攻关研究，找准裂缝发育方位及发育带，在水侵通道上切断水路，提高气藏的开发效果。

2）数值模拟水侵动态分析有一定的局限性

油气藏数值模拟技术简而言之就是根据油气藏地质及开发实际情况，建立物理数学模型并利用计算机求得数值解来研究其运动变化规律。实际上就是建立渗流微分方程，借用大型计算机，通过计算数学的求解，结合油藏地质、油藏描述、油藏工程、试井等理论方法技术实现对实际油气藏的复制，再现油田开发的过程，由此来解决油田实际问题。

油气藏数值模拟技术出现于 20 世纪 50 年代，以 1954 年 Aronofsky 和 Jenkins 的径向气流模拟为开始标志，到 20 世纪 90 年代就已发展成熟。其模拟功能包括两大部分：复杂渗流力学研究和实际油气藏开发过程整体模拟研究，具有可重复、周期短、费用低的特点。近年来，随着计算机、应用数学和油藏工程学科的不断发展，油气藏数值模拟可视化软件应运而生，且日新月异。模拟软件中地质模型的建立脱离了原来的填卡式输入，而是基于交互式的人机界面输入，甚至更加直观的图形编辑输入，使得地质模型的建立更加简单化和人性化。三维可视化软件充分利用计算机的作图和计算功能，将油气田的静动态参数处理、数值模拟，以及结果的分析过程全部置于方便易懂、操作简单的图形界面下，将抽象繁杂的数据形象化。油气藏工程师只需面对仿真的三维油气藏，就可方便地干预和分析仿真模拟的全过程，从而极大地提高油气藏模拟工作的效率和准确性，减轻了劳动强度。油气藏数值模拟已经普遍应用于各种油气藏开发过程，成为油气田开发不可或缺的方法和工具，被称作"现代油藏工程"。

数值模拟技术的局限性主要在于：（1）模拟误差；（2）结果不唯一。误差主要来自两方面，一是模型本身有误差，二是油气藏资料不全或不准。结果不唯一问题跟研究者的水平直接相关。

在四川盆地有水气藏的开发中，活跃水侵气藏均表现出裂缝水窜的特征。在这些气藏中水的活跃程度往往取决于裂缝的发育程度，特别是大裂缝的发育程度。常规水体动态分析方法定量地描述这种裂缝水窜现象存在一定困难，而数值模拟技术虽然考虑了多种复杂因素的情况，但由于无法准确地刻画裂缝的实际分布及大裂缝中可能存在的非达西流动所引起的一系列复杂的渗流问题，现有的数值模拟方法和模型（包括双孔单渗、双孔双渗等）均不能解决如何描述裂缝水窜问题。

从单井的角度来看，复杂裂缝导致的气井底水锥进问题是有水气藏开发研究中十分常见而又复杂和困难的问题，在气藏开发中具有很大的普遍性。尽管国内外对此作了大量的相关研究工作，但在数值模拟中，受网格参数设定的影响，水锥模拟研究仍具有一定的局限性，还不能完全解决水锥模拟问题。如张烈辉根据四川气田的特点，建立了一种裂缝型底水气藏单井水侵研究模型。该模型以双孔单渗数学模型为基础，用全隐式方法对基岩和裂缝两套介质系统同时求解，分析裂缝型气藏单井水侵机理，讨论气打开程度对底水上侵的影响，该模型的局限性在于物质平衡方程中并未考虑基质向裂缝流入的水体积。

而在整个气藏水侵动态的数值模拟中，建立水侵动态分析模型要求的计算参数更多，涉及的有地层孔隙度、气水饱和度、相对渗透率、偏差系数、压缩系数、体积系数，气藏或气井的原始地层压力、温度，开采到一定时期的关井地层压力、相对压力、累计产气量、累计产水量等。这就要求代入计算的静动态数据要尽可能地齐全和准确，在选择压力数据点的时候应该尽量选择关井时间长、地层压力基本平稳的数据点，计算得到的储量、水体大小和水侵强度等结果才会与实际情况相吻合，误差才能尽量减到最小。但往往在实际应用中，获得准确而全面的静动态资料是比较困难的，技术人员经常面临研究区静态地质资料缺失，甚至是压力产量等动态数据不准确的问题，给地质模型的建立和水侵动态分析增加了难度。

3）常规水体动态分析方法多有局限性，水侵量的准确计算难度较大

水侵行为在有水气藏的开发中是一个普遍的现象，国内不少学者对水侵动态分析进行了大量的基础性研究工作，假设了各种各样的水侵模型，并且推导出若干种水侵动态分析方法。

陈元千基于水驱气藏的物质平衡方程式，对各种气藏储量、水侵量的计算进行了广泛的研究，并提出了气田天然水侵的判断方法，后来又提出了确定天然水侵程度的方法。俞启泰提出在传统的水侵计算方法的基础上，用物质平衡微分方程解决了三个水侵计算问题，形成了一套应用物质平衡微分方程进行油气藏水侵计算的完整方法。匡建超等改进了物质平衡法计算水驱气藏储量与水侵量的方法，提出了综合总目标函数最优化方法。张伦

友等通过对常规物质平衡方程的解剖分析，发现了水侵体积系数与天然气采出程度及相对压力之间的函数关系，提出了采用曲线拟合法求解和计算动态储量的方法。

刘蜀知等利用水侵气藏物质平衡方程导出了压降方程和不稳态水侵量的计算模型，提出在不同生产时间和产气量的情况下，预测未来气藏水侵量和对应的气藏压力的方法和步骤。王怒涛通过对物质平衡方程的分析，提出了利用地层压力及采出量等生产数据建立目标函数，利用最小二乘法进行自动拟合，直接计算水驱气藏动态地质储量及水侵量的非线性物质平衡法。李传亮在油藏物质平衡基础上，提出了计算水侵量的简易方法，通过油气藏生产动态数据资料，在不需要对水体形态和大小做任何假设的基础上，计算出油气藏的水侵量大小。熊钰针对非均质边水气藏特征，在Coats模型的基础上，重新定义水体影响函数，并实现最优化求解，以获得非均质边水气藏水体性质和水侵动态，而后建立裂缝型底水驱气藏模型，并结合改进的水体影响函数法（AIF法）分析储量、水侵量、水侵速度等参数，结果表明AIF法也能用于分析裂缝型底水气藏的水侵动态。

由于四川盆地地质情况复杂，有水气藏储层多为裂缝孔隙型储层，水主要沿裂缝通道流动，储层物性多变且具有非均质性，导致了储集模式的多样性和流动机理的不确定性。有水气藏水侵形式多样，地下气水关系复杂，加上人们对有水气藏裂缝预测及气水流动机理认识不够，尚不能准确定量地描述有水气藏的气水流动状态、裂缝水窜现象，以及水侵量的计算。因此需要先从地质到地震，加强对裂缝预测的联合攻关研究，找准裂缝发育方位及发育带，从而尽可能选取几种适合的水侵动态分析方法研究水侵动态特征及计算水侵量，综合分析弥补不同的水侵动态分析方法的局限性。

3. 水相对储层伤害大，水侵形成"封闭气"，降低气藏采收率

裂缝水窜是水侵活跃的主要原因。边底水沿裂缝不规则窜入。由于地层岩石的亲水性和渗吸作用，当地层水侵入气层后，使得小裂缝、喉道、溶孔等渗透性进一步降低，容易封闭孔洞和小裂缝，形成封闭气区或死气区，减少气井可动储量。

根据实验室微观研究发现，有水气藏发生严重水侵后，较大裂缝几乎全部被地层水占据，中小裂缝中由于岩石的亲水性，地层水在裂缝壁以连续相流动，气只能在孔道中央连续流动或以段塞状断续流动，微细裂缝及孔隙表面形成水膜以连续相流动，气只能以珠泡状分布，呈断续相。中小裂缝、微细裂缝及孔隙中的大量段塞流及珠泡使气水两相流动阻力大大增加，气流通道发生不同程度的堵塞，气相渗透率降低，基质孔隙及微细裂缝中的气难以采出，影响气藏采收率。

同时，气井出水后，在地下渗流通道和井筒管柱内均形成气水两相流动，气藏能量损失、井筒管柱内阻力损失和管柱内对地层的回压显著增大，使得井口压力降低，气井连续自喷生产的能力越来越差。一方面造成气井水淹停止自喷，另一方面也使得废弃压力增加，降低了最终采出程度。

威远气田震旦系灯影组气藏气井出水后，使地层中的气水两相流动阻力增加，气相渗透率降低，有效产出井段减少，在井筒外围形成封闭气，致使气井生产能力大幅度下降，递减加快。威23井、威34井、威39井、威40井、威61井出水后绝对无阻流量都有不同程度的降低，且下降幅度较大（表1-11）。威阳7井1965年8月2日投产至1972年6月29日水淹，累计采气$0.39\times10^8 m^3$，按探明储量$1.78\times10^8 m^3$计算，采出程度仅22.12%，

但地层压力由 10.49MPa 下降至 9.19MPa，仅下降了 12.4%，表明气井出水严重影响了气井寿命，导致气井较早水淹停喷，降低了气藏的最终采出程度。

表 1-11 威远震旦系灯影组气藏部分井出水前后绝对无阻流量变化表   单位：$10^4 m^3/d$

井号	威 23 井	威 34 井	威 40 井	威 39 井	威 61 井
出水前	69.7	31.4	64.4	77.2	23.1
出水后	40.7	20.0	31.1	50.1	16.5

4. 采气工程难度加大，排水采气工艺面临一系列挑战

1) 地层出水加剧了井筒腐蚀与结垢，为气井生产管理带来困难

川渝地区天然气中普遍含有 H_2S、CO_2 等酸性气体，当有地层水存在时，这些酸性气体就会溶解在水中，解离出较多 H^+，加之地层水中含大量 Cl^-，使地层水具有较强的腐蚀性。在产水气井开发生产过程中，井下油套管受地层水冲刷，会造成一定腐蚀。更为严重的是，井下的钢材与地层水接触，形成腐蚀原电池而引发持续的电化学腐蚀，从而造成井下油套管严重腐蚀。若不及时采取相应的防腐蚀或修井措施，则可能引起油套管穿孔、油管断落，造成井下复杂，严重时甚至造成气井报废。如南井气田井 9 井天然气中 H_2S 含量 $0.144g/m^3$、CO_2 含量 $13.84g/m^3$，地层水中 Cl^- 含量 $27960mg/L$，腐蚀趋势较强。在该井电潜泵排水采气生产过程中，发生油管腐蚀断落，电潜泵机组及上部油管掉落至井底，掩埋产层，修井作业仍无法打捞出井下落鱼，造成气井报废。

另一方面，由于地层水的产出，会在井下形成结垢产物，造成近井地带及井筒堵塞，减小气流流动通道、增大生产压差，不利于气井的生产，严重时堵塞油管，造成气井无法生产。井下堵塞物的来源主要分四类：一是来自地层的泥沙、岩屑；二是生产过程中向井下加注的药剂变性生成；三是井下管材腐蚀产生的腐蚀产物；四是地层水中成垢离子反应产生的垢物。以上后两个因素都与地层水的存在密切相关。特别是地层水中成垢离子反应生成的垢物，是井下堵塞物的主要组成部分。如磨溪气田雷一 1 气藏及川东地区部分石炭系气藏连续发现井下管串严重腐蚀的情况。威远气田震旦系灯影组气井生产过程中普遍存在油管结垢现象。威 39 井地层水矿化度 $77.69g/L$，Ca^{2+}、Mg^{2+}、Ba^{2+} 含量分别为 $2050mg/L$、$518mg/L$、$1020mg/L$，HCO_3^- 含量 $795mg/L$，具有强烈的结垢倾向。地层水中的成垢离子在浓度、温度、流态等因素的影响下易形成大量垢物吸附在油管内壁，减小流体流动通道，造成流动压力损失加大，气井生产效果逐渐变差。一般需 2~3 年开展一次修井作业，更换结垢严重的油管。

2) 不同特点的有水气藏开发对排水采气工艺提出一系列挑战

有水气藏进入开发中后期，随着地层能量的降低，气井自喷带液能力持续降低，会逐渐出现井筒积液、井筒压力损失增大，造成气井产量降低或水淹停产。为了进一步挖掘气井生产潜力，提高气藏采收率，需要适时对产水气井开展排水采气工艺。四川盆地从 20 世纪 70 年代末就在威远气田灯影组气藏、川南地区茅口组气藏部分产水井开始了泡排、气举等排水采气工艺试验。通过持续的技术攻关，逐渐形成了泡排、气举、电潜泵、机抽、柱塞等成熟配套的排水采气工艺技术系列，以及螺杆泵、组合工艺等接替工艺技术，

一定程度上提高了有水气藏开发效果。但是由于不同类型的有水气藏具有埋藏深度变化大、地层压力及温度范围宽、地层流体腐蚀或结构趋势强、气液关系复杂、气井完井井身结构复杂等特点，对排水采气工艺提出一系列挑战。

威远气田灯影组气藏由于地层流体中腐蚀介质及成垢离子含量均较高，造成气井井下腐蚀与结垢现象严重，20世纪80年代至21世纪初先后开展的机抽、电潜泵、螺杆泵等机械排水采气工艺均未获得理想效果。仅能依靠气举工艺维持部分地层压力较高的气井生产，低压气井则未能通过气举工艺维持生产，无法进一步提高气藏采收率。川中地区须家河组气藏普遍含凝析油，且完井管柱有多套裸眼封隔器，造成油套不连通。当气井需要实施排水采气工艺时，对泡排、连续气举等常规工艺制约较大。随着近年来川东石炭系气藏、龙岗气田长兴组及飞仙关组气藏、磨溪龙王庙组气藏产水逐渐增大，一批井身超过4500m甚至5500m、地层温度超过120℃、地层流体腐蚀性介质含量较高、完井管柱较为复杂、油套不连通、井型为大斜度井或水平井的气井需要实施排水采气工艺。这无疑对工艺技术及配套装备提出了新的挑战。一是井深、地层温度、流体性质、井斜等因素对电潜泵、螺杆泵等机械排水采气工艺制约较大，几乎无法采用；二是温度、流体性质对泡排剂提出更高的要求；三是地层压力高、油套管不连通，对气举工艺提出新挑战，对压缩机的配套装备提出更高的要求。若无法有效解决以上难点，将无法有效支撑对类似气藏的高效开发。

5. 增加地面集输系统建设及生产管理工作量，气田水处理难度及环保风险逐渐增大

1) 必须建设气田水处理系统及相应的配套设施，增加生产管理工作量

为了处理随天然气一同采出的地层水，使天然气达到输送、外销的条件，在气藏开发过程中需要建设气田水处理系统。该系统主要包括：气液分离工艺流程、气田水储存设施、气田水转运或转输设施、气田水回注或净化处理设施，以及相应的防垢、防腐、气田水管道保护、回注井维护等配套管理工作。针对需要开展排水采气工艺措施的气井，还需要考虑建设排水采气工艺配套设施，如压缩机、气举管网、供配电设施等。这些设备设施的建设大大增加了气藏开发的建设难度及工作量。为保障有水气藏的开发，开发工作者们不得不耗费大量的工作精力，投入好气田水处理系统及排水采气工艺配套设施的管理工作。

2) 气田水处理监管力度持续加强，气田水管道建设及回注工程环评批复难度逐渐增大

随着国家对生态环境保护的空前重视，各地方对气田水输送及回注过程的监管力度持续加强，天然气开发工作者们也持续加大了对气田水处理系统的管理力度。一是保障回注井的井筒完整性，开展新钻回注井、老井转回注井修井，以及井筒完整性监测，确保回注井"注得进、存得住、不外漏"；二是对气液分离系统、气田水输送管道完整性管理，确保气田水地面系统不外漏；三是开展气田水处理达标外排技术攻关。虽然开发工作者们做了大量的工作，但仍然有部分有水气藏受到回注系统不完善的制约，影响了气藏开发效果。

如威远气田灯影组气藏开发过程中，影响气藏进一步提高开发效果的最主要因素之一，就是地层水处理难度高、配套工作量大。在气藏二次开发方案编制初期，曾考虑将气藏采气地层水通过气田水管道长距离输送至40km以外的兴隆场气田回注。但受制于新建

管线工程量巨大、含硫气田水长距离输送泄漏风险较大、管道路由规划及环境评价批复难以取得等条件，不得不采取"腾房子回注"的方案，以牺牲威5井区近50多亿立方米的天然气储量的代价，满足了威2井区部分气井采出地层水的回注需求。气藏二次开发方案中利用老井转为回注井的威77井，虽然已完成了修井工程，下入了带封隔器的回注管柱，但由于该井位于地方饮用水源的远景规划区，其回注工程未能通过地方环保部门的环境影响评价，致使该项目无法实施，较原方案减少了600m³/d的回注能力，制约了气藏二次开发效果。

6. 气藏开发成本控制难度大

为了进行有水气藏的合理开发，有的气藏需要新钻更多的录取水层资料的井来提高对气水关系的认识，会相应增加勘探开发的成本。

地面系统配套建设会增加气水分离装置、脱水装置、输水管线等配套设施。

随着地层水的产出，地层能量大量地消耗，气井需采用泡排、气举、电潜泵、机抽、柱塞等排水采气工艺技术措施辅助排水。各种设备设施的投入、运行及维护都会增加投资费用和生产成本。

产出气田水还需要采用回注方式进行处理或达标外排。利用生产枯竭井回注需要修井。如果无法利用老井，就要新钻回注井，并建设输水管线、泵站、供电系统等。部分气田由于在附近无法建立合适的回注系统，需要将气田水进行远距离运输，运输距离甚至达到100km以上。为了满足气田水外排的环保要求，也可采用"预处理+浓缩+蒸发"的组合处理工艺方法对气田水进行处理，确保达标排放，但成本也较高。

第三节 有水气藏开发经验与认识

四川盆地有众多的有水气藏，在60多年的开发实践中，积累了较丰富的经验。归纳起来，四川盆地有水气田开发的经验与教训主要表现在开发工作者对地层水活动规律、地层水治理认识上的转变和治水工艺措施的进步等3个方面。特别是治水思路的转变给提高有水气藏的开发效果带来了根本性的改变。四川盆地有水气藏的开发已基本形成了一套成熟的气田整体治水技术，不仅能适应各类气藏，也能适应于气藏的不用开发阶段。有水气藏开展地层水整体排水采气和综合治理可以有效地减轻地层水对气藏生产的影响，提高气藏的开发效果。归纳起来，有以下主要经验与认识：

一、气藏开发产水属普遍现象

有水气田的开发在四川盆地天然气开发中十分重要。四川盆地已发现24个含油气层系，其中22个为含气层系，埋深600~7000m，气藏类型较多，不同类型气藏开发过程中普遍产水，因此，在气藏开发早期就应建立起绝大多数气藏都有水的观念。

从各开发层系生产水气比(图1-9)看产水普遍性：(1)除储层非均质性相对较弱的三叠系雷口坡组、开采时间较短的磨溪龙王庙组气藏外，其余层系气藏产水问题较为突出；(2)震旦系、二叠系茅口—栖霞组、三叠系须家河组、三叠系嘉陵江组气藏依次居生产水气比排名前列。

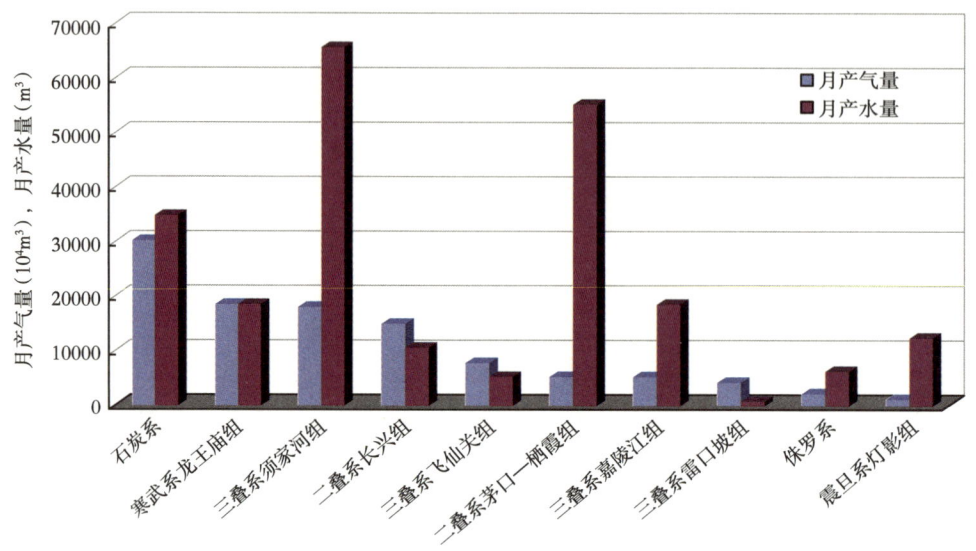

图1-9 主要层系气水产量图

从开发历程看产水的普遍性：四川盆地60多年天然气工业化开采历程显示，气藏开发过程中产水属普遍现象。无论是盆地早期开发还是现阶段，有水气田的开发都占有相当大的比例，其中有水气田的比例为85%~98%，有水气井的比例为30%~85%。

从开发单元历史最高生产水气比分布（图1-10）看产水普遍性：统计287个开发单元，历史最高生产水气比超过$5m^3/10^4m^3$、产水影响较大的单元数量占50%；历史最高生产水气比小于$1m^3/10^4m^3$的单元数量仅占28%，其中包括开采时间较短尚未充分表现水侵影响的气藏。尽管也存在例外情况，如已改建为储气库的相国寺石炭系气藏开采30余年至枯竭，生产井基本上都不产地层水，但这是个特例。

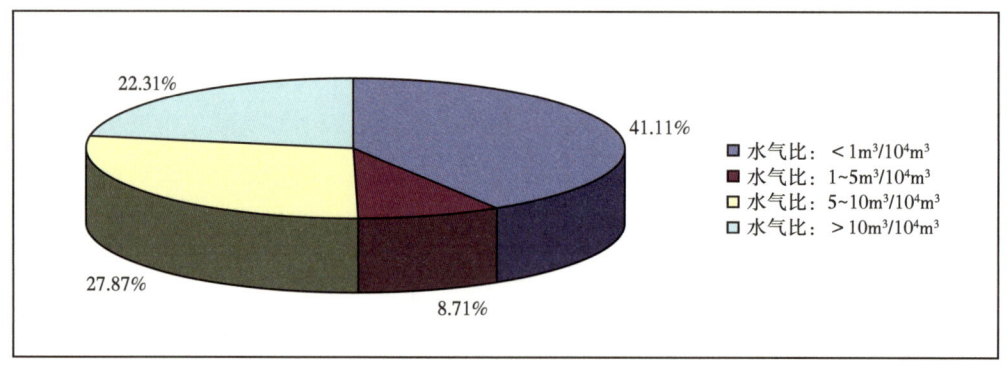

图1-10 开发单元历史最高生产水气比分类

由于沉积岩形成过程中普遍存在封存水，生烃、成藏及后期地质变化通常很难使天然气与地层水完全脱离接触关系，因此，气藏开发广泛表现出产地层水现象。

二、重视区域水体的研究和水层资料的录取

关于地层水的重视问题，这是一个思想观念问题。这包括两个方面：(1) 区域地质上的水体研究程度较低。在油气勘探开发中，对于水层，特别是在勘探过程中，常常是见水就跑，见水就躲。只有在天然气生产过程中，地层水对气藏（井）生产造成了影响才引起对地层水的重视，这是远远不够的。众所周知，地层水和天然气是一对孪生姐妹，她们总是形影不离。天然气总是伴随着地层水相生，气水相连，互为一体，产气和产水是相辅相成的。因此，就有了"排水就可以采气，不排水就无法产气"的认识。然而，对水体的研究，特别是从区域地质方面开展大范围的水体研究，非常缺乏，对区域地质上地层水的分布、水势、水的活跃程度、区域性气水关系等方面研究很少。(2) 开展气藏水区的实物工作量少。常常只重视气区的钻井及生产动态监测工作，对于水区，除了意外（气井失利）获得一些水区的观察井外，很难有专门钻的水井，甚至有时候获得了一些水井也被报废或者封堵，严重影响了对地层水的监测及研究工作，由于获得的水区资料少，往往导致对水体的认识不足。殊不知打一些专层的水井看似增加了投资，但由于更容易认识气藏气水关系及为排水采气创造条件，其结果是缩短了对气藏的认识周期，加快了气藏的开采进度，减少了工作量，提高了开发效益。

世界各国对待有水气田都十分重视早期水文地质研究，早期认识边底水的封闭性、水体能量、气水边界附近储层物性和岩性变化，以及驱动类型，以便决策气田开发总的开发原则和重大技术。具有底水的荷兰格罗林根大气田，在开发早期，专门钻了一些穿过气水界面用于高速开采的试验井，以了解水体能量；建立了底水观察井，了解底水推进情况；证实气水界面不移动，气藏为弹性气驱类型。尔后，他们增加了开发井气层的打开程序，提高了采气速度和单井产量，使整个开采过程顺利进行，预计采收率可达 90%。同样，我国具有边水的相国寺石炭系气藏，由于早期重视边水能量和水侵监测，应用数值模拟预测了水侵量，采取了合理配产，二十年来一直按弹性气驱气藏高产高效开采，使采收率能高达 90% 以上。

三、大多数地层水水侵对气藏生产造成严重危害

地层水对气藏的伤害主要表现在气藏见水后产量快速下降和气藏采收率降低。

1. 地层水水侵造成气藏（井）产能下降

表 1-12 统计了四川盆地部分已开发气田有水气藏出水后早期递减率，从表 1-12 数据可以看出地层出水后对气井影响相当大，气藏气产量在出水后早期年递减率最高可达到 88.84%，平均 38.01%；气藏出水后年递减率与可采储量采速有一定的相关性，即采速越高，气藏的递减率越大（图 1-11）：当采速越高时，气区地层压力下降越快，气层与水层之间压差越大，水的推进速度越快，由于水首先是占据渗透性最好的储层通道，气井在产能较高的情况下气的通道就被水占据了，因此气井产能下降越快。也就是说，采速越高，水侵越快，气区越早被水封，气藏产能下降越快。

表 1-12 四川盆地部分已开发气田有水气藏出水后早期递减率统计表

气藏名称	出水时可采储量采速(%)	出水后气藏年递减率(%)
五灵山石炭系气藏	11.11	88.84
茶园寺石炭系气藏	5.90	81.63
观音桥石炭系气藏	10.72	70.84
高都铺石炭系气藏	4.71	68.18
合江茅口组气藏	14.20	67.84
纳溪嘉陵江组气藏	3.84	65.52
庙高寺茅口组气藏	7.96	62.26
付家庙嘉陵江组气藏	16.39	59.47
明月北石炭系气藏	7.39	44.93
沈公山嘉陵江组气藏	11.28	43.88
孔滩茅口组气藏	7.84	42.16
邛西须二(北)气藏	7.58	41.72
长垣坝嘉陵江组气藏	3.16	31.55
云和寨石炭系气藏	5.08	30.62
庙高寺嘉陵江组气藏	7.51	28.88
黄家场茅口组气藏	2.59	27.64
牟家坪茅口组气藏	5.24	25.56
老翁场茅口组气藏	3.85	22.77
同福场嘉陵江组气藏	3.23	21.53
付家庙茅口组气藏	7.27	18.60
中坝须二气藏	4.52	18.50
阳高寺茅口组气藏	5.32	17.80
平落坝须二气藏	4.01	17.50
雷音铺石炭系气藏	6.65	15.56
麻柳场嘉陵江组气藏	3.77	15.15
张家场石炭系气藏	5.74	12.75
铁山石炭系气藏	3.11	11.36
兴隆场嘉陵江组气藏	3.00	11.36

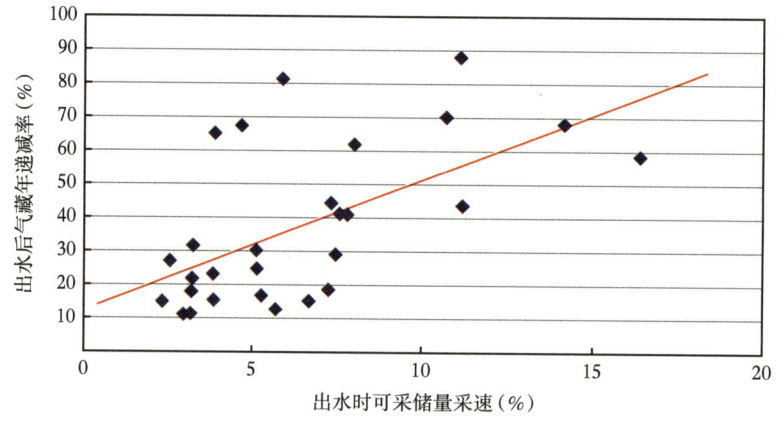

图 1-11 气藏采速与出水后产量年递减关系图

地层水对气井产能造成影响的主要地质因素是气藏的地质特征,即储层类型、水体大小与分布,或者综合称为水体的活跃程度。储层渗透性好,水体大,底水气藏或者"孤岛型"边水气藏,水体的活跃程度最强,气藏投产后地层水对气井影响最大,而且很快。这种型气藏造成的气井产能下降的主要原因在于储层内部。低渗透储层出水后不仅在储层内部引起产能下降,而且井筒积液也同时造成气井产能下降。

威远气田震旦系气藏地层水沿裂缝不规则窜入气藏后,气层内单一的气相流动变为气水两相流动,增加了流动阻力(试井参数 A、B 值增大),降低了气相渗透率,从而使气井有效产出井段减少,在井筒外围形成水封气,致使气井产能大幅度降低(表1-13)。

表1-13 威远气田震旦系气藏气井出水前后产能对比表

	井　号	威23井	威34井	威40井	威39井	威61井
出水前	A	5.43	15.91	32.45	22.31	78.84
	B	0.060	0.405	0.125	0.116	0.904
	产气量($10^4 m^3/d$)	69.7	31.4	77.2	64.4	23.1
出水后	A	10.50	12.47	27.82	26.95	0.97
	B	0.146	1.199	0.565	0.201	16.500
	产气量($10^4 m^3/d$)	41.7	20.0	50.1	31.1	16.5

2. 地层水侵造成气藏采收率下降

气藏如果没有地层水的侵害,仅靠自身和地层的膨胀能量就能获得很高的采收率。据统计,四川22个气驱气藏的平均采收率高达95%,当气藏中存在地层水时,随着气驱地层压力的下降,地层水就会侵入气区,占据天然气通道,结果形成大量的水封气,使得气藏的采收率大大下降。威远气田等一大批有水气藏靠自然能量生产结束后的一次采收率一般在30%~50%。反映出地层水侵明显造成了气藏采收率降低。

另外,从国外不同驱动类型气藏的采收率统计看,纯气驱气藏采收率一般在50%~70%,最高可达90%,但致密气藏可低于30%;而具有较强水驱的气藏采收率为30%~50%。从国内的不同驱动类型气藏的采收率统计看,砂岩气驱气藏采收率一般在50%~90%(渗透性越好,采收率越高),而具有较强水驱的砂岩气藏采收率为40%~70%;碳酸盐岩气驱气藏采收率一般在70%~95%,而具有较强水驱的碳酸盐岩气藏采收率为30%~70%。从国内外不同类型气藏的采收率统计来看,地层水侵造成了气藏采收率降低,而且可以看出地层水侵强度越大,气藏采收率越小。因此,对有水气藏开发的指导思想应是如何减少地层水对气区的伤害。

3. 增加气藏开发成本

气井出水后在气田水分离、回注、集输管线防腐等方面的工作量和成本大幅度增加,对气田开发的安全、环保和效益也会带来严重不利影响。

四、地层水能量有限,地层水可治

1. 四川盆地有水气藏地层水有限封闭,水体大小和能量有限,具有可排性

1)四川盆地有水气藏地层水有限封闭

四川盆地有水气藏开采中的产出水,主要类型有 $NaHCO_3$ 型、Na_2SO_4 型、$CaCl_2$ 型。其中 $NaHCO_3$ 型、Na_2SO_4 型一般属于凝析水,Na_2SO_4 型在川中地区磨深 2 井嘉二地层水中出现,与上覆石膏盖层有关。气藏地层水为矿化度较高的 $CaCl_2$ 型与四川盆地气藏成藏环境有关,反映了地层水处于深部封闭的环境。

四川盆地现有整装气藏,无论储渗类型为裂缝型、裂缝—孔隙型、裂缝—孔洞型、裂缝—洞孔型、裂缝—洞穴型,地层水均以边水或底水形式存在。由于受断层、岩性、构造等因素的影响,地层水被致密岩石、断层封隔,供水区储层物性差,地层水流动性差,形成与其他气藏互相独立的水动力学系统,可动水储量小,气藏地层水有限封闭。

四川盆地川南、川西南地区二叠系,特别是茅口组气藏储渗类型为裂缝型、裂缝—洞穴型及裂缝—洞孔型。这类有水气藏或裂缝系统储集空间以裂缝或溶蚀孔洞为主,裂缝是流体的主要渗流通道,孔隙、溶洞及微细裂缝中的流体通过裂缝互相连通。气藏往往由单个或多个裂缝系统组成,裂缝系统气水共存,天然气与地层水受致密岩性的封隔,可动水储量一般较小。表 1—14 中川西南地区荷包场区块包 23 井、包 24 井、界 17 井、界 29 井裂缝系统及宋家场气田茅口组气藏,原始可动水体占天然气原始地下体积的 33.74%~61.45%。表明地层水可动水体体积较小,水侵量较小,地层水有限封闭。

表 1—14 茅口组部分气藏、裂缝系统可动水体数据表

裂缝系统及气藏	天然气原始地下体积（$10^4 m^3$）	原始可动水体	
		体积（$10^4 m^3$）	占天然气地下体积比例（%）
包 23 井	49.86	28.07	56.30
包 24 井	80.94	42.51	52.52
界 17 井	74.74	25.22	33.74
界 29 井	13.36	8.21	61.45
宋家场茅口组气藏	1349.60	593.00	43.94

2)四川盆地大多数有水气藏地层水能量较弱

四川盆地各种储渗类型的有水气藏,地层水能量一般较弱。气藏开采过程中,水侵不活跃气藏驱动类型为弹性气驱,水侵局部活跃和水侵活跃气藏以弹性气驱或弱弹性水驱为主。

川东地区张家场气田石炭系气藏、川西北地区中坝气田须二气藏,属于局部水侵活跃气藏。张家场气田石炭系气藏储集岩主要岩性为去膏化(去云化)次生细—中晶角砾灰岩,中坝气田须二气藏储集岩主要岩性为层状浅灰白色中—细粒岩屑石英砂岩及岩屑长石石英砂岩,这两个气藏储层具有完全不同的岩性,但储渗类型都为裂缝—孔隙型。如图 1—12 和图 1—13 所示,气藏压降储量曲线上后期数据点稍微偏离直线段,表明气藏以弹性气驱

为主或表现出一定的弱弹性水驱能量，气藏开采受到边水水侵的一定影响，气藏地层水有限封闭、能量较弱。

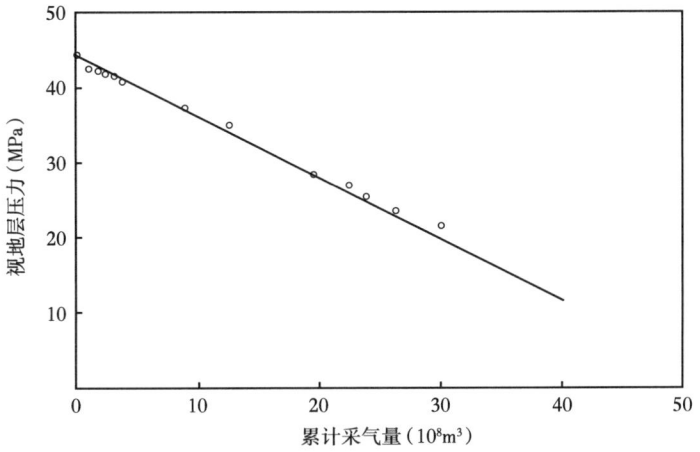

图 1-12　张家场气田石炭系气藏压降储量图

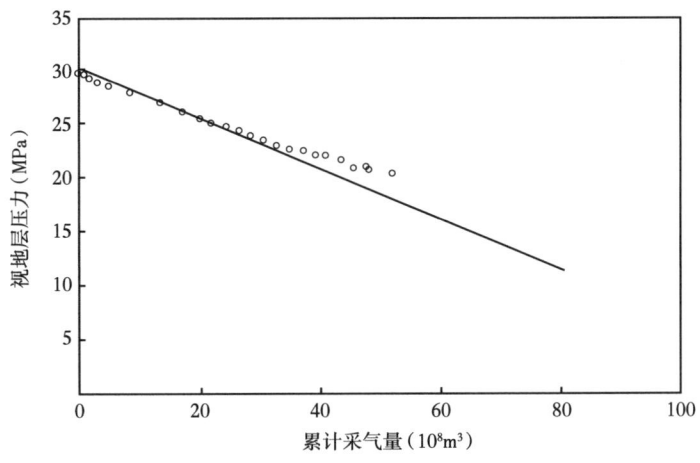

图 1-13　中坝气田须二气藏压降储量图

川南地区宋家场气田茅口组气藏、付家庙气田茅口组气藏付 5 井裂缝系统，储渗类型为裂缝—洞穴型，属于水侵活跃气藏或裂缝系统。如图 1-14 和图 1-15 所示，气藏或裂缝系统压降储量曲线上后期数据点有一定上翘，但并不严重偏离直线，表明气藏驱动类型仍以弹性驱动为主，有一定的弱弹性水驱能量，气藏或裂缝系统地层水能量较弱。

3) 四川盆地有水气藏地层水具可排性

根据对四川盆地各有水气藏的水体大小计算，水体最大的是威远气田震旦系气藏底水水体和中坝须二气藏边水水体，这两个气藏地层水原始体积都大于 $4.5 \times 10^8 m^3$，但其水体最大膨胀量（水侵量）小于 $5000 \times 10^4 m^3$。而真正对气藏形成影响的水体，对威远震旦系气藏来说，主要来自含气边界以内的底水水体，该范围内原始水体储量仅为 $5.58 \times 10^8 m^3$，最大水侵量为 $2581 \times 10^4 m^3$，剩余水侵量约为 $900 \times 10^4 m^3$；而中坝须二气藏目前已排水 $205 \times 10^4 m^3$，剩余水

侵量约为 $1100×10^4m^3$。对于四川盆地其他有水气藏（表 1–15），水体储量一般都小于 $1×10^8m^3$，水侵量多小于 $500×10^4m^3$，表明有水气藏水体有限，弹性能量弱，气藏驱动的能量不是来自水体的弹性膨胀，可动水体是可排的。

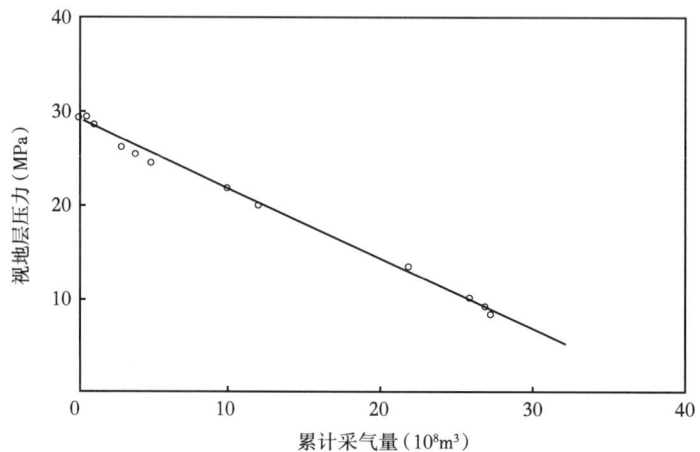

图 1–14　宋家场气田茅口组气藏压降储量图

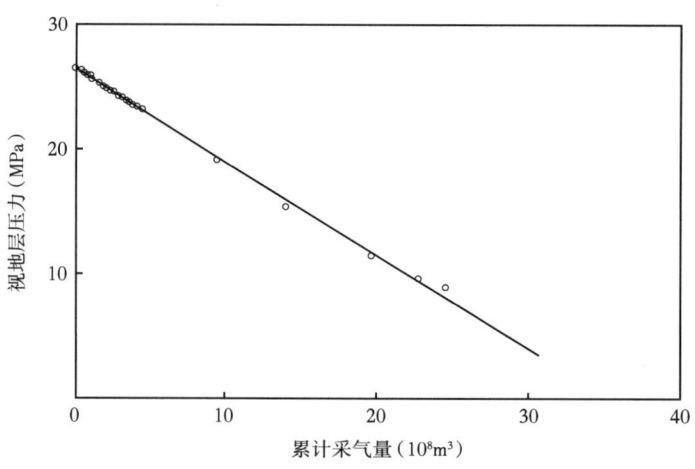

图 1–15　付家庙气田茅口组气藏付 5 井裂缝系统压降储量图

表 1–15　四川盆地部分有水气藏水体及水侵量统计表

气藏名称	水体储量（10^8m^3）	水侵量（10^4m^3）	备　注
威远震旦系气藏	4.5~9.92	2418~4291	地层压力下降至 1MPa
中坝须二气藏	4.5~7.3	1353	地层压力下降至 5MPa
中坝雷三气藏	0.74	319	
云和寨石炭系气藏	1.34		
双家坝石炭系气藏	0.62	150	

续表

气藏名称	水体储量（$10^8 m^3$）	水侵量（$10^4 m^3$）	备注
观音桥石炭系气藏	0.482		
五灵山石炭系气藏	0.1995	74	地层压力下降至9MPa
吊钟坝石炭系气藏	0.1351		
磨盘场石炭系气藏	0.17		
邛西北须二气藏	0.155		
邛西12井区须二气藏	0.0692		
邛西南须二气藏	0.2739		
宋家场茅口组气藏	0.0506		
南井井9井区茅口组气藏	0.0372	90.31	
南井井4井区茅口组气藏	0.0223	12.83	
荔枝滩荔6井区茅口组气藏	0.0108	19.22	
桐梓园桐7井区茅口组气藏	0.0073	13.06	

2. 地层水主要沿裂缝窜入形成水封气，但水封气在治水后可采

1）地层水主要沿渗透性好的通道（裂缝）不均匀窜入形成水封气

对于四川盆地各层位气藏，有两大特点：（1）储层类型以裂缝—孔隙型为主，非均质性极强。无论是较浅的侏罗系气藏还是较深的震旦系气藏，绝大部分气藏都是裂缝—孔隙型气藏，只是不同层位气藏，裂缝发育程度差异较大，即使同一气藏，其储层的裂缝发育的非均质性也非常强。（2）基质孔隙度低，渗透性差。据统计，四川盆地大部分气藏储层孔隙度小于5%，基质渗透率小于0.1mD。无论是裂缝—孔隙型气藏还是孔隙型气藏，由于气藏储层非均质性强，地层水流动总是沿着渗透率最高的通道流动，而天然气的流动则是从基质岩块内的孔隙→孔隙（→裂缝）→井筒，当地层水侵入时，地层水首先占据渗透性最好的通道（比如裂缝），结果导致渗透性较差的部分孔隙中的天然气被分割而形成水封气（也可能是基质岩块中的天然气被水封或者气藏被分割而被水封），从而降低了气藏采收率，该认识已经被大多数开发工作者认可。比如，威远震旦系气藏岩心实验测定表明，当基质孔隙度小于5%、中值喉道宽度小于0.15μm时，地层水极难在其中流动，前已述及，四川盆地大多数气藏储层基质孔隙度和渗透率均低，地层水不可能进入基质而只能将基质中的天然气水封。中坝须二气藏8个孔隙度较高的样品（孔隙度5%~14%），经过10h实验后的岩心观察发现，在压差达到20MPa时，只在岩心进口端1~2cm范围内见到水侵入，其余4~5cm的岩心仍是干的，产出端根本无水产出，表明地层水在孔隙度大于5%的岩块基质中也很难流动。对川东气区石炭系的岩心相渗透实验研究表明，单相流动时，水测的渗透率只相当于气测渗透率的1/2~1/3，当气水两相流动时，水相流速只有气相流速的1/1000，地层水在没有裂缝的基质岩石中推进速度为63m/a，结合气藏实际出水时间，地层水主要是沿裂缝侵入气藏。

2) 水封气具有可采性

首先,地层水在渗透率高的通道(比如裂缝)中具有较好的流动性,当进行人工强排水时,人为地改变储层内部的气水关系,在裂缝与基质岩块中建立一定的生产压差,使气藏或局部水体的能量低于水封气的压力,水封气突破水的封闭而成为可动气,并驱动地层水共同产出。其次,从实际生产上看,四川油气田几十年来的生产井中,已有数百口井水淹后通过排水采气而复活,特别是威远震旦系气藏,该气藏历史共投产井80余口,其中大部分井都是曾经因水淹而停喷、靠人工排水而复活的,而且相当一部分井多次水淹、多次排水复活。中坝气田的中35井、中4井、中19井等井也曾经水淹停产、实施气藏排水采气后复活生产至今已经20余年。这些直接来自气藏开发的事实说明,只要通过排水,在裂缝和岩块之间(或者水封气与水侵通道之间)建立起合适的生产压差,岩块(气藏)水封气就会变成可采气。

3. 成熟的排水工艺技术有助于气藏(井)完成排水采气作业,实现水封气可采

从20世纪80年代开始,先后在川南气区和威远震旦系气藏上开展了排水采气工艺技术试验。首先开始的是泡沫排水试验,成本低,见效快,取得了良好的效果。随着排水采气井的增多,产水井的井况、产水量及地层压力差异大,单一的泡沫排水工艺技术已不适应各类出水井的排水要求,于是不断攻克不同类型出水井的排水技术,相继出现了气举、机抽、优选管柱、电潜泵等排水采气工艺技术。经过10年的攻关、试验、推广和总结,先后在上百口出水井中进行应用,到20世纪90年代初,上述5套排水工艺技术已趋成熟,具有国际先进水平,形成了四川出水气田行之有效的重要技术,这些技术又通过近10余年的进步与完善,又上一个新台阶,已成为气藏排水采气必不可少的主要措施,为水封气解封创造了技术支撑,使水封气可采成为现实。

五、采气速度对有水气藏开发有明显影响

气藏开采时采气速度越大,对水体较大的气藏来说见水速度就越快,日产水上升速度就越快,水侵越强(图1-16)。边、底水活跃的气藏,如果采速过大,气藏在开采过程中容易形成较大的压降漏斗,导致气井过早水淹,水淹时气藏采出程度降低。水侵极强的气藏共11个,有7个气藏水淹,水侵强的气藏26个,有5个气藏水淹,水侵较强的气藏22个,只有2个气藏水淹,水侵较弱的气藏17个,没有气藏水淹(表1-16)。

表1-16 水侵强弱与采速、日产水上升速度、水淹时采出程度统计

水活跃程度	气藏数（个）	出水时平均采速（%，探明）	日产水平均上升速度（$10^4 m^3/m$）	水淹时平均采出程度（%）
极强	11	5.14	42.26	32.56（7个气藏水淹）
强	26	4.70	9.29	36.10（5个气藏水淹）
较强	22	3.21	1.79	53.65（2个气藏水淹）
较弱	17	3.99	1.67	无水淹气藏

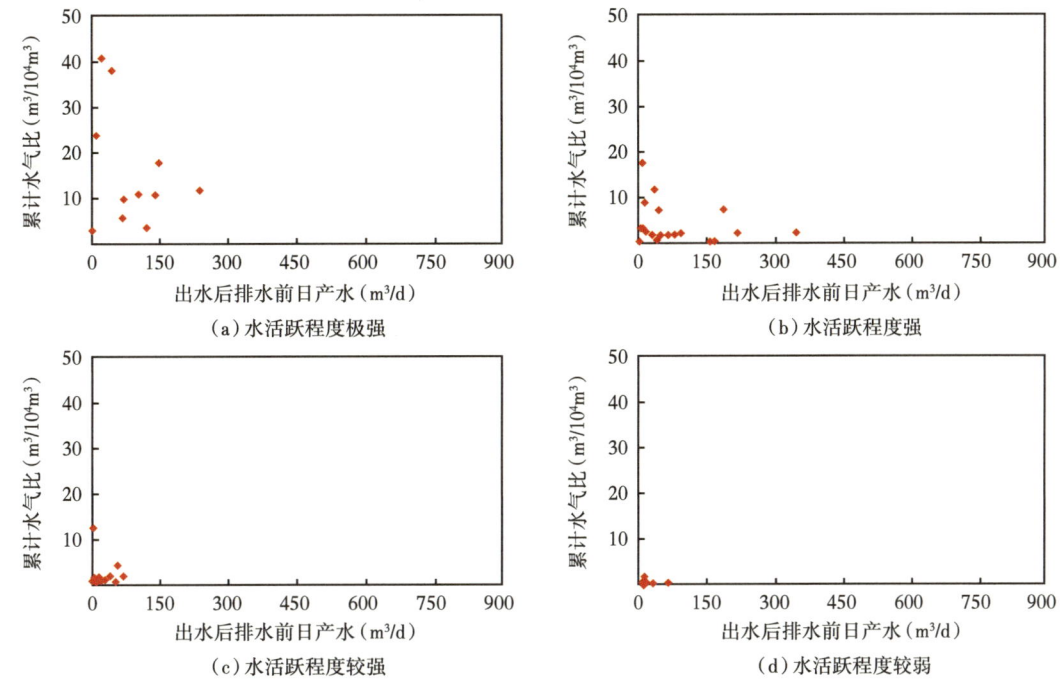

图 1-16 出水后日产水与累计水气比分布图

六、气藏水侵活跃与强非均质性密切相关

四川盆地水侵活跃气藏都表现为储层孔洞缝的非均质性强。由于断层对构造的切割作用及构造运动,在气藏断裂带和构造顶部往往形成裂缝发育的高渗透带,边水、底水较为活跃。而在构造边翼部,裂缝不发育、物性较差,地层水沿微裂缝或孔隙水侵,水侵并不活跃。

川南、川西南地区的二叠系、三叠系气藏,特别是二叠系茅口组气藏,地层水侵活跃。由于储层纵横向上严重非均质性及断层作用,形成不同的裂缝系统,一个气藏往往具有多个原始气水界面。气藏水侵主要是沿断裂带较发育的裂缝水窜,气井出水较早,易造成气井水淹。如宋家场气田茅口组气藏具有多高点、多断层,储层基质岩块低孔低渗透(平均孔隙度为 1.66%、平均渗透率小于 1.0mD),储集空间由溶蚀孔隙、溶洞及裂缝组成,储层裂缝与溶洞在纵横向上展布受茅口组顶部古岩溶和构造运动的双重控制,具有纵向上层段对比性较差,平面上分布不均的特点。气藏顶部主高点宋 1 井测试绝对无阻流量 $323.0 \times 10^4 m^3/d$,距该井 2.0km 左右的宋 6 井测试绝对无阻流量仅 $8.7 \times 10^4 m^3/d$;北东 1 号高点同井场的宋 8 井、宋 5 井,测试绝对无阻流量分别为 $263.0 \times 10^4 m^3/d$、$19.6 \times 10^4 m^3/d$,差异非常大,说明气藏非均质性严重。由于气藏早期大压差生产,于 1993 年 12 月全面水淹,地层水主要沿断裂带较为发育的裂缝不均匀水窜,形成活跃水侵。

川西南地区的威远气田震旦系灯影组气藏,地层水活跃。气藏储集空间以孔隙为主,次为洞穴和裂缝。孔隙和洞穴以大小不等的透镜体散布于致密的白云岩中,彼此靠穿层张开裂缝网连通。储层孔隙具有低孔（基质岩块平均孔隙度为2.0%），喉道窄和渗透性差的特点（基质岩块平均渗透率0.047mD）。试井解释发现同处于顶部区位于两组主干裂缝发育带的威27井、威44井渗透率分别为27.2mD、44.7mD，而位于非主干裂缝发育带的威10井、威102井渗透率只有0.42mD、0.7mD；两翼及南翼两组主干裂缝发育带的威89井、威5井渗透率分别为9.98mD、15.7mD，东翼边部的威79井、威106井渗透率分别为0.42mD、0.22mD。说明气藏非均质性严重。地层水主要沿渗透性好的立缝和高角度裂缝窜入井底；或沿立缝、斜交缝窜入地层，通过高孔隙层、平缝横向窜入井底，使得气藏水侵活跃。

川西北、川南地区的三叠系，川东地区的石炭系气藏，这类气藏储层岩性既有砂岩，也有碳酸盐岩。气藏水体呈片连通，非均质性强，形成局部水侵活跃。如中坝须二气藏，该气藏储层低孔（厚度加权平均值5.90%）、低渗透（渗透率小于0.28mD），储集空间以次生溶孔为主，喉道以片状小喉道为主。纵向上各亚段在地层厚度、储层有效厚度、渗透性等方面都有很大差异，即使在同一亚段内纵向上也存在着储渗体与致密体间互，储渗体呈镜体状分布。横向上各井有效厚度差异大，孔隙度由北到南逐渐降低。气藏裂缝发育带主要分布于构造东北翼及鞍部枢纽带。位于裂缝发育带东南翼的中37井测试绝对无阻流量为$206.06 \times 10^4 m^3/d$，位于孔隙、裂缝不发育南端的中17井绝对无阻流量只有$0.63 \times 10^4 m^3/d$。气藏严重的非均质性，导致气藏局部边水活跃，边水沿裂缝发育带从东北翼中22井区域向西南方向水窜，而南翼水侵较弱。

七、重视气藏水侵动态的跟踪监测

气田开发始终处于动态之中。即使开发前期评价阶段未显现出水侵，气藏开发设计时也应结合地质情况适当考虑防范风险的措施，为今后可能开展的治水工作留有余地。不同类型有水气藏的水侵动态不但与地质特征相关，而且与开发方式和配产规模相关。对水侵规律的深化认识程度，将直接关系到治水对策的有效性和有水气藏的最终开发效果。因此，在实际工作中应重视对气藏水侵动态的高质量跟踪监测与分析研究。考察20世纪60—80年代投产、如今已进入开发后期的典型整装有水气藏的开发效果，尽管由于气藏地质情况不同、开采时间长短不同，不完全具备可比性，然而仍然可看出明显的规律：受技术条件限制对水侵动态认识不清、开发早期未能有效治水所产生的不利影响较难扭转，威远震旦系灯影组底水气藏的开发即为典型实例。随着技术的进步，在气藏水侵动态分析和治水对策制定方面有了较大突破，有水气藏开发效果得到显著改善，中坝三叠系须家河组、张家场石炭系黄龙组边水气藏的开发属成功的代表性实例。

八、开发补充井是提高有水气藏开发效果的有效途径

1. 整体治水的需要

根据威远气田震旦系气藏整体治水的需要，2007年沿气水界面钻探了气藏第1口水平井威001-H1井。从威001-H1井二次开发先导试验区生产情况看，证明"水平井+直井"排水采气开发井网防止地层水上窜、提高气藏开发效果是可行的。试验井威001-H1井通

过水平段在原始气水界面海拔-2434m排水采气，在生产过程中气产量远好于邻井（原有直井），生产中井底流动压力、产气量、产水量稳定，关井压力恢复快，注采比接近1:1，实现了低注采比的稳定天然气生产；在该井投产排水采气后，区内气水关系得到了明显改善，表现为：一是区内新投产水平井威001-H3井见气时间明显缩短，二是周边老井威46井由水淹停产恢复了自喷连续生产，且产气量较高。

2. 提高储量动用程度

五百梯气田石炭系气藏自1992年12月天东2井首先投入试采以来，截至2007年底，共投产气井27口，日产气$262×10^4m^3$、日产水$64m^3$，累计产气$97.22×10^8m^3$、累计产水$7.34×10^4m^3$。为提高气藏低渗透区储量动用，2008年部署了$415km^2$的三维地震，在气藏低渗透区部署了17口开发补充井（其中大斜度井和水平井14口），使气藏以$260×10^4m^3/d$生产规模稳产至2014年才开始递减，有效延长了气藏的稳产时间，采收率得到大幅提高。

3. 老井替代

1974年8月28日，庙高寺气田二叠系茅口组寺5井投产，生产4年零6个月，累计产气$3333.8×10^4m^3$后于1979年2月12日开始产地层水。由于低渗透，井底距气水界面144.04m，出水后生产困难，产气量由$3.5×10^4m^3/d$迅速下降至$0.3×10^4m^3/d$左右，气井转为间歇生产。2002年8月，因油管断落修井打捞不成功，长期间歇小产量生产。决定钻开发补充井寺005-1井。

2007年12月4日，寺005-1井开钻，2008年5月6日完钻，井深3110m，产层为二叠系茅口组，经酸化放喷火焰高3~4m，估算日产水$1200m^3$，地层压力39.355MPa，与寺5井当时折算地层压力一致，确定钻遇寺5井裂缝系统。2008年7月25日投产，日产气$0.5×10^4m^3$，日产水$400m^3$，历时4个月零6天，排水$3.2×10^4m^3$，于2008年12月1日开始产量增大，日产气最高$13.5×10^4m^3$，日产水$230m^3$，气井复活后一直连续生产，气产量相对稳定，水产量下降。截至2017年底已累计产气$1.52×10^8m^3$，累计产水$22.4×10^4m^3$，裂缝圈闭累计产气$2.29×10^8m^3$，累计产水$24.2×10^4m^3$，2017年底，寺005-1井日产气$0.8×10^4m^3$，不产水。寺5井因生产管串有问题继续关井，系统只有寺005-1井一口井生产。

九、主动治水是有水气藏开发的必由之路

1. 主动治水能最大程度动用天然气资源

自流井气田源丰系统是贡井区嘉五气藏最大的一个裂缝系统，系统具有统一的原始气水界面（海拔-656m），含气高度106m，原始地层压力10.69MPa。气藏属于边水能量有限的弹性气驱气藏。该系统于1882年开钻，当时开采的主要目的是采卤水熬盐。由于源丰系统属于边水气藏，绝大部分井钻遇水层，气藏实际开采过程也是天然气和地层水共同开采的过程，具有典型的排水采气的动态特征和表现。

1）区块天然气的动态储量越来越大

1897年前，源丰系统的气水产量小（气、水产量分别为$0.35×10^4m^3/d$和$140m^3/d$）。1897年，系统开始大规模生产，其中断层带上盘以采气为主，由于采气量过大而采水量过

小，导致区块开采中心压降漏斗大，南翼水体以舌形推进方式由东南方向沿断层带向西北方向推进，形成不规则水淹（图1-17）。1910年，系统日产气量$9.6×10^4m^3$，日产水量$610m^3$，南翼气水界面由原始海拔$-656m$上升到$-605m$（升高了$51m$），中部区域气水界面升高到$-638m$。1917年，系统日产气量上升到$12.4×10^4m^3$，日产水量$770m^3$，水体继续以舌形方式推进，主要表现在面积上扩大，海拔高度上没有变化。1918年，系统大量新井投产，生产井达到了历史最高的74口，系统的气、水产量也分别达到了历史最高的$18.6×10^4m^3/d$和$1180m^3/d$，采水速度明显超过了采气速度，水层压力显著下降，已没有能量继续推进和向系统内部侵入，系统内的气水界面变化不大，气水关系处于相对稳定状态。该阶段一直持续到1930年。

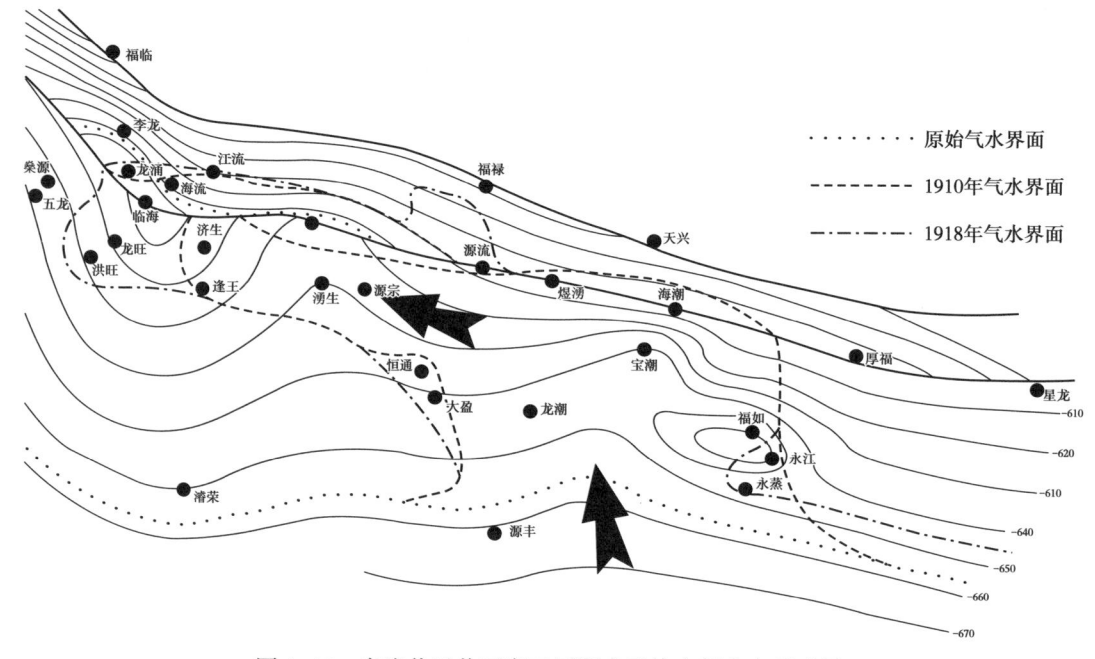

图1-17　自流井贡井区嘉五层源丰系统水侵方向示意图

从源丰系统的开采曲线（图1-18）看，1923年以前，随着排水量的增加，产气量也不断增加，反映出气藏天然气储量不断增加的过程（图1-19）。

宋家场气田茅口组气藏于1975年投产。产量逐步上升，由$1.6×10^4m^3/d$升至$50×10^4m^3/d$（1977年），再升至$170×10^4m^3/d$（1978年）。由于早期采气速度高，地层水沿断层侵入气藏，1978年10月，宋7井出水，此时气藏采出程度37.8%，计算气藏储量$38×10^8m^3$。1978年，上排水采气工艺，1989年，对全气藏进行排水采气提高采收率研究，计算气藏储量为$38.97×10^8m^3$。到1990年，气藏6口井产水，宋8井、宋9井、宋15井等3口井实施排水工艺作业，由于水影响，气量降至$13.8×10^4m^3/d$，阶段产气$11.98×10^8m^3$，采出程度72.2%。随着气藏的生产，排水治水后计算气藏的动用储量不断增加，2000年压降法储量为$40.72×10^8m^3$，表明气藏实施排水后动用的储量越来越大（表1-17）。

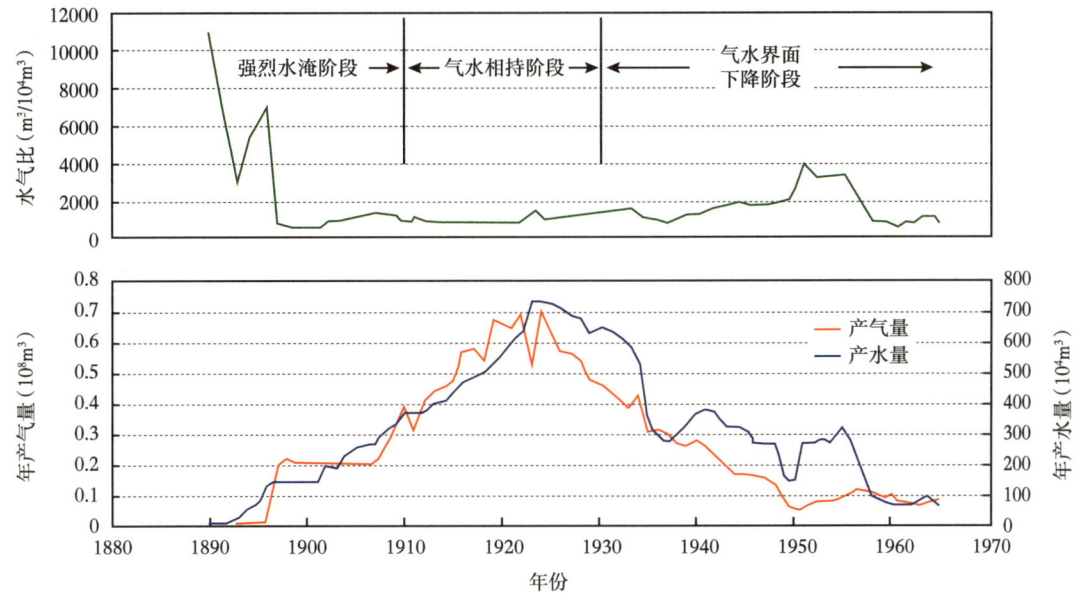

图 1-18 自流井贡井区嘉五层源丰系统开采曲线图

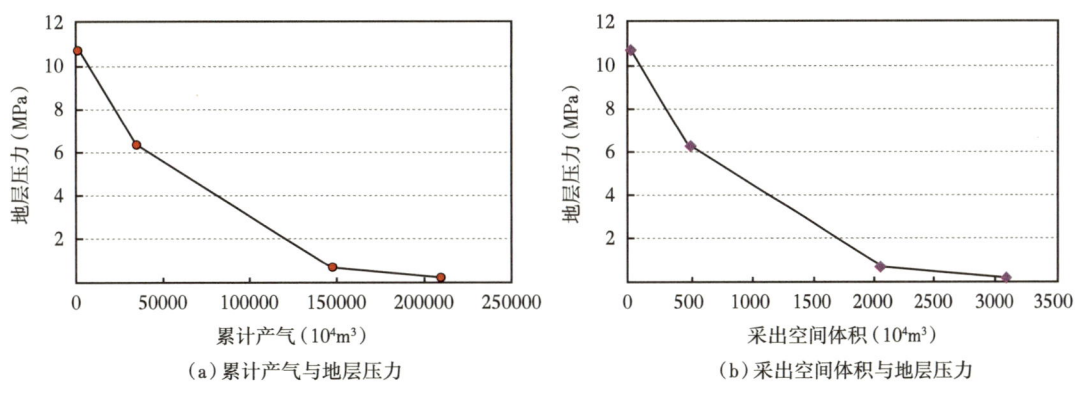

(a) 累计产气与地层压力　　　　　　　　(b) 采出空间体积与地层压力

图 1-19 自流井气田累计产气和采出空间体积与地层压力关系图

表 1-17 宋家场气田茅口组气藏历次储量计算结果对比表

年份	采出程度 (%)	方法	地质储量 ($10^8 m^3$)	计算单位
1978	22.58	压降法	38.00	川南矿区
1982	57.89	压降法	38.00	川南矿区
1985	65.97	物质平衡法	38.89	美国 DM 公司
1989	71.24	考虑水侵的物质平衡法	38.97	川南矿区，西南石油学院
1994	73.74	压降法	40.72	川南矿区
2000	75.16	压降法	43.77	蜀南气矿勘探开发研究所

2）产水井最终结果是变成产气井

由于源丰系统的高强度开采，地层能量持续下降，1926 年日产气降为 $14.9×10^4m^3$，但因为采水工艺和技术提高，日产水仍高达 $1270m^3$，气水界面开始下降，到了 1930 年，气水界面下降至 -608m 左右；1930—1966 年，日产气降为 $7.2×10^4m^3$，日产水 $640m^3$，气水界面继续下降（下降至 -640m 左右），一些海拔位置较高的井开始干枯报废，一些井则由气水同产井变成了气井，"水缝变成了气缝，水井变成了气井……裂缝海拔较高的井相继水干报废，统一的含水区被分割，到 1965 年断层中盘的产水井只剩下海流井一个角落了"。

2. 主动治水可维持气藏稳定生产

通过采取进攻性措施主动治水，对底水气藏选择水体活跃区重点排水，从气水界面附近进行排水，让底水不上窜；对边水气藏则是找准水侵方向，从水侵通道上排水，不让地层水侵入气区。无论底水还是边水，主动治水的基本原则就是不让地层水继续窜入气区，危害更多的气井，以达到维持气藏（井）正常、稳定生产的目的。

1978 年 4 月，中坝气田须二气藏出水后，气藏生产形势迅速恶化。1990 年，气藏实施积极主动的气藏整体排水采气措施，在水侵通道上切断水源，日排水量 $250m^3$，实现了气藏气水排侵平衡，气藏生产形势出现了根本性的好转，水侵线回退并保持了 30 余年的稳产，目前气藏仍处于稳产阶段，生产形势良好（图 1-20）。可见主动治水可以继续维持气藏正常生产。

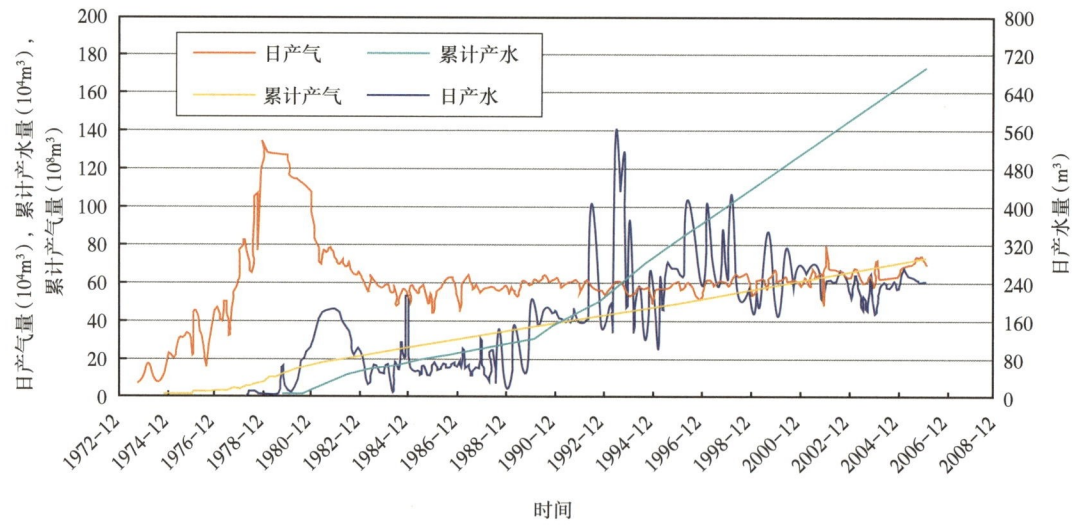

图 1-20　中坝须二气藏采气曲线图

雷 14 井、雷 15 井是茶园寺石炭系气藏南端的两口生产井，雷 15 井于 2006 年 2 月投产，日产气量 $15×10^4m^3$ 左右，2008 年 2 月开始出水，水产量快速上升（升至 $80m^3/d$），同年 5 月水淹停产，10 月排水气井一度复活，但终因地层水处理困难停排，气井再次水淹。2009 年 5 月 24 日开始连续气举，日排水量 $200m^3$ 左右，气井随即复产，产量持续上升（由 $1.5×10^4m^3/d$ 升至 $15×10^4m^3/d$ 左右），该井稳定生产。2002 年 11 月，雷 14 井投产，

日产气量 $10×10^4m^3$ 左右，2007年2月开始出水，水产量缓慢上升（升至 $8m^3/d$），2008年12月到2009年4月水产量快速上升（由 $8m^3/d$ 升至 $50m^3/d$），气产量快速递减（由 $10×10^4m^3/d$ 降至 $3.5×10^4m^3/d$），雷15井2009年5月24日排水后，该井在6月28日产量下降至历时最低 $2.63×10^4m^3/d$，此后产量逐步上升，至2009年10月13日，产量已上升至 $7.7×10^4m^3/d$，产水量下降至 $30m^3/d$（图1-21）。雷15井气举排水后，不仅使本井复产并维持了稳定生产，而且也引起了邻井雷14井的互动（该井产量上升），排水采气效果好。

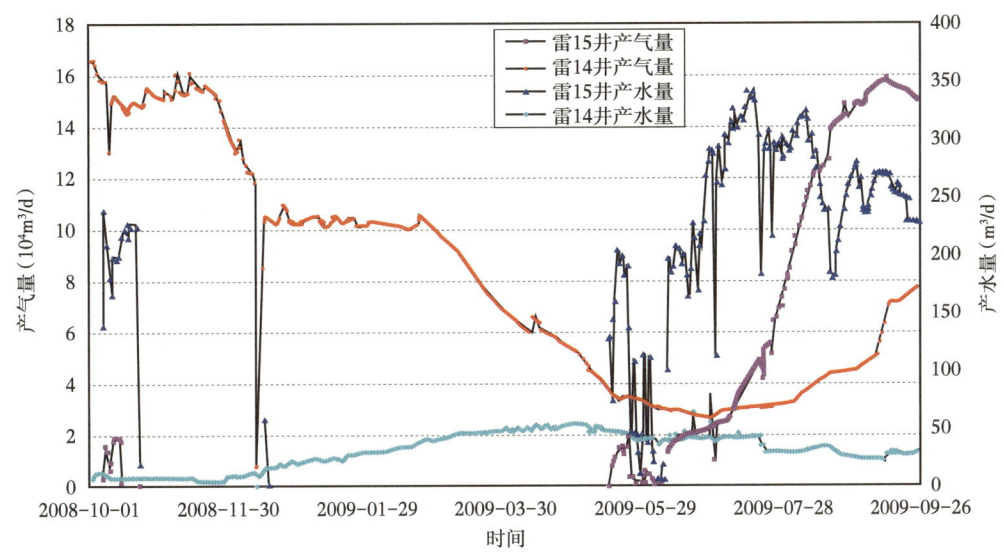

图1-21 雷14井、雷15井排水采气曲线图

3. 主动治水可有效减少工作量，提高经济效益

主动治水，实施气田地层水综合治理，就是从气田整体考虑，从大局出发，搞好气田水综合治理，从气田排水井、排水规模、排水工艺、地层水处理等一系列措施进行论证和实施，可以有效减少气田治水工作量，提高气田的开发效益。而采用"头痛医头、脚痛医脚"的孤立的治水方式由于效果差，工作量反复多次，投资费用看似一次投入少，但因为治水效果差，造成反复投资，其结果是总投资大，而且还很难达到治水效果。所以主动治水、综合治理可以有效减少工作量，提高经济效益。

十、不同水侵方式、不同水侵阶段应采用不同的治水措施

1. 不同水侵方式的有水气藏治水措施不同

根据气水关系及储层特征分类，水侵方式主要有边水沿裂缝不均匀水窜[含大面积水侵和局部水侵（舌进）]、底水沿裂缝锥进水侵和孔隙型储层的水侵等。

1）边水沿裂缝大面积水窜治水措施

边水沿裂缝大面积水窜是造成气藏出水后生产形势恶化最严重的水侵之一。气井出水后在地层压力较高时可自喷带液生产，但在较低地层压力气产量带水效果往往不好，关井后再复活困难，需要人工助排水才能恢复生产，但无论在地层压力较高还是较低条件下，

气藏出水后都会引起气藏(井)产能下降,如果不及时治水地层水进一步大面积水侵,导致更多的气井出水甚至水淹停产,严重影响气藏(井)产能。只有开展积极主动的治水措施,防止并减轻地层水进一步向气藏内部侵入,才能有效维持气藏生产。

针对边水沿裂缝大面积水窜,最有效的治水措施要抓好两个方面的工作:第一是找准水体位置,明确气水界面,在气水界面附近实施强排水,消耗水体能量,降低水侵强度,阻止地层水进一步推进,并让已侵入的地层水"从哪儿来退回到哪儿去",这项工作又要做好两点:(1)排水井点选择储层渗透率高、产水量大的构造位置;(2)排水规模要足够大,排水速度至少要大于水侵速度,即至少要达到排侵平衡。第二是抓好已出水井的排水工作,根据已出水井的地层压力、产水量及井本身的地质条件选择行之有效的单井排水工艺,将已侵入的地层水排除,恢复气井正常生产。

前面举例说明的自流井气田源丰系统,该系统整个开采历程前后80余年,清楚地展示出气水系统的气—水流动规律,系统表现出的三个阶段的动态特征,即投产初期强烈出水(相当于强排水)、中期相对稳定、后期水趋于枯竭并产纯气的三个阶段,水井经过一段时间的生产最后都变成气井。说明了裂缝性边水气藏在大面积水侵情况下在水区实施强排,采取主动治水,气藏能够恢复生产,不排水就无法产气,要产气就必须排水。2009年在孔滩、荔枝滩等大量水淹气藏实施的强排水使一批气井复产,气藏产量明显上升,也说明了大面积水淹气藏实施强排水能够恢复气藏(井)产能。

2)底水沿裂缝水窜治水措施

底水沿裂缝水窜也是造成气藏出水后生产形势恶化最严重的水侵之一。由于底水沿裂缝水窜速度较快,气井投产后一般迅速见水,产水量快速上升,产气量快速下降,如果不及时采取治水措施极容易导致气井水淹停产。

对底水沿裂缝水窜的治水措施与边水沿裂缝大面积水窜的治水措施有相同之处,就是在气水界面附近实施强排水,消耗水体能量,降低水侵强度,阻止地层水进一步水窜。措施要点:(1)气藏高部位实施早期控制采速,同时满足气藏保持均衡开采;(2)气水界面附近实施早期强排,消耗水体能量,降低水侵强度;(3)排水位置储层渗透率高、产水量大;(4)排水规模大,排水速度快;(5)强化早期出水井的排水工作,根据已出水井的地层压力、产水量及井本身的地质条件选择行之有效的单井排水工艺,将已侵入的地层水排除,恢复气井正常生产。

威远气田震旦系气藏底水沿裂缝水窜,气井出水后实施单井排水采气,初期均取得较好的效果,但很快被淹,说明仅靠单井实施增大排水量不能扭转气藏水淹的结局。2005年转变治水思路,从气藏整体出发,实施气藏整体排水方案,在高渗透区利用在气水界面附近钻水平井实施强排水的方式,气藏复产效果良好,月排水1000m^3左右,气藏产量$(10\sim20)\times10^4m^3/d$。

3)边水沿微裂缝局部水窜治水措施

边水沿裂缝局部水窜对气藏的伤害相对前两种要小,地层水侵影响主要表现在气藏局部气井产能下降或者水淹,但是不及时治水,边水会继续向气藏高部位及其他纯气区水窜,造成气藏进一步的伤害。

边水沿裂缝局部水窜的治水措施相对其他方式水侵治水措施更容易实施，而且治水效果更好。边水沿裂缝局部舌进水侵的治水措施主要是找准水侵通道，在水侵方向上切断水路；排水规模达到排侵平衡，让地层水不能进入气藏内部，即"水来多少就排多少"；治水难点是一定要找准水侵通道。中坝气田须二气藏水侵方式就是地层水沿裂缝局部水窜，造成气藏局部气井产量下降甚至水淹，1990年在水侵通道上——中22井实施强排并达到排侵平衡后，水侵线回退并保持了30余年的稳产，治水效果十分突出。茶园寺气田石炭系气藏雷15井排水也相当于在水路上排水，阻止了地层水向雷14井侵入，不仅使雷15井复产并维持了稳定生产，而且也引起了邻井雷14井的产量上升，排水采气效果好。

4）孔隙型储层地层水（可能为夹层水或边水）水侵治水措施

四川盆地孔隙型储层较少，相对而言侏罗系浅层气藏和川中须家河组气藏的孔隙型储层分布略多一些，这些气藏都为砂岩气藏，储层基质属于低孔低渗透，储层含水饱和度高，气井投产后或多或少产一些地层水，当有夹层水或与边水连通时，产水量相对较大，但由于水体很小，累计产水量十分有限。这类气藏水侵对气井的影响主要表现在两个方面：第一方面就是地层水在一定压差下流动，在孔隙间的喉道流动时，当流动压差小于喉道阻力时会在喉道狭窄处聚集形成段塞，造成气井产能下降；第二方面就是当流动压差进一步加大，段塞流动，进入井筒，气井会产少量地层水，但也可能因气井低产造成积液，影响气井产能。孔隙型储层地层水伤害较大，治水经济效益低（一般气井产能较小，治水成本高），因而表现出治水难度较大。

孔隙型储层地层水水侵的治水措施较简单，一方面采用大压差生产，增大流动压差，减小储层内部的段塞；另一方面对出水井采用单井排水采气工艺措施（泡排、气举等），不让气井井筒积液。对广安须家河组气藏和白马庙蓬莱镇气藏均可采用该方法治水。但由于这类气藏气井产能较低，治水成本高，经济效益较差。

2. 不同开采阶段的有水气藏治水措施不同

1）早期治水有利于争取主动

早期治水，变强水驱为弱水驱，变弱水驱为纯气驱被认为是当今有水气藏最有前途的开发方式，特别是针对水体能量较大、水气活跃的强水驱气藏，早期进行强排采气的开采方式显得尤其必要。

2）气藏出水后实施排侵平衡是提高排水采气效果的关键

在气藏实施排水期间，气藏产量随排水量的增加和气藏净水量的减少而增加。原则上，排水量至少应等于水侵量，使地层水产供平衡，不进一步侵入气区，否则，即使在排水井能增产一些天然气，但整个气区的气水关系仍在进一步恶化，最终的采气效果和经济效益可能很差。如果有足够的排水能力，则应尽可能使排水量大于水侵量，这样不仅能获得更高的产气量，而且能促使整个气藏气水关系逐步好转，为稳产甚至增产创造条件。

3. 不断深化地质认识，加强气田动态跟踪，适时调整治水措施

一个气田的勘探开发总是随着工作量的增加，认识不断进步。在获得新的认识后，对气田开发有必要进行实时调整，如开发方案有了就可编制调整方案，相对应地也出现了治

水措施的改变。因此，积极加强气藏的静动态地质研究、动态监测及分析工作，正确认识气藏地质特征，明确气藏的气水关系及气藏类型，准确掌握气藏有效水区的分布、水体能量大小和水侵规律，并开展适时跟踪监测和分析，根据气藏的具体情况、出现的新问题及时调整治水方案：(1)根据气藏水侵方式、水侵量及水侵对气藏生产的影响，制定合理的气藏采气速度及排水规模，达到排侵的动态平衡，改善气水同产井及气藏生产状况，延缓气藏边水侵入速度，提高气藏采收率；(2)根据气藏水侵特征选择适当的排水井点，在水侵前缘开展主动排水，截断地层水向气区侵入通道，减少水侵对气区的影响；(3)及时调整并完善排水采气工艺措施（电潜泵排水、气举排水、小油管排水、泡排等工艺）；(4)补充完善开发井网（包括采气井和排水井），以合理开发井网及合理的采气速度，严格控制气井生产压差，实施均衡开采，避免形成过大的压降漏斗，防止地层水局部舌进形成水封气区，避免影响气井产能及降低采收率；(5)不断完善地层水地面处理系统，完成气田水排、输、注一体化，降低开发成本，满足安全环保要求。

十一、排水采气工艺是有水气藏提高采收率的重要技术

排水采气是有水气藏开发的必经阶段，排水采气工艺是采气工程技术研究的主要内容和提高气藏采收率的重要技术。通过对有水气藏产水气井实施排水采气工艺，及时排出气井井筒及井底附近地层积液，维持气井稳定生产，进而改善气藏气水关系，提高气藏采收率。国内外有水气藏开发实践证明，通过实施有效的排水采气，能够提高有水气藏最终采收率10%~30%。

随着川南地区威远气田震旦系等一批有水气藏投入大规模开发，气藏部分产水气井生产能力受地层水影响较大，限制了气藏产量发挥。为维持或恢复产水气井生产能力，1978年在川南地区威远气田、纳溪气田陆续开展泡排、气举工艺试验，揭开了四川盆地有水气藏排水采气的帷幕。经过近40年（1978—2017年）的探索和发展，四川油气田逐渐形成了以气举排水采气、泡沫排水采气、优选管柱排水采气、电潜泵排水采气、柱塞排水采气、螺杆泵排水采气、机抽排水采气为主的集成配套工艺技术系列，并有针对性地开展了射流泵排水采气、气田加速泵排水采气、组合排水采气、涡流排水采气等新工艺试验，基本能够满足各类型有水气藏不同生产阶段的排水采气需求。

自1979年以来，四川盆地有水气藏累计开展排水采气工艺9800余次，累计排水$4752×10^4m^3$、增产天然气超$220×10^8m^3$，有效保障了有水气藏的高效开发，是全国开展有水气藏排水采气规模最大、增产效果最好的地区。特别是近10年排水采气工艺每年增产气量基本维持在$9×10^8m^3$左右，主要排水采气工艺应用现状见表1-18。

表1-18 四川盆地主要排水采气工艺应用情况统计表

序号	工艺类别	应用井数（井次）	累计增产气量（10^8m^3）	累计排水量（10^4m^3）
1	泡排	5860	113.8	747.3
2	气举	2668	82.5	3560.7
3	优选管柱	512	13.0	50.6

续表

序号	工艺类别	应用井数（井次）	累计增产气量（$10^8 m^3$）	累计排水量（$10^4 m^3$）
4	电潜泵	152	3.8	268.2
5	机抽	153	3.0	54.0
6	柱塞、球塞气举	339	2.7	28.8
7	组合工艺	60	0.9	10.7
8	射流泵	30	0.3	28.5
9	螺杆泵	33	0.1	2.2
10	其他工艺	30	0.1	1.3
合计		9837	220.2	4752.3

注：组合工艺包括泡排+优选管柱、泡排+气举、泡排+气举+增压等。

十二、配套完善的地面集输工艺是有水气藏开发的有力保障

气藏开发过程中普遍产水。随之而来的气田水的输送和处理、设备、管线的防腐蚀、防垢都给有水气藏地面集输工程设计、施工和管理提出了更高的要求。地面集输系统需充分考虑气田产水特征、水的出路问题和处理方式，以及周边环境因素等。同时要根据气井生产压力的高低、气井产气和产水量的大小、硫化氢含量的多少及天然气温度的高低，采用适合有水气藏开采特点的就地分离气水分输、气水混输、高低压分输、不含硫气和含硫气分输、换热降温输送等多种方式优化集输管网，充分利用地层能量和减少工程投资、节约生产运行成本。经过不断探索和实践，四川有水气藏形成了一系列常规和非常规的地面集输技术和地层水处理技术，配套完善的地面集输工艺为有水气藏的高效开发提供了有力保障。

十三、实施开发调整方案可提高有水气藏开发效果

在气藏开发初期，由于资料较少，对气藏的认识难以一步到位，特别是对水体的认识。同时，有水气藏的气水关系、连通关系、动态储量等动态特征在开发过程中不是一成不变的。随着气藏进一步开发和技术进步，当气田的实际情况与原方案设计有较大差别，有必要在深化气藏地质特征、生产动态特征认识基础上，对开发方案进行调整。如五百梯石炭系气藏和中坝气田须二气藏。

五百梯石炭系气藏：1995年编制开发方案，计算储量 $449.03\times10^8 m^3$，计划气藏2001年达到日产 $394\times10^4 m^3$ 规模。截至2001年底，气藏实际生产井数18口，日产气量 $270\times10^4 m^3$、日产水 $20m^3$。因与开发方案设计存在较大差异，2001年重新编制了《五百梯气田整体开发方案》，计算储量 $372.52\times10^8 m^3$，规模 $292\times10^4 m^3/d$。2002年，气藏共投产气井20口，日产气量 $290\times10^4 m^3$。2006年，气藏日产 $262\times10^4 m^3$，编制了《五百梯气田石炭系开发调整方案》，计算储量 $342.54\times10^8 m^3$，规模 $260\times10^4 m^3/d$，实际生产 $260\times10^4 m^3/d$。方案的实施和多轮方案的调整，最终气藏以 $260\times10^4 m^3/d$ 实现稳产。通过本阶段气田的开发，深化了对气藏

储层分布、渗流特征、水侵特征的认识,为气藏生产组织、井位部署、挖潜措施等奠定了基础。

中坝气田须二气藏:1978年6—11月,编制完成《中坝气田须二、雷三气藏开发方案设计》。方案推荐须二气藏生产井25口,日产气170×10⁴m³,气藏稳产时间5年。方案实施后产量持续上升,1978年12月达到历史最高135×10⁴m³/d(12口井)。因采速较高(3.2%),北鞍部3口井开始产水,并相继水淹。1980年8月编制完成《中坝气田1981—1985年开发规划调整方案》,将1981—1983年气藏日产气调整至70×10⁴m³。1985年7月,编制完成《中坝气田须二气藏开发调整方案》。方案核实地质储量111×10⁸m³,推荐日产气70×10⁴m³。至1989年气藏保持60×10⁴m³/d规模稳产,产水量50~80m³/d。在此期间边水沿裂缝带进一步侵入,仍有中25井、中62井、中31井、中37井先后出水,出水井增至9口。1989年6月,编制完成《中坝气田须二气藏排水采气方案的地质论证》。该方案应用物质平衡方法计算须二气藏储量为113.30×10⁸m³、水体体积为4.50×10⁸m³。推荐气藏日产气60×10⁴m³,采取内部联合排水方式日排水500m³为最佳方案。1990年8月,排水采气方案开始执行,即中19井间隙气举排水,气藏日排水165~179m³,1993年5月中35井电潜泵排水投入使用,至同年9月气藏基本实现了日排水500m³方案。通过几年的排水方案实施,发现排水规模偏大,1996年后,又一次编制排水方案,该方案推荐边部两口阻水排水井的日排水量为200~250m³。此后阶段日产气稳定在60×10⁴m³,1990—2005年未新增出水井,水线前缘回缩(中37井由气水同产井变为纯气井),排水采气效果好,实现调整方案目标。

十四、精细化管理是有水气藏提高采收率的重要手段

要实现有水气藏的高效开发,需要在其各个开发阶段实施精细化管理。特别是在有水气藏开发中后期,通过对气藏、气井及地面配套设施系统的精细化管理,能够有效提高气藏采收率。

1. 精细技术管理

产水井进入生产后期,受地层压力降低、井筒及地面集输系统配套的制约,其生产较为脆弱,更加需要对其实施精细化的技术及生产管理。针对尚有自喷能力的低压产水井,应坚持开展气井分析,根据生产组织安排及气井特征落实适合的气井生产制度,努力使气井生产达到压力、产气、产水"三稳定"状态。同时对地面集输系统进行升级改造或优化调整,加强管道管理,降低地面输送压力损耗对气井的影响。针对实施排水采气工艺措施的产水井,在做好气井分析的基础上,还应重视对排水采气工艺制度及参数进行跟踪分析,结合生产情况及时调整工艺措施或工艺参数,同时做好压缩机、加注泵等配套设备设施的维护管理工作,以保障工艺井的连续生产。

付家庙气田茅口组气藏开发后期采取低排高采、高低压分输的技术策略。通过实施"地质—井筒—地面三结合"的精细化管理,摸清气井生产规律,有针对性地实施泡排、气举、优选管柱等排水采气工艺,针对付31井等重点井实施气举+泡排组合排水采气工艺,并辅以简化生产流程、增压输送等措施,维持了低压产水井的连续生产;对压缩机等配套设备实施"双保机制",并严格执行维护保养制度,确保了设备的高效运行,确保设

备运行时率在 97% 以上。通过以上精细化管理措施，气藏在平均井口生产压力 1.0MPa 的情况下，依然能够维持位于付 5 井区低部位的付 31 井坚持排水采气，高部位的付 5 井、付 11 井实现无水采气。使气藏采收率达到 98% 以上。

2. 精细动态分析管理

针对有水气藏，形成了"日跟踪、周分析、月总结"的精细动态分析管理模式。在有水气藏开发过程中，做好产水井的产水量记录，定期开展水样分析、气藏井间连通性及气水关系分析等基础工作，重点跟踪排水井及其周边井产量、压力的变化，及时发现问题和解决问题，为后续的开采对策制定及调整提供基础数据支撑。

3. 精细现场管理

（1）精确掌控气田间歇井。通过勤观察、勤分析、勤开井、勤关井，定时、定人、定井分析管理的"四勤三定"工作法，精确掌握气井生产数据的变化和间歇生产周期，提高生产时率增产。

（2）精心呵护低压小产井。对于生产脆弱的低压小产井，加密巡查次数，观察压力变化，调节压缩机转速，每一步都做到精心料理。在付家庙气田，付 4 井和付 5 井摸索出了周期降压排除井底积液的生产措施，使这两口低压井 2008 年比 2007 年多生产天然气 $47.9 \times 10^4 m^3$。

（3）细心照顾气水同产井、工艺生产井。例如：为保障工艺井自 2 井稳产，运用先进的精细化现场管理理念，提高了采收率。一是动态分析精细化。实行每小时"泵、液位、井口压力"的三点一线记录方式，为把准气井动态变化提供基础数据支撑。二是工艺措施精细化。绘制工艺效果曲线图，精确分析泡排工艺效果，在泡排剂 5 次换型过程中，精心制定换型方案，精细开展换型试验，逐步摸索出"阶梯加注、逐渐替代"的方法来完成换型，确保气井生产不受影响。三是生产调控精细化。编制自 2 井低压生产专项应急预案，落实"双线保驾、双泵护井、三机待令"的应急保障措施，细化输压调控节点，确保自 2 井生产的万无一失。自 2 井创下了四川油气田单井"累计产气量最多、泡沫排水采气工艺应用时间最长、经济与社会效益最好"的"三个之最"。

第二章　威远气田震旦系气藏开发实践

威远气田震旦系气藏是碳酸盐岩活跃底水气藏的典型代表,是我国20世纪90年代以前发现的天然气储量最大、产层时代最古老的底水气藏。在气藏开发过程中,由于底水十分活跃,且储层不均质裂缝系统特别发育,因此底水极易沿裂缝不均匀上窜,如何控制底水水侵伤害是气藏合理有效开发的关键。同时因为气藏具有酸性气体含量高(硫化氢含量0.6%,二氧化碳含量5.0%)、地层水矿化度及温度均较高(矿化度80g/L,温度90℃以上)的特点,在气藏开发过程中对地面工程和井筒的防腐也提出了很高的要求,气藏开发难度很大。自1964年投产以来,到2018年气藏已有50余年的开采历史,经历了底水气藏勘探开发的全过程,在开发实践中探索了一套裂缝性碳酸盐岩底水气藏开发技术,填补了我国底水气藏开发领域的空白。

第一节　气藏概况

一、地理位置与区域构造位置

威远气田位于四川省东南部的威远县、资中县和荣县之间,气田所在的威远构造是四川盆地内一个巨型穹隆状构造,在区域构造位置上隶属于川中隆起带威远—龙女寺隆起,位于该隆起西南部的斜坡带上(图2-1)。

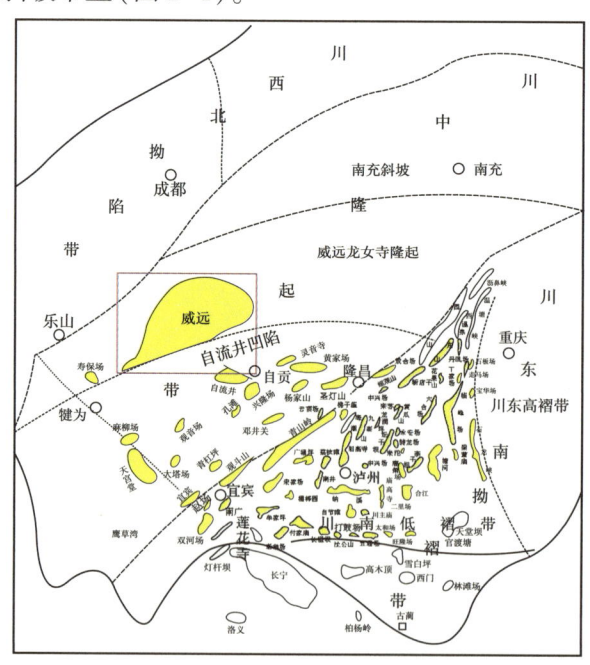

图2-1　威远构造区域构造位置图

二、勘探简况

1. 地震勘探情况

1931年发现威远背斜构造，1957年对构造进行了地质普查，1959年进行1∶50000地质细测及重、磁力详查，1961年开展1∶50000地震细测，1965年对构造顶部进行1∶50000光点地震详查。由于构造顶部大范围内出露三叠系嘉陵江组石灰岩及雷口坡组泥灰岩，地震激发和接收条件较差，获得的地震资料差，均未能作出威远构造地腹构造图。1965年根据地震普查资料结合威基井、威2井钻井资料，作出了第一张威远构造震旦系顶界构造图，其后以此图为基础，各时期不断以钻井资料编绘修正震旦系气藏顶界构造图，构造细节及断层展布情况均不清楚。直到1991年，四川石油管理局地调处才首次对威远构造东段进行了二维数字地震详查，编制了震旦系顶界构造图，基本查明了威远构造东段地腹震顶构造形态、断层展布情况，但构造主体及构造西端构造细节与断层展布情况仍不清楚。2004年底至2005年初，在威远构造进行了两轮共3条测线地震攻关试验，确定了野外采集数据的处理流程及参数；2005年对威远构造进行了二维数字地震详查，基本查明了震顶构造形态及细节变化；2007年又对威远构造西段进行了二维地震加密详查，进一步查明了威远构造西段地腹构造形态及构造细节、圈闭规模、高点位置及断层的展布，新发现潜伏高点2个。

2. 钻井勘探情况

为取得威远地区三叠系至前震旦系基岩间各层系地层和油气水资料，1956年5月22日在威远地面构造高点（震顶构造为东翼，接近原始气水界面）曹家坝开始钻探威远基准井（威基井）。原设计完钻井深为3200m，钻至志留系下部地层。但在钻探过程中发现志留系地层厚度（190m）与设计厚度（1820m，长宁剖面实测厚度）相差甚大，故于1957年8月修改设计完钻井深为3800m，钻至进入前震旦系基底岩层50m。1958年4月22日威基井因钻机参加川中会战而停钻，此时已钻至井深2438.65m、层位为下寒武统沧浪铺组（进入寒武系544.15m），在寒武系及二叠系见气显示。1964年3月对威基井进行加深钻探，同年9月钻至井深2859.39m（进入震旦系28.39m，层位为灯影组灯四段）时发生井漏，井内替入清水后发生井喷，测试产气量达$14.03 \times 10^4 m^3/d$，同时产水$373.3 m^3/d$，元古宇震旦系勘探取得突破，四川盆地发现我国陆地上最古老的气藏——威远震旦系灯影组气藏。

震旦系气藏发现后，1965年6月石油工业部决定在四川开展"开油找气"大会战，至1967年底，采用均衡布井方式分别在威远构造顶部、两翼及外围部署震旦系探井20口，完钻井17口，基本探明气藏含气情况；1968年以后，气藏采取边钻井、边投产的方式，不断扩大气藏勘探开发规模，至1988年底共开钻井86口、完钻井89口，探明了气藏原始天然气地质储量及含气边界、气水界面；1989—2006年，气藏未再部署新钻井，主要以老井实施排水采气工艺措施挖潜为主。针对气藏采出程度低、剩余储量大的现实情况，为最大限度挖掘气藏潜力，2007年以后，气藏新部署排水采气水平井3口、大斜度井1口，以及专层回注井1口，开始进行在气水界面排水采气水平井+直井气藏排水采气先导试验。

截至2017年底，气藏共完钻井112口，获工业气井76口，小气井15口，探明气藏为一大型块状白云岩"裂缝—孔洞型"底水气藏，底水十分活跃，储层非均质性极强，储层主要位于上震旦统灯影组中上部，储集空间类型主要为各类孔、裂缝和溶洞，有效储层段非常致密，平均孔隙度仅2%左右，渗透率在0.001~0.04mD之间，原始地层压力29.533MPa，地层温度120℃，气藏原始气水界面为海拔-2434m，含气面积193km^2，含气高度244m。

三、开发简况

自威基井1964年投入试采以来，根据气藏产气量变化情况和排水采气工艺实施情况，可将气藏开发阶段划分为试采（1964—1967年）、自喷生产产量上升（1968—1976年）、自喷生产产量递减及排水采气试验（1977—1984年）、大规模直井排水采气（1985—2006年）和气水界面水平井+直井排水采气（气藏二次开发）（2007—2018年）等5个阶段（图2-2）。

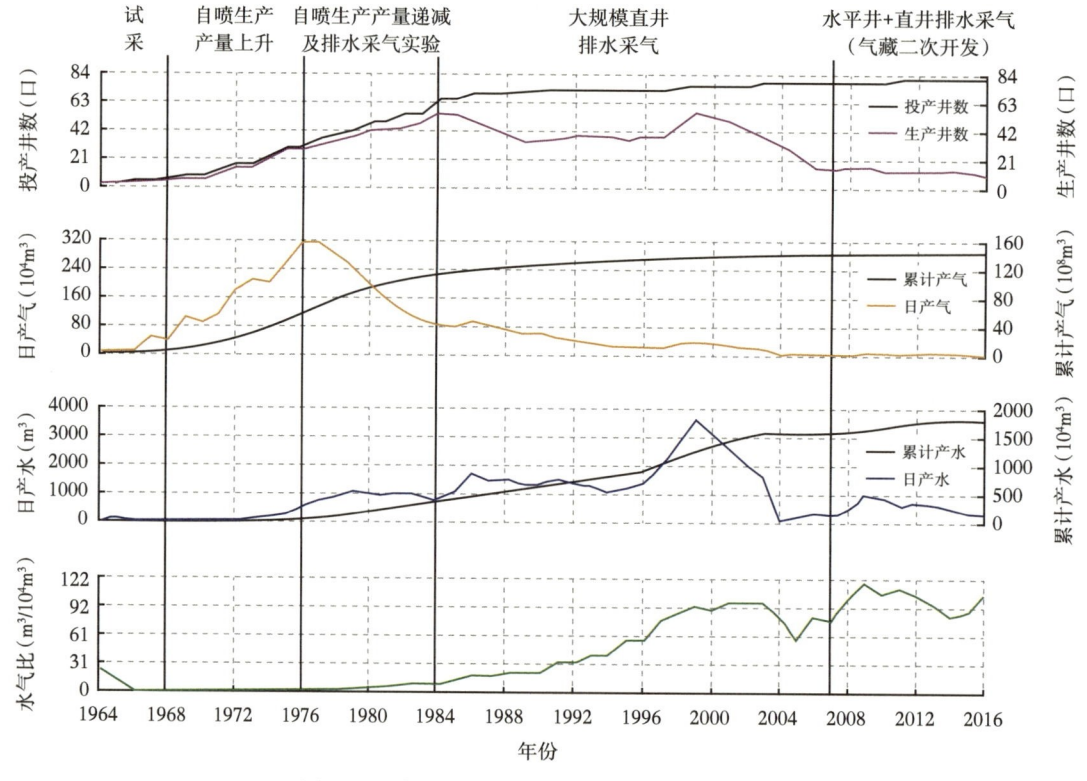

图2-2 威远气田震旦系气藏开发阶段划分图

1. 试采阶段（1964—1967年）

该阶段气藏先后投产气井5口，气藏产气量由3×10^{4}m^3/d增长到约50×10^{4}m^3/d，除位于气藏边部的威基井和威13井投产即产水外，其余位于构造顶部的威2井及翼部的威5井、威9井均不产水。该阶段气藏累计产气2.5×10^{8}m^3，累计产水8.8×10^{4}m^3，阶段采出程度0.63%。

2. 自喷生产产量上升阶段（1968—1976年）

该阶段又可以划分为无水采气期和自喷带水期。

1968—1969年为气藏无水采气期，气藏主体构造部位生产井均未出水。1968年威9井和威23井相继投产，气藏产气量增加约$50×10^4m^3/d$。该时期气藏新投产井4口，到1969年底气藏产气量增加到$77×10^4m^3/d$，12月开始向成都供气。

1970—1976年为气藏自喷带水采气期。1970年底位于五井区构造顶部的威5井首先出地层水，标志着气藏无水采气期的结束和自喷带水阶段开始。之后虽然部分气井又陆续出水，气藏产水量由1971年的$9m^3/d$快速上升到1976年的$559m^3/d$，但由于新井投产弥补了老井递减，气藏产气量持续上升，该时期气藏共投产气井22口，到1976年气藏产能达到历史最高点，年平均日产气量达$317.1×10^4m^3$。

气藏在本阶段共投产气井26口，累计投产气井31口；共产气$55.9×10^8m^3$，阶段产水$43.9×10^4m^3$，阶段采出程度13.98%；累计产气$58.3×10^8m^3$，累计产水$52.6×10^4m^3$，累计采出程度14.58%。

3. 自喷生产产量递减及排水采气试验阶段（1977—1984年）

1977年以后，由于气藏出水严重影响了气藏生产，新井产量已经无法弥补气藏产量递减，气藏生产开始进入自喷生产产量递减阶段。为维持气藏产量，1980年后，对部分井进行了泡沫和机抽排水采气试验，取得一定增产效果，但全气藏效果不明显，气藏产气量由1977年的$317.1×10^4m^3/d$快速递减到1984年的$86.4×10^4m^3/d$，产水量则由1977年的$767m^3/d$上升到1979年最高$1125m^3/d$，之后一直保持在$1000m^3/d$左右。

该阶段气藏共投产气井35口，累计投产气井66口；阶段产气$54.8×10^8m^3$，阶段产水$277.1×10^4m^3$，阶段采出程度13.70%；累计产气$113.2×10^8m^3$，累计产水$329.8×10^4m^3$，累计采出程度28.30%。

4. 大规模直井排水采气阶段（1985—2006年）

由于上一阶段实施的泡沫、机抽排水采气试验效果不甚理想，为改善、调整气藏的生产状况，1984年又开展气举、电潜泵排水采气工艺试验。1985年气举排水采气工艺试验获得成功并逐步在部分水淹气井中应用，取得了较好的增产效果。一批水淹井相继复活，气藏产量快速下降的趋势得到了有效遏制。但从1987年开始，气藏产气量及产水量又开始持续递减，1995年开始在气藏二井区顶部进行强排水采气，1998年扩大到五井区及整个气藏，对全气藏进行了强排水采气。相继开展了水力喷射泵、柱塞气举、气举+泡排组合工艺等排水采气工艺的试验，以及增压输送等多项工艺措施，取得了一定的增产效果和宝贵的现场实践经验。

该阶段气藏共投产气井13口，累计投产气井79口；阶段产气$31.1×10^8m^3$，阶段产水$1307.3×10^4m^3$，阶段采出程度7.78%；累计产气$144.3×10^8m^3$，累计产水$1637.0×10^4m^3$，累计采出程度36.08%。

5. 气水界面水平井+直井排水采气（气藏二次开发）（2007—2018年）

在气藏勘探开发过程中，采用容积法、压降法、物质平衡法和数值模拟法等多种方法先后多次对气藏地质储量进行了研究，震旦系储量基本介于$300×10^8$~$500×10^8m^3$之间，储量基础落实。1975年采用动态法计算震旦系气藏探明储量为$400×10^8m^3$，列入国家储量公报，并以此作为震旦系气藏开发的原始天然气地质储量。截至2018年底，气藏剩余地质储量$253.50×10^8m^3$，仍具有大气田的天然气储量规模。2007年，气田实施水平井钻井，在气水界面低排低采，形成"水平井+直井"排水采气开发井网，有效进行震旦系气藏二次开发。同年第1口水平井威001-H1井投产，气藏开发进入"水平井+直井"排水采气（二次开发）阶段。

截至2018年底，该阶段气藏共投产气井3口，累计投产气井82口；阶段产气$2.24×10^8m^3$，阶段产水$226.25×10^4m^3$，阶段采出程度0.53%；累计产气$146.50×10^8m^3$，累计产水$1863.84×10^4m^3$，累计采出程度36.63%。

第二节　气藏主要特征

一、地层与沉积相特征

威远构造地面出露最老地层为三叠系下统嘉陵江组，地腹完全缺失石炭系、泥盆系；由于基底花岗岩有隆起现象，缺失下震旦统，上震旦统直接沉积于前震旦系花岗岩基底之上，自下而上包括喇叭岗组和灯影组。灯影组岩性主要为藻白云岩，厚约640m，自下而上可分为灯一段、灯二段、灯三段、灯四段等四段，震旦系储层主要发育在灯二段中上部—灯四段。灯影组自下而上海水逐渐加深，蓝绿藻繁茂，为受潮汐作用控制的清水碳酸盐沉积环境，灯一段为潮上带碳酸盐泥坪和潮间带藻坪沉积环境，灯二段以潮间带为主，自下而上由潮间带上部向潮间带中部、中上部过渡；灯三段沉积时，现今构造顶部区及次高点为潮间下带的藻滩间潟湖沉积；灯四段沉积早期的蓝灰色泥岩，为浑水潮下沉积，尔后水体变浅、变清，演变成潟湖沉积。潮间带藻席、含粒藻坪、藻粒坪、藻粒滩微相颗粒云岩发育有效孔隙层，控制了灯影组储层发育与分布。震旦纪末期，地台上升为陆，震旦系顶部遭受剥蚀，与上覆寒武系呈假整合接触。

二、构造与圈闭特征

威远构造位于四川盆地川中隆起带，地面及地腹均表现为北缓南陡的不对称的短轴背斜，地腹震顶构造圈闭面积巨大，东西长轴约26km，南北短轴约11km，最低圈闭线海拔-2950m，闭合面积$1172km^2$，闭合高度750m。震旦系气藏发育于构造顶部，气藏边界位于海拔-2434m，含气面积$193km^2$，含气高度244m。

震顶构造无大断层，断层规模普遍较小，延伸长度短、断穿层位少、断距小。其中气藏范围内地震资料共解释小断层10条，但众多的开发钻井尚未发现断层。

三、储层特征

1. 储层划分

以威117井典型测井曲线为标准，按孔隙度旋回特征可将威远震旦系主要储层段灯二段中上部—灯四段从下至上细分为A~H等8个小层，其中A、B层为次要储层段，C、D、E、F、H等5个小层为主要储层段，G层为泥岩隔层（表2-1）。

表2-1 威远气田震旦系储层划分表

地层划分			储层划分		地层厚度（m）	岩性
老代号	新代号		小层代号	威117井厚度（m）		
震四^2（$Z_2^{4}{}_2$）	灯四段（Z_2dn^4）		H	31.0	13.4~55.5	藻白云岩
			G	6.0		蓝灰色泥岩
震四^1（$Z_2^{4}{}_1$）	灯影组	灯三段（Z_2dn^3）	F	23.5	42.5~82.0	藻白云岩
			E	21.5		
震三（Z_2^3）		灯二段（Z_2dn^2）	D	80.0	57.0~476.0	藻白云岩
			C	50.5		
			B	77.0		
			A	79.0		
				189.5①		
震二（Z_2^2）	灯一段（Z_2dn^1）			80.0	73.0~80.0	白云岩含泥质
震一（Z_2^1）	喇叭岗组（Z_2l）			16.0	11.0~16.4	白云岩夹砂岩、泥岩、石膏
前震旦系（Pt）	前震旦系（Anz）			119.64（未完）		花岗岩

①该数据为灯二段下部的厚度。

2. 储集空间类型

威远震旦系灯影组储层储集空间以孔隙为主，其次为洞穴和裂缝。

孔隙类型包括粒间孔、窗格孔、晶间孔及晶间隙、溶孔等四类。粒间孔、窗格孔为原生孔隙，晶间孔及晶间隙、溶孔为次生孔隙。构造顶部区粒间孔及窗格孔相对发育，孔隙度相对较高。据实验分析统计，孔隙类型不同，其孔渗关系亦有差异，窗格孔孔隙度及渗透率均较高，晶间隙孔隙度及渗透率则均最低，说明各类孔隙具有不同的孔隙结构。

根据岩心资料分析，灯影组岩心有效缝均形成于喜马拉雅造山期，以平缝为主，立、斜缝较少；其张开宽度以微缝占绝对优势，平均宽度0.015mm；按力学性质以压扭性缝为主，而张性缝宽度可达0.2~0.5mm，最宽者达10mm，但数量极少，不到1%；裂缝发育密集，以1~10cm间距的密型为主，决定了极低渗透孔隙中的气体通过微裂缝的有效沟通可以产出，对提高天然气的产出程度有重要意义。

威远震旦系洞穴有成岩期暴露水面溶蚀的葡萄花边洞、桐湾期表生风化溶洞、喜马拉雅造山期断层角砾间孔洞和沿喜马拉雅造山期裂缝溶蚀扩大的洞四种成因。据11口井岩心资料统计，震旦系洞穴以小洞为主，中洞次之，大洞少。成岩期和桐湾期的洞多具有分层分布特征，前者多见于灯二段，后者多发育在灯三段，有放空显示，多为大洞。喜马拉雅造山期洞穴以小洞为主，呈稀疏薄层状分布。

3. 储层物性特征

威远震旦系储层具有低孔、低渗透特征。利用气水相对渗透率曲线与孔隙度—含水饱和度关系曲线组合法确定震旦系储层有效孔隙度下限值为1.7%。由岩心分析统计威远震旦系孔隙度集中分布在0~5%之间，孔隙度最低0.03%，最高9.16%，平均孔隙度仅2.05%，统计岩心孔隙度大于1.7%的岩样占总样品数的49.98%，平均孔隙度为3.01%。

岩心分析威远震旦系渗透率最低为$1×10^{-8}$mD，最高23.4mD，渗透率集中分布在0.001~1.92mD之间，平均渗透率为0.08mD，岩心分析孔隙度大于1.7%的岩样平均渗透率为0.461mD。

孔隙度和渗透率关系分析表明震旦系储层具有明显的多重孔隙介质特征。

4. 储层类型划分

震旦系气藏储集岩为灯影组藻白云岩，其储集空间经历了从沉积至埋藏成岩作用及多期构造作用改造，变得异常复杂、类型繁多，按孔隙、洞穴和裂缝三类储集空间所起主导作用的不同，其储层类型可划分为"裂缝—孔洞型""裂缝—洞孔型""裂缝型"和"洞孔型"等四大类。对全气藏而言，震旦系储层储集类型主要以裂缝—孔洞型为主，储层发育模式为块状、透镜状、片状分布的低孔低渗透孔（洞）隙储层叠置成片，以裂缝有效沟通为统一储渗体，局部分布中洞、大洞穴。

5. 储层分布特征

威远震旦系纵向上灯四段、灯三段储层以大小不等的透镜体散布于藻白云岩中，单层厚度小；灯二段储层呈连续层状分布，单层厚度较大。横向上主高点是储层发育的最有利区，其储层单层厚度、累计厚度、平均孔隙度均大于气藏其他区域。

四、流体性质与流体分布

威远震旦系气藏天然气以甲烷为主，体积百分比81%~87%，乙烷含量0.1%~0.2%，不含丙烷以上重烃；酸性气体储量较高，其中二氧化碳含量3%~5%，硫化氢含量15%~20g/m³；氦气含量高达0.2%~0.36%，是我国主要的含氦气藏。气藏地层水性质基本一致，相对密度1.055，pH值为7~8，略呈碱性，总矿化度75~83g/L，水型为$CaCl_2$型，Ba^{2+}含量较高。此外，地层水中锂、钾、铷、铯、锶、硼等具有潜在经济效益的微量元素也有较高的含量。

气藏储量丰度研究表明，在平面上天然气主要分布在二井区及五井区顶部，并与高产井大体吻合，其他部位也有一些局部高值区；在构造低部位其储量丰度较低。总的看来，顶部天然气储量丰度较大，均超过$5.0108m^3/km^2$以上。纵向上，以灯二段D储层天然气储量丰度最高，其次分别为灯三段、灯四段。

依据气藏勘探初期钻井显示和测试成果，确定气藏原始气水界面为海拔-2434m。气井生产资料反映，气藏顶部、构造轴部及其南翼是地层水分布的主要区域，气井测试产水量、累计产水量大，生产水气比高。

受储层非均质性、裂缝类型和发育程度、开采程度、净水侵量大小的制约，在气藏范围内底水活动特征存在较大的差异，主要的地层水侵入及活跃区只有7个，这些区域也是水侵伤害最严重的区域（图2-3）。

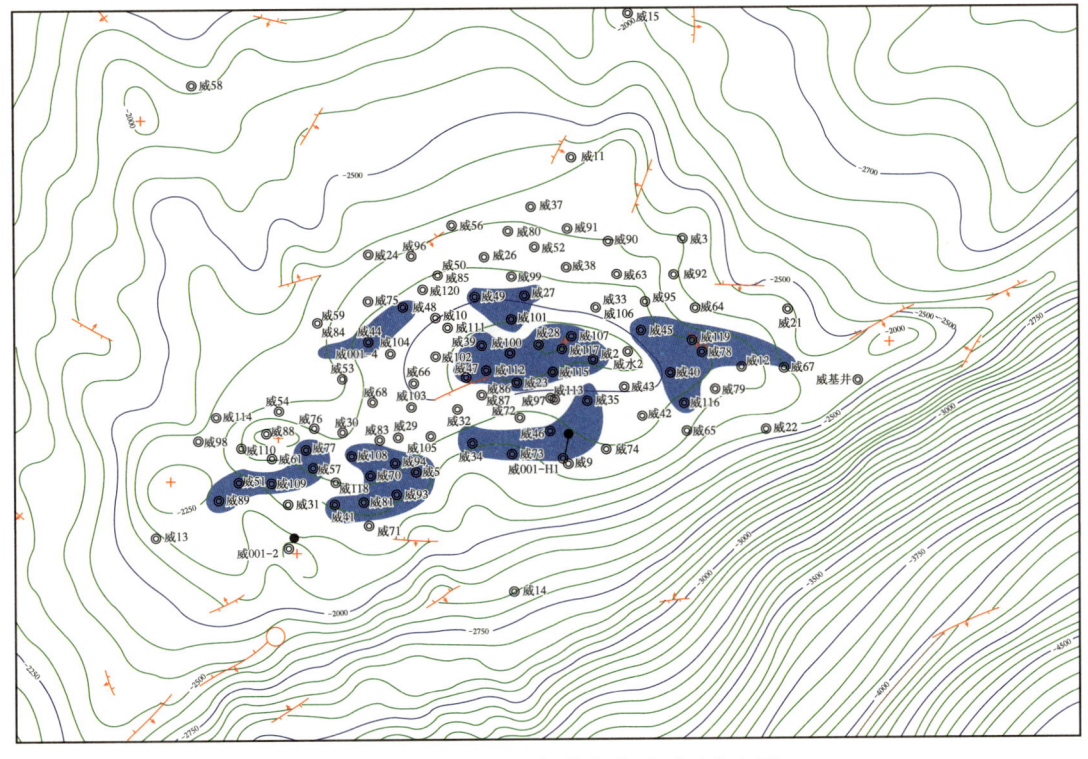

图 2-3 威远震旦系气藏底水活跃区分布图

五、压力与温度分布

将气藏中部的威 2 井实测产层中部（海拔 -2291m）温度 115.4℃作为震旦系气藏的气藏温度，温度梯度 3.27℃/100m。震旦系气藏早期所钻各井折算地层压力接近，气藏属于一个压力系统，以威 2 井产层中深（海拔 -2291m）计算，气藏原始地层压力为 29.533MPa。

六、动态特征

1. 产能特征

1）产能变化特征

从震旦系气藏 40 多年的生产史看出气藏几乎没有稳产阶段（图 2-4）。1977 年气藏年产气量上升到 $11.5 \times 10^8 m^3$ 后开始递减，1984 年下降到 $3.16 \times 10^8 m^3$，递减了 $8.34 \times 10^8 m^3$，平均年递减近 $1.20 \times 10^8 m^3$，按照 1977—1984 年的递减速度，气藏的可采储量只有 $123.46 \times 10^8 m^3$。

1985 年开始较大规模排水采气后，气藏递减率大幅度降低，按照 1983—1984 年年递减 $0.53 \times 10^8 m^3$ 的递减速度计算，1985 年、1986 年、1987 年连续三年的年气产量分别为 $2.63 \times 10^3 m^3$、$2.10 \times 10^8 m^3$、$1.57 \times 10^8 m^3$，平均 $2.10 \times 10^8 m^3$，而实际这三年的年产气量分别为 $2.95 \times 10^8 m^3$、$3.43 \times 10^8 m^3$、$3.05 \times 10^8 m^3$，平均 $3.14 \times 10^8 m^3$，增加了 49.5%，气藏排水采气后，由递减分析计算的气藏可采储量也只有 $138.58 \times 10^8 m^3$；1995 年进行开发方案

调整后，气藏递减率也有所降低，递减分析计算可采储量增加 $5.69 \times 10^8 \text{m}^3$，使气藏的可采储量达到 $144.27 \times 10^8 \text{m}^3$。

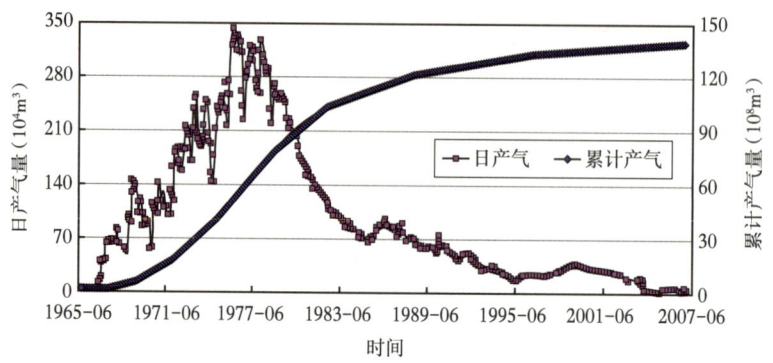

图 2-4 威远气田震旦系气藏产气量变化图

2）水气比变化特征

在 1966 年 9 月至 1972 年 9 月自然生产阶段，水气比维持在 $0.03 \sim 0.09 \text{m}^3/10^4 \text{m}^3$ 之间。1985 年实施排水采气工艺后，水气比保持相对稳定，稳定在 $20 \text{m}^3/10^4 \text{m}^3$ 左右，在排水采气的后期，排水采气难度加大，水气比上升到 $30 \sim 50 \text{m}^3/10^4 \text{m}^3$。1995 年进行开发方案的调整，实施强排水，水气比持续升高至 $90 \text{m}^3/10^4 \text{m}^3$（图 2-5）。

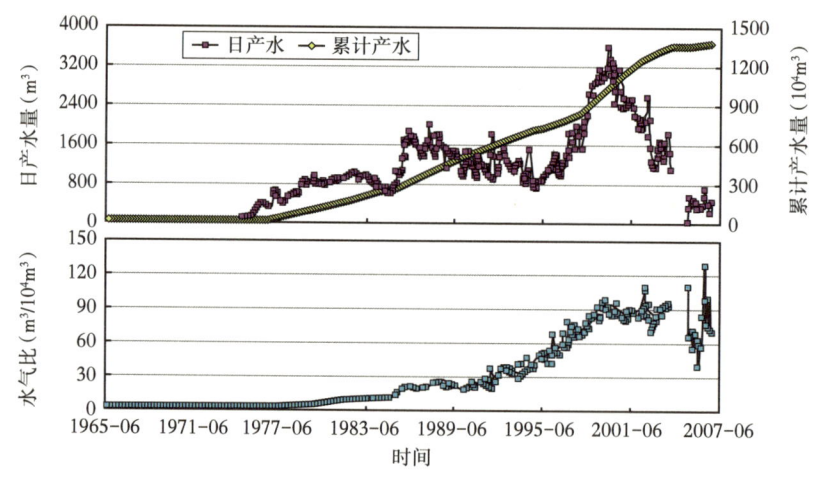

图 2-5 威远气田震旦系气藏产水曲线图

3）产能影响因素

气井产能与储层及裂缝发育程度密切相关，威二井区顶部、威五井区轴部气井原始产能较高。威远气田震旦系白云岩储层具有低孔低渗透、非均质性强的特点，储层厚度、孔隙度、储层发育以构造主高点最好，即储层物性高值区分布于构造主高点威二井区，次为威五井区构造轴部；而储层有效裂缝发育程度受喜马拉雅造山期构造褶皱作用的控制，地层形变程度与裂缝发育程度密切相关。构造主高点威二井区构造褶皱作用强，裂缝发育好,因而气井测试产量高(图 2-6)。气藏威二井区主高点—东轴部测试产能大于 $30 \times 10^4 m^3/d$ 的井 11 口,$(10 \sim 30) \times 10^4 m^3/d$ 的井 2 口,威五井区西高点测试产能大于 $30 \times 10^4 m^3/d$ 的井 4 口,轴部测试产能 $(10 \sim 30) \times 10^4 m^3/d$ 的井 1 口。因此,构造主高点威二井区顶部的气井累计生产能力高,次为威五井区构造轴部的气井,而构造翼部的气井较低(表 2-2)。

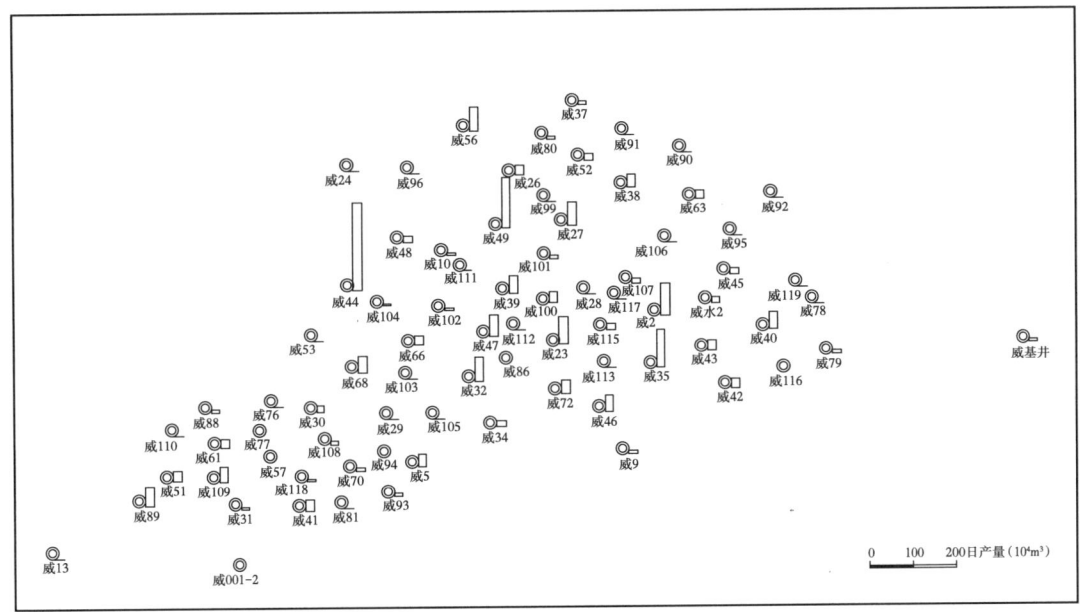

图 2-6 威远气田震旦系气藏单井天然气测试产量示意图

表 2-2 威远气田震旦系气藏不同构造位置气井测试产能统计　　　　　单位:口

区 块		钻井数	高产井 ($>30 \times 10^4 m^3/d$)	中产井 $(10\sim30) \times 10^4 m^3/d$	低产井 $(1\sim10) \times 10^4 m^3/d$	微气或干井 ($<1 \times 10^4 m^3/d$)	水井
威二井区	主高点—东轴部	26	11	2	12		1
	东北翼	5			1	2	2
	东南翼	11	1	4	4	1	1
	北翼北鼻突	7		3	4		
威五井区	西部点轴部	1		1			
	西高点裂缝发育区	14	2	4	5	2	1
	西高点南翼部	13	2	4	4	2	1
	西高点北翼	4		1	2	1	

气井出水后产能大幅度下降。地层水沿裂缝不规则窜入气藏后,气层内单一的气相流动变为气水两相流动,增加了流动阻力(试井 A、B 值增大),降低了气相渗透率,从而使气井有效产出井段减少,在井筒外围形成水封气,致使气井产能大幅度降低(表 2-3)。

表 2-3　威远气田震旦系气藏气井出水前后产能对比表

井　号		威 23 井	威 34 井	威 40 井	威 39 井	威 61 井
出水前	A	5.43	15.91	32.45	22.31	78.84
	B	0.060	0.405	0.125	0.116	0.904
	产气量($10^4 m^3/d$)	69.7	31.4	77.2	64.4	23.1
出水后	A	10.50	12.47	27.82	26.95	0.97
	B	0.146	1.199	0.565	0.201	16.500
	产气量($10^4 m^3/d$)	41.7	20.0	50.1	31.1	16.5

气井排水后产量恢复明显。威远震旦系气藏单井出水前产量较高，出水后产量大幅降低，到后期气井基本水淹，产量很低，但通过大量排水后产量恢复明显（表 2-4）。

表 2-4　威远气田震旦系气藏气井出水前后产能对比表　　单位：$10^4 m^3/d$

井　号		威 23 井	威 34 井	威 40 井	威 39 井	威 61 井
出水前平均产量		33.61	24.32	21.10	36.20	9.30
出水后	平均产量	5.50	9.77	10.41	7.74	3.81
	末期产量	0.12	0.23	0.84	1.22	0.27
排水后	稳定产量	3.18	2.88	3.56	2.26	1.61
	末期产量	1.45	0.85	0.38	0.13	0.66

2. 井间连通性

气藏原始状态下是连通的，但连通性较弱。震旦系气藏早期所钻各井气水界面高度，以及气、水组分基本一致，折算至威 2 井产层中部深度（海拔 −2291m）的折算地层压力也接近（表 2-5），说明气藏在原始状态下是连通的。但是早期的区块干扰试井时间分别长达 7 个月和 3 个月（表 2-6），而主高点和西南高点，主高点和北翼区之间的地层压力变化甚微，说明这种连通性是不好的，区块间连通性弱，而区块内部连通性则相对较好。

表 2-5　威远气田震旦系气藏早期完钻井地层压力统计表

井号	测压日期	折算地层压力（MPa）	井号	测压日期	折算地层压力（MPa）
威基井	1965-10	29.737	威 24	1967-10-13	29.667
威 2	1965-10-23	29.533	威 30	1967-06-27	29.345
威 5	1966-10-23	29.577	威 40	1971-03-27	28.439
威 9	1967-12-08	29.292	威 49	1974.09.01	27.633
威 10	1967-10-13	29.400	威 51	1975-03-15	29.329

表 2-6　威远气田震旦系气藏井间干扰数据表

观察井：西高点威 5 井		激动区	观察井：西北翼威 24 井		激动区
测压日期	井底压力（MPa）	二井区：$q_g = 160 \times 10^4 \text{m}^3/\text{d}$	测压日期	井底压力（MPa）	气藏：$q_g = 340 \times 10^4 \text{m}^3/\text{d}$
1971-12	23.507		1975-5-10	28.878	
1972-4-15	23.717（上升）		1975-6-22	28.890（上升）	
1972-7-6	23.749（上升）		1975-7-30	28.839（下降）	
1972-8-21	23.696（下降）		1975-9-21	28.766（下降）	

气藏的弱连通性随水体的侵入进一步变差。气藏开发初期，生产证实气藏连通范围广，有压力不均匀下降的现象，物性好的区块（顶部区、五井区）地层压力下降快；物性差的区块（气藏翼部、边部）地层压力下降很少，反映气藏储层在区域上存在差异，储层非均质性强。在带水开发生产和排水采气生产阶段，随地层水侵入气藏，气藏连通性进一步变差，出现多个压降漏斗，表现出较强的非均质性。

3. 气藏水侵特征和水侵规律

震旦系气藏地质条件、开发历史反映了气藏地层水的活动特征。影响气藏（气井）开发的可动水为气藏底水；主要储集空间为孔隙度大于 5% 的溶孔、洞穴和裂缝；气藏水侵方式为裂缝水窜，裂缝是底水侵入气藏的通道（纵向侵入气藏后，沿裂缝和高孔洞储层纵窜横侵）；水窜从单井到全气藏，气藏内流体由气相为主逐步过渡到水相流动，主要渗流通道——裂缝饱含水制约天然气流动，高孔洞储层成为侵入水储集空间、中低渗透储层被水封堵。

震旦系储层孔隙度低、喉道小，加之溶蚀洞穴零星分布，气藏底水的侵入途径为广泛发育的裂缝，其有效裂缝产状与储层好坏决定了底水侵入模式主要有以下几类：

(1) 水锥型：该类井产层发育大量微细裂缝且呈网状分布，试井压力恢复资料解释储层呈双重介质特征，微观上底水沿裂缝上窜，宏观上呈水锥推进。水锥型气井产水量小且上升缓慢，大都分布在气藏边、翼部低渗透地区，但也有少数井分布在顶部高渗透地区，如威 2 井、威 61 井等。

(2) 纵窜型：纵窜型气井多位于高角度大缝区，有大缝与井筒直接相连，底水沿大缝直接窜流入井筒，十分活跃，有时甚至表现为管流特征，产水迅猛且水量大，对气井生产影响很大，短期内可使气井水淹而死，如威 35 井、威 44 井、威 101 井。对于纵窜型气井，地层水的危害性很大，有些呈封闭状危及本井，有些扩大到一片，转化为纵窜横侵型。

(3) 横侵型：气井附近低角度裂缝发育，且与有高角度裂缝、洞穴的井相连，地层水由横向侵入，纵向上出现水层下又有气层交互分布现象。横侵型气井底水大多不活跃，只有少量井较为活跃，如威 34 井、威 40 井、威 57 井，主要分布在构造高点附近的中高渗透地带。

(4) 复合型：震旦系气藏的底水活动极少存在单纯的一种水侵模式，而往往是多种模式的组合。如出水井附近存在高渗透孔洞层，并与高角度大缝相连，地层水沿大缝上窜，再通过高渗透孔洞层横向侵入气井，如 5 井区、94 井区、45 井区、34 井区。

4. 气藏储量、单井控制储量与分布

气藏储量计算：威远气田震旦系气藏在 1974 年、1984 年、1994 年、2002 年、2005 年、2008 年进行了 6 次全气藏关井测压，利用面积加权计算全气藏各时间段地层压力，复核气藏压降储量。经计算，震旦系气藏压降法储量为 $384.253 \times 10^8 m^3$（表 2-7 和图 2-7）。

表 2-7 威远气田震旦系气藏压降储量计算表

时间	历年总产气 G_p ($10^8 m^3$)	地层压力 p (MPa)	Z	p/Z	历年总产水 ($10^4 m^3$)
1974-12	37.06	29.7710	0.98562	30.2054	37.9064
1984-12	113.07	22.1006	0.93687	23.5898	314.6156
1994-12	134.95	23.3375	0.94300	24.7481	861.7094
2002-12	143.22	23.2506	0.94254	24.6680	1545.2112
2005-12	144.47	21.4760	0.93408	22.9916	1653.1586
2008-03	144.85	22.0769	0.93676	23.5673	1682.6737

注：Z 为天然气压缩因子。

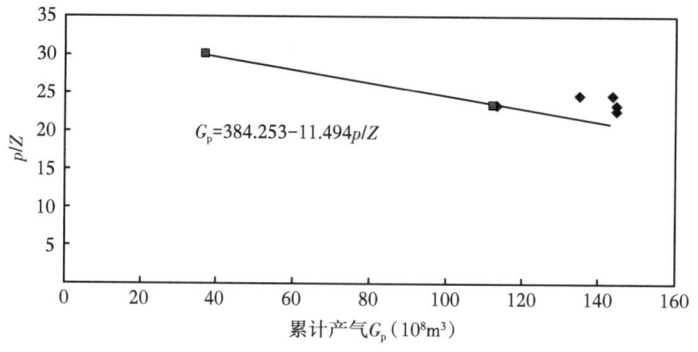

图 2-7 威远气田震旦系气藏压降储量图

单井控制动态储量计算：采用物质平衡法对威远震旦系气藏具备计算条件的单井进行井控动态储量的计算，气藏 60 口单井动态储量为 $361.96 \times 10^8 m^3$，井控储量介于 $0.065 \times 10^8 m^3$ 至 $21.733 \times 10^8 m^3$ 之间。采用多种方法计算威远震旦系气井控制半径，计算结果表明，各井单井控制半径均小于 1000m，平均单井控制半径为 565.9m。

第三节 气藏开发的主要做法及效果

一、试采阶段（1964—1967 年）

1964 年 5 月 13 日威基井开始进行加深钻探（第一次加深），同年 9 月 16 日钻至井深 2859.39m（进入震旦系 28.39m）在灯影组灯四段获工业气流 $14.03 \times 10^4 m^3/d$，同时产水 $373.3 m^3/d$，发现震旦系气藏。由于该井在下寒武统九老洞组 2625~2631.5m 钻遇一明显盐水层（钻井液密度下降、黏度升高，氯根由 420mg/L 升至 1250mg/L），当时分析认为灯影组测试时所产水（373.3m³/d）主要来自寒武系。

为了解震旦系顶部气藏之下有无新的气层，1966年3月16日对威基井再次进行加深钻探（第二次加深），同年6月10日钻至井深3041.61m完钻（进入震旦系210.61m），完钻层位为灯影组灯二段（进入灯二段179.61m）。该井在第2次加深过程中不断发生钻井液气侵和井漏，由于2855m以上震旦系顶部为渗透性很好的气水层，本次加深以前也发生过多次气侵和井漏，因此加深过程中发生的气侵就难以确定是震旦系顶部气层的反应，还是加深井段出现的新气层。

由于震旦系顶部气水层的干扰，使加深过程中的气显示难以区别真伪，因此加深井段的含气水情况，主要根据测试成果进行分析。该井在加深过程及加深完成后进行了四次测试，均气水同产，日产气量 $3.1×10^4 \sim 6.5×10^4 m^3$，日产水量 $260 \sim 339m^3$。从测试情况分析，第2次加深前后关井压力和气水性质都差别不大，当时分析认为该井主要以震旦系顶部气藏产气，加深井段缝洞层以产水为主，但还不能肯定全部产水而不产气。

1965年5月至8月位于震顶构造顶部的威2井钻至震旦系后，先后四次对震旦系进行中途测试，均获工业气流，且测试产气量一次比一次高，不产水，最大测试产气量达到 $74.1×10^4 m^3/d$，分析认为威远震旦系普遍含气，且气层厚度大，勘探前景广阔。

1966年1月至1967年4月，为探明气藏含气边界，分别钻探了位于构造北翼的威11井、东北翼的威3井和威21井、东翼的威12井、西翼的威13井、西北翼的威24井及南翼的威14井。上述探井测试过程中均产水，部分井为水气同产但气产量较低。

根据上述各井钻井显示和测试成果，确定气藏原始气水界面在海拔-2434m（表2-8）。

表2-8 威远震旦系气藏原始气水界面数据

井号	完钻时间	气水界面（m）		主要依据
		井深	海拔	
威基井	1964-09	2851.0	-2434.20	井深2851~2852m Cl⁻含量升至48334mg/L
威3井	1966-01	2917.0	-2435.27	井温异常，Cl⁻含量43025mg/L
威11井	1966-07	3087.0	-2433.14	Cl⁻含量37983mg/L
威12井	1967-01	2908.6	-2445.63	Cl⁻含量44092mg/L
威13井	1967-03	2934.5	-2438.52	Cl⁻含量40871mg/L
威21井	1967-04	2854.5	-2431.00	Cl⁻含量44452mg/L
威24井	1967-04	2929.0	-2431.00	井温电阻率异常，Cl⁻含量37170mg/L

试采阶段通过对震旦系威11井、威12井、威14井、威21井、威24井等探边井的钻探及气藏5口生产井（威基井、威2井、威3井、威5井、威13井）的试采，认识到震旦系气藏气水分布受构造控制，各气水井折算的气水层压力相近、天然气性质相同。试采发现震旦系气藏连通范围较广，气藏为同一压力系统，气藏有底水，具有统一的气水界面，各井出水位置被同一海拔高度控制，在海拔-2434m以上产气，以下产水，气藏高度约为223m。

二、自喷生产产量上升阶段（1968—1976年）

1968—1969年为气藏无水采气期，该时期气藏共有生产井6口（威2井、威3井、威

5井、威9井、威23井、威30井),均不产水。1970年12月23日,威5井因大压差生产首先出地层水。1972年通过对威2井、威5井、威23井生产分析,发现气井水性与产气量变化有密切关系,并得到这些井的临界产量。随后1972年12月位于五井区顶部的威41井、1973年1月位于二井区顶部的威35井和威39井、9月位于二井区翼部的威34井均相继出地层水,标志着气藏无水采气期的结束和自喷带水阶段开始。

出水气井一旦关死,很难恢复自喷。如威40井、威45井关井停喷后,先后采取多种方法都无法恢复自喷。因此对出水气井主要采取被动带水生产,需稳定工作制度,不经常变动操作,如威27井、威44井等井坚持不关井,延长了气井自喷期。

1973年根据气井出水情况和产气量递减规律,开始采取均匀布井、均匀开发、稳定工作制度、控制合理压差等治水措施,以延长气井无水采气期、带水自喷期;提出对未出水气井控制在临界产量以下生产,对已出水气井控制合理压差生产以减缓递减。如威23井1968年12月投产,生产压差$1.7\sim2.4$MPa时,日产气$(40\sim50)\times10^4m^3$,1973年初威39井、威35井出地层水后,1973年4月威23井有出水显示,产出水氯根含量$1g/L$,采取及时调小生产压差措施,又延长无水采气期6年左右,其无水采气时间达到3862d;如威2井通过控制生产压差在临界产量以下生产,无水采气时间达到7367d。

由于威远震旦系储层缝洞系统发育极不均质,上述控制气井生产合理压差的治水措施仅对个别井底表现为视均质储层特征的井有效(如威2井、威23井等井),可以推迟气井见水时间、延长无水采气期;但对于气藏大多数井来说,由于井底附近储层裂缝(特别是高角度裂缝)发育,底水沿裂缝系统快速上窜进入储层,使气井短时间内见水,该治水措施则基本无效,无法达到控水目的,未能从根本上阻止底水上窜,最终导致气藏气井全部出水、生产困难、水淹停产。

除了采取控制气井生产合理压差的治水措施,在本阶段气藏还开展了化学堵水试验。1975年9月和11月,对威35井灯四—灯二段分别进行了2次聚丙烯酰胺选择性化学堵水试验。第1次注入堵剂$22.08m^3$,堵前生产套压16.50MPa、生产油压14.15MPa,日产气量$13.60\times10^4m^3$,日产水量$21.70m^3$;堵后生产套压16.50MPa、生产油压14.47MPa,日产气量$12.30\times10^4m^3$,日产水量仍有$20m^3$。第二次化学堵水注入堵剂$68.18m^3$,堵后生产套压16.10MPa、生产油压14.10MPa,日产气量$11.50\times10^4m^3$,日产水量$28.10m^3$。两次堵水试验均未取得成功,分析认为主要原因是气、水在储层中沿同一通道流动,气水同层同段产出,堵水也堵气。

该时期气藏生产特征表现为气产量上升快,水量变化虽较多,但水产量总体不大,生产油套压差逐渐减小,被动带水生产的效果虽延长气井自喷生产时间,但后期出水井仍不断增多。至1976年底,气藏已有25口井出水,仅有6口生产井未出水。

三、自喷生产产量递减及排水采气试验阶段(1977—1984年)

1977年以后,由于气藏出水,严重影响了气藏生产,新井产量已经无法弥补气藏产量递减,气藏生产开始进入自喷生产产量递减阶段,到1984年底,气藏又有39口井出水。为维持气藏产量,除了新钻开发补充井外,从1980年开始,还采取了泡沫排水、气举、机抽等排水方式,先后对威23井、威47井、威109井等12口井进行了泡沫助排工艺,对威26井等4口井进行机抽排水试验，取得一定增产效果。当气井水气比不断增加，气井举升能量衰竭，井底开始积液时需进行排水采气作业，采用加泡沫剂助喷、增压输送等方式；气井停喷后，及时进行气举、机抽排水采气。实施排水工艺以来，靠排水工艺增产的气量逐年上升，强化排水是治理威远出水的有效途径。该时期气藏生产特征表现为虽生产井数增加较多，但出水井也增加较多，气产量从最高开始快速降低，水产量开始上升，生产油套压差有一定减小后又开始逐渐增大，水侵加快，人工助排生产单井取得一定增产的效果，但全气藏效果不明显。

1977年5月，为了探索进行水层专层井排水，在构造东部钻探了威水2井，进入原始气水界面以下158.19m完钻，先期裸眼完成。但实际测试产水量很小，投产后仅日产水1.10m³，由此认识到气藏底水分布的非均质性。

借鉴国外气藏钻开程度控制在30%左右及任丘底水油田数值模拟与生产实践提出钻开程度应控制在20%~30%以延长无水采气期的经验，该阶段曾建议震旦系气藏钻开程度控制在1/3较合理。从1980年开始直至1992年，在威远震旦系气藏顶部完钻的井采取控制钻开程度的措施以防止底水上窜，各井井底距原始气水界面距离92~185m。但测试资料表明，钻井进入气藏底水区深度与该井产水量大小并无必然关系（图2-8）。根据1975年以前早期投产的威5井、威9井、威19井、威27井等18口出水气井的资料，气井出水压差Δp和无水采气期与井底距原始气水界面距离没有明显关系（表2-9）。由于底水沿裂缝水窜至气藏中高部，控制钻开程度未能取得控制底水锥进延长无水采气期的目的。

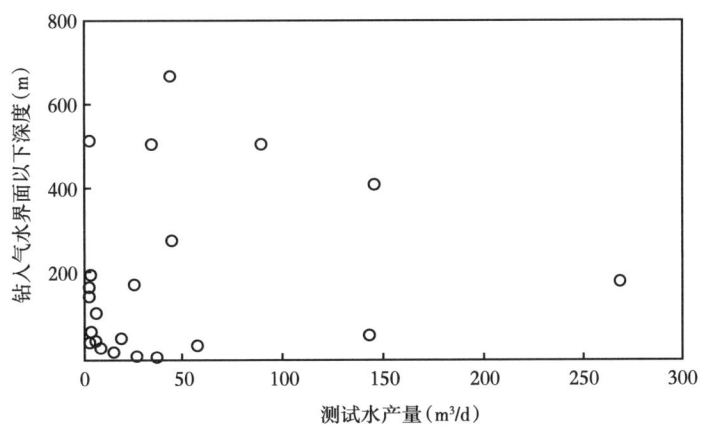

图2-8 威远震旦系钻入原始气水界面以下深度与测试水产量关系图

表2-9 部分气井出水参数表

井号	井底距原始气水界面距离（m）	出水压差（MPa）	无水采气期（d）
威5井	82.47	12.58	1485
威9井	8.86	12.80	2269
威10井	13.77	14.46	1305
威27井	20.46	10.87	94
威32井	34.05	5.12	1170

续表

井号	井底距原始气水界面距离(m)	出水压差(MPa)	无水采气期(d)
威 34 井	24.97	6.88	1168
威 39 井	59.83	6.62	412
威 40 井	26.99	4.54	802
威 46 井	19.54	3.38	145
威 47 井	61.42	14.27	45
威 66 井	45.35	7.11	44

1980年再次开展了化学堵水试验。对威83井灯四—灯三段进行水玻璃+氯化钙非选择性化学堵水试验，堵水剂主要由两种能反应生成沉淀的物质——硅酸钠和氯化钙组成，试验中共注入堵剂47.68m³，堵水前测试日产气 $1.10×10^4m^3$、日产水192m³，堵水后经两次常规酸化测试产微气，日产水84m³，试验未获成功。

四、大规模直井排水采气阶段（1985—2006年）

1985年威远气田开始安装高压压缩机，建成高压集配气系统，压力较高的气井进入系统调配，威28井采用内悬式气举阀气举恢复生产，此后气举阀气举排水采气得以广泛应用。气举井高压气改为由压缩机提供，随着气举排水采气工艺的发展，高压压缩机机型更新，提供的注气压力从初期12MPa提高到15MPa。从1985年开始气藏大范围推广气举和电潜泵强排水采气，一批水淹井相继复活，气藏产量快速下降的趋势得到了有效遏制。

从气藏递减率变化看，气藏自1985年开始较大规模排水采气后，气藏递减率降低，1985年5月至1986年7月产量上升，最高升至 $100×10^4m^3/d$，1986年8月产量才又开始递减，但递减幅度较强排水前的产量年递减率18.72%有一定减缓，折算年递减率18.6%，增产气量上升明显。从气藏水气比变化看，1985年初开始的气举排水到1985年4月见到成效，水气比明显下降；到1986年6月时，水气比又增大，说明排水量不够，需加大排水力度。

震旦系气藏经过3年的排水采气，地层压力下降快，1988年气藏形成威二井区顶部、威五井区顶部和东北翼的威63—威95井区三个压降中心，地层压力分别降至12MPa、16MPa、17MPa以下，边部区的威11井地层压力保持在28.43MPa。排水采气使二井区和五井区顶部区的压降漏斗有所加深；气藏水侵使基质孔隙中的气体被"水封"，基质含水饱和度上升，渗流的通道（裂缝）被水侵占，常规方法难以采出气藏基质孔隙中的气，亟待解决人工举升的接替工艺。针对生产中暴露出的上述矛盾，1989年12月川西南矿区编写了《威远气田调整挖潜规划》，提出通过强排水措施改善气藏状况，确定气藏以提高气藏采收率为目标，利用现有老井排水采气，水体排水与气井排水相结合，1993年日排水量达到3800m³；排水、压裂、堵水工艺相结合，走气水同采综合利用的道路；对基质孔隙层段酸化压裂，改善基质孔隙层的渗流条件；在排水采气为主体的前提下，选择3~4口井进行堵水试验，对只产水的裂缝层段和水淹层段进行堵水作业，作为排水采气措施的调节；以电潜泵排水解决产水量高、低回压井的强排水，接替气举工艺；在产水量小、有一定自喷能力或井底流动压力较高的井开展柱塞气举试验。

由于震旦系气藏产量递减太快，这一挖潜规划未能逐一实施。开展常规气举排水工艺井14口、半闭式气举井4口（威28井、威89井、威107井、威117井），增压输送工艺井5口。威108井进行喷射式气举排水采气试验，威35井进行柱塞式排水采气试验，威40井开展射流泵排水采气试验，威44井开展电潜泵排水采气试验，新的排水采气接替工艺未取得大的进展。气藏生产至1994年底，由于多数气井因年久失修，不能开展排水采气，只有10~15口气井生产，气藏日产气量降至历史最低的$19.50\times10^4m^3$。

1994年12月和1995年8月，川西南矿区先后两次邀请四川石油管理局有关领导、专家及省内相关院校的教授共200余人，在威远红村召开威远气田震旦系气藏提高采收率大讨论会，会后矿区成立了由矿领导牵头的项目领导小组，以及由开发地质、气藏工程、采气工程、气井大修、油田化学专业等30多名中青年技术人员组成的威远气田科技攻关队，对气藏上产和提高采收率的可行性作进一步论证，同时对有水气藏后期开发存在的技术问题进行全面攻关与试验，决定开展实施《威远气田震旦系气藏二井顶部区强排水试验和气田水综合利用方案》提高采收率先导技术项目。

项目划定的气藏二井区顶部强排水采气试验区范围$20km^2$，区内有19口气井。试验目的一是通过强排试验取得经验后并推广到全气藏；二是在气藏低压区试验和发展强排水采气工程技术，为全气藏强排水采气做好技术储备。其任务是以常规油藏工程和数值模拟技术为主要手段，研究二井顶部试验区的形成机理和静动态特征，分析区块潜力；编制、论证二井顶部试验区强排水试验方案；开展低压井试修工艺技术和人工举升工艺技术的现场攻关，逐步加大区块排水强度。

1995年初，区块日排水量$435m^3$，日产气量$4\times10^4m^3$。1995年，采用单井压降储量累积法复核区块储量，并对储量变化规律联系气藏封隔情况进行了研究，分析确定了二井顶部试验区的控制可动储量为$115\times10^8m^3$，剩余可动储量为$51.10\times10^8m^3$。编制区块强排水采气试验方案，从气藏工程角度对方案进行分析，优选推荐"气田水采用蒸汽压缩蒸发器预浓缩后用多效真空蒸发制盐，母液出售"为气田水综合治理方案。威23井开展气举—泡排复合工艺试验，1995年8月底日产气量升至$5.50\times10^4m^3$，日产水量$160m^3$，恢复生产。威115井进行半闭式和全闭式气举工艺试验，威27井、威100井侧钻加深后开式连续气举排水。威2井、威23井、威39井、威40井、威107井、威115井修井检阀作业7井次，清砂酸化，清洁井底。威92井、威111井进行高能气体压裂试验。1996年，井下情况异常复杂的威27井、威100井开窗侧钻加深到水线附近，进行老井侧钻工艺技术试验，气井井筒状况得到改善。威35井进行气举—柱塞举升复合工艺试验，对威2井、威35井、威27井、威47井、威100井修井检阀作业，清砂酸化，清洁井底。对威2井、威35井进行高能气体压裂试验。1996年7月，矿区完成《威远气田震旦系气藏油藏工程研究》，以静、动态相结合的办法，论证威远气田震旦系气藏二井顶部区的形成过程和形成机理；开展油藏工程研究、排水采气工艺技术研究并实施《威远气田提高采收率科研攻关项目》研究。

1997年5月，威86井增压站建成，安装ZTY-265机组5台，二井顶部区强排水采气试验需要的高压气得到保障。威47井、威89井、威109井实施气举—泡排复合工艺。气藏东部威水2井修井侧钻，进行低密度泡沫流体修井工艺技术攻关试验，以保护气层。北翼区威

26井采用玻璃钢抽油杆进行机抽排水试验。1997年底二井顶部试验区生产井恢复到15口，威35井、威27井、威47井、威100井、威107井、威115井、威72井、威23井、威39井、威117井连续排水气举。威2井、威113井、威111井、威101井间歇生产，威112井自喷生产。区块气井利用率78.9%（震旦系气藏气井的利用率约50%）。其中威40井、威27井、威47井单井日排水强度大于300m³。1997年底，区块日产气量13×10⁴m³，日排水量740m³，二井顶部区逐步建立起强排条件，强排水采气地面条件、人工举升工艺和试修技术达到试验目的。1997年震旦系气藏开展气举排水采气井30口，年底日排水量2200m³，日产气量27×10⁴m³。

1997年8月矿区编写《威远气田震旦系气藏提高采收率可行性研究报告》，确定提高采收率原则是修井而不打井。修井作业主要进行清砂、打捞落物、修补套管、油管解堵、侧钻、检泵检阀，以气藏排水采气作为增储上产最基本、最主要的技术措施。人工举升工艺选型需要考虑地面条件、井深、地层压力、气井的产液能力、井身结构、出砂情况等因素；继续推行排水采气的同时，调整排水采气布局，使之更科学、合理、有效，加大排水强度。方案分两个阶段实施，1997—2000年为建设期，主要任务是科研攻关、编制气藏开发调整方案，完成气藏上产和稳产40×10⁴m³/d所需要的修井、采气工艺、地面工程、环保工程等方面的建设；2001—2011年为生产期，累计产天然气16.43×10⁸m³。

1998年开始方案实施，1998年威57井增压站建成，安装ZTY-265压缩机组8台；威86井站增压站扩建，安装ZTY-265压缩机组5台；威5井增压站改造、更换安装ZTY-265压缩机组1台。完成修井作业井16口，14口井新上排水采气工艺，完钻卤水回注浅井1口，完成净化二厂第一期技改工程，全年完成地面工程35项。灯影组气藏二井顶部区、五井区、二井区外围几个区块同时强排水采气，气举排水采气井38口，1998年底日排水量3300m³、日产气40.80×10⁴m³，灯影组气藏年产气量1.18×10⁸m³、年排水量105×10⁴m³。

1999年，灯影组气藏平均日排水量3364m³、最高曾达到6000m³/d，年排水140×10⁴m³，日产气量维持在40×10⁴m³左右，说明强化排水取得了一定效果。2000年川西南矿区改制后，项目停止执行，气田产气量逐年下降。

1985年开始的气藏排水采气试验，气藏可采储量由123.9×10⁸m³（1984年）增加到148.78×10⁸m³（2007年），提高气藏可采储量约25×10⁸m³，至2007年底增产天然气20.4×10⁸m³。

五、气水界面水平井+直井排水采气（气藏二次开发）（2007—2017年）

随着威远震旦系气藏大面积的出水，强化排水虽暂时提高了气藏生产规模，初期有效，但最终效果不好，气藏最终水淹，开发效益差，采出程度不到35%。2004年2月后气藏已全面水淹，说明原有在气藏原始气水界面以上较高部位进行强排水采气的方式更加会造成气藏水淹，需要进行新的排水采气方式。

根据碳酸盐岩裂缝性有水气藏"低排低采、低排高采"气藏排水采气成功经验和认识，针对威远气田震旦系气藏大型块状底水的特点，2007年气藏开始探索采用水平井在原始气水界面海拔-2434m低排低采，原有老井在气藏高部位进行低排高采，组成"水平井+直井"排水采气开发井网（图2-9），有效进行气藏二次开发。实践表明，这一排水采气方式效果好，改变了气藏长期水淹的被动局面，找到了科学有效的开采技术方法。

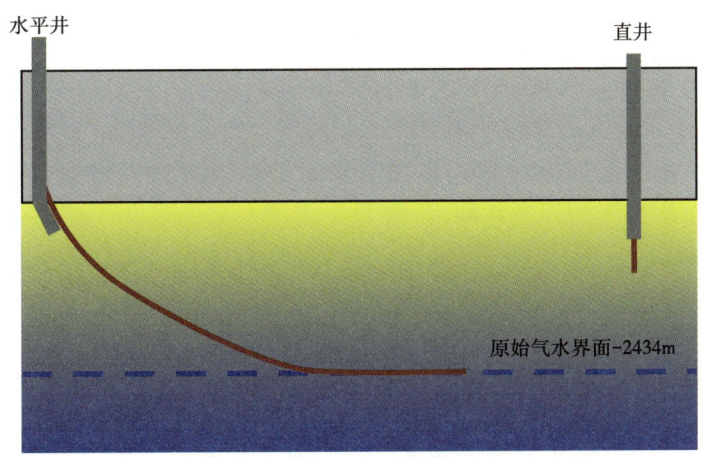

图 2-9 "水平井+直井"开发井网设计示意图

2007年沿气水界面钻探了气藏第1口水平井威001-H1井。该井2007年6月6日完钻，完钻井深3570m，完钻垂深2988m，完钻层位灯二段，水平井段长度590.65m，采用7in油层套管，5in尾衬管完井。该井产层灯四—灯二段，试油井段斜深2979~3750m、垂深2891~2988m，垂直厚度97m，产层中部垂直深度2939.55m；试油井段海拔−2454~−2357m，气藏的主产层段为灯三段，水平段进尺主要在灯三段、灯二段，轨迹沿着气水界面（图2-10）。

层位	钻井进尺深度(m)	垂直井深(m)	层段进尺(m)	层段垂直厚度(m)	层底海拔(m)
寒武系九老洞组	2922.5	2853.1	531.5		−2318.9
震旦系灯四段	2979.5	2891.1	57.0	38.0	−2356.9
震旦系灯三段	3217.0	2943.4	237.5	52.3	−2409.2
震旦系灯二段	3570.3	2988.0	353.0	44.6	−2453.8

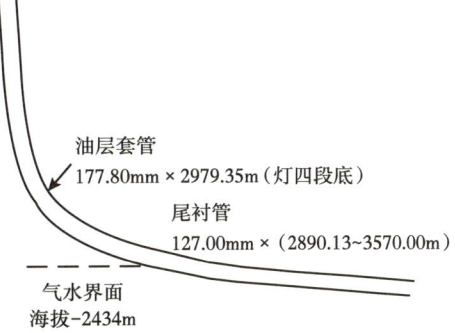

图 2-10 威 001-H1 井完井示意图

2007年8月9日该井经浓度25.53%盐酸145.5m³酸化后测试，产气1.17×10⁴m³/d，产水516m³/d，原始地层压力27.895MPa，地层温度121℃左右。2007年10月22日该井投产，气举生产20d，气产量由0.85×10⁴m³/d升至3.6×10⁴m³/d，产水量由420m³/d升至636m³/d，由于产出的地层水温度高达93℃，于2007年11月17日至2008年7月20日关井8个月，进行地面集输分离计量设施整改。从2008年7月20日开始，连续气举生产，生产套压2.50MPa，油压11.30MPa，产气3.50×10⁴m³/d，产水530m³/d，生产稳定，到2017年底，累计产气7356.04×10⁴m³，累计产水112.60×10⁴m³。

威001-H1井投产后，由于在气水界面低排低采，对相邻震旦系灯影组的气井进行跟踪监测，有较明显的反应，例如威46井2008年10月24日液面退回地层，井口压力由17.990MPa下降到2009年6月16日的17.655MPa。

截至2017年底，威远震旦系气藏剩余地质储量253.61×10^{8}m^3，采出程度仅36.60%，开发潜力巨大。气藏已编制完成威远气田震旦系气藏二次开发方案，形成"水平井+直井"在气水界面排水采气的开发井网，"解封"上部水淹的老井，建立低排低采、低排高采气藏排水的开发方式，形成了产气规模，恢复了气藏生产，实现了气藏整体治水，表明这一开发方式是科学开发有水气藏的有效方法。

第四节 经验与认识

第一，威远震旦系气藏为典型的碳酸盐岩"裂缝—孔洞型"底水气藏，储层裂缝及溶洞发育，气藏底水能量强，易沿裂缝纵窜横侵进入气藏。

威远震旦系气藏为一受背斜圈闭控制的大型块状白云岩"裂缝—孔洞型"底水气藏，气藏储层主要位于震旦系上统灯影组中上部，非均质性极强，储集空间类型主要为各类孔、裂缝和溶洞，有效储层段非常致密，平均孔隙度仅2%左右，渗透率在0.001~0.04mD之间。气藏位于威远震旦系顶界构造顶部，以海拔-2434m作为气藏原始气水边界，气藏含气面积193km^2，含气高度244m。原始地层压力29.533MPa，地层温度120℃。

研究认为震旦系气藏在原始气水界面海拔-2434m以下存在含气层，水中有气，导致底水能量大、异常活跃：

(1)由于储层非均质性极强，气藏原始气水界面海拔-2434m为裂缝系统、高孔层及溶洞气水界面。而气藏边部及外围区的部分井如威4井、威13井、威14井、威21井等井由于裂缝发育程度差、储层基质物性差，在海拔-2434m以下测试产很少量的水；边部区低孔、低渗透储集条件下能产出大量水的井，均为裂缝系统贡献。

(2)20世纪80年代中后期进行的生产测井资料显示，水侵层和水淹层均为裂缝发育段和高孔隙层，而中低孔隙层水侵弱，未被水排替，地层水易于活动的体系是裂缝系统和高孔层。

(3)威24井、威28井、威98井、威112井、威117井等井在海拔-2434m以下基质中孔、中渗透储层仍有大段的含气层。美国CER公司解释的测井资料表明海拔-2434m以下含气，如威24井在海拔-2465m井涌，经中途测试，井涌段在井底流压4.197MPa条件下产天然气0.5×10^{4}m^3/d。威117井在海拔-2489m仍产气，CER据此确定该井孔隙储层中原始气水界面为-2489m。

综上所述，震旦系气藏海拔-2434m水线为震旦系气藏裂缝及连通的洞、高孔层的气水界面，气藏原始条件下为弱连通的统一水动力系统，因此，该水线呈平面状态。分析认为，受储层的非均质性影响，基质孔隙有较宽的气水过渡带，气水界面为非平面形态，越是气藏边界，气水界面越低。

由于气藏储层裂缝发育，加之气藏底水能量较强，开发过程中底水十分活跃，由于气藏水侵主要是通过发育极不均匀的裂缝水窜，易沿裂缝纵窜横侵进入气藏孔洞层，导致气井水淹。气藏1965年正式投产后，由于不均衡高速开采，仅开采5年时间就导致位于构造顶部的威5井于1970年开始出地层水。随后气藏出水井不断增多，部分井水淹停喷。1980年至1987年投产的21口井，虽然控制打开程度较低，但仍有11口井投产即产地层水，其余井的无水采气期均不足9个月。多数水淹停喷井在排水复活后初期均只产水不产气，且排水量远大于井筒的容积；气藏数值模拟研究计算1994年气藏净水侵量为$1470.0 \times 10^4 m^3$，已略大于裂缝系统的原始孔隙体积$1220.4 \times 10^4 m^3$，充分说明了气藏底水活跃，已侵入上部气藏，1994年底气藏已形成6个压降中心，各区域被分割成互不连通的孤立区块，形成部分死气区，严重影响了气藏的采收率。

第二，水层资料不足，对地层水活跃程度认识不够，生产能力没有留有余地，是导致威远震旦系气藏采收率低、开发效果差的重要原因。

威远震旦系底水气藏由于开发初期水层资料不足、未充分认识到底水的活跃程度，对有水气藏开发规律认识不足，导致威远震旦系气藏长期不均衡高速开采，气藏过早大规模出水，使产能大幅度下降，严重影响了气藏开发效果。

气藏开发初期仅在构造边部钻探了少数几口探边井，在测试见水后就未再进一步开展工作；加之当时的观点认为减少完钻井钻开程度可以控制底水锥进、延长无水采气期，从而导致在气藏构造顶部完钻的大部分井其完钻井深均位于原始气水界面之上，仅有极少数井进入水层完钻，使得气藏在开发过程中严重缺乏水层资料，因而导致对气藏底水的活跃程度认识不够。根据后来气藏全面出水后对震旦系地层水储量的估算，以海拔$-2434m$为地层水顶界，各单位在不同时间计算的地层水储量值介于$3.81 \times 10^8 \sim 9.92 \times 10^8 m^3$之间，表明气藏底水能量是十分巨大的。

1972年为扭转北煤南运局面，改变四川燃料结构，上级要求威远震旦系气藏在"四五"期间要建成日产气$1000 \times 10^4 m^3$的生产能力，加速开发。为此当时设计了2个开发方案，第一方案设计到1975年底气藏建成日生产能力$800 \times 10^4 m^3$、日生产水平$600 \times 10^4 m^3$、年采气速度5%，第二方案设计到1975年底气藏建成日生产能力$1000 \times 10^4 m^3$、日生产水平$800 \times 10^4 m^3$、年采气速度7%。据此，为了满足生产用气，对气藏已投产的气井加大开发力度，生产能力没有留有余地，不得不超过气井合理产量生产，这样就增大了生产压差，造成了气藏底水的剧烈活动。

第三，底水入侵导致震旦系气藏产能急剧下降，开发效果受到严重影响。

震旦系储层岩心实验测定结果表明，当基质孔隙度小于5%、中值喉道宽度小于0.15m时，单相水渗透率极低，地层水极难在其中流动。而气藏储层平均孔隙度为2%，平均中值喉道0.096m，远远低于地层水可动的下限值，地层水难以在其中流动，可见裂缝是威远震旦系底水活动的主要通道。

此外，由于威远震旦系白云岩储层中气水润湿性的差异，地层水总是沿裂缝壁流动，天然气总是在裂缝通道中间流动，并且气相相对于水相流动得更快。根据震旦系气层岩心气水驱替和吸附色谱确定水膜厚度实验结果表明：岩心含水饱和度增加，气体相对渗透率大幅度下降，孔喉壁水膜厚度也直线增加（图2-11），这种现象反映了底水窜入气层后，裂缝中的水由于毛细管现象使水渗入含气空间及孔洞喉道。由于孔喉壁的岩石静电吸力将紧吸水分子形成水膜，减小了气流通道，故增加了气体从基质流向裂缝的阻力。随着气藏的开采，底水继续侵入气藏，储层含水饱和度不断增加，孔喉壁水膜必然增厚，进一步降低了气体相对渗透率，从而使气井有效产出井段减少，致使气井产能大幅度降低。直至封闭局部的含气空间，在孔隙中形成"死气"，在井筒外围形成水封气，造成气藏开发效果持续变差。

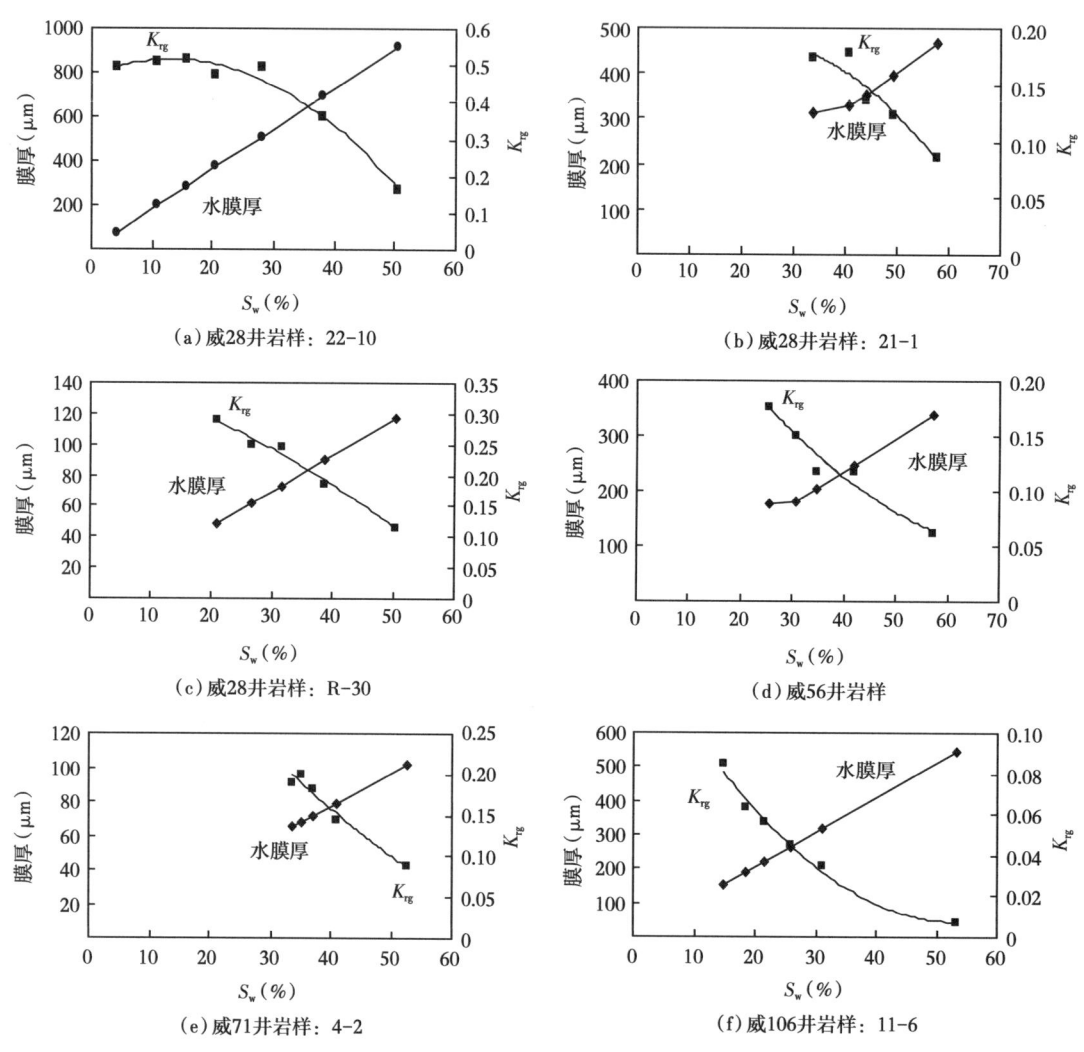

图 2-11 震旦系气藏岩心水膜厚度实验结果图

S_w 为含水饱和度；K_{rg} 为气相对渗透率

第四，控产、控制气层打开程度、堵水等治水措施对于本气藏开发来说总体不可行。

为了治理气藏底水上窜导致的水侵伤害，延缓气藏产量递减，在威远震旦系气藏开发过程中先后进行了控制合理生产压差、控制钻开程度、化学堵水等多种治水措施的试验和探索，但均未取得成功，表明这些措施对于治理底水气藏水侵伤害、提高气藏开发效果并无实效。

在气藏出水以后，对未出水井通过控制在临界产量以下生产来治水，对已出水气井通过控制合理压差生产以减缓递减。这些措施在气藏开发的自喷期推迟了部分气井见水时间，延长了气井自喷带水采气期，但由于不能从根本上治理气藏水侵伤害，仍然未能阻止底水上窜，达到控水目的，最终仍导致气井全部水淹停产。

测试资料表明气井产水量大小、出水压差 Δp 及无水采气期与井底距原始气水界面距离没有明显关系。由于底水沿裂缝水窜至气藏中高部，控制钻开程度未能取得控制底水锥进延长无水采气期的目的。

气藏分别对威 35 井、威 83 井开展了化学堵水试验，采用化学堵水方式治水。由于气、水在储层中沿同一通道流动，气水同层同段产出，堵水也堵气，因此 2 口井的堵水试验均未取得成效。

第五，被动排水采气（见水就排）效果不好。

气藏初期采用被动带水生产，控制合理压差，一定程度上延长了出水气井带水自喷期；出水井增多、井底积液严重后，采取钻补充井、泡沫、机抽的排水方法，取得一些增产效果；气藏全面水窜后，在普通排水方法无明显效果的情况下，开始进行气举强排水措施，前期效果明显，气藏快速递减开始减缓，复产井增多，取得明显增产效果。

虽然前期排水采气总体有效，但后期排水采气效果不理想，这是因为威远气藏水体能量很大，生产测井和地层测井资料表明，生产中出水气井纵向上出气层段、出水层段互为间杂，气层上有出水层，水层间有气层，在气藏大面积出水的情况下，随着气井生产油套压差增大，水体能量开始活跃，底水快速水窜、水侵，导致后期生产井基本全部水淹，气藏强化排水后期的结果仍是全气藏水淹。

因此在原始气水界面以上较高部位，以渗流条件较好的井（区）为目标实施排水采气的开发方式始终治标不治本，不能从根本上解决气藏全面水淹、开发效果差的问题。这主要表现在：一方面纵向上，在排水采气阶段，排水采气主要集中在离气水界面较高的位置，长期在气藏中上部排水采气，促使地层水持续进入气藏，不断充填裂缝及高孔层、降低气藏举水带气能量，因而，在主要渗流通道——裂缝高含水后，中低孔隙型储层中（如 D 储层）天然气流动困难，形成大量水封气不能有效采出，造成气藏水淹；另一方面横向上，以渗流条件较好的井区为目标，实施排水采气，形成多个高渗透井（区）压降漏斗——也是水侵伤害的集中区，排水采气效果持续下滑，造成裂缝不太发育的中孔中渗透区及储层段的天然气未得到有效开发，降低了气藏开发成效。1995 年以后，震旦系气藏已经全面水淹，气举或气举泡排措施产气井产气量已占气藏总产气量的 98.1% 以上，标志着气藏如不排水将无气可采，在气藏高部位排水采气效果已越来越差，已不能从根本上解决震旦系气藏水淹伤害。要进一步提高气藏采收率，必须考虑新的排水采方式。

第六、实施排水采气工艺有助于提高气藏采收率。

气藏自 1970 年底威 5 井开始产地层水以后，出水井越来越多，几乎全部水淹停产。为改善气藏生产状况，维持产水井连续生产，于 1978 年起开始泡沫排水采气试验、1979 年初实施机抽排水采气试验、1984 年开展气举及电潜泵排水采气工艺试验，取得了一定的增产效果，到 1985 年工艺井达 30 余井次，年增产气量超过 $3000 \times 10^4 m^3$。随着气井地层压力降低、产水量持续增大、井下腐蚀结垢、地面配套不完善等原因，泡排、机抽、电潜泵工艺逐渐被气举工艺替代。1985年气举排水采气工艺试验获得成功并逐步在部分水淹气井中应用，成为气藏最主要的排水采气工艺，使一大批水淹停产井恢复了生产。其后又相继开展了水力喷射泵、柱塞气举等排水采气工艺的试验，以及增压输送等多项工艺措施。大规模的排水采气一定程度上扭转了气藏产气量持续快速递减的不利局面，有效提高了气藏采收率。计算表明，1978年气藏开展排水采气以来，累计增加了 $20×10^8m^3$ 可采储量，增产天然气 $15×10^8m^3$ 以上。按1983—1984年的年递减量 $0.53×10^8m^3$ 计算，气藏可采储量仅 $123.9×10^8m^3$。1985年开展大规模排水采气后，气藏可采储量上升到 $143.57×10^8m^3$。气藏通过实施排水采气，1985年至2016年共产气 $33.1×10^8m^3$，其中排水增加的气量 $24.6×10^8m^3$，占该阶段气藏产气总量的74.3%，增加可采储量 $25.3×10^8m^3$，提高气藏采收率6.3%，成效十分显著。

2007年10月气藏实施二次开发以前，除极少数井为间歇小产量自喷生产外，气藏绝大部分井均采用气举排水采气工艺维持生产。威001-H1井在气水界面实施气举工艺连续助排排水采气，持续排水 $55.4×10^4m^3$ 以后，位于其附近相对高部位的威46井在水淹停产8年后又恢复了自喷带水生产，从而实现了气藏二次开发之初设想的"在气水界面海拔-2434m水平井排水采气、高部位直井自喷生产"的效果。实践证实这一排水采气开发方式是正确的，是治理气藏水侵伤害的有效开发措施，对类似有水气藏的开发有好的借鉴意义。

第七，高温含硫地层水对气藏开发生产带来重大不利影响，需加以有效解决。

由于威远震旦系气藏埋藏深（约3000m）、酸性气体含量高（硫化氢平均含量0.6%，二氧化碳平均含量5.0%）及矿化度较高（矿化度80g/L），地层水温度高（温度90℃以上）、腐蚀性强，同时由于底水十分活跃，地层水这一特点给气藏开发带来一系列难题，一方面输水管线表面温度较高，易使管线经过的庄稼地庄稼生长受到影响，另一方面井筒、管线、输水及回注泵极易结垢、腐蚀、穿孔，含硫地层水外泄易导致人员中毒和产生严重的环境污染。

针对上述可能存在的一系列问题，气藏在开发过程中采取了一系列有针对性的措施：一是气田水管线采用非金属管道，对于原采用的20#钢的管材，通过定期加注缓蚀剂能较好地保护管线；二是建立腐蚀监测系统，摸清腐蚀情况，完善清管通球、阴极保护、缓蚀剂加注等腐蚀控制措施；三是在井场就地建立气液分离及地层水冷却降温装置，有效解决冷却系统易结垢问题，待地层水冷却后再采取密闭输送；四是对输水泵、回注泵进行了优化选型，开展除垢、防垢技术研究，有效避免了由于泵的频繁结垢及泄漏而影响气田水回注。

第八，气田水回注系统回注能力有限，严重制约了气藏二次开发

在震旦系气藏全面出水以后，所产地层水初期回注气田其他层位，但由于回注空间小且部分层位存在水性相容问题，目前气藏所产地层水全部采用同层回注的方式，回注威五井区震旦系。由于震旦系气藏产水量大，而目前五井区回注井较少，回注空间有限，导致气藏现阶段回注能力不足，严重制约了气藏二次开发进程，现阶段气藏整体开发效果低于二次开发方案预期。

第九，采用水平井原始气水界面海拔-2434m排水采气，与原有老井形成"水平井+直井"开发井网，是提高水淹底水气藏开发效果、防止气藏水侵伤害的积极有效措施。

应采用气水界面排水采气"水平井+直井"气藏排水开发井网,有效进行震旦系气藏二次开发,提高气藏采收率(图2-12)。

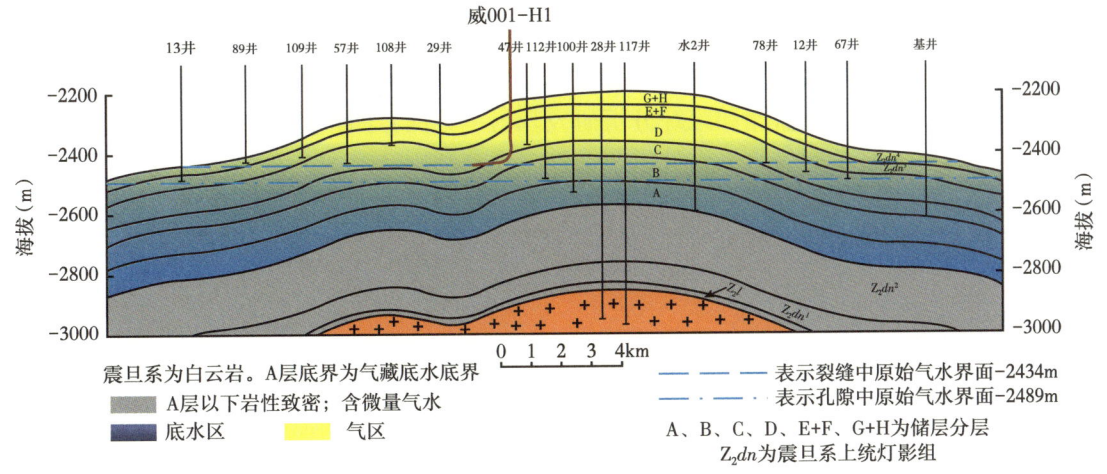

图2-12 威远气田震旦系气藏水平井开发示意图

开发井网通过将水平井段控制在原始气水界面海拔-2434m,低排低采,加大开发气藏剩余储量$253.65×10^8m^3$,阻止底水上窜伤害上覆气藏,同时使已经进入气藏裂缝系统的地层水回落,解除气藏裂缝及高孔层的水淹伤害,达到扩大井筒渗流半径、恢复水淹井生产产气的目的;而已有老井在气藏水淹基本解除后,将可以恢复自喷采气,水平井、直井协调一致,不断改善气藏水淹伤害,达到有效提高气藏开发效果的目的。水平井主要目的是发挥其压力波及范围广的特长,形成井控区域在气水界面海拔-2434m低排低采,有效地使气藏排水;直井则首先起到水侵伤害监测评价作用,其压力恢复情况直接反映水侵伤害改善程度;当直井有效水落气出后,发挥产气功能,则形成低排高采的局面。

在威远震旦系气藏全面水淹后,采取水平井原始气水界面排水采气是开发方式的根本改变,排水采气思路从"哪里有水从哪里排"到气水界面排水采气——采用水平井原始气水界面控制底水上窜,实现水平井"低排低采",与气水界面以上的直井组合形成"低排高采",达到气藏逐步实现正常持续、稳定高效开发的目的。

从威001-H1井二次开发先导试验区生产情况看,证明"水平井+直井"排水采气开发井网防止地层水上窜、提高气藏开发效果是可行的。试验井威001-H1井通过水平段在原始气水界面海拔-2434m排水采气,在生产过程中气产量远好于邻井(原有直井),生产中井底流动压力、产气量、产水量稳定,关井压力恢复快,注采比接近1:1,实现了低注采比的稳定天然气生产;在该井投产排水采气后,区内气水关系得到了明显改善,表现为:一是区内新投产水平井威001-H3井见气时间明显缩短,二是周边老井威46井由水淹停产恢复了自喷连续生产,且产气量较高。

截至2016年底,威001-H1井先导试验区实施二次开发以来已累计增产气量$1.22×10^8m^3$,表明在威远气田震旦系气藏实施水平井原始气水界面海拔-2434m排水采气具有很强的针对性,可有效提高气藏的储量动用程度,防止地层水上窜,实现气藏持续、稳定、高效开发。

第十,"裂缝—孔洞型"底水活跃气藏早期气水界面处用水平井进行排水采气,是提高采收率的有效途径。

针对碳酸盐岩"裂缝—孔洞型"底水气藏开发,一方面,在勘探阶段就要高度重视对水层资料的录取,加强水层地质基础研究工作,应部署专门的水层观察井,加强对水层压力变化、底水活动情况的监测和跟踪分析研究。另一方面,如果配套有适应的地层水处理系统,则气藏可实施早期气水界面处排水采气,充分利用气藏的充足能量在气水界面处自喷排水,防止底水上窜对气藏的分隔和伤害,使气藏地层水不发生纵窜横侵,造成死气区块,气藏将会取得好的开发效果。

第三章 蜀南地区多裂缝系统茅口组气藏开发实践

蜀南地区多裂缝系统茅口组气藏由于受构造和断层的控制，在气田的产层内形成多个储渗体，表现为多裂缝系统特征。气藏储渗类型为裂缝—孔洞型，普遍都产地层水，气水关系复杂，存在隔气式、隔水式等多种气水模式。蜀南地区多裂缝系统茅口组有水气藏经过六十余年滚动勘探开发，逐步探索形成了一套茅口组有水气藏开发特点的技术理论和工艺方法，使相当一批茅口组有水气藏的采收率已达到或超过70%，部分气藏达90%以上，取得了较好的开发效果。

第一节 气藏概况

一、地理位置与构造位置

蜀南地区地理位置位于四川省的泸州、自贡、宜宾、内江、乐山及重庆市境内，区域构造属华蓥山褶皱带向南呈帚状散开的川南低陡褶皱带。

二、勘探简况

1. 地震勘探

20世纪50—60年代，在蜀南地区完成了区域重磁力普查，地面完成了区域普查和局部构造详查，发现了大批地面构造。至1985年，以二维模拟地震为主，局部开展了连片构造详查，发现了威远等一批深层构造。1985年至1992年间开展了第一轮全区二维数字地震构造连片详查。1993年至今，开展了第二轮二维数字地震构造连片详查，包括局部三维地震勘探。截至2017年底，累计完成二维数字地震72671.74km，三维地震满覆盖3715.3km^2。已作三维地震勘探的地面构造15个，数字地震详查65个，模拟详查3个，光点普查1个。

2. 钻井勘探

蜀南地区自隆10井1955年在茅口组钻探获气以来，截至2017年底，在下二叠统累计完钻井908口，获茅口组气藏213个，1973年至1989年期间为钻探高峰期，平均年钻井数约50口。探明动态储量734.28×10^{8}m^3。

三、开发简况

隆10井自1957年4月3日投产以来，蜀南地区茅口组气藏产气量经历了上产、递减、

"二次开发"挖潜三个阶段,1965—1980 年随着一批新茅口组气藏的发现,蜀南地区茅口组气藏产量迅速增加,1979 年达到最高峰,年产气达 $30.75\times10^8\mathrm{m}^3$,占当年全川供气量一半以上。由于大部分气井中后期出水后导致产量递减较快,气藏产量又大幅递减,1995 年以来,依靠茅口组气藏滚动勘探、整体排水,使一批茅口组水淹气藏恢复了生产,尤其以孔滩、荔南桐等茅口组有水气藏"二次开发"挖潜成果显著,有效延缓了气藏的递减。蜀南地区茅口组气藏产量历史曲线如图 3-1 所示,开发历程表见表 3-1。

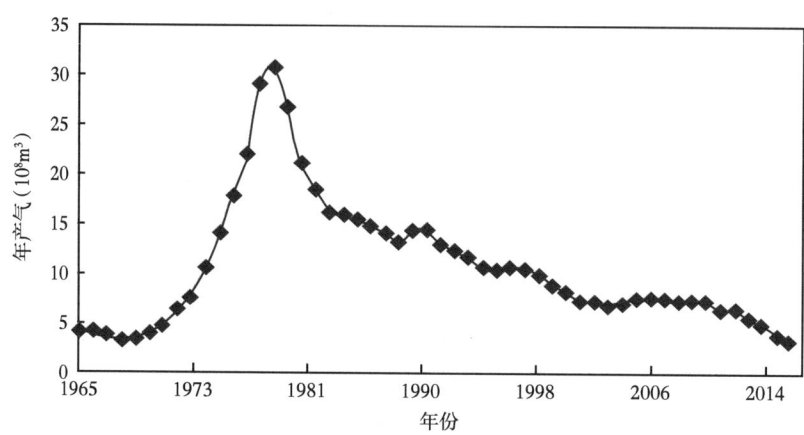

图 3-1 蜀南地区茅口组气藏历年产量曲线图

表 3-1 蜀南地区茅口组气藏开发历程表

开发阶段	开发思路与决策	开 发 效 果
上产阶段 (1957—1979 年)	压水采气、控水采气	压水采气初期有一定的效果,但生产一段时间后很快造成气井水淹
递减阶段 (1980—1994 年)	单井排水采气	单井排水采气虽有一定生产效果,但是被动的排水方法形成气藏、气井"高排高采"的生产方式,促使水从气水界面上窜污染气藏,堵塞裂缝通道,造成气藏气水关系复杂,开采难度变大,影响采气速度,且大大降低采收率
"二次开发"挖潜阶段 (1995—2017 年)	气藏整体治水	在气藏气水界面进行排水采气,建立"低排低采、低排高采"开采方式,能达到气藏低部位排水的良好效果,使气藏不受地层水污染,同时采气速度大大提高,废弃地层压力降低,气藏的采收率有较大提高

第二节 气藏主要特征

一、地层及沉积相特征

蜀南地区下二叠统主要为一套开阔海碳酸盐岩台地相沉积,横向上岩性比较稳定,普遍以假整合分别超覆于石炭系及泥盆系、志留系或更老的地层之上。下二叠统自下而上可分为梁山组、栖霞组和茅口组（图3-2）。茅口组可分为四段：下部茅一段为灰色石灰岩、泥质灰岩夹黑色页岩，具明显眼球状构造；中部茅二段为灰色厚层块状石灰岩，有时含少量泥质；上部茅三段为灰白色块状石灰岩，生物灰岩；顶部茅四段为灰色石灰岩夹生物灰岩，含少量泥质。茅口组与上伏地层不整合接触，地层为一套沉积稳定且巨厚的生物碎屑灰岩，厚200~400m，基质岩块致密性脆，易形成裂缝，茅口组储层主要发育于上部茅二—茅四段中。

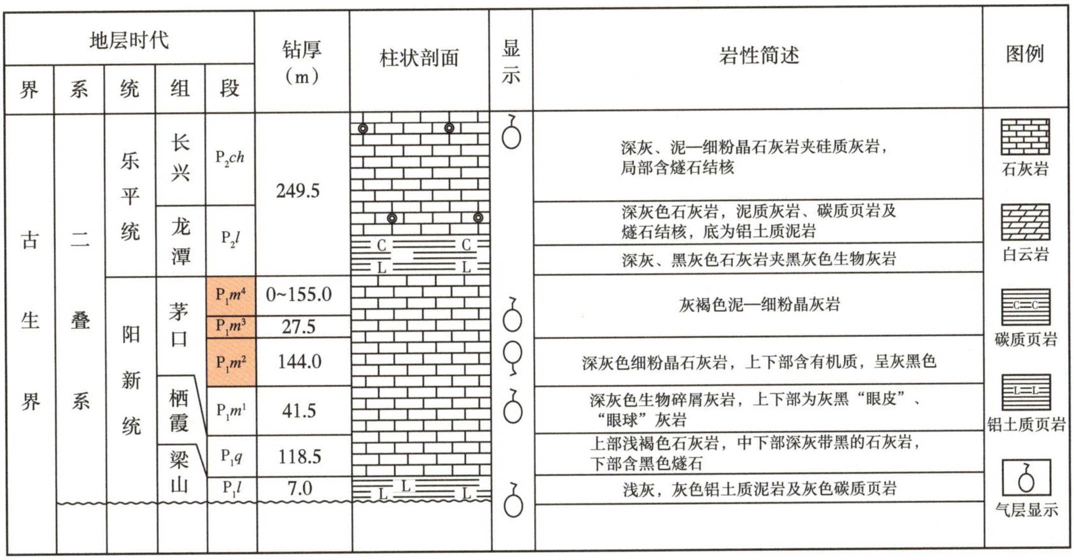

地层时代					钻厚(m)	柱状剖面	显示	岩性简述	图例
界	系	统	组	段					
古生界	二叠系	乐平统	长兴	P_2ch	249.5			深灰、泥—细粉晶石灰岩夹硅质灰岩，局部含燧石结核	石灰岩
			龙潭	P_2l				深灰色石灰岩，泥质灰岩、碳质页岩及燧石结核，底为铝土质泥岩	白云岩
		阳新统	茅口	P_1m^4	0~155.0			深灰、黑灰色石灰岩夹黑灰色生物岩	
				P_1m^3	27.5			灰褐色泥—细粉晶灰岩	碳质页岩
				P_1m^2	144.0			深灰色细粉晶石灰岩，上下部含有机质，呈灰黑色	
			栖霞	P_1m^1	41.5			深灰色生物碎屑灰岩，上下部为黑灰"眼皮"、"眼球"灰岩	铝土质页岩
			梁山	P_1q	118.5			上部浅褐色石灰岩，中下部深灰带黑的石灰岩，下部含黑色燧石	
				P_1l	7.0			浅灰，灰色铝土质泥岩及灰色碳质页岩	气层显示

图3-2 茅口组地层特征

东吴期古隆起使蜀南地区茅口组遭受不同程度剥蚀，其核部阳高寺—九奎山一带茅四段剥蚀殆尽，剥蚀最严重处出露茅二段（图3-3）。为茅口储层发育创造了条件，岩溶对储层的发育有明显的改善作用，侵蚀面附近（距茅口组顶小于100m）钻井中井喷、放空、井漏频繁。

四川盆地从早二叠世开始，地壳全面下沉，除北侧龙门山古陆，西侧康滇古陆和东侧江南古陆呈岛链或岛弧露出水面以外，上扬子古陆全被淹没，广泛的海侵使下二叠统覆盖在石炭系等不同时代的地层之上。四川盆地南部地区茅口组沉积时，环境开阔，沉积水体能量较高，盐度正常，生物繁茂，从而形成了茅口组以红藻滩为主体的台内滩相分布特征，沉积质纯厚度大的碳酸盐岩为后期表生岩溶、埋藏溶蚀及构造破裂的成岩改造提供了优越的物质基础（图3-4）。

蜀南地区茅口组沉积期以发育开阔台地相为特征，进一步可以识别出台内滩、开阔海，以及滩间海等三个亚相及六种微相（表3-2），开阔台地位于局限台地与台地边缘之间，海域广阔，无障壁遮挡，水体循环良好，盐度基本正常，水体深度几米到几十米。和局限台地相比，生物分异度和数量都比较丰富。

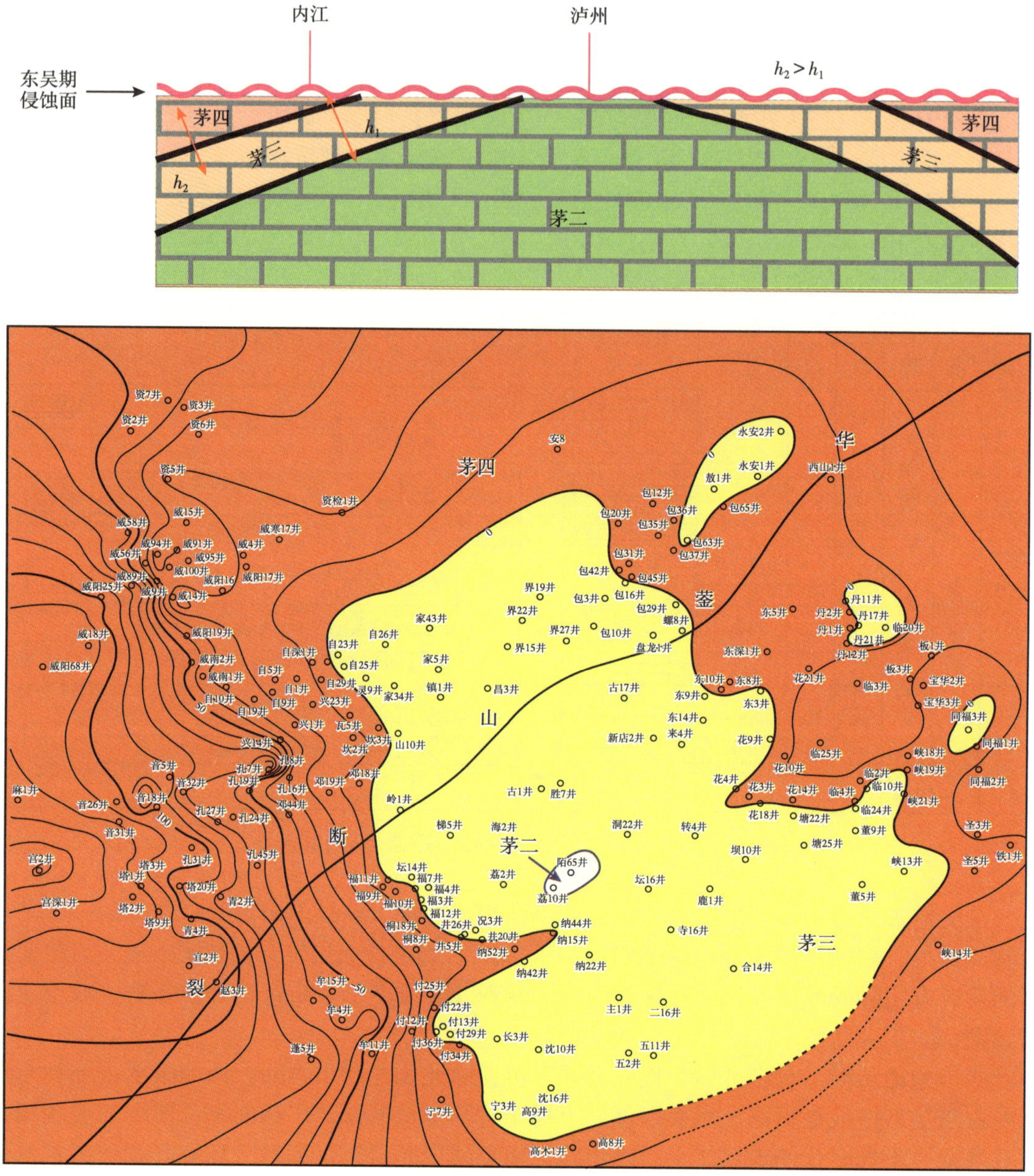

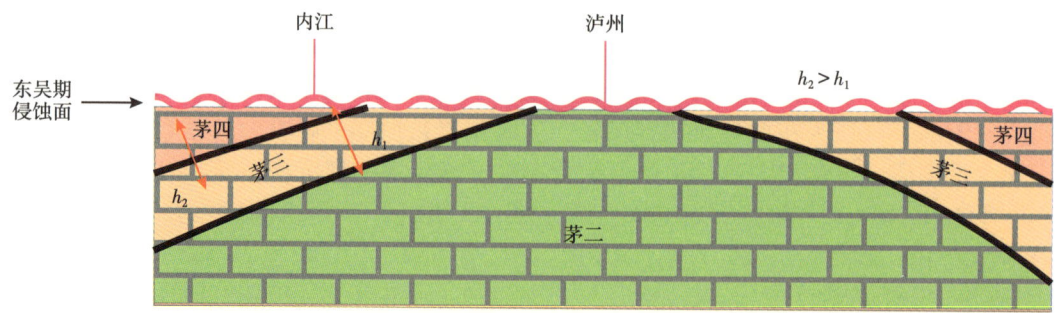

图 3-3 蜀南地区茅口组剥蚀范围

表 3-2 蜀南地区茅口组沉积相类型划分简表

相	亚相	微相
开阔海台地	开阔海	泥灰质开阔海，泥质开阔海
	台内滩	高能滩（滩缘、滩核），低能滩
	滩间海	泥灰质滩间，灰质滩间

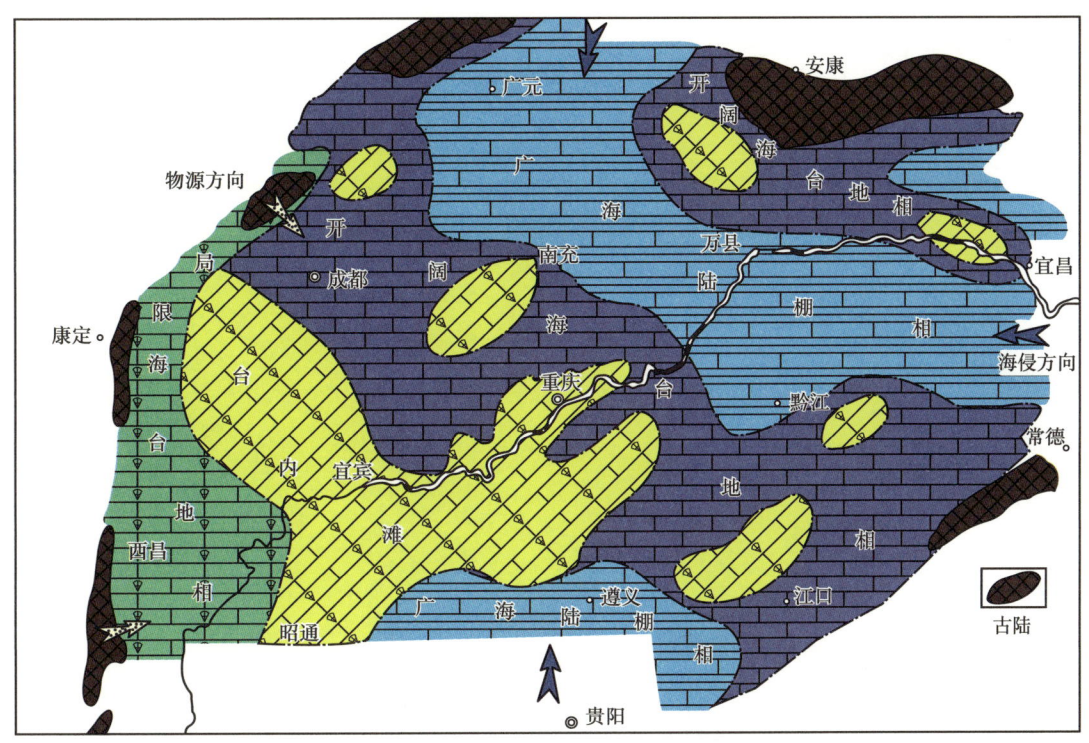

图 3-4 四川盆地早二叠世茅口组沉积期沉积相图

二、构造及圈闭特征

蜀南地区构造位置属四川盆地川东南中隆低陡构造区，构造格局在喜马拉雅造山期强烈褶皱活动后基本定型。主体为北东东向排列，呈扫帚状；构造受三种构造应力控制：北东—南西向挤压力、区域顺时针扭力、局部扭力；构造划分为两个大区：东部为低缓褶皱帚状构造带，西部及西南部为低缓梳状及膝状构造带；东部构造呈左列雁行排列，各组系构造之间相互影响，呈反接或斜接复合，断裂较发育；西部及西南部构造幅度相对较缓，断裂相对发育较弱。

蜀南地区以华蓥山深断裂南段为主体，向南逐渐分支成 7 排断裂带，即温塘峡—临峰场、沥鼻峡—六和场、东山—坛子坝、西山—龙洞坪、古佛山—南井、螺观山—广福坪、青山岭—双河场等背斜带。各背斜带呈北高南低，北部褶皱强，断层发育，为狭长的梳状背斜（图 3-5）。

三、储层特征

1. 储集岩性特征

蜀南地区茅口组气藏岩性较为单一，大部分为生物成因的碳酸盐岩。茅口组储层基质岩块主要为生屑灰岩、泥晶灰岩及眼球状结构灰岩，局部含有燧石团块，岩性致密、渗透性极差。储层段受不同程度的岩溶和构造破裂的影响，主要发育在亮晶红藻灰岩、白云石棘屑云灰岩（灰云岩）及虫屑灰岩中。

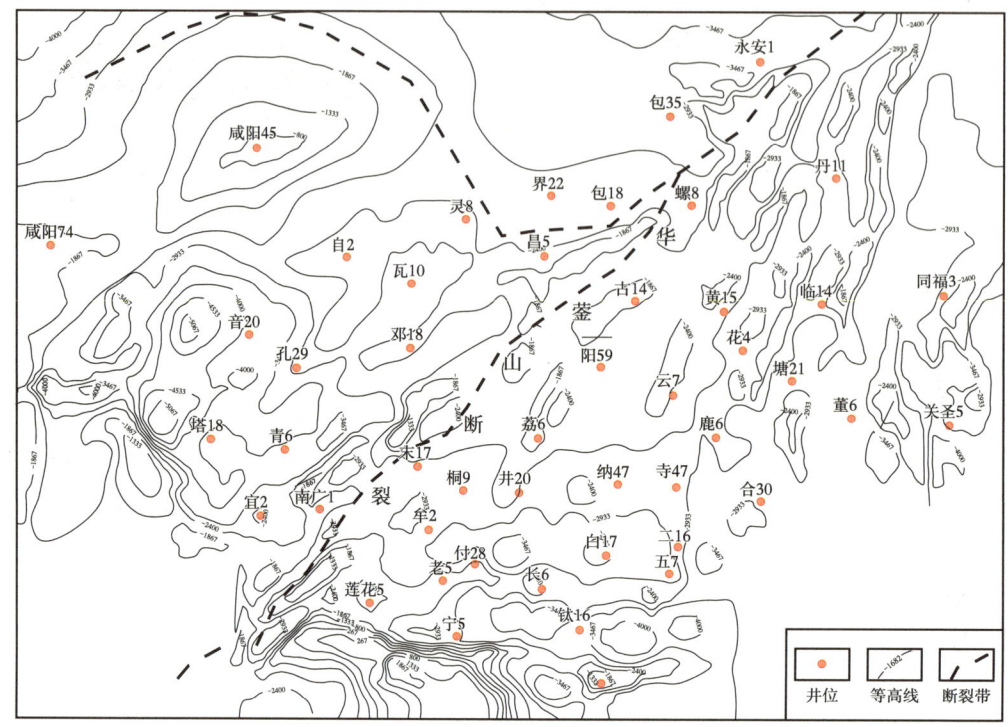

图 3-5 蜀南地区茅口组构造图

(1) 亮晶红藻灰岩：藻屑含量 60%～85%，分选磨圆相对一般，亮晶胶结，颗粒支撑，孔隙发育较好。红藻一般具有较高的原生孔隙，与软泥不同，不会随负荷压力的增加而迅速减小，成岩后尚可保存，从而有利于次生孔隙形成时溶出物质的贮积。红藻原生为高镁方解石，在埋藏时析出镁离子转变为低镁方解石，可以为后期白云石化提供镁离子来源。

(2) 白云石棘屑云灰岩（灰云岩）：棘屑含量较高，白云石部分交代方解石，在岩石表面形成豹皮纹，因为白云石的存在形成菱形体晶间孔隙，使岩石储集性变好，其含量越高储集性越好，因此白云石棘屑云灰岩（灰云岩）也具有相对较好的储集性能。

(3) 虫屑灰岩：多为微粒结构，虫屑包括有孔虫、蜓、苔藓虫、腕足类碎片、介形虫、三叶虫和珊瑚等，其中苔藓虫和腕足类多呈片状结构，而介形虫与三叶虫多呈玻纤结构，四射珊瑚和床板珊瑚呈纤状结构。多由低镁方解石组成，体腔孔较为发育，有时可见沥青充填，储集性能较前面两种岩类稍差。

(4) 绿藻屑灰岩：原始绿藻结构多遭到破坏，变成晶粒结构，形成晶间孔隙。基质多为泥晶，一般储集性能较差，亦有文石壳易溶解，形成溶模孔隙，从而形成储集性能中等的储集岩。

(5) 砂屑灰岩：砂屑灰岩有一定发育，但厚度规模不大，常同藻屑灰岩伴生沉积，要求沉积水体能量较高。

2. 储层物性特征

1) 基质特征

蜀南地区茅口组石灰岩储层非常致密，孔隙度一般皆小于2%，基本不具备储渗条件。东吴期溶洞为主要储集空间，裂缝既是储集空间，又是连通孔洞的通道。

蜀南地区143口井14518组茅口组物性资料统计表明，孔隙度0.03%~21.8%，平均为0.91%，小于1%占74.2%，大于3%占4.6%；4886组渗透率样统计表明，渗透率小于0.01mD占76.8%，大于0.1mD仅占13.2%。138组压汞资料统计表明，孔喉半径小于0.063μm，储层具特低孔、特低渗透特征（图3-6）。同时，筛选基质孔隙度大于1%的样品进行渗透性分析（图3-7），统计分析表明，基质具有一定的储集空间，但不具备渗透能力。

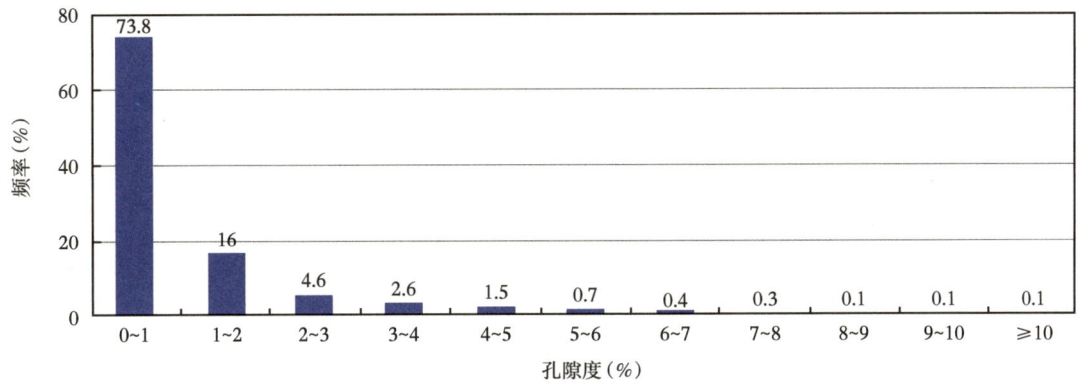

图3-6 蜀南地区茅口组孔隙度分布频率直方图

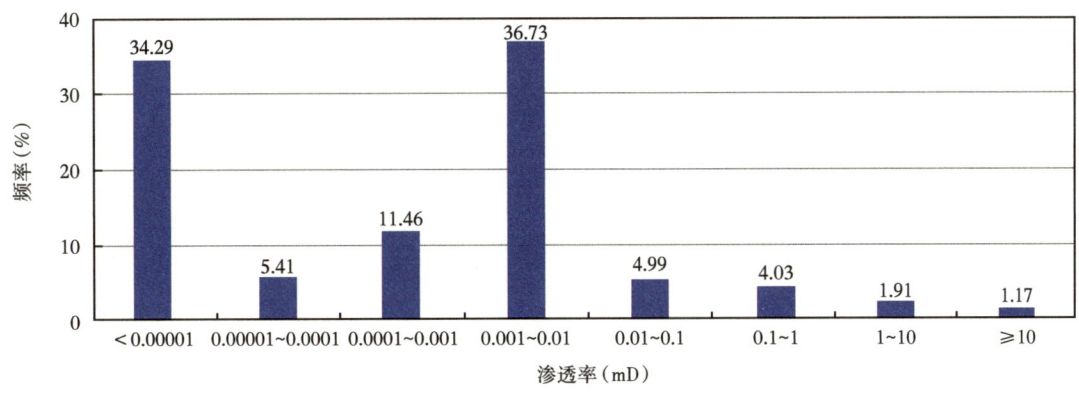

图3-7 蜀南地区茅口组渗透率（孔隙度大于1%）分布频率直方图

蜀南地区茅口组岩心孔隙度与渗透率交会关系分析表明（图3-8），岩心物性分析点分布明显呈两个集中区域，具有明显的双重介质特征；A区关系表明储层具有明显的裂缝参与渗流，而B区表明储层主要以喉道为渗流通道，B区仅有33个岩样点分布在泸州古隆起核部的威远和宋家场茅口组气藏。

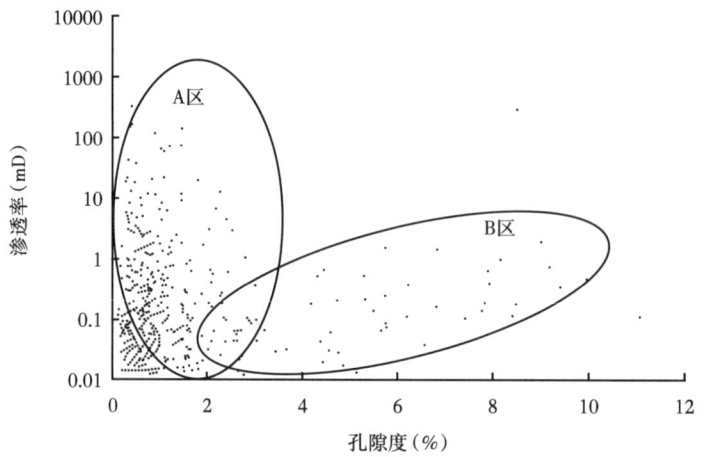

图 3-8 蜀南地区茅口组岩心孔隙度与渗透率交会图

2) 裂缝特征

(1) 裂缝储集空间有限,只起到沟通溶洞的作用。

喜马拉雅造山期构造运动产生褶皱和断裂,在致密脆性的下二叠统茅口组碳酸盐岩中产生裂缝。构造应力较强的高点、长轴和一些断裂带是裂缝发育的有利场所。古岩溶发育带岩性脆弱更易形成裂缝和断裂,在一些应力作用较弱的构造也会产生可观的裂缝,甚至有断层发育。裂缝断裂将原先连通条件较差或不连通的溶洞系统沟通形成更大规模的缝洞系统,同时使缝洞系统的有效展布空间范围有所扩大,这就使得在构造高点、轴部及有利断层等裂缝发育带往往有较大的天然气储量。

国内外岩心裂缝的孔隙度分析证实裂缝不具备储集能力。统计表明:国外岩心裂缝孔隙度一般在 0.1%~0.3% 之间;四川岩心裂缝孔隙度在 0.03%~0.14% 之间;同时,分析中梁山煤矿 1838m 下二叠统石灰岩巷道平均面缝洞率仅为 0.8% 左右,而张开的面缝洞率仅在 0.02%~0.04% 之间。因此,综合分析认为裂缝主要起沟通溶洞并扩大其分布范围的作用,其储集能力在蜀南茅口组气藏中不占主导能力。

(2) 裂缝主要受喜马拉雅造山期构造运动控制。

蜀南地区茅口组在喜马拉雅造山期遭受强烈的褶皱,使东部及东南部产生大量的逆断层及裂缝,使气藏遭受二次运移。裂缝最发育区为花果山、合江、鹿角场等气田(图 3-9)。

3) 溶洞特征

(1) 溶洞形成于东吴期。

东吴期岩溶作用是茅口组溶洞形成的主要期次,早二叠世末东吴运动使蜀南地区抬升,下二叠统茅口组顶部较长时间暴露地表,经历了大气水影响的表生成岩作用阶段。东吴运动使盆地上升为陆地,且具有拉张性质,下二叠统碳酸盐岩固结或弱固结中产生垂直节理或裂隙;此外,峨眉山玄武岩喷发提供了大量酸性气体,上二叠统下部的泥炭沼泽相反映出当时气候比较温暖潮湿,更加有利于东吴期岩溶作用的产生。

兴文县石林方解石矿位于长宁背斜东南端南翼,发育层位为茅口组中部,约长 100m、宽 100m、厚 8m 的矿洞出露地表,部分被粗晶方解石完全充填,由于不断开采矿洞边缘方

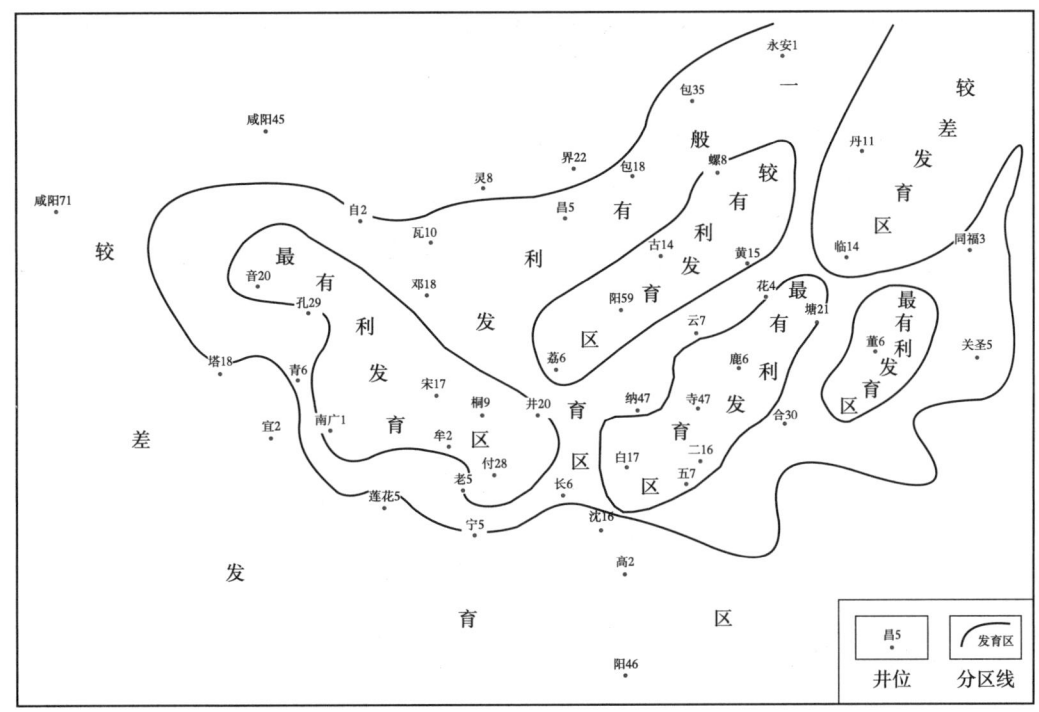

图 3-9　蜀南地区茅口组裂缝发育区

解石晶体,暴露出约 15m 的断层擦痕面,表明该断层形成于洞穴方解石沉淀之后;矿洞中心那些穿过断层面而不具擦痕的方解石晶体形成时间较晚。在该山体另一侧离洞体约 100m 处观察到同一断层错动面,断面被极细脉状方解石晶体充填,未见较宽大的裂缝或溶蚀洞穴发育带。

溶洞发育有明显的层位性与地区性。钻井在下二叠统不同层段的石灰岩中见有溶洞,约 50% 的钻井放空出现在距侵蚀面顶 80m 范围内,表明了东吴期对岩溶的控制作用,即距顶部古侵蚀面越远溶洞越不发育。同时溶洞中见上覆地层角砾或风化壳充填(图 3-10)。

(2)沿喜马拉雅期构造裂缝难以形成较大溶洞。

通过统计放空井次与断点之间的距离可以看出,断层或断点附近溶洞并非显著发育(表 3-3 和图 3-11)。虽然沿断裂带钻探效果显著,获许多高产气井,裂缝和溶洞均可能产气,但不能简单地推论为溶洞是在裂缝或断裂的基础上地下溶蚀作用的结果。

表 3-3　至断点不同距离的放空段放空井次统计

至断点的距离(m)	放空段(井次)	井次比(%)
<1	1	4.55
1~5	2	9.09
5~15	6	27.27
15~25	3	13.64
25~35	3	13.64
≥35	7	31.81

（a）威阳17井茅四段1665.14~1665.25m，裂缝附近见溶洞

（b）威阳17井茅二段，沿溶缝发育的溶洞

（c）威阳17井茅二a段1713.04~1713.22m井段，见溶孔

（d）威阳28井茅四段1504.92~1505.04m井段，溶洞发育

图 3-10 蜀南地区茅口组岩心照片

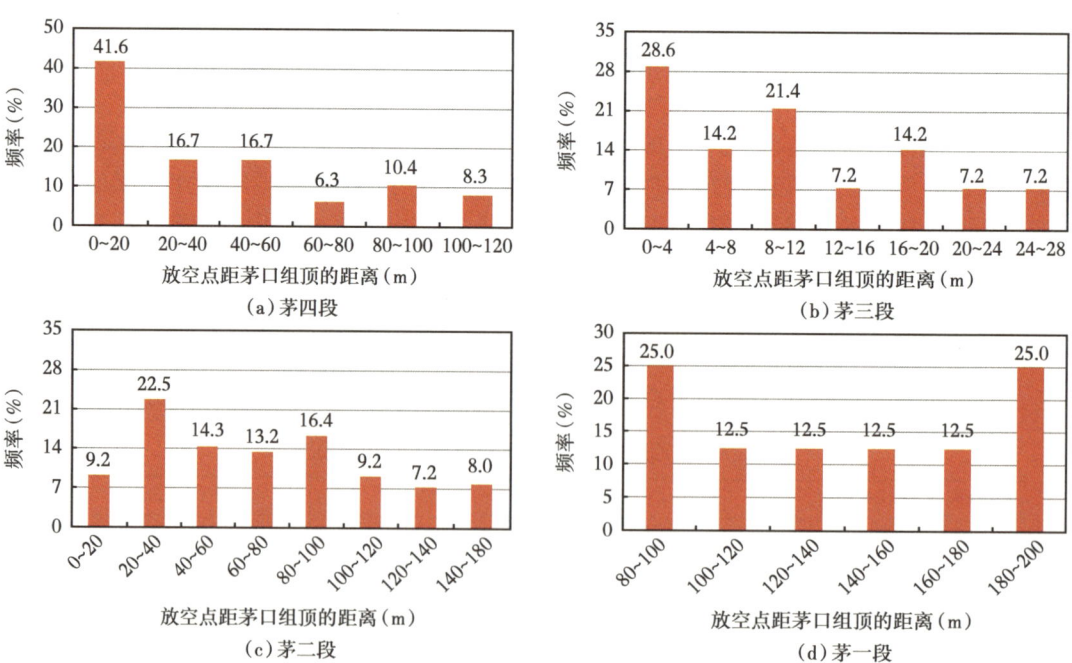

图 3-11 蜀南地区茅口组各段距茅口组顶距离频率直方图

(3)溶洞是主要的储集空间。

蜀南地区下二叠统碳酸盐岩储量较大缝洞系统钻井中常见钻具放空现象，岩屑中次生方解石含量增多，致密灰岩钻井中规模不等的放空是溶洞发育的直接证据之一。其中，蜀南地区下二叠统获最大地质储量的自 2 井裂缝圈闭，为钻具放空完井；长 8 井在茅三段放空达 4.78m；而自 9 井茅二 a 段有三段累计放空 1.1m。同时，宋家场、阳高寺、孔滩及荔南桐区块气井在茅口组放空比较普遍，规模在 0.1~0.4m 之间（表 3-4）。因此，溶洞是蜀南地区下二叠统碳酸盐岩的主要储集空间。

表 3-4 宋家场、阳高寺、孔滩气田及荔南桐区块气井在茅口组放空统计表

气田名称		井 号	层位	井段（m）	放空情况
宋家场		宋 1 井	茅四段	2551.33~2553.00	放空 1.67m
		宋 7 井	茅四段	2827.85~2828.05	放空 0.2m
		宋 15 井	茅四段	2626.11~2626.51	放空 0.4m
			茅二 a 段	2676.80~2677.00	放空 0.2m
阳高寺		阳 33 井	茅一 c 段	2662.13~2662.54	放空 0.41m
		阳 43 井	茅二 c 段	2351.26~2351.36	放空 0.1m
		阳 47 井	茅二 b 段	2172.78~2172.90	放空 0.12m
		阳 49 井	茅二 b 段	2272.58~2272.78	放空 0.2m
		阳 56 井	栖一 a 段	2691.85~2692.12	放空 0.27m
阳高寺		阳 59 井	茅二 c-a 段	2298.52~2298.67	放空 0.15m
		阳 66 井	茅二 c-a 段	2396.50~2396.70	放空 0.2m
荔南桐区块	荔枝滩	荔 2 井	栖二段	2086.70~2087.00	放空 0.3m
	南井	井 3 井	茅二 b 段	2567.56~2567.66	放空 0.1m
		井 8 井	茅二 b 段	2602.18~2602.48	放空 0.82m
				2602.48~2603.00	
		井 23 井	茅二 c 段	2799.50~2800.50	放空 1m
	桐梓园	桐 13 井	茅二 a 段	2542.50~2542.75	放空 0.25m
			茅二 a 段	2548.90~2549.20	放空 0.3m
			茅二 a 段	2613.50~2613.70	放空 0.2m
		桐 15 井	栖二—栖一 a 段	3001.63~3001.83	放空 0.2m
孔 滩		孔 19 井	茅二 c 段	2790.86~2971.06	放空 0.2m

四、流体性质与流体分布

1. 流体性质

1）天然气

蜀南地区茅口组有水气藏气井天然气常规分析资料表明，天然气甲烷含量较高，在 90.79%~97.81% 之间，硫化氢含量在 0.001%~1.268% 之间，属于典型的干气气藏。

2)地层水

蜀南地区茅口组有水气藏气井出水后长期水性监测资料分析表明,除少数气藏地层水水型呈多样性外,其余茅口组气藏地层水氯根含量平均为 12446~33408mg/L,不含钡离子,平均矿化度 7.23~54.95g/L,水型普遍为深层封闭的 $CaCl_2$ 型。

2. 流体分布

蜀南地区茅口组气藏无论在构造哪个部位,水的性质都基本一致,由于受溶蚀和沉淀作用,裂缝的形状和平面分布范围极为复杂,很难准确预测,造成有的气藏即使在同一裂缝系统也无统一的气水界面,形成隔气式或隔水式气藏。主要是因为每个裂缝系统中相互连通的缝洞发育带的形状在三维空间展布上极不规则,在其顶、底部都有多个向上或向下凸出的空间。向上凸者像开口向下的多个"盆",底部也有多个向下的凹坑。通过不断摸索和总结,把茅口组有水气藏气水关系归纳为边水式、底水式、隔气式、隔水式 4 种基本模式(图 3-12)。

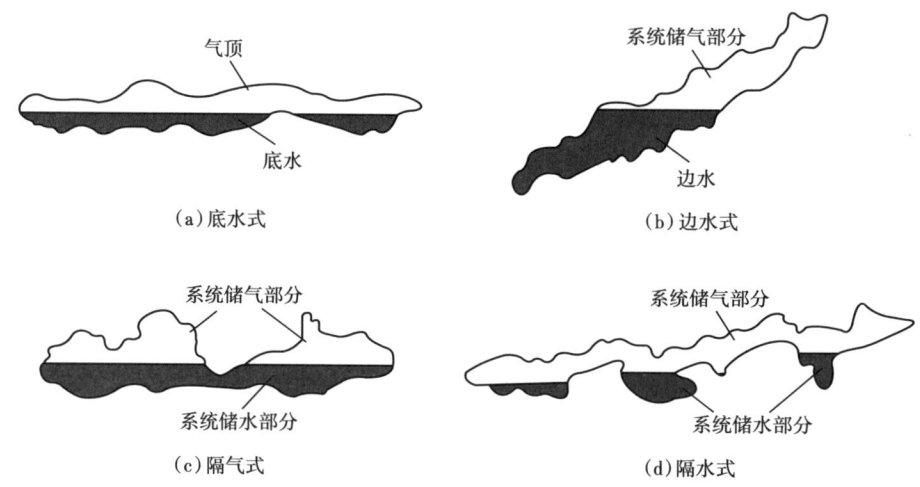

图 3-12 蜀南地区茅口组气藏气水关系四种基本类型示意图

五、温度压力系统

1. 地层温度

蜀南地区茅口组气藏地温梯度存在一定差别。宋家场茅口组气藏地层地温梯度为 2.131℃/100m,为低温气藏;孔滩气田茅口组气藏地温梯度 3.0℃/100m,为高温气藏;荔南桐区块茅口组气藏地温梯度为 3.2~3.6℃/100m,为高温气藏;阳高寺气田茅口组气藏地温梯度在 2.7~3.3℃/100m 之间,为常温气藏。

2. 地层压力

泸州古隆起西部茅口组气藏压力系数在 0.90~1.10 之间,属常压气藏;东部茅口组气藏压力系数在 1.70~2.40 之间,属高压、异常高压气藏。

六、开发动态特征

1. 产能特征

蜀南地区多裂缝系统茅口组气藏总体来看一般经历了早期高产、相对稳产、缓慢递减和间歇小产过程。根据产量变化特点，可划分为相对稳定型、一般递减型和快速递减型三种基本类型。

(1) 相对稳定型：开采早期具有一定程度稳产期，稳产期产量变化相对稳定。

蜀南茅口组气藏储层非均质性较强，以孔洞、裂缝为主要储集空间类型，测试产量普遍较高，开采初期配产较高，因为地层水普遍活跃，水侵后气藏产量快速递减。但有些井在合理配产的情况下仍然具有一定的稳产期，如果实施合理的治水措施后，就会具有一定的稳定产能，达到水侵平衡、连续生产效果，这种类型的裂缝系统划为相对稳定型。相对稳定型裂缝系统投产初期的测试产量在 $50 \times 10^4 \sim 120 \times 10^4 \mathrm{m}^3/\mathrm{d}$ 之间，平均测试产量 $53 \times 10^4 \mathrm{m}^3/\mathrm{d}$；初期日产气 $12 \times 10^4 \sim 20 \times 10^4 \mathrm{m}^3$ 之间，年产量递减率 $5\% \sim 30\%$。初期配产高采速快，导致产量递减快，递减一段时间后产量达到相对稳定，稳产期日产气 $1 \times 10^4 \sim 20 \times 10^4 \mathrm{m}^3$ 之间，平均稳产期日产气 $12 \times 10^4 \mathrm{m}^3$；产水量大的气井通过气举等合适的排水措施，水淹后能复活或产量有一定回升；产水量小的气井通过泡排也能小产量生产；后期水侵平衡后或不产水的气井，能长期小产量稳定生产。

(2) 一般递减型：裂缝系统基本能连续生产，从投产开始就处于递减状态，产量递减较快。

部分气井孔洞较发育，裂缝也较发育，测试产量较高，但低于相对稳定型测试产量，配产也高，但也低于相对稳定型的配产。单井控制储量较小，气井投产后产量快速递减，没有相对稳产期。但通过实施合理的治水措施后，基本达到连续生产的效果，这种类型的裂缝系统划为一般递减型。一般递减型裂缝系统投产初期的测试产量在 $30 \times 10^4 \sim 50 \times 10^4 \mathrm{m}^3/\mathrm{d}$ 之间，平均测试产量 $35 \times 10^4 \mathrm{m}^3/\mathrm{d}$；初期日产气 $9 \times 10^4 \sim 12 \times 10^4 \mathrm{m}^3$ 之间，平均初期日产气 $11 \times 10^4 \mathrm{m}^3/\mathrm{d}$；投产即开始递减，没有相对稳定生产阶段，产量持续下降，但能连续生产，初期产量年递减率 $30\% \sim 40\%$，递减期日产气 $0.43 \times 10^4 \sim 10 \times 10^4 \mathrm{m}^3$ 之间，平均递减期日产气 $5 \times 10^4 \mathrm{m}^3$；日产水 $1 \sim 70 \mathrm{m}^3$，平均日产水 $45 \mathrm{m}^3$；气井通过气举、泡排等合适的排水措施，水淹复活后能小产量生产。

(3) 快速递减型：裂缝系统以间歇生产为主，投产后产量快速递减。

蜀南茅口组气藏中，一些气井的孔洞不发育，裂缝也较不发育，地质储量很小。气井投产后就快速递减，没有稳产期，测试产量较高，但低于相对稳定型、一般递减型的测试产量，配产也高，但也低于相对稳定型、一般递减型的配产。即使通过实施治水措施后，也只能达到间歇生产的效果，这种类型的裂缝系统划为快速递减型裂缝系统。快速递减型裂缝系统投产初期的测试产量在 $1 \times 10^4 \sim 30 \times 10^4 \mathrm{m}^3/\mathrm{d}$ 之间，测试产量普遍较低，平均 $26 \times 10^4 \mathrm{m}^3/\mathrm{d}$，低于相对稳定型、一般递减型的测试产量。初期日产气 $1 \times 10^4 \sim 9 \times 10^4 \mathrm{m}^3$ 之间，初期配产较高，平均 $8 \times 10^4 \mathrm{m}^3/\mathrm{d}$，采速较快，导致产量快速递减，初期年产量递减率平均 50%，高于相对稳定型、一般递减型的产量递减率。投产即开始递减，没有稳定生产阶段，气井通过气举、电潜泵、泡排等大量的排水工艺措施，大部分气井也只能间歇生产。

2. 渗流特征

蜀南地区茅口组气藏气井试井资料分析表明,试井曲线存在明显的裂缝渗流特征反映,且裂缝导流能力存在差异,表现出储层裂缝发育特征。从观音场气田茅口组气藏气井的压力恢复试井曲线可以看出(图3-13),气井关井早期压力恢复较慢,解释结果显示井储系数大,表明井底附近缝洞发育,普遍存在1/2和1/4斜率线,储层裂缝渗流特征反应明显。同时,根据斜率值的不同,可以判断裂缝导流能力存在一定差异(图3-14)。试井曲线的特征反映与钻井取心资料能够相互印证。如音6井茅四—茅三段岩心总长48.54m,共有裂缝1901条,裂缝平均密度达39条/m,以小缝为主,起到了连通孔、洞的作用,改善了储层的渗透性。

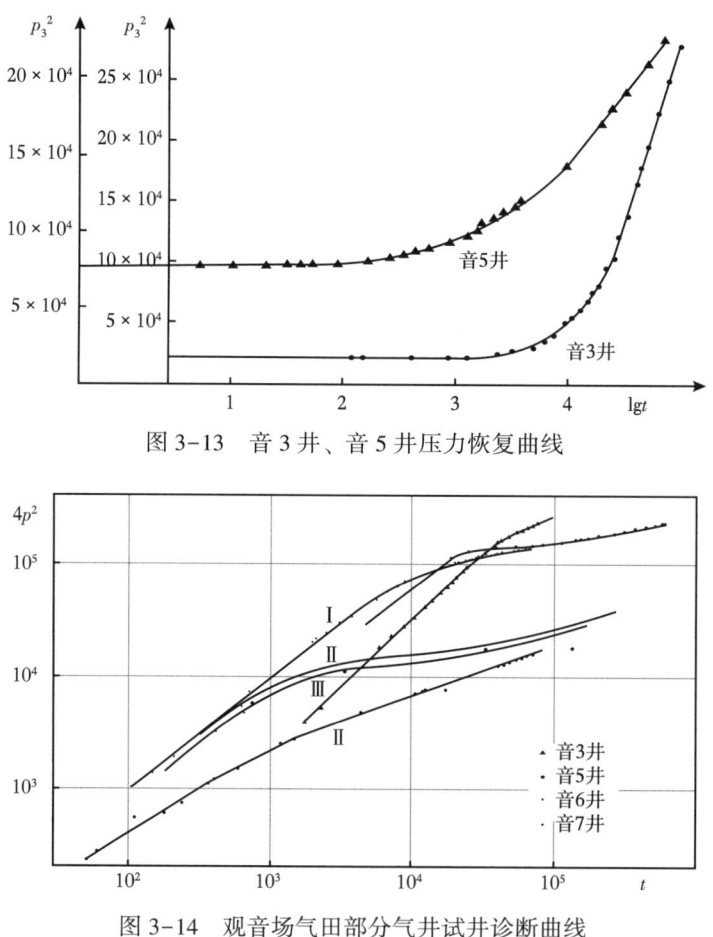

图3-13 音3井、音5井压力恢复曲线

图3-14 观音场气田部分气井试井诊断曲线

孔11井是孔滩气田茅口组气藏孔6井系统实施二次开发整体治水的一口排水井,根据"低排低采,低排高采"的整体治水思路,对处于气藏低部位的孔11井、孔13井实施强排水,以此解放同系统高部位的孔6井、孔21井,最终实现系统恢复生产。为了掌握储层动态及水侵特征,孔11井在排水过程中,分别于2009年7月8日和2010年1月27日进行两次压力恢复不稳定试井。

孔滩茅口组气藏整体水淹,储层气水分布非常复杂,排水过程中储层内气水关系发生变化,孔11井两次试井曲线形态发生变化,第二次测试期间储层流体中的气相比例变小,导致流体流度减小,曲线上翘。两次测试之间累计排水 $4.24×10^4m^3$,但地层压力变化较小,试井曲线后期出现上翘特征,孔11井裂缝系统附近水体能量充足;第二次测试期间孔11井仍处于地层水强水侵阶段,故仍需实施排水,并保证其排水的连续性。

3. 水侵特征

1) 缝洞气藏水侵机理

研究气水两相在裂缝中的流动,当把孔、洞介质加入时,其流动机理、流动特性等有其独特的特点。水侵活动开始后,侵入水沿着裂缝流进孔、洞,水先在孔、洞里储集起来(图3-15a),储集水占据了部分孔、洞体积,孔、洞内的气体受到抬升而被压缩,得以沿裂缝流出。对单缝接入和接出的情况,水不断在孔、洞内存积,直到淹没接出裂缝,才开始往下流动,而孔、洞内未排出的气体被水封死,即形成常说的死气区,此时孔、洞仍是水的渗流通道;如果水到达了接入裂缝的位置,而未到达接出裂缝的位置,气、水都被封隔在孔、洞内,相当于基质孔隙里的原生气和束缚水,只有依靠气体本身的弹性膨胀和岩石的压缩作用来继续产气。但孔、洞往往与多条溶蚀缝相连通(图3-15b)。只要水没有淹没最上面的裂缝,孔、洞就仍有产气能力。因此对于孔、洞发育的裂缝性储层,气、水的流动与孔、洞上裂缝发育的位置非常相关。

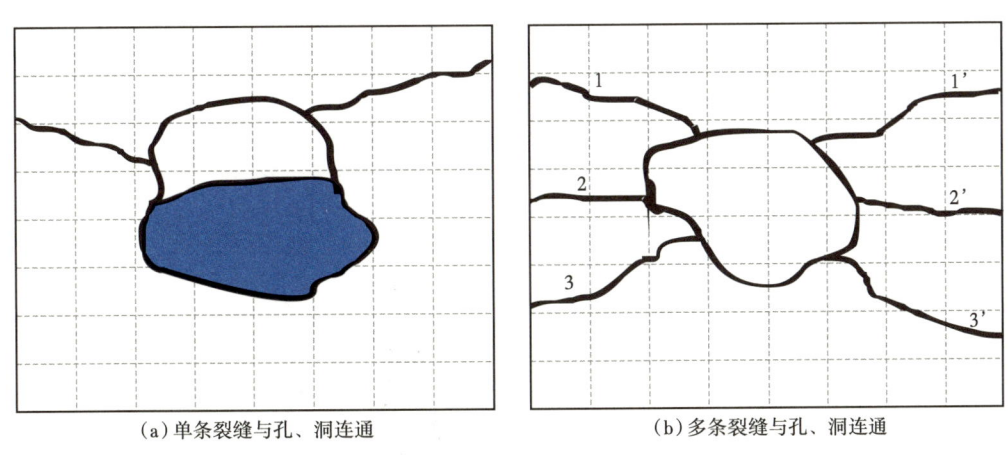

(a) 单条裂缝与孔、洞连通　　　　(b) 多条裂缝与孔、洞连通

图3-15　溶洞产水机理示意图

如果气井储层裂缝、溶蚀孔、洞发育,在气水同产生产阶段,侵入水流到溶蚀孔、洞中后,总会储集到接出裂缝处才沿裂缝往前流动,到达近井地带时,由于水的重力分异作用,侵入水会流向井底的大溶蚀洞,而气体沿裂缝流到井底产出,在近井带形成"气走气路,水走水路"的特殊渗流现象,因此,侵入水对近井带连通储层与射孔带的裂缝没有像对其他未发育溶蚀洞的裂缝型气藏构成那样大的损害,未直接形成水窜,保证了气体的渗流通道。这也能较好地解释气井无水生产阶段久、带水生产后能保持较好产量长期稳产,以及产水后,水量上升较快的现象,但是一旦溶蚀洞被完全水淹,不能再继续储水,水流到溶洞后,直接再通过裂缝流出到达井底产出,很快会在井底形成水窜,水淹近井带的裂

缝，占据产气通道，迫使气井停产。

2）水侵形式与水侵类型

气井产水特征反映了井区储层物性展布特征，水气比上升越快表明储层非均质性越强，反之则表明储层较均一，故可通过产水特征反推气藏水侵特征及水侵形式。归纳总结出水井储层物性参数，对比分析气井不同产水类型和储层物性之间的关系，可将水侵特征曲线结合储层特征归纳为如下三类：

（1）多次方型水侵：多次方型水侵情况，气井出水后，水气比上升很快，水侵剧烈。储层中应有中缝及其以上的大裂缝存在，且分布集中，形成裂缝性高渗透带；生产测井显示裂缝发育段产水，包括裂缝在内的储层综合渗透率是基质储层的数十倍。属于非均质性储层裂缝高渗透带产水。一般对应裂缝强水蹿水侵形式。

（2）二次方型水侵：储层中一般无中缝及其以上的大裂缝存在，小缝及微细网状缝发育，但分布不均，局部发育形成裂缝—孔隙型较好的渗透层；裂缝渗透率与基质渗透率的倍数差较多次方型小，一般在 10～20 倍。一般对应裂缝弱水侵形式。

（3）线性水侵：储层中微细网状缝发育，分布较均匀，与孔隙组成视均质储层，试井解释综合渗透率与基质渗透率的比值较小，一般在 10 倍以下。对应水侵形式为舌进强水侵与舌进弱水侵形式。

3）单井水侵类型实例

（1）井 4 井：井 4 井于 1977 年 1 月 18 日投产，且投产时就开始产水，图 3-16 是井 4 井的生产水气比（每月平均水气比，即每月的产水量与每月的产气量的比值）随产水时间（产水月数）的变化曲线，从产水特征曲线可以看出，曲线总体上呈较明显的逐步上翘形态，即二次方型水侵，属于底水的裂缝弱水侵型，反映出该井裂缝发育较好，能保持稳定的排水。同时这一曲线也与地质上反映的底水分布吻合，显示了底水锥进。

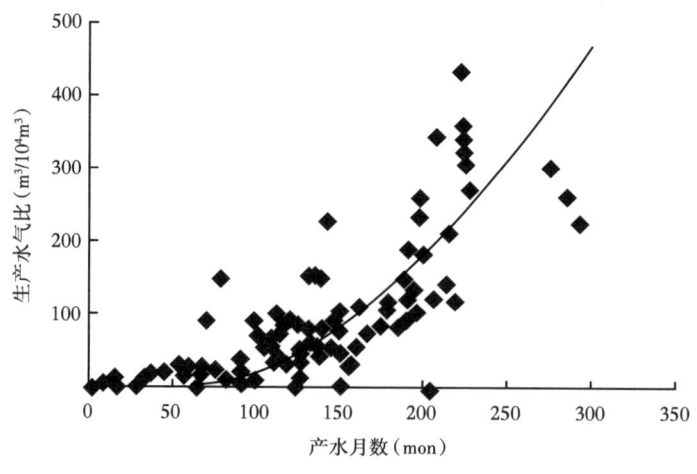

图 3-16 井 4 井产水特征曲线

（2）桐 4 井：桐 4 井于 1975 年 9 月 28 日投产，经历长达 9 年无水采气期后开始产地层水，之前产的是少量凝析水。图 3-17 是桐 4 井的生产水气比随产水时间（产水月数）的变化曲线,从产水特征曲线可以看出,曲线总体上呈缓慢上升趋势的形态,即线性水侵,属于舌进弱水侵型,反映出该井裂缝发育差,也印证了该井的产气量和产水量均不大。同时这一曲线也与地质上反映的边水分布吻合。该曲线反映出桐4井比井4井水侵弱。

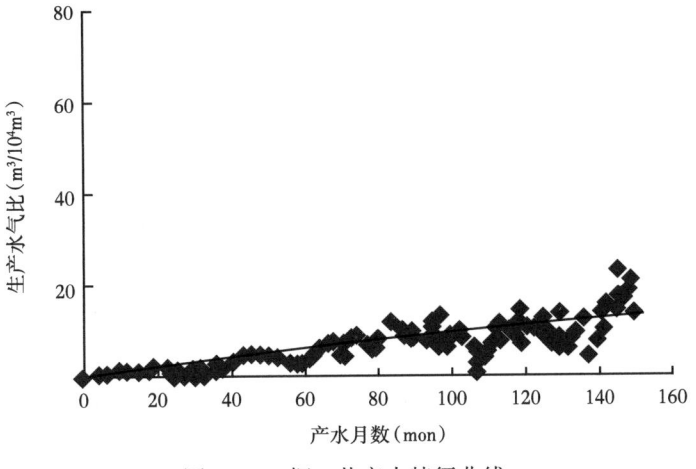

图 3-17 桐 4 井产水特征曲线

(3)孔6井:茅口组气藏孔6井属于孔6裂缝系统,1978年9月23日产地层水,图3-18是孔6井的生产水气比随产水时间(产水月数)的变化曲线,从产水特征曲线可以看出,曲线在产水前期呈缓慢上升的形态,在产水后期呈明显的上翘形态,即多次方型水侵,属于裂缝强水蹿水侵形式,反映出该井地层水活跃,裂缝发育程度高,非均质性强。

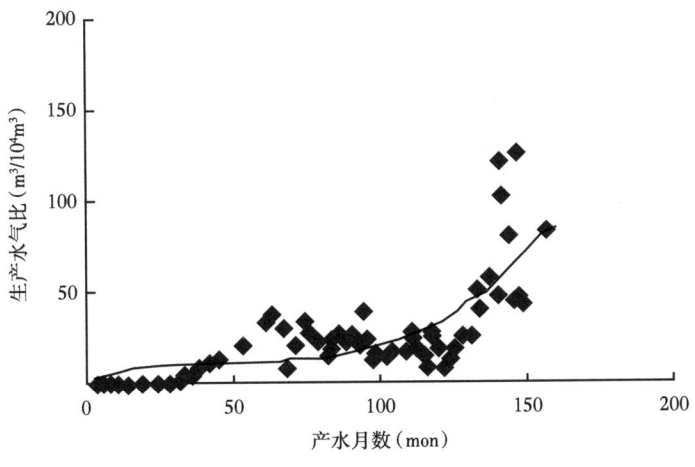

图 3-18 孔 6 井产水特征曲线

4. 气藏连通性

总体上,蜀南地区茅口组气藏储层孔洞、裂缝在空间上的组合及变化非常复杂,造成了气藏类型多样,连通关系复杂,根据气藏构造特征、裂缝和溶洞的发育情况、连通范围、压力响应及生产动态特征,连通关系可划分为单井裂缝系统和多井裂缝系统两种类型。

1)单井裂缝系统

单井裂缝系统主要以单井控制为主,一口井即为一个气藏,典型单井裂缝系统如花果山茅口组气藏,花果山茅口组气藏以单井裂缝系统为主,构造属四川盆地川东南坳褶带川南低褶带,储层为大套石灰岩,岩性致密,裂缝发育,属裂缝型气藏。花果山茅口组气藏主要产气层位是茅三—茅二段,茅口组气藏有9个裂缝系统,均为单井裂缝系统,花3井裂缝系统是主裂缝系统(图3-19)。

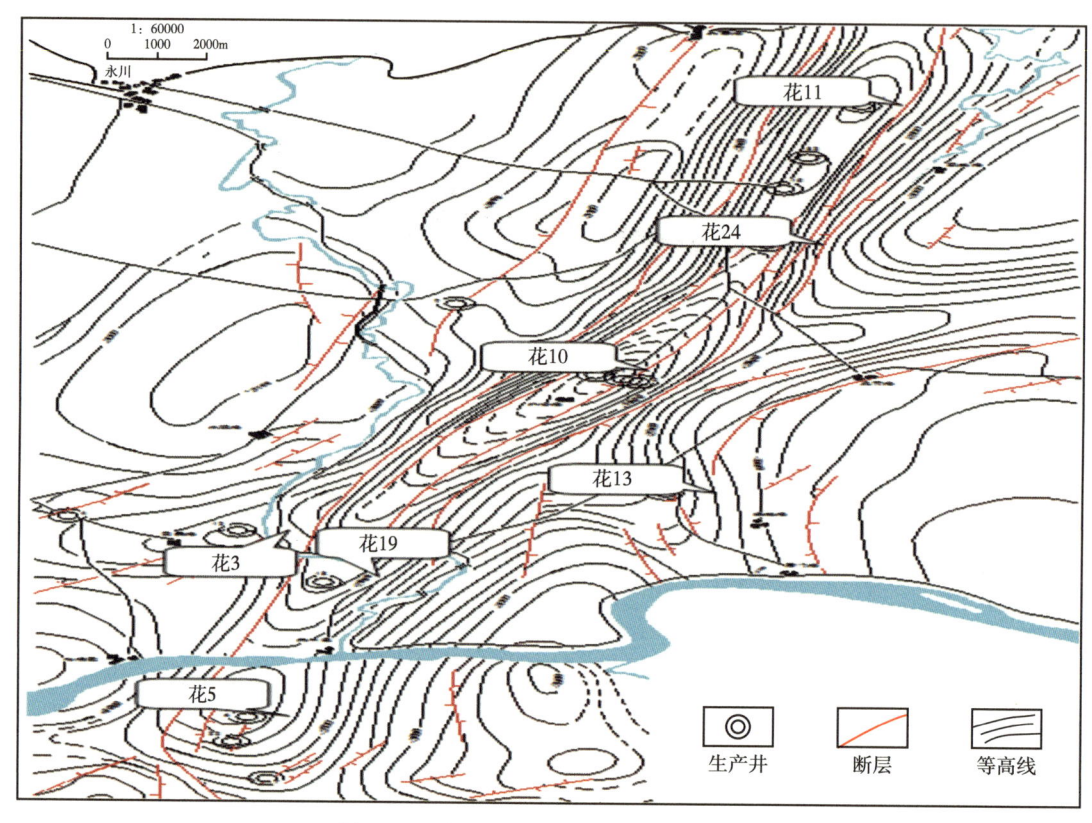

图3-19 花果山茅口组气藏顶界构造图

2)多井裂缝系统

多井裂缝系统储层裂缝较发育,连通范围广,多井相互连通,形成具有统一压力系统的多井裂缝系统。典型裂缝系统如自流井茅口组气藏,其构造处于四川盆地川中隆起带的西南端,是自流井凹陷中较大的背斜构造(图3-20)。自流井背斜构造,走向为北东向,呈北缓南陡的单箱状背斜;储层为一套灰褐、深灰褐色生物屑及藻屑灰岩,属浅海相沉积,具有基质孔隙度低、渗透率低、缝洞较发育的特征。气藏构造顶部的自2井区为多井裂缝系统;构造东部为主要受断层控制的多个单井裂缝系统。

5. 动态储量

蜀南地区茅口组气藏储层以溶洞、裂缝为储渗主体,储层的空间展布十分复杂,以高角度构造裂缝为主的裂缝网络沟通了大量的溶蚀孔洞,它们与裂缝共同构成了储集体—裂

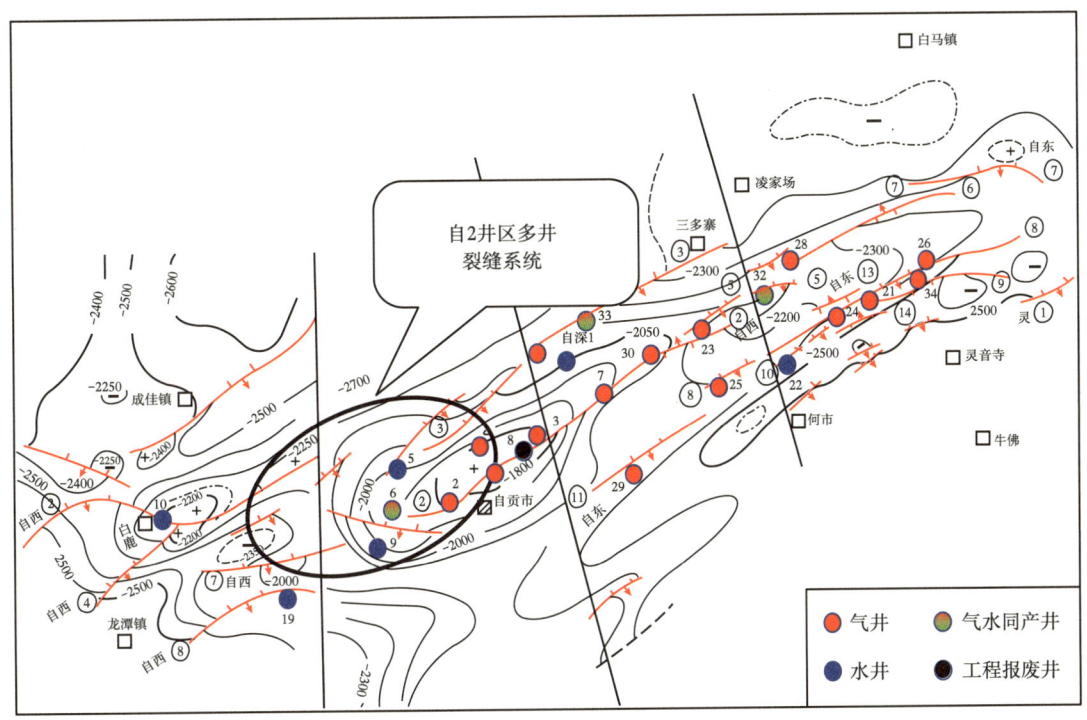

图 3-20　自流井茅口组气藏顶界构造图

缝系统。裂缝系统是茅口组中气藏勘探开发的最小单元,实际上具有气藏的概念,作为天然气探明储量计算的基本单元。蜀南地区茅口组气藏已核实上报探明储量圈闭 213 个,均是以动态法计算,而动态法中 90% 以上是采用压降法计算,大量实例表明,压降法计算动态储量具有较高准确性。蜀南地区茅口组气藏单井裂缝系统多,储量规模小且分散,具有特殊的气水分布和气水共存模式,因此在裂缝系统压降图上反映多种特殊形式,比如后期上翘型;排水找气先期压降型,隔气式气藏—多峰式等。

(1) 常规直线型:在无水侵或产水量很小的情况下,其在压降图上表现为常规直线型,如阳 50 井裂缝系统。阳 50 井裂缝系统于 1975 年 7 月 17 日投产,投产初期井口套压 25.08MPa,油压 24.70MPa,初期日产气量 $30.0 \times 10^4 m^3$,不产水,到 2017 年底累计产气 $2.42 \times 10^4 m^3$,累计产水 $4.11 \times 10^4 m^3$,从历年取得的关井测压资料来看,在压降图上表现出良好的线性关系(图 3-21)。

(2) 后期上翘型:属于后期上翘型的裂缝系统在开采早期主要为井筒附近大、中型裂缝—溶孔、洞的天然气供给,压降图上表现出直线段,此时计算的地质储量偏小;在开采中期(采出程度大于 50%)主要为井筒较远处的基质供给,压降图上表现直线斜率变缓,开始出现低渗透补给现象,随采出程度的增大,在开采的后期压降图上表现出直线更平缓,即单位压降采气量增大,主要是因为一部分被水锁的天然气得以解封,此时计算的地质储量才能代表真实的动态储量。蜀南地区属于后期上翘型的裂缝系统目前有 35 个。付 5 井区裂缝圈闭包括付 5 井、付 11 井、付 31 井和付 13 井。至 2011 年底经历自喷、产水、带水、工艺排水采气阶段,2017 年底累计产气 $38.27 \times 10^8 m^3$,累计产水 $96.91 \times 10^4 m^3$(图 3-22)。

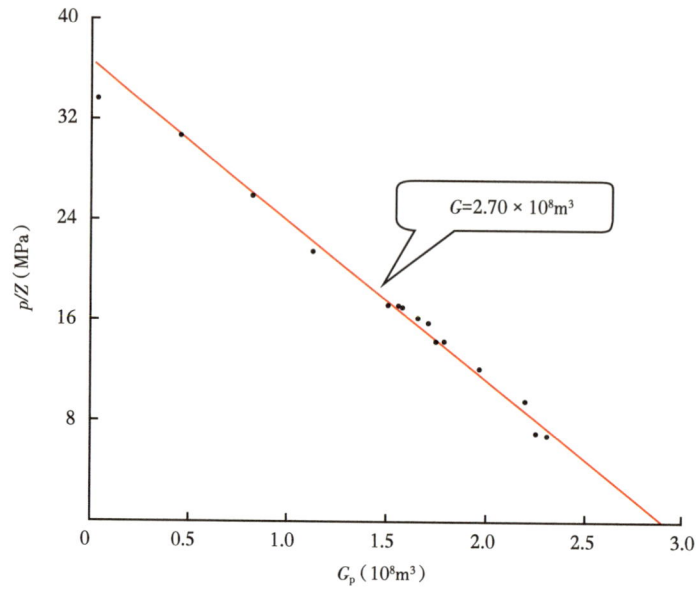

图 3-21 阳 50 井裂缝系统压降储量图

G_p 为累计产气量；G 为地质储量；p 为地层压力；Z 为天然气压缩因子

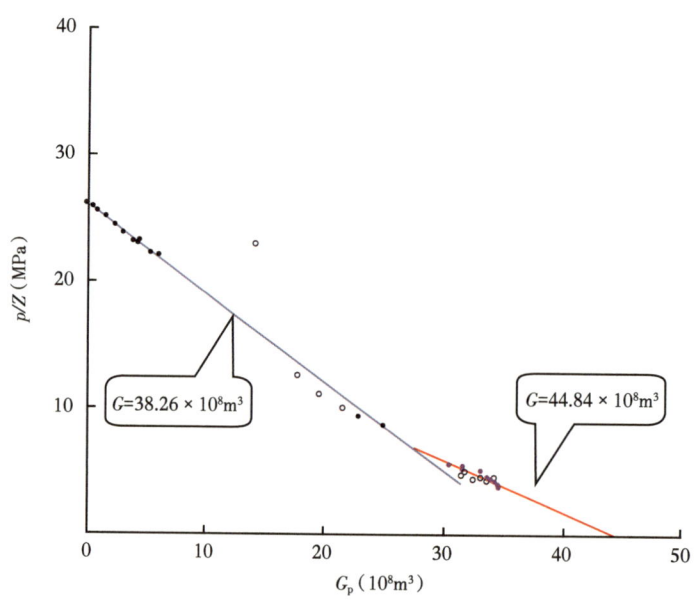

图 3-22 付 5 井区裂缝圈闭压降储量图

G_p 为累计产气量；G 为地质储量；p 为地层压力；Z 为天然气压缩因子

（3）排水找气型：由于蜀南地区茅口组气藏具有特殊的气水分布和气水共存的模式，产水大的井同样钻遇了缝洞系统，在排水的过程中监测到压力下降速度较慢，水体的上方必然存在隐蔽的天然气聚集，利用天然气弹性能量排水，"水落气出"可获得隐蔽的储量。"排水找气"是在无气的产水井上，依靠地层自身能量，排出封隔天然气的水体，找到隐蔽的天然气新储量。排水找气井的原始地层压力应为取气井开始产气时的压力,而不是气藏刚打开时的原始压力,这样得到的动态储量才准确可靠,如阳72井裂缝系统(图3-23)。

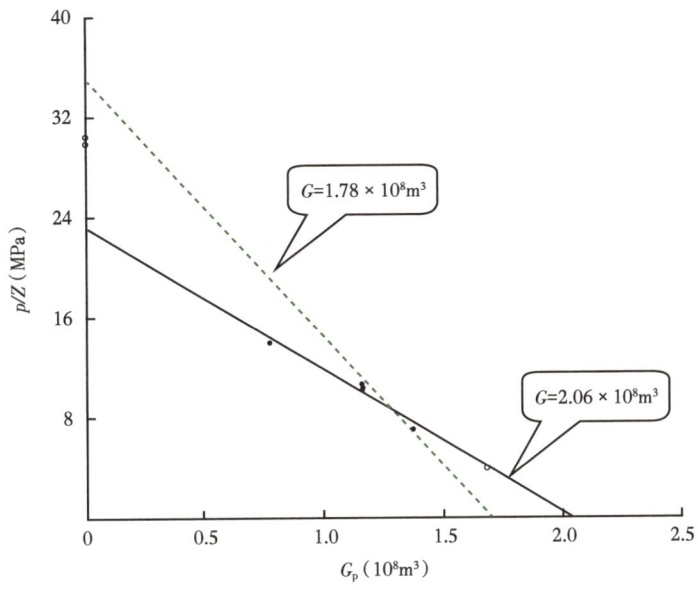

图3-23 阳72井裂缝系统压降储量图

阳72井1991年8月31日开钻,对茅三—茅二c段测试日产水2976m³,不产气,1992年3月4日开始进行排水找气,日排水量600~900m³,排出水量13.2×10⁴m³,经过8个月20天的排水,1992年11月24日测试获气4.74×10⁴m³/d,产水93m³/d。1994年3月15日采用气举、自喷加泡排和增压输气开采,到2017年底,累计产气$1.81×10^8 m^3$,采出程度已达到87.86%,累计产水53.26×10⁴m³。

(4)隔气式气藏—多峰式:在气井开采的早期为直线段,中后期压力不下降,反而出现压力上翘现象。这仅仅用有低渗透补给的解释是不够的,极有可能是处于同一气藏中被水隔开的两个或多个隐蔽的气顶因气水界面下落而相互连通而造成的(图3-24),从而增加了气藏天然气储量。在压降图上形成了多峰式的现象。

下面以寺47井、桐8井裂缝系统为例,分析气水井经排水采气后储量变化情况。

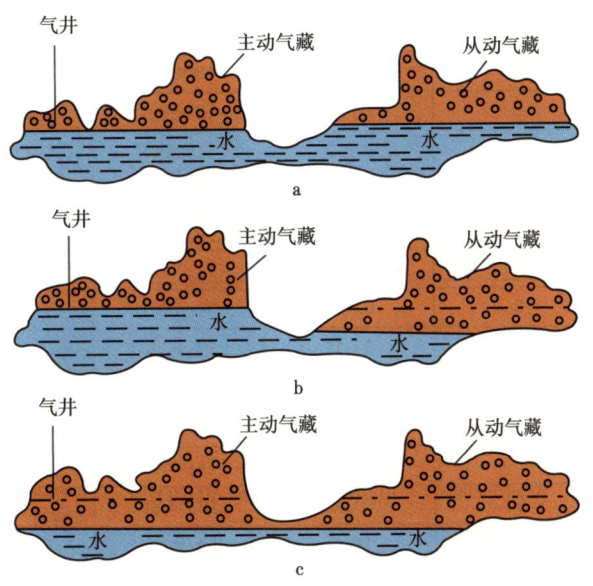

图3-24 隔气式气藏模式图(a→b→c)

①主、从动气藏排通。

对于主、从动气藏排通的隔气式气藏而言，其压降储量图在开采早期为直线段，开采中压降点不下降，反而上升，到达一定位置后又下降，并符合直线压降规律，出现第二段直线。

寺47井1977年7月5日投产，该井经历了大水量排水→水量下降→不产水→又产水→至水淹→气举工艺助排，历年累计产气$2.94×10^8m^3$，累计产水$11.53×10^4m^3$（表3-5和图3-25）。

表3-5 寺47井开采情况表

开采阶段	时间	套压（MPa）	油压（MPa）	日产气量（10^4m^3）	日产水量（m^3）	水气比（$m^3/10^4m^3$）	阶段采气量（10^8m^3）
大水量生产	1977-07 至 1979-11	20.44↓5.12	20.96↓5.4	49.3↓6.2	108.0↓40.0	5.0	0.97208
水量下降	1979-12 至 1981-04	4.72↑6.89	4.76↑6.86	6.0	31.1↓0.4	5.2↓0.07	0.29976
不产水	1981-05 至 1986-04	7.03↑23.54↓12.45	6.99↑22.56↓12.36	6↑8↓6.2	0	0	1.08296
产水至水淹	1986-05 至 1989-09	11.77↓6.0	11.71↓1.5	6↓3	7↑96	18.6	0.30424
气举助排	1992-02 至 1995-04	7.31↓5.42	2.74↓1.54	4↓3.7	117↓58	15.8	0.23000

注："↑"表示上升，"↓"表示下降。

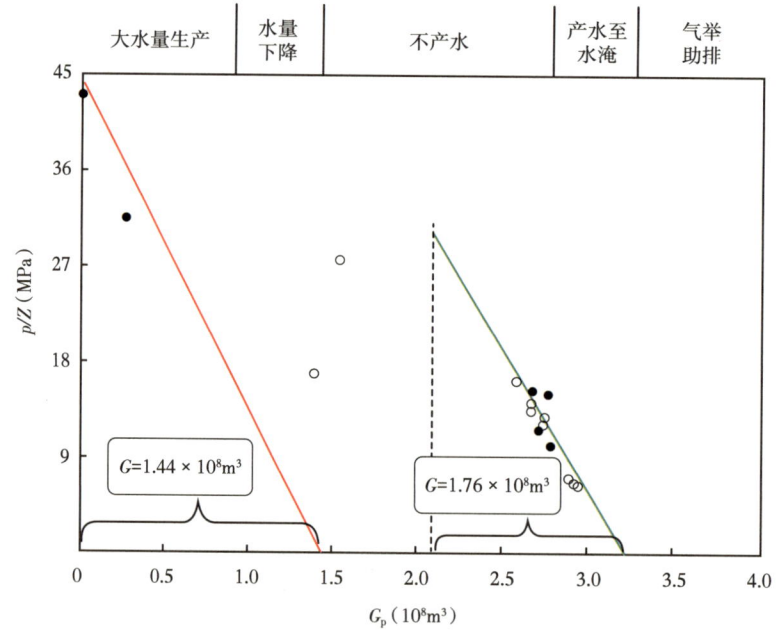

图3-25 寺47井裂缝系统压降储量图

开采早期直线段为定容气藏的典型图形，反映的是主动气藏的储量。随着气藏的开采，主动气藏自身能量降低，压力、产量随之降低。当主动气藏的压降漏斗传递到与水体相隔的从动气藏时，从动气藏天然气膨胀驱动水体向主动气藏流动，主动气藏的地层压力增加，故在压降图上表现为开采中压降点不下降，反而上升。随着气藏的进一步开采，因气水界面下落而相互连通，从动气藏的天然气逐渐进入气井所在主动气藏的储气空间，气藏此时开采的天然气中有从动气藏进入到主动气藏的天然气，故在压降储量图上出现第二条直线。

从表3-5和图3-27中看出，1981年5月至1986年4月历时5年的不产水阶段中，生产套压由7.03MPa最高上升到23.54MPa，生产油压由6.99MPa最高上升到22.56MPa，气产量由$6.0×10^4m^3/d$上升至$8.0×10^4m^3/d$。很明显，寺47井裂缝圈闭属于典型的隔气式有水气藏，投产气水同产排出一定水量后，另一个被水分隔的气藏才被开采采出，因而出现无水采气阶段的压力上升、产量上升。本井早期计算的第一个气顶气藏天然气储量为$1.44×10^8m^3$。随着排水采气生产，与其连通的而被水体分隔的第二个气顶气藏的天然气大量移流产出，生产不产水，地层压力由13.403MPa上升到31.410MPa，由$p/Z—G_p$关系曲线得到，第一个气顶气藏天然气储量为$1.44×10^8m^3$，第二个气顶气藏天然气储量为$1.76×10^8m^3$，本井裂缝圈闭控制的天然气储量为$3.20×10^8m^3$。

②主、从动气藏未排通。

对于主、从动气藏未排通的隔气式气藏而言，其压降储量图在开采的早期为直线段，开采中后期压降点不下降，出现上升，证明存在有能量补给，尚没有明显的第二直线段，说明存在隔气式气藏。这是因为从动气藏的天然气尚未突破水的分隔，未进入到气井所在的主动气藏，而只有压力上升反映，从动气藏未被排通。如桐4井裂缝圈闭（图3-26）。

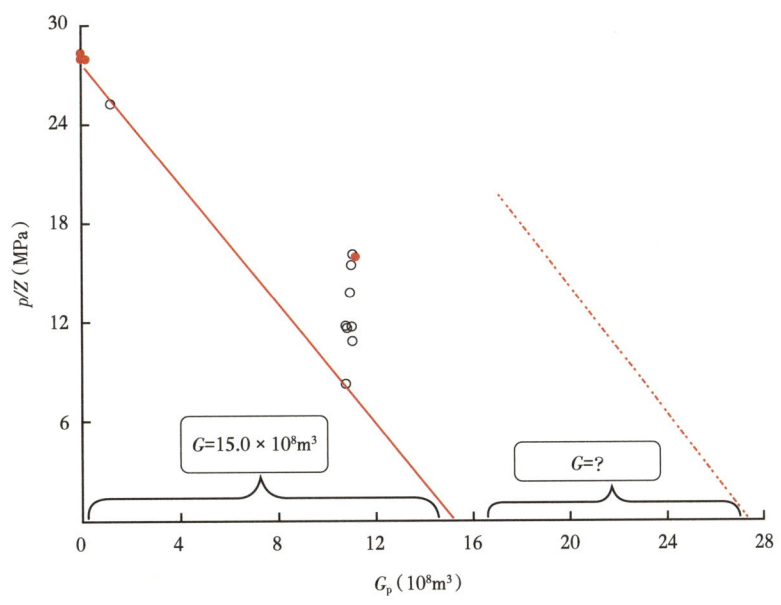

图3-26 桐4井区裂缝系统压降储量图

桐梓园气田茅口组气藏桐4井裂缝系统包括桐4井、桐5井、桐8井、桐13井、桐15井5口井，1978年6月26日桐8井投产后，1979年7月20日产地层水，以后电潜泵排水，因泵及供电原因效果差，仅能间歇生产，系统至1997年基本水淹停产，1997年3月19日在保证供电情况下进行排水试验，日排水$400m^3$，桐8井虽未恢复生产，但同系统桐13井套压由2.3MPa升至11.68MPa，油压由2.2MPa升至11.44MPa，开井生产日产气$4.4×10^4m^3$。

后由于排水受限水淹关井至今。桐4井裂缝系统到2017年底，累计产气$11.12\times10^8m^3$，累计产水$53.82\times10^4m^3$。

第三节　气藏开发主要做法及效果

蜀南地区茅口组气藏自隆10井发现以来，气藏产量经历了上产、递减、"二次开发"挖潜三个阶段，经过半个多世纪的勘探开发生产实践，通过坚持不懈的科研攻关和探索创新，在有水气藏开发的勘探布井、气藏工程、排水采气工艺等领域的应用研究方面取得了丰硕成果，积累了宝贵的经验，初步形成了一套蜀南地区茅口组有水气藏的技术理论和工艺方法，达到了较好的开发效果。

一、上产阶段(1957—1979年)

1. 首次发现了四川盆地二叠系茅口组气藏，勘探布井思路从"一占三沿"发展到"三占三沿"

1949年底，以四川盆地为重点进行了大量油气普查勘探工作，四川的石油天然气有了很大发展，建成了中国第一个天然气工业基地。当时的勘探思路是"撒大网，占山头"，以不断证明和扩大含油气范围为目的，布井依据主要依靠地面详查（细测）等资料，布井原则从"面积法""十字法"布井，发展到"一占一沿"（占高点，沿长轴），发现了印支期泸州古隆起及自2井下二叠统大储量缝洞系统，主要认识到背斜构造顶部长轴和断层通常是裂缝最发育地带，一个气藏必须弄清地面构造形态、断层性质及其分布特点，查清地面裂缝分布和发育情况，掌握储层岩石性质及其变化规律，搞清气藏压力系统、连通情况、气藏的驱动类型等。

1957年3月28日至6月14日，对圣灯山气田隆10井二叠系下统茅口组第二段（P_1m^2）上盘2040~2060m井段射孔测试，在回压10.485MPa的条件下，日产天然气$16.3\times10^4m^3$，该井是解放后在盆地内钻探的第一口二叠系探井，也是最先在下二叠统获得工业气流的探井。隆10井的突破是地质勘探上的一个大事件，为川南气区全面开展钻探二叠系气藏提供了重要的依据。1958年，川南气区采用"撒大网、占山头、插红旗"甩开钻探，相继于同年7月在阳高寺构造阳1井、纳溪构造纳1井，8月在邓井关构造邓1井，9月在长垣坝构造长1井钻获高产气流（其中，长1井井口压力为3.001MPa时，日产气$600\times10^4m^3$，绝对无阻流量每日高达$1000\times10^4m^3$），获得了好的勘探成效。

20世纪70年代川南地区发起了以二叠系、三叠系两套井网为基础的"泸州古隆起会战"，开始进入了加速加深勘探阶段，1971—1972年，完成了泸州古隆起顶部附近3000多平方千米的二叠系、三叠系地震构造图的编制。探井的部署原则也从"一占三沿"发展成"三占三沿"，即占高点、占鞍部、占鼻凸，沿长轴、沿扭曲、沿断裂，对油气勘探具有一定的指导意义。1971年3月，位于阳高寺与纳溪构造鞍部的纳9井（1960年完钻）修井试油，于下二叠统茅口组获工业气流。纳9井下二叠统顶部海拔$-2310.5m$，比阳高寺构造高点的阳7井同层海拔$-1587m$低723.5m，比纳溪构造高点的纳8井同层海拔$-1638m$低672.5m，产气层位高差如此悬殊却均能产气，突破了油气仅受局部构造控制的观念。

这一阶段勘探成果加深了对二叠系、三叠系碳酸盐岩裂缝圈闭气藏的认识。如二叠系、三叠系具多产层，同一气田同一气藏在横向上具有多裂缝系统特征。气藏不严格受局部构造圈闭控制，在背斜闭合范围外发现新的裂缝系统（如老翁场、付家庙、牟家坪、卧龙河、相国寺、孔滩等背斜构造），扩大了二叠系、三叠系天然气的勘探领域。同一气藏具有统一压力系统，气水按重力分异，构造高部位聚气、低部位聚水，但不同缝洞系统没有统一的气水界面，如牟家坪背斜茅口组气藏在高部位产水，低部位产气，牟1井在Ⅰ号高点顶部，茅口组气藏井深 2298～2477.22m，日产水 1536m^3，Ⅲ号高点牟3井茅口组气藏井深 2495.87～2505.87m，产气 $3.92 \times 10^4 m^3/d$，不产水。构造和断层对油气藏的形成关系密切，尤其是处于断层带附近的气井产量高，稳产期长，单井采气量多。限于当时地震技术条件，有些低缓背斜二叠系断层展布不清，钻探构造顶部茅口组气藏出水，如龙洞坪、牟家坪、阳高寺、合江、纳溪、付家庙。高陡背斜顶部地震资料反射质量差，构造形态、断层展布不清，钻探该类构造顶部茅口组气藏多产水，如临峰场、螺观山、大池干、板桥、铜锣峡、塘河、花果山—六合场。

2. 受当时技术水平的限制，开发思路主要是压水采气、控水采气

在茅口组有水气藏投入开发的早期，人们对气藏的构造、储层、岩性、气水关系、驱动方式等的认识比较薄弱，普遍采取比较简单的控水采气和压水采气的方式生产。压水采气、控水采气的主要做法是在气井开始产地层水后，通过压小井口产气量来控制产水量，有时甚至采取关井、间歇开井的生产方式，目的是把产出的地层水量减小，甚至不产地层水。这种做法对于产水量不大的气井初期有一定的效果，但由于地层水聚集在井底附近，长时间后，开始阻塞气流通道，并逐渐形成井筒积液，生产一段时间后很快造成气井水淹。

隆10井1957年4月30日投产，气水同产，随着井口生产压力的下降，气井逐渐转为间歇带水生产，1959—1962年间因受地层水影响，气井2次水淹，水淹时，因无相应的排水工艺，同时因水处理困难且气井自喷生产效果逐渐变差，被迫封闭茅二段上试。1962年9月和1964年8月分别上试茅三段和茅四段，只获小气，不产水，投产后只能间歇生产，1988年3月后长期关井。

经过研究，鉴于本井茅二段还有较可观的剩余储量，而上试后的茅四段—茅三段已枯竭，同时圣灯山气田嘉三气藏已枯竭，可以解决隆10井产出地层水问题，为充分挖掘其潜力，决定修井，1994年4月重新钻开水泥塞，对原茅二段产层进行排水采气，作业后原主产层恢复自喷带水生产，1997年2月以后开始进行气举排水采气，从圣灯山气田隆10井的生产历程分析：气井出地层水后，由于地层水对产层渗流通道的阻塞，严重时甚至造成井筒积液水淹停产；同时气井采取压水采气、控水采气的做法往往不能达到提高气井产气量的目的，反而造成气井采收率的下降。

二、产量递减阶段（1980—1994年）

1. 创建"断层六项布井原则和布井模式"，深化了二叠系缝洞性气藏认识

20世纪80年代，经历了上个阶段加速勘探的过程之后，蜀南地区的有利的地面构造已基本钻探完，因此此阶段主要立足于老气田二次勘探，以寻找新气藏、新裂缝系统增加储量

及产能，减缓和弥补老气田产量递减；同时加强了下古生界、深层含油气勘探；大力开展新区勘探，寻找新气区及后备资源。此阶段主要以模拟地震提供的构造图为布井依据。与此同时还采用了地层变曲度定量计算成果（如地层倾角变化率、平均面曲率、球冠法、褶皱关系、归一值等方法）作为辅助布井依据。并用"相面法"开展对地震动力学信息的拾取，如地震时间剖面上的"时差增大、眼球状、相位交错、弱振幅"等作为布井时参考。

在布井原则上，仍以"三占三沿"和"两打两不打"为主。主要钻探对象是老区地震重新查明或新发现的潜伏构造、潜伏高、断高、鼻突、高鞍。此阶段在老区的再次勘探，发现了一批新的裂缝系统：1982年川南老气区在纳溪气田纳59井钻获茅二气藏，控制储量近 $3 \times 10^8 m^3$，这是该气田勘探24年后二次勘探的新发现。此阶段的勘探成果对二叠系、三叠系碳酸盐岩裂缝储层特征有了飞跃性的认识，尤其是对裂缝在测井上的定量解释有重大进展，对二叠系茅口组碳酸盐岩裂缝圈闭气藏的地质特征有了与日俱增的深入认识：一是认识到天然气分布范围广泛，背斜、向斜、非背斜均有气，但主要富集于背斜构造圈闭中，不同类型背斜、不同构造部位、不同断层的裂缝发育程度不同；二是在非背斜区断层带及裂缝发育带勘探取得成效，拓宽了勘探领域；三是碳酸盐岩储层基质储集性能很差，具低孔低渗透特征，储渗空间以缝洞为主，具有多裂缝系统特征，单个裂缝系统控制储量一般很小。主要教训：一是受地震勘探技术的限制，对非背斜区地腹构造形态及断层展布不清，从而钻探失利，如在川中—川南过渡带河包场、界市场区块，在没有二维数字地震成果的基础上部署包5井、包3井、包7井、包12井、包20井、界12井、界13井等井在二叠系未钻遇断层裂缝系统而失利；二是对油气保存条件的研究和认识不够，在高陡背斜构造钻探失利，如宜宾潜伏构造宜1井，南广构造南广1井、螺观山构造螺2井、螺4井在茅口组见地层水，未获气。

20世纪90年代，由于蜀南地区二叠系茅口组气藏勘探开发程度已很高，有利的背斜构造圈闭及潜伏构造绝大部分已钻探。为此，立足于老区展开滚动勘探开发工作，寻找新的裂缝系统。在非背斜地区钻探"断层裂缝圈闭"气藏，以增加储量，延缓老气田产量递减。同时，继续向新区和深层下古生界钻探，寻找接替区块和层系。布井依据和原则主要以新的二维数字地震详查、精查，以及三维地震提供的构造图及时间、时深剖面等资料作为钻探依据。以地震多种特殊处理及储层预测方法（多个精选、多种计算、多种分析的综合评价方法）拟定井位。对非背斜断层裂缝圈闭，采用"断层六项布井原则和布井模式"兼地震异常布井，获得了灵音寺、花果山—六合场、同福场、螺观山等4个气田，以及梯子崖、古佛山、莲花寺、长宁等一些含气构造和地区。"断层六项布井原则和布井模式"即：

（1）优选有利中、小断层或断高；

（2）优选有利的断层，断距50~150m，倾角20°~35°，断层向上消失在对油气藏封闭岩性（泥岩、页岩、石膏、盐岩等）内，断层下切至志留系，有利于志留系烃源补给；

（3）在地震剖面上选择拱曲加断层部位，井位定在拱曲肩部，且靠近主断层，断点存在于 $P_1 m^2$ 内，最好在 $P_1 m^2 b$ 底部或 $P_1 m^2 c$ 顶部钻遇断点而又自身重复的部位；

（4）在断层附近，地震剖面上茅口组顶界有振幅变化，内部出现同相轴分叉合并，呈"眼球状"、时差增大、波形畸变、杂乱或空白反射等异常反射特征，这些异常往往是地下存在有效缝的反映，因此，井位应定在存在这些异常的部位；

(5)地震剖面上,断点上盘为P_1m^1或P_1q,与下盘的P_2l^1接触的部位不能定井;

(6)孤立断点或断层在平面延伸距离短,一般小于3km不宜布设井位。

1982年在螺观山构造顶部钻探螺2井,茅口组产水并有少量气,1983年在构造高点钻探的螺4井在茅口组产水,1984年在构造东倾没端钻探螺3井在茅口组产微气,当时认为螺观山构造茅口组成藏条件差,停止达10年的滚动勘探。1991年对螺观山构造进行二维数字地震详查,尤其是查明了构造东倾没端鼻状与断层组合,评价认为有利于油气聚集,并根据裂缝圈闭分布的特殊性,以及高陡构造顶部茅口组气藏遭破坏,低缓部位气藏得已保存等认识,1995年以来,在构造东倾没端断褶带部署7口井(螺5井、螺6井、螺7井、螺8井、螺9井、螺10井、螺11井),在茅口组均获工业气流,打开了背斜构造轴部倾没端勘探的新局面。这一阶段的滚动勘探加深了碳酸盐岩成藏机制的认识,明确提出岩溶对二叠系茅口组碳酸盐岩缝洞系统的形成起到重要的作用。喜马拉雅造山期是茅口组裂缝圈闭油气聚集的主要时期,成藏模式是以自生自储为主,天然气短距离运移、聚集、晚期成藏。非背斜区断层带的缝洞系统沿断层带呈串珠状分布,呈多个互不连通的裂缝圈闭,各裂缝圈闭有自己的气水界面。

2. 开发思路从压水采气、控水采气转变为单井排水采气

蜀南地区茅口组气藏经过二十多年的勘探开发实践,认识到茅口组气藏基质岩块岩性致密,物性很差,属非储层范畴。凡是缝洞不发育的地方均为干层或只有微气显示,不存在大面积层状(或块状)孔渗性好的含水层,所有缝洞系统四周被不渗透岩块封闭,无区域性连片水体,孤立的多缝洞系统水体不大,缝洞系统内水体为无源之水,因此,蜀南地区茅口组气藏地层水具有可排性。

这个阶段主要做法是针对气水同产井采取排水采气方式生产,注重气井的生产过程的稳定,研究井筒内气水两相流动规律,工艺上主要针对井筒内流体做工作,认为只要将井筒内积液排出(有的井还进行强排水),气井就能正常生产,水淹井也能复产,就能提高采收率。

在气藏、裂缝圈闭采出程度达到50%以前,即开采早期,自喷排水采气阶段,优选气水同产井"三稳定"生产制度,加强管理,坚持排水采气。"三稳定"即井口生产压力、气水产量、水气比稳定,建立"三稳定"生产制度即是优选气井合适的开度,用合理的气产量把气藏流入单井井筒的水全部带出地面,使气藏、井筒内气水流动达到相对稳定的动态平衡,并以中、高水气比的制度生产,充分利用气藏早期能量充沛,排出地层水,认为这样有利于气井中后期的开采。为了确保气水同产井稳定生产,采取了"就地分离、气水分输、固定制度、避免关井、勤加分析、井类不同、区别对待"的管理办法。

实例:纳溪气田茅口组气藏纳6井。

纳6井1960年2月开钻,1961年4月完钻,产层为二叠系茅三—茅二b段,钻进中放空2.25m,井喷显示,产层中部井深2320m。1961年9月完井测试气水同产:日产气量$14.2×10^4m^3$,日产水量$43m^3$,原始地层压力23.584MPa。

纳6井1962年12月28日投产即气水同产,采取见水就压、见水就关井的压水采气方式生产,气产量迅速下降,水气比升高,造成井筒严重积液,1966—1967年两年间3次水淹,水淹后再次开井困难,生产效果很差。生产到1968年底6年时间内仅产气$2531×10^4m^3$,产

水 $2800m^3$。

经过分析研究，认为本井储层渗透性好，地层压力高，且属水体有限的封闭有水气藏，于1968年12月开始建立排水采气生产方式，排水 $5×10^4m^3$ 后，生产状况开始逐渐好转，到1969年底产水量上升到 $91m^3/d$，产气量稳定在 $4×10^4m^3/d$，其后压力、气产量、水产量、水气比相对稳定，自喷正常生产到1983年，历时14年。从1984年开始进行泡沫助排，生产到1986年9月枯竭停产（表3-6）。累计产气 $2.01×10^8m^3$，累计产水 $28.05×10^4m^3$，采出程度78.1%，生产效果好。

从纳6井1962—1968年间控水、压水失败的经验教训中认识到气水同产井只能排水采气，不能压水或控水采气，总结出了排水采气的成功经验。

从1969年以后，有水气藏、气水同产井均采取排水采气的方式开采。

表3-6 纳6井历年开采情况表

开采阶段	时间	套压（MPa）	油压（MPa）	日产气（10^4m^3）	日产水（10^4m^3）	水气比（$m^3/10^4m^3$）	采出程度（%）	阶段产气（10^8m^3）
压水采气	1962-12 至 1968-12	19.96↓ 7.86	19.97↓ 14.32	6.5↓ 2.07	34.0↑ 48.0	5.5↑10.3	5.8	0.25310
"三稳定"排水采气	1969-01 至 1983-12	↓4.77	↓0.67	4.0↓1.3	79.0↓ 17.8	20.0↓ 13.7	62.4	1.65858
工艺助排（泡沫）	1984-01 至 1986-09	↓4.56	↓0.68	↓0.95	↓15.7	↑16.6	78.1	0.09993

注："↑"表示上升，"↓"表示下降。

单井排水采气对部分气井是成功的，但这一生产阶段，排水采气工作是被动的，地层水蹿流到哪口井，就在那口井排水，跟着地层水走，没有控制地层水在气藏中的活动，没有重视和认真研究气井所处的构造位置，没有认真分析气井产出井段与气水界面的相对位置及高差，没有研究地层水在气藏开采过程中的活动规律，以及有效掌握控制地层水流动的方法。气藏高部位气井的排水采气会造成裂缝通道被水堵死，对气藏伤害非常大，最终形成的是"高排高采"的错误开采方式，导致气藏、裂缝圈闭、气井水淹停产，并且复产很困难；导致一批剩余储量较多、采出程度较低、地层压力较高的裂缝圈闭停产，甚至整个气藏水淹停产，继续排水困难，仍然不能恢复气井正常采气，气井生产时间短，气藏采收率低。

阳43井1973年6月25日开钻，同年12月23日完钻，为一个单井裂缝圈闭。产层为茅二c段，产气井段2351.36~2531.26m，钻进中放空0.1m，井喷高25m，未经酸化完井测试井底流压18.723MPa下日产气量 $143.96×10^4m^3$，不产地层水，地层原始压力23.607MPa。

1974年4月27日投产，初期日产气 $28×10^4m^3$，无水采气3个月，于1974年7月22日产地层水，出水后产水量经历2年零5个月的缓慢上升达到最大量 $156m^3/d$。1983年7月18日水淹，开井不能自喷生产，停产关井到1986年3月21日采取气举排水工艺生产，很短时间后又水淹，后又进行电潜泵、螺杆泵排水采气工艺，均无效果。本井上报地质储

量 $5.01\times10^8m^3$，累计产气 $3.72\times10^8m^3$，剩余地质储量 $1.29\times10^8m^3$，采出程度 82.95%，累计产水 $51.60\times10^4m^3$，停产时地层压力 7.967MPa。

阳43井完井测试不产水，投产后有3个月的无水采气期，出水后水量缓慢上升，说明产出井段距气水界面有一定距离，出水后采取"高排高采"的开采方式生产，地层水逐渐阻塞了气流通道，因此，生产表现为水淹快，上工艺早，采出程度较低，废弃地层压力较高。

单井排水采气在川南气区有水气藏开发过程的一段时间内起主导作用，有一定生产效果，总结了一套气水同产井生产管理经验，仍然是有用的。但是单井排水采气，是哪口井出水，就到那口井去排水，是被动的排水采气方法，其结果是形成气藏、气井"高排高采"的生产方式，促使水从气水界面上窜污染气藏，堵塞裂缝通道，而高部位气井"强排强采"危害更大，造成气藏、气井过早水淹停产，造成气藏气水关系复杂，开采难度变大，影响采气速度，且大大降低采收率。因此，有必要研究寻找更为科学合理的排水采气方式来改变单井排水采气方式，就像排水采气代替压水采气一样，是必然的趋势。

3. 排水采气工艺试验形成了当时国内领先的泡排、机抽、气举工艺

在气藏、裂缝圈闭采出程度达到50%以上，气藏能量下降较多，气井自喷生产带水困难，出现水淹和停产，需采用工艺技术措施排水采气。1978年首先开始在威远气田使用泡沫助排，在这个开发阶段，主要开展了以泡排、机抽、气举为代表的排水采气工艺试验阶段，见到了较好的成效。

1）实例：自2井泡沫排水采气工艺实践

(1) 气井基本情况。

自2井是一口地层压力极低，采用泡沫排水采气工艺维持连续生产的气水井，应用泡排工艺维持生产35年，增产天然气 $8.85\times10^4m^8$，创造了中国天然气开发史上"泡排工艺应用时间最长""泡排工艺增产气量最多"等多项纪录。

自2井于1960年5月16日投产，产层茅二—栖一段（2205~2265m），井身结构如图3-27所示。生产初期井口油压10.20MPa，套压8.00MPa，产气量约 $220.0\times10^4m^3/d$，不产水。生产至1973年12月10日，该井开始产地层水，产气量迅速递减，井口油压3.40MPa，套压3.20MPa，产气量约 $28.0\times10^4m^3/d$，产水约 $1.5m^3/d$。随着地层能量的降低，气井自喷带水生产逐渐困难。

(2) 排水采气应用情况。

为维持自2井正常生产，1982年11月25日，自2井开始泡排试验，利用高压注油泵向油管注入油患子溶液16kg，清水8kg。约16h

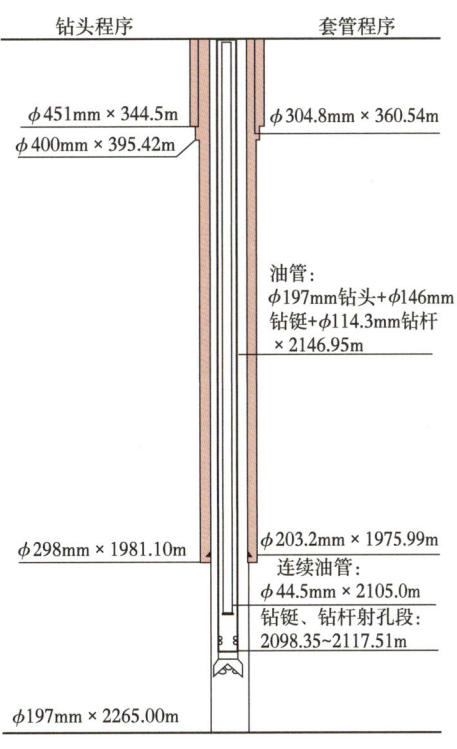

图3-27 自2井井身结构示意图

后,油患子溶液返出,奠定了该井泡沫排水工艺的基础。为确保该井正常生产,对使用的起泡剂类型、加注量、加注方式等进行了试验和总结,摸索出较佳的加泡制度(表3-7)。

表3-7 自2井起泡剂加注制度统计表

起止日期		起泡剂型号	日用量(kg)	每天注入次数	与水比例	备注
开始日期	结束日期					
1982-11-25	1983-03-05	油患子	30~45	12	1:1	根据带水的持续时间和水量上升多少确定起泡剂注入次数、注入量
1983-03-06	1986-11-15	油患子空泡剂	45~168	12~24	1:2~1:5	
1986-11-16	1990-09-20	空泡剂	66~96	24	1:5~1:7	
1990-09-21	1990-12-31	CT5-2	13.5~33	24	1:27	
1991-01-01	2000-11-07	CT5-2	30	连续	1:27~1:80	
2000-11-08	2011-08-24	CT5-7C、CT5-2	30	连续	1:70	
2011-08-25	2017-12-31	UT-5D	80	连续	1:20	

在自2井泡排生产过程中,由于井下管柱结垢堵塞、腐蚀穿孔等异常情况,导致起泡剂无法顺利加注至井底,气井多次出现产量波动。经过现场有效的维护措施,使气井恢复了正常的泡排生产(表3-8)。

表3-8 自2井泡排生产维护措施作业统计表

时间	生产情况	措施情况
1984-01	钻头水淹堵塞,影响起泡剂加注,产气产水量波动	对2108.92~2114.95m钻铤射孔
1989-06	射孔孔眼堵塞,影响起泡剂加注,气井水淹	车载压缩机注气解堵,气举排液复产
1991-07	射孔孔眼堵塞,影响起泡剂加注,气井水淹	液氮憋压解堵,车载式气举排液复产
1992-05	钻杆于1.75m处堵塞,影响起泡剂加注,产气产水量波动	连续油管带螺杆钻具解堵,车载式气举复产
1995-04	射孔孔眼堵塞,影响起泡剂加注,气井水淹	对2098.35~2117.51m钻杆及钻铤射孔
2016-01	上部钻杆穿孔,射孔孔眼堵塞,影响起泡剂加注,产气产水量波动	连续油管带螺杆钻具解堵,连续油管作注泡管柱

至2017年底,自2井仍能在井口生产套压0.63MPa、油压0.01MPa、井底流压2.40MPa的情况下保持产气量$(5.0~5.5)\times10^4 m^3/d$,产水$80~90 m^3/d$的上佳状态,采用泡排工艺累计增产天然气$8.8\times10^8 m^3$,为川南地区的社会经济发展作出了巨大的贡献。

2)实例:家41井机抽排水采气工艺实践

(1)气井基本情况。

在总结威远气田震旦系气藏引进油田机抽采油技术开展机抽排水采气试验的基础上,在黄家场气田茅口组气藏的家41井实施深井机抽工艺实践。

家41井于1987年1月5日投产,产层为茅三—茅二b段(2882.9~2990.0m),井身结构如图 3-28 所示，投产即出水，初期日产气 $2.5×10^4m^3$，日产水 $1.50m^3$，生产中压力、气量逐渐下降，水量逐渐上升，1988 年 5 月平均日产气量 $1.50×10^4m^3$，日产水量 $23m^3$。1989 年 6 月 22 日后间歇生产。1990 年 3 月 15 日探得静液面井深 662.95m，井底压力 25.76MPa。

（2）排水采气应用情况。

1990 年 3 月 15 日下入国产耐磨防腐泵，泵挂深度 1199.1m，生产初期日产水量 $80m^3$，日产气量 $(3～4)×10^4m^3$。气井复产后维持套管连续自喷生产，当不能维持自喷生产时再进行抽汲，如此间歇抽汲维持井的生产至 1990 年 12 月 31 日，历时 9 个半月，累计生产 213.50d，共采气 $300.9×10^4m^3$，排水 $4977m^3$，取得了较好的效果。至 2003 年 8 月停止机抽工艺之前，该井

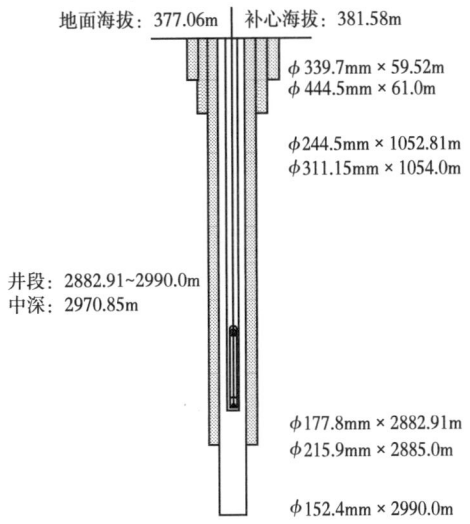

图 3-28　家 41 井井身结构示意图

共进行过四次检泵作业（表 3-9），通过采用新型防脱器、优化玻璃钢—钢制复合抽油杆柱设计等技术进步，使其泵挂深度达到 2002.6m，维持了良好的生产效果。

表 3-9　家 41 井机抽检泵作业统计表

时间	生产情况	措施情况
1990-03	自喷带水生产困难	下入机抽工艺管柱，开展机抽工艺试验，泵挂深度 1199.1m
1991-12	抽油杆脱扣	第一次检泵，更换抽油杆
1995-04	抽油杆脱扣，静液面低	第二次检泵，采用新型防脱器、玻璃钢—钢制复合抽油杆，泵挂深度至 2002.6m
1996-05	地层出砂，抽油泵柱塞断脱	第三次检泵，酸化，更换抽油杆
2007-07	抽油杆旋转接头滑扣断落	第四次检泵，更换抽油杆

家 41 井 1990 年 3 月至 2003 年 6 月采用机抽排水采气工艺，生产时间达 13 年，累计增产天然气达 $6488.7×10^4m^3$。在此期间积极采取新型防脱器、玻璃钢—钢制复合抽油杆柱设计等技术进步，逐步解决了抽油杆腐蚀、泵挂深度浅等难题，实现了良好的工艺增产效果。

3）实例：井 4 井气举排水采气工艺实践

（1）气井基本情况。

在总结威远气田震旦系和川南茅口组气藏气举工艺试验的基础上，在南井气田茅口组气藏的井 4 井实施连续气举工艺实践。

井 4 井于 1977 年 1 月 18 日投产，产层为茅二 a 段（2132.3～2139.8m），井身结构如图 3-29 所示，投产即出水，初期日产气 $20.0×10^4m^3$，日产水 $0.4m^3$，生产中压力、气量逐渐下降，水量逐渐上升，1987 年 10 月至 1990 年 7 月开展机抽排水采气工艺，由于井下

腐蚀、地面配套不完善等原因，工艺生产效果不佳，关井停产。

（2）排水采气应用情况。

1990年8月实施修井作业，采用连续气举设计理念，下入带四级气举阀的工艺管柱，完善地面压缩机组配套建设，开展连续气举工艺实践，气举初期日产气$2.6×10^4m^3$，日产水$200m^3$，生产效果较好。随着地层压力逐渐降低，以及井下结垢、腐蚀等原因，该井开展过4次气举检阀作业（表3-10），通过优化气举工艺设计、采用耐腐蚀涂层油管等技术进步，维持了该井正常的气举生产。

至2017年底，井4井在井口注气压力6.4MPa、油压1.5MPa的情况下仍能维持生产，日排水$105m^3$，日产气量$1.5×10^4m^3$。自1990年8月以来，井4井采用气举工艺生产时间达27年，气举工艺增产天然气达$7914.0×10^4m^3$。得益于井4井及同一裂缝圈闭的井18井、荔10井的连续气举生产，该裂缝圈闭的采收率从同类型气藏的不到60%提升至81.1%，获得了良好的挖潜生产效果。

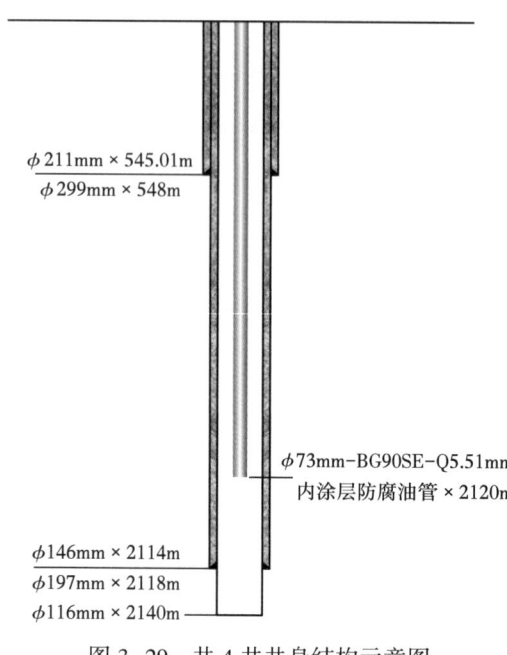

图3-29 井4井井身结构示意图

表3-10 井4井机抽检泵作业统计表

时间	生产情况	措施情况
1990-08	机抽效果不佳，水淹停产	下入带四级气举阀的工艺管柱，完善地面配套，开展机抽工艺试验
2005-08	气举阀失效	第一次检阀，下入带二级气举阀的工艺管柱
2010-08	油管腐蚀穿孔	第二次检阀，下入带一级气举阀的工艺管柱
2013-09	气举阀失效	第三次检阀，下入光油管
2015-04	油管腐蚀穿孔	第四次检阀，下入耐腐蚀涂层油管

三、"二次开发"挖潜阶段（1995—2017年）

1. 勘探思路转变为"走出构造找岩溶"，扩展了勘探新领域

蜀南地区茅口组气藏经过半个世纪的勘探开发，已进入开发后期，勘探开发难度越来越大，面临诸多困难：一是茅口组多年来以"占高点，沿长轴"等打构造为主的滚动勘探模式，目前可供勘探的有利构造所剩无几，勘探领域十分局限；二是茅口组气藏及含气构造已全部开发动用，开采时间长，采出程度高，气产量逐年递减；三是气藏开采过程中已全面出水，水的出路日益严峻，老井大部分采用工艺措施开采，开发难度越来越大。因此，需要利用新理论，新方法深化认识茅口组气藏成因机理及主控因素，重新构建地质模型，才有望突破勘探开发瓶颈，实现增储上产。

蜀南地区茅口组气藏过去以"一占一沿""一占三沿""三占三沿"打构造的勘探模式,以及建立的"断层裂缝圈闭六项布井原则和模式",总的来说,勘探思路和理念都是以寻找裂缝为目标,认为溶洞是沿裂缝的基础上发育起来的,究竟是"洞控缝"还是"缝控洞"等储层成因机理和主控因素认识不清,勘探认识与开发现状不匹配,勘探过程中钻井取心以基岩居多(低孔低渗透),岩心裂缝比溶洞发育更普遍,难以反映真实储层性质。其次,单井裂缝钻遇率高(87%钻遇裂缝获气)。但是气藏开采过程中却表现出部分单井能够高产稳产和单井控制储量大等特征,开采后期气水关系复杂,并出现"隔气式气藏""隔水式气藏"特征等,这难以用裂缝储气来解释。长期以来勘探与开发不匹配制约了勘探思路和导向,勘探就像盲人摸象,仅以钻到的裂缝是很难客观地反映茅口组储层真实的面貌。因此,要突破茅口组的勘探开发困境,必须转变观念,走出打构造的局限,以岩溶的思路去认识储层,转变勘探开发思路和理念,到向斜中去寻找新领域。

过去蜀南地区茅口组气藏的勘探大部分集中在构造主体部位,目前构造主体勘探程度较高,构造以外勘探程度仍然较低。泸州古隆起茅口组古岩溶形成于东吴期,现今构造形成时期主要为之后的燕山—喜马拉雅期,因此,古岩溶不受现今构造的控制,只是古岩溶发育区有可能与现今构造重合,现今构造主体以外同样有古岩溶发育区。钻探证实,在构造低部位仅有的少数井已发现了一批高产大缝洞系统气藏,处于泸州古隆起岩溶高地的云锦向斜岩溶十分发育,云锦向斜茅口组钻探9口井,获气井7口,钻探成功率77.8%。平均产量$21.3\times10^4m^3/d$,单井平均压降储量$0.83\times10^8m^3/d$,合江构造较低部位断层上盘钻探的合30井、合004-1井,以及分水向斜中钻探的分5井、分12井裂缝系统,都获得了较高的测试产量和探明储量。大量的钻探实践表明,不仅构造翼部,低部位甚至向斜均发现一批控制储量大的缝洞系统。目前构造高点、长轴勘探程度较高,可供勘探的领域越来越少的情况下,选择以寻找古岩溶为目标,勘探领域较广的构造翼部及向斜勘探,才能够有效拓宽蜀南地区茅口组气藏勘探领域。

2. 在气水界面排水采气,建立"低排低采、低排高采"的气藏排水开发方式

单井排水采气在蜀南地区茅口组气藏开发过程的一段时间内起主导作用,有一定生产效果,总结了一套气水同产井生产管理经验,仍然是有用的。但是单井排水采气,是哪口井出水,就到那口井去排水,是被动的排水采气方法,其结果是形成气藏、气井"高排高采"的生产方式,促使水从气水界面上窜污染气藏,堵塞裂缝通道,而高部位气井"强排强采"危害更大,造成气藏、气井过早水淹停产,造成气藏气水关系复杂,开采难度变大,影响采气速度,且大大降低采收率。因此,有必要研究寻找更为科学合理的排水采气方式来改变单井排水采气方式,就像排水采气代替压水采气一样。

通过不断地科研攻关和大量经验教训和总结,认识到有水气藏在气水界面建立"低排低采、低排高采"的气藏排水开发方式,能有效地控制地层水不进入气藏,采气速度、采出程度能大大提高,使气藏获得了良好的开发效果。"低排低采、低排高采"气藏排水开采方式认识成熟的过程,主要通过对气藏(气井)水淹原因研究分析,以及对"排水找气"井、气藏原始状态打开的气水同产井生产过程的研究分析,发现了生产稳定、采气速度高、采收率高、气井生产寿命长、废弃地层压力很低、开采效果好的有水气藏(裂缝圈闭),究其原因是在气藏气水界面的高渗透低排点进行排水采气,是气藏排水最有效的方法。

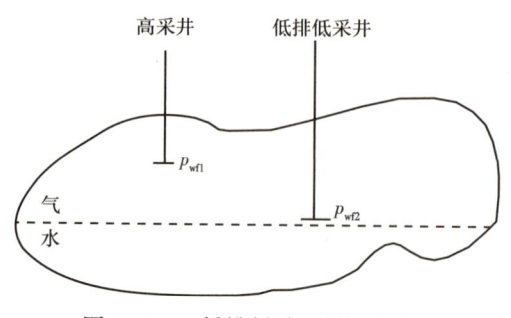

图3-30 "低排低采、低排高采"
示意图（控制 $p_{wf1} > p_{wf2}$）

气藏排水，就是要控制地层水不往气藏里窜流，使地层水在气水界面的低排点产出到地面。建立"低排低采、低排高采"的开采方式，是开发有水气藏科学有效的方法。"低排低采"指气井的产出井段在气水界面气水同产，地层水从气水界面进入井筒，同时气藏里的天然气向下流向气水界面进入井筒使得气水同产；"低排高采"指气藏（裂缝圈闭）不但有"低排低采"井生产，而且气水界面以上有高采井生产，控制高采井的井底流动压力高于"低排低采"井的井底流动压力生产（图3-30）。

"低排低采、低排高采"开采方式的作用：能有效控制住地层水不往气水界面以上窜流，就在气水界面排出地面，使气藏不受地层水污染，不堵塞高采井的产气裂缝通道，有利于提高气藏的采收率；低排低采井渗透性能高，能达到气藏排水的良好效果，采气速度大大提高，稳定生产；由于从气藏气水界面排水，能充分利用气藏能量，气井自喷生产时间长，"低排低采"井进行工艺技术措施排水采气就会大大推迟；气藏开采到中后期，"低排低采"气井坚持排水采气，也会有较好的产气效果，气井生产寿命长，废弃地层压力很低。

1）"低排低采、低排高采"生产井分类

（1）"低排低采"井。

包括三种井：产出井段在气水界面、产出井段在气水界面以下、水平井产层水平段在气水界面的井。产出井段在气水界面和产层水平段在气水界面的"低排低采"井，打开即气水同产，而产出井段在气水界面以下的井则要经过排水获气后才能气水同产（图3-31）。

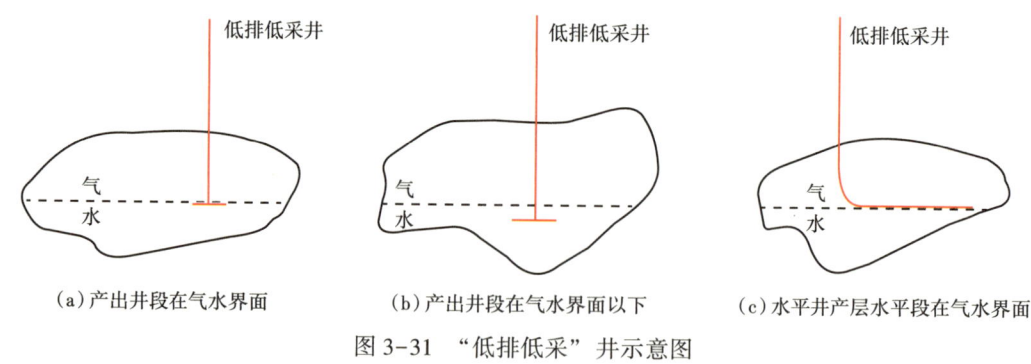

(a) 产出井段在气水界面　　(b) 产出井段在气水界面以下　　(c) 水平井产层水平段在气水界面

图3-31 "低排低采"井示意图

要求这类井渗透性能高，能有效地大水量、高水气比排水采气，不但要有很好的气产量，更重要的是在气水界面进行气藏排水。

（2）"低排高采"井。

"低排高采"井产层有2个产出井段，即上面为产气井段，下面为产水井段，在同一口井实现"低排高采"，气水同产。产气井段、产水井段渗透性能要好，关键是产水井段渗透性能要好，要能达到气藏有效排水的目的，开采中后期利用工艺技术措施坚持排水采气（图3-32）。

（3）高采井。

在气藏（裂缝圈闭）里，有"低排低采"井或"低排高采"井排水采气，气水界面以上的生产气井称为高采井。生产中要控制高采井的井底流动压力高于"低排低采"井或"低排高采"井的井底流动压力，目的是控制地层水由"低排低采"井或"低排高采"井

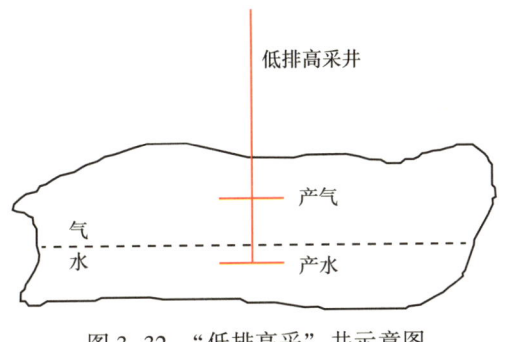

图3-32 "低排高采"井示意图

产出，地层水从气水界面产出地面，不让水窜入气藏。高采井不能变成"高排高采"井，否则水又要窜到气藏高部位，污染气藏，水淹气藏（图3-33）。

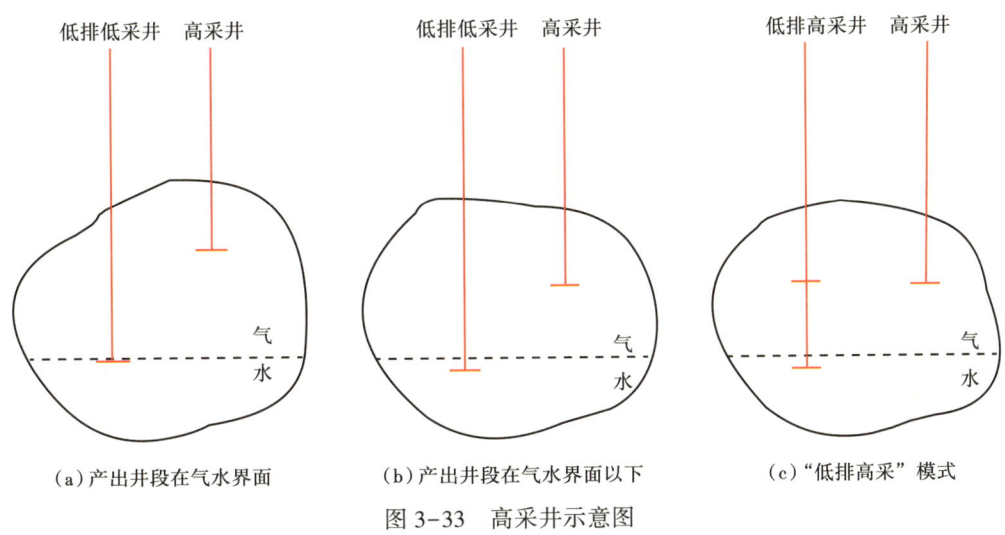

（a）产出井段在气水界面　　（b）产出井段在气水界面以下　　（c）"低排高采"模式

图3-33 高采井示意图

（4）"高排高采"井。

在气水界面以上的气水同产井叫做"高排高采"井。完井试油测试产纯气，不产水，投产后有一段"无水采气期"，随后出水气水同产，出水后进行排水采气称为"高排高采"。生产过程是：投产产纯气→出水气水同产→水淹→工艺技术措施排水采气（或进行强排强采）→水淹停产。气藏（裂缝圈闭）有"高排高采"井生产，就会造成水突破气水界面沿裂缝窜入气藏，堵塞裂缝通道，造成气井气藏水淹，影响采收率，气井生产寿命短。建立"低排低采、低排高采"的气藏（裂缝圈闭），不允许高采井变成"高排高采"井，有效控制地层水从"低排"点气水界面排出地面（图3-34）。

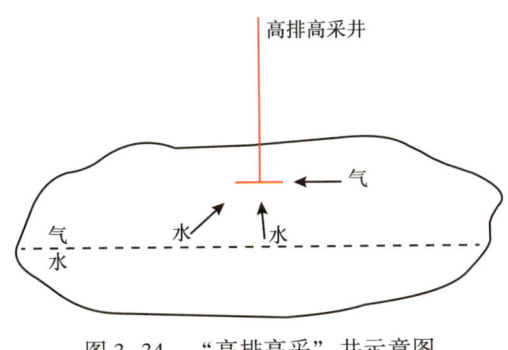

图3-34 "高排高采"井示意图

2)"低排低采、低排高采"基本模式

蜀南地区茅口组有水气藏"低排低采、低排高采"基本模式可分为单井裂缝圈闭、多井裂缝圈闭两大类,单井裂缝圈闭是指裂缝圈闭只有一口生产井,而单井裂缝圈闭又可划分为气井在气水界面排水采气实现"低排低采"、气井在气水界面以下排水采气实现"低排低采"、气井产气井段及产水井段均射开实现"低排高采"三种方式。多井裂缝圈闭(气藏)是指裂缝圈闭(气藏)有2口或2口以上生产井。"低排低采井"与"高采井"组合实现气藏整体排水采气。

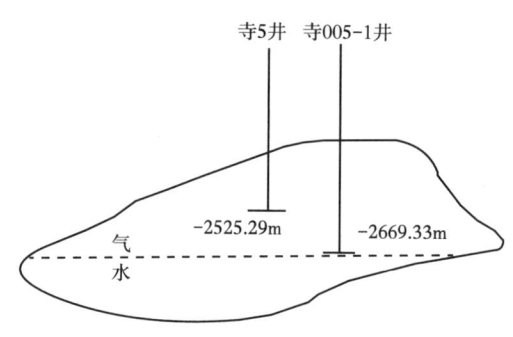

图 3-35 寺 005-1 井裂缝圈闭示意图

(1)单井裂缝圈闭气水界面排水采气——"低排低采"。

气井产出井段在气水界面,获气时气水同产。例:寺 005-1 井裂缝圈闭(图 3-35)。

庙高寺气田二叠系茅口组寺 5 井 1974 年 8 月 28 日投产,生产 4 年零 6 个月,累计产气 $3333.8 \times 10^4 m^3$ 后于 1979 年 2 月 12 日开始产地层水。由于产层低渗透,且井底距气水界面 144.04m,出水后生产困难,产气由 $3.5 \times 10^4 m^3/d$ 迅速下降至 $0.3 \times 10^4 m^3/d$ 左右,气井转为间歇生产。2002 年 8 月因油管断落修井打捞不成功,长期间歇小产量生产。经过分析认为该井仍然有可观的剩余地质储量,决定钻开发补充井寺 005-1 井。

寺 005-1 井 2007 年 12 月 4 日开钻,2008 年 5 月 6 日完钻,井深 3110m,产层二叠系茅口组,经酸化放喷火焰高 3~4m,估算日产水 $1200 m^3$,地层压力 39.355MPa,与寺 5 井当时折算地层压力一致,确定钻遇寺 5 井裂缝系统。2008 年 7 月 25 日投产,日产气 $0.5 \times 10^4 m^3$,日产水 $400 m^3$,历时 4 个月零 6 天,排水 $3.2 \times 10^4 m^3$,于 2008 年 12 月 1 日开始产大气,日产气最高 $13.5 \times 10^4 m^3$,日产水 $230 m^3$,一直连续生产,气产量相对稳定,水产量下降。寺 5 井因生产管串有问题继续关井,系统只有寺 005-1 井一口井生产。截至 2017 年底已累计产气 $1.52 \times 10^8 m^3$,产水 $22.43 \times 10^4 m^3$,裂缝圈闭累计产气 $2.29 \times 10^8 m^3$,累计产水 $24.16 \times 10^4 m^3$。

寺 5 井距离气水界面 144.04m,出水后属于"高排高采"井,很快失去了产气能力,处于水淹状态,在寺 005-1 井 2008 年 12 月 1 日产大气后,2008 年 12 月 12 日寺 5 井井筒内地层水退到气水界面,井筒里恢复到正常的气柱压力。寺 005-1 井完井时气水同产,是一口在气水界面排水采气的"低排低采"井,渗透性好,气产量高,生产中水产量逐渐下降,正常生产。

(2)单井裂缝圈闭气水界面以下排水采气——"低排低采"。

气井产出井段在气水界面以下,完井试油测试只产水不产气,通过排水获气,气水同产。例:阳 72 井裂缝圈闭(图 3-36)。

阳高寺气田阳 72 井,1992 年 2 月 9 日完钻,井深 2660.06m,产层二叠系茅口组,1992 年 2 月 11 日测试日产水 $2976 m^3$,不产气,原始地层压力 36.792MPa。1992 年 3 月 4 日开始进行排水找气,经 8 个月零 20 天排水,日排水量 600~$900 m^3$,排出水量 13.2×

10^4m^3,于 1992 年 11 月 25 日获气,产气 $4.74×10^4/d$,产水 $93m^3/d$。

1993 年 12 月 23 日开井投产后,又只产水不产气,历时 81.93d,日排水 $300m^3$,排出水量 $2.5×10^4m^3$,于 1994 年 3 月 15 日开始产气,产气 $5.3×10^4m^3/d$,产水 $205m^3/d$,到 1994 年 12 月气量上升到 $10.9×10^4m^3/d$,水产量下降到 $168m^3/d$,生产较稳定。1996 年由于油管穿孔水淹,修井后开始气举排水采气,后由于水产量继续下降,停止气举,自

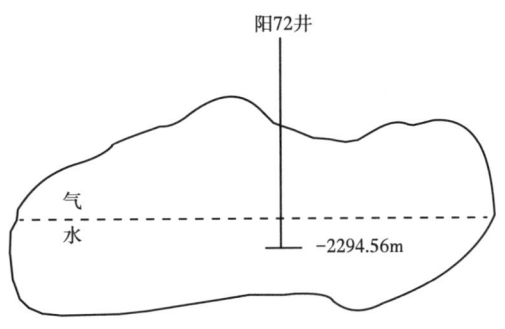

图 3-36 阳 72 井裂缝圈闭示意图

喷加泡排和增压输气开采,到 2017 年底,累计产气 $1.81×10^8m^3$,采出程度已达到 87.86%,累计产水 $53.26×10^4m^3$。阳 72 井是一口排水找气井,在气水界面以下排水获气和排水采气生产,采出程度高,废弃地层压力低,生产寿命长,是一口典型的"低排低采"气井。

(3)单井裂缝圈闭"低排高采"。

气井产层有产气及气水同产(或产水)井段,均射开,在同一口井内建立"低排高采"的生产方式。蜀南地区近几年在三口井中(荔 002-X1 井、合 31 井、威 43 井),不仅有产气井段,而且通过试油修井,把下部的产水井段也射开,在同一口井内建立"低排高采"方式,见到了好的效果。例:威 43 井裂缝圈闭(图 3-37 和图 3-38)。

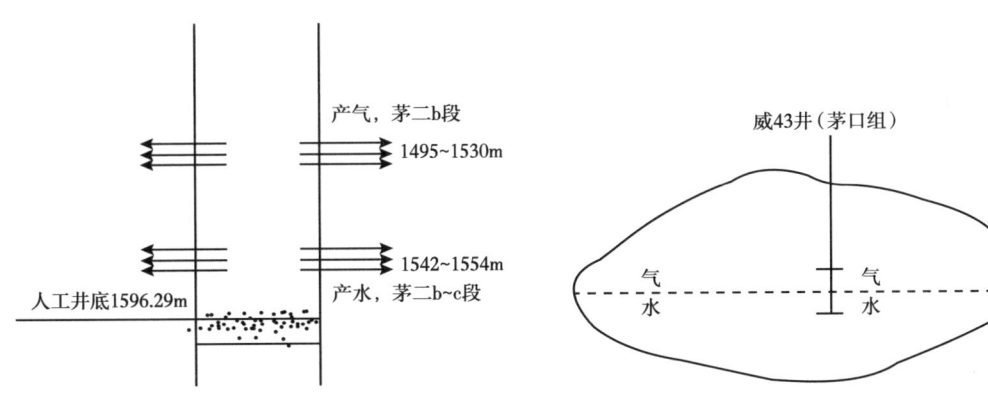

图 3-37 威 43 井射孔完成情况图　　　　图 3-38 威 43 井裂缝圈闭示意图

威远气田威 43 井 1986 年 1 月 23 日震旦系灯影组气藏水淹停产,累计采气 $1.7×10^8m^3$,累计产水 $5.1×10^4m^3$。于 1987 年 7 月 23 日上试二叠系茅口组,人工井底 1596.29m,射孔层位茅二 b 段,射孔井段 1495.00~1530.00m,测试产气 $13.2×10^4m^3/d$,不产水,原始地层压力 11.116MPa。

威 43 井茅口组于 1987 年 9 月 30 日投产,1988 年 2 月 12 日产水,出水前产气 $9.03×10^4m^3/d$,出水后水产量大($376.8m^3/d$),气产量迅速下降,不能维持自喷生产,先后采用气举、电潜泵工艺技术措施排水采气,均无好的产气效果,于 1997 年处于水淹停产状态。威 43 井是一个单井裂缝圈闭,茅口组压降法储量 $8.43×10^8m^3$,水淹停产累计采气

$0.90×10^8m^3$,采出程度10.68%,剩余储量$7.53×10^8m^3$,累计产水$91.4×10^4m^3$,地层压力降至10.147MPa。

根据研究分析,于2008年12月至2009年3月1日对威43井进行作业,射开下部高渗透产水井段1542~1554m(钻进漏速$2130m^3/d$),建立了"低排高采"方式。2009年3月13日开始气举排水复产工作。气举排水过程中最高产水$840m^3/d$,一般产水$600m^3/d$左右,4月1日至4月15日产气$(2~3)×10^4m^3/d$,瞬时产气量最高达$6×10^4m^3/d$,产气效果很好。由于回注井威寒105井出现回注困难,威43井于2009年7月26日停止排水复产工作。2009年3月13日至7月26日气举排水复产期间累计产气$85.24×10^4m^3$,累计产水$6.3×10^4m^3$。

(4)多井裂缝圈闭"低排低采井"与高采井组合实现气藏"低排高采"。

多井裂缝圈闭(气藏)是指裂缝圈闭(气藏)有2口或2口以上生产井。"低排低采井"与高采井组合实现气藏整体排水采气。例如:包41井、包003-1井裂缝圈闭(图3-39)。

河包场气田包41井,1999年12月28日完钻,产层二叠系茅口组,产层中部井深3382.42m,海拔-2986.94m,完井试油测试气产量$38.11×10^4m^3/d$,产水量较大(未计量),

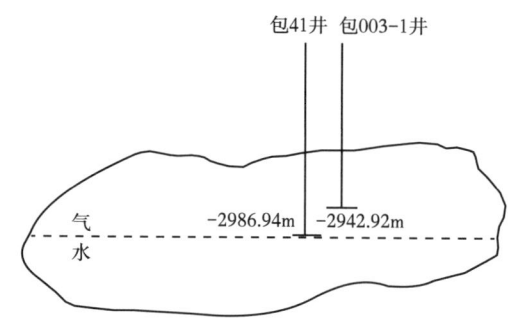

图3-39 包41井、包003-1井裂缝圈闭示意图

原始地层压力67.591MPa。2000年3月13日投产,产气$8.0×10^4m^3/d$,产水$35m^3/d$,气量稳定,水量逐渐上升。由于含CO_2高($27.15g/m^3$),油管于2002年1月27日断落井中,井口严重腐蚀,套管等存在严重安全隐患,气矿决定修井,但存在修井不成功的风险,因此决定打一口开发补充井包003-1井。

包003-1井,2007年6月16日完钻,产层二叠系茅口组,产层中部井深3340.00m,海拔-2942.92m,完井试油测试气产量$48.53×10^4m^3/d$,不产水,原始地层压力31.120MPa,与当时包41井折算地层压力一致,属同一裂缝圈闭。2007年7月19日投产,产气$22.6×10^4m^3/d$,生产正常。

包41井,2007年9月16日修井作业,捞出断落井油管,下入不锈钢油管,更换抗腐蚀井口,修井成功。经气举于2007年12月19日恢复自喷生产,产气$10×10^4m^3/d$,产水$460m^3/d$,气产量稳定,2008年2月水量降至$220m^3/d$,较稳定。

2007年12月包41井复产后,两口井同时生产。两口井井底水平距离108.68m,包41井完井测试气水同产,产出井段海拔比包003-1井低44.02m,包41井是一口"低排低采"井;包003-1井完井测试不产水,是一口高采井。

开采中要控制地层水从"低排低采"包41井中产出,不让地层水上窜堵塞高采井包003-1井的裂缝通道,污染气藏。由于包003-1井产出段距气水界面较近(44.02m),投产后气产量较高,于2008年3月12日开始产水,当时2口井产气$24.9×10^4m^3/d$,采取压小包003-1井的气产量,开大包41井的气产量,增大排水量的生产方式,到3月28日,2口井产气$25.7×10^4m^3/d$,包003-1井气产量由$13.5×10^4m^3/d$压小到$10.7×10^4m^3/d$,最高产水

$36m^3/d$ 恢复到不产地层水，包 41 井气产量由 $11.4×10^4m^3/d$ 增加到 $15×10^4m^3/d$，产水量由 $240m^3/d$ 增加到 $320m^3/d$，裂缝圈闭恢复到"低排低采、低排高采"的正常状态。2008 年年产气 $9762.1×10^4m^3$，采气速度 16.30%，采出程度 61.15%。至 2017 年底累计采出气量 $5.34×10^8m^3$，累计产水 $56.4×10^4m^3$，采出程度 88.98%，达到了较好的开发效果。

3)"低排低采、低排高采"主要做法

蜀南地区在气水界面排水采气，建立"低排低采、低排高采"的气藏排水开采方式，进行气藏排水的开始时间为 1995 年，2002 年以来蜀南气矿通过打开发补充井和排水采气工艺技术措施，使部分有水气藏(裂缝圈闭)已建立了"低排低采、低排高采"的开采方式，获得了显著的产气效果。

有水气藏"低排低采、低排高采"开采方式的建立是一个系统工程，应编制完整的气藏开发方案、开发调整方案或二次开发方案。在方案编制中应重点研究：气藏的原始气水分布，水体赋存形式，水体能量大小，开采过程中气水关系变化规律，有针对性地制定气藏排水方案。井位部署要有利于认识水体分布，有利于开发过程中气藏的排水。钻井设计要有利于试油储层改造、中后期工艺排水、动态监测。在水淹气藏复产过程中，要对气藏地质特征、动态特征进行深入分析，通过老井利用和新打开发补充井，对现有井网利用和调整，建立"低排低采、低排高采"开采方式。

(1)有水气藏开发井井位部署。

有水气藏开发井井位部署的目的，是把地下"气水共存"的天然气资源通过新钻井把气藏中的气水有序地开采出来，改善有水气藏开发后期的水淹、水锥井的井况，开发井位要钻在储层裂缝发育带，并在气水界面附近，从而有利于气水同时采出，改善有水气藏储渗条件及气水分布状况。在同一储渗系统中，达到高部位产气、低部位排水(即低排低采，低排高采技术)的目的，最终提高有水气藏天然气采收率。

近年来在蜀南地区茅口组有水气藏开发中，利用数字地震技术及气藏精细描述成果，钻探了一批开发井，获得了一批典型工业气井，如荔枝滩构造茅口组气藏的荔 002-X1 井，合江构造茅口组气藏的合 004-1 井。这些气井的投产，为茅口组有水气藏提高最终采收率的开发起到极其重要的作用。

井位部署指导思想：有水气藏开发井井位部署指导思想：以提高有水气藏储量动用率和采收率为核心，不断扩展老气田的开发领域，通过井网调整优化，遏制老气田产量递减。有水气藏部署开发井，首先通过老气藏精细描述，对气藏地质等进行一次系统认识，研究气田气藏气水关系、资源状况、水侵特征等，重新构建新的开发井网体系，以达到有效地气藏排水采气，大幅度提高气藏最终采收率的目标，最大限度地获得天然气产量。

布井原则：对天然气剩余储量大、气水关系清楚的气藏，已有井网无法采出气藏中的天然气，钻开发补充井。开发补充井的井位定在气水界面，钻井设计钻完气藏储层，为"低排低采"井，在井网不够的气藏高部位钻采气井，为高采井。达到气水界面高渗透低排点低排低采，气藏低排高采，提高气藏采收率。开发补充井数、井网密度("低排低采"井和高采井)以气藏已有井网的合理程度、剩余储量的多少、采气速度、经济效益、国家对能源的需求程度等因素确定。

布井依据：开发补充井高精度的数字地震(二维、三维)资料：包括各层地震反射构造图；剖面图（水平剖面图、偏移剖面图、深度剖面图）；目的层储层预测图。搞清气藏天然气储量分布，气水关系，气水界面，已有井网对气藏中的天然气的控制，需要钻补充井才能采出气藏中的天然气区块；气藏已钻井储层发育情况，有利储层分布区；已钻井的显示、测试及开发情况、气藏产层有利沉积相、地震相、测井相分布；新布井的地理环境、人文、交通状况，离输气管网的距离。

有水气藏开发井井位部署资料准备：对于已开发到后期的有水气藏，井位部署难度大、要求高，对使用资料精、准有特别要求，地震资料反映的地下空间位置，与实际尽量逼近。如茅口组裂缝性气藏，对井深3000m钻井，井底水平位移要求在30m之内，使用资料也要在此精度范围内，方可获得成功。

①钻井静态资料：包括地层分层，地层厚度，井斜，井斜方位，水平位移，油气水显示，测试等资料。

②气藏动态资料：包括气藏各井原始地层压力，生产油压、套压，日产量，累计产气量，累计产水量，气藏原始储量，剩余储量，原始气水界面，气藏储层性质，储层岩性、物性，目前地层压力等。

③气藏地震资料：目的层高精度地震（二维、三维）资料：构造图，各层地震反射构造图；剖面图（水平剖面图、偏移剖面图、深度剖面图）；目的层储层预测图。地震资料层位标定，地震与实钻的吻合情况，用实钻井井深、层位、井斜、井斜方位等资料对地震剖面进行校正，确定地震精度，确定资料的可用性，也就是地震反应的地下目标点空间位置与实际是否逼近，空间位置是否准确。

实施效果分析：2006—2017年针对下二叠统茅口组钻开发补充井26口，获工业气井23口，获气成功率为88.46%，累计井口测试产量 $650.38 \times 10^4 m^3/d$，平均单井测试产量为 $28.27 \times 10^4 m^3/d$；累计投入生产井19口，这些井的开发，改善了这些有水气藏气、水储渗条件，达到了有效提高天然气采收率的目的。如荔枝滩下二叠统茅口组，通过荔002-X1井的排水采气，改善有水气藏储渗性能，使荔2井、荔6井、荔9井水淹井重新恢复自喷生产。

有水气藏开发井部署的实例：荔002-X1井，位于荔枝滩茅口组顶构造主高点顶部（图3-40），主要是开采荔2井系统剩余天然气资源，井位在茅口组钻遇断层，达到既采气，又排水的目的。该井于2006年6月26日开钻，同年9月2日完钻，完钻井深2370m（斜深），垂深1987.8m，完钻层位，为茅二b段下盘，井底海拔-1724.15m，闭合方位317.83°，水平距536.6m，井底层位为茅二b段下盘（落在下二叠统裂缝性气藏断层层位布井模式最有利区），茅二c段钻遇断层，重复茅二b段，垂直断距大于41.7m。

荔002-X1井布井依据：

①荔002-X1井位于荔枝滩构造三维地震茅口组顶主高点顶部，其隆起幅度高，茅口组顶闭合高195m，圈闭面积 $16.32 km^2$。且井底位于一小断层上盘，构造及断层裂缝较发育。

②荔6井茅口组系统还有剩余地质储量 $2.2 \times 10^8 m^3$ 未能采出。

③荔002-X1井所处构造部位茅口组顶海拔略高于荔6井的茅口组顶海拔，有利于采出该系统的剩余地质储量。

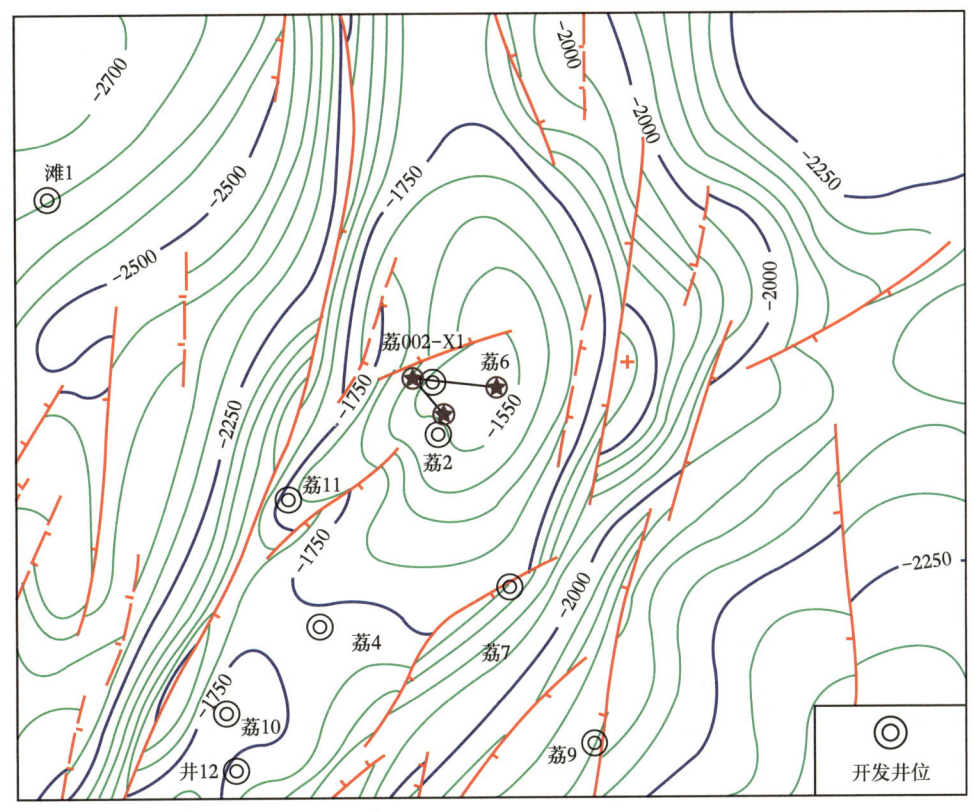

图 3-40　荔枝滩茅口组顶构造图

④大斜井增加井筒与裂缝的接触面积，增加气、水流量，改善井眼的带水效果，减少下部水侵量，解放上部水封气，提高气藏采收率。

⑤在常规剖面上，在T136～161线间茅口组上部存在明显的上凸下凹的"眼球状"特征，并见同相轴错断现象。

荔002-X1井钻探情况：

①录井显示：茅三井段1911.50～1918.40m，井漏。用密度1.43g/cm³，黏度61s的钻井液钻进至井深1913m发现钻时加快，同时井漏，上提钻具至1905m循环观察，漏速15.78m³/h，后经堵漏、电测，下套管固井，累计漏失186.40m³。茅二b井段2232.00～2242.60m井漏。用密度1.09g/cm³，黏度48s的钻井液钻进至井深2234m发现井漏，漏失钻井液5.1m³，经循环观察，最大漏速8.8m³/h，平均漏速5.6m³/h，后用桥浆堵漏成功。累计漏失124.70m³。

②测井解释：荔002-X1井茅口组测井解释储层3层15.8m，其中气层2层，厚8.4m，渗透层1层，厚7.4m。

③测试成果：荔002-X1井对茅三—茅二b下井段1911.00～2352.00m，140m³酸化，测试产气11.13×10⁴m³/d，产水475m³/d。

④开采数据：荔002-X1井2006年12月8日投产，套压14.1MPa，油压11MPa，日产

气 $6.02\times10^4m^3$,日产水 $32m^3$。2017 年底,累计产气 $8406\times10^4m^3$,累计产水 $113.93\times10^4m^3$。

(2)钻井。

钻井目的与要求:在"低排"点,钻"低排低采"井,钻井设计要求把产层钻完,经电测、下尾管、射孔试油,不漏掉产气、产水井段。产气、产水井段均射开,分开试油,合采。在气水关系清楚的气藏,钻"低排低采"水平井,水平段在产层沿气水界面钻进。大斜度井段压力较低、极易垮塌,为减少储层伤害,应在保证井壁稳定的前提下尽可能采用钻井液设计密度低限值钻进,并在钻井液中加入适量油气层保护剂。实钻中加强井下情况的分析判断,根据实际情况合理调整钻井液密度,防止恶性井漏所引发的对储层的伤害,以及钻井周期和成本的增加。

井身结构、完井:对于川南地区以茅口组碳酸盐岩裂缝圈闭气藏为主的区块,井身结构设计遵循以下原则:①应能满足钻井作业、油气井开发和产层改造的工艺要求;②载荷及井控安全;③经济性。其井身结构设计方案如下:311mm 钻头开钻,下 244.5mm 套管至须家河组顶部,215.9mm 钻头钻至阳新统顶部下 177.8mm 套管,152mm 钻头钻至完钻井深后下 127mm 尾管固井,射孔完成,下 73mm 油管完井。对钻至茅口组遇到有进无出大漏或放空后大漏等不具备下尾管固井时,在有条件时采取吊灌钻井液方式抢起钻下油管完井,无条件时可采用钻具完井方式。但在开采后期,有条件时尽量起出钻具,根据开发需要下入不同的生产管柱。

茅口组尾管固井射孔完成方式,有助于针对断层裂缝发育带或断层上下盘有效储层进行重点酸化压裂改造,通过酸压方式使井筒与大裂缝系统沟通,达到增加产量的目的。若有明显的气水界面或明显的水层,则把水层或气水层同时打开,同时进行重点改造,让其气水同产,通过气藏早期能量带水生产更利于气藏开发。

(3)试油。

射孔:对茅口组产层主要采用 89 枪 102 弹 60°相位 16 孔/m 孔密进行射孔,主要针对断层带附近储层进行射孔,对于断层带附近水层或含水气层均进行射孔、改造处理。由于茅口组气藏水体的封闭性和有限性,通过早期在气藏气水界面进行低排低采的排水生产,有利于使用原始地层压力气藏能量排水采气,同时防止地层水沿裂缝上窜,水淹或水锁上部裂缝系统,达到气藏高效稳定采气、提高气藏采收率目的。

酸化:二叠系茅口组气藏储集类型主要为缝洞型和裂缝型,酸化的主要目的是通过酸化让井筒沟通远处的天然裂缝或溶洞才可获得高产能。茅口组地层岩性较纯,主要使用常规酸进行解堵酸化,或者用具有一定缓速或缓蚀的胶束酸或缓速降阻的胶凝酸作深度酸化改造,以期达到沟通大裂缝和溶洞的目的。由于茅口组气藏普遍含水,即使测试时无水,到开发后期都要出水,随着地层压力下降,出水后易水淹产层。故对茅口组的储层改造工具应考虑到开发后期修井时能较顺利起出完井工具,下入排水管柱。特别是多层酸化时少用 Y241 或 Y341 封隔器,可使用 Y344 类压差式封隔器,保证开发后期能有效起出酸化工具。对茅口组的酸化,普遍采用 $20\sim40m^3$ 酸量作解堵酸化,根据解堵酸化情况及地层断层重复情况,再决定重复深度酸化用酸量,深度酸化用量一般为 $80\sim120m^3$。断层产状合理,断层重复较好,断点刚好在岩性较纯的脆性地层重复点,这类井应加大深度酸化用量,如 $160\sim200m^3$ 酸量,力争通过二次深度酸化改造,一次性沟通大裂缝和溶洞。二次深度酸化改造应尽量提高泵排量,力争高泵压、高排量,达到沟通远处大裂缝和溶洞目的。对此类井二次酸化没获气,还可进行第三次更大规模的酸压作业,力争取得酸化效果。在川南地区通过三次大规模的酸压作业,最后获得了几口日产百万立方米的高产气井。

测试:酸化后需立即放喷排液,以防酸化后形成二次沉淀污染产层。对低于静水柱压力的气井需考虑助排手段,如气举、液氮连续助排等,及时排出残酸等。对高压区块采用三级节流装置进行降压排液,对有水气藏则考虑安装分离能力较大的分离器进行气水分离排液。根据排液情况确定测试方案,对出水地层,需安装较大直径的孔板进行测试,有条件时下入电子压力计求取流动压力等数据,井口控制压力按照井下流动压力不低于地层压力的80%进行控制。对高含硫气井,必须做好点火方案和放喷预案,确保放喷时的资料录取及安全。

(4)水淹气藏复产。

茅口组气藏为封闭性碳酸盐岩有水气藏,探明地质储量的93.66%和可采储量的92.31%分布在有水气藏中。开发过程中,随着地层能量的降低,水侵的影响将导致气藏水淹停产。在水淹气藏复产过程中,建立"低排低采、低排高采"开采方式,实现气藏排水,在开发实践中取得了很好的效果。

水淹气藏复产方案编制的特点:

①充分运用动态资料对气藏地质特征进行再认识,特别是与水体分布、气水渗流密切相关的地质特征。

②评价气藏储量潜力、储量的可动用性,这是气藏复产的资源基础。

③研究气水原始分布特征,水体能量大小,水侵特征,水侵途径和方向,开采过程中气水关系变化特点。

④通过井网调整,建立气藏整体治水的开采方式。对老井进行评估和利用,在水源方向上,在气水界面处建立合适的低排低采点。老井不能满足气藏整体治水需要的,要部署开发补充井。

⑤选择与单井排水量、气藏排水规模相适应的排水采气工艺。

⑥建立与气藏复产后,产水规模相适应的气田水回注系统。

按照这种思路,先后在荔南桐茅口组气藏、孔滩茅口组气藏、荷包场茅口组气藏、合江茅口组气藏等气藏试验与实施。

例:荔南桐茅口组气藏。

荔南桐茅口组气藏储层为一大套石灰岩及生物碎屑灰岩,岩性致密,基岩平均孔隙度1.75%,平均渗透率小于0.01mD,储层裂缝和溶洞发育,储渗空间以裂缝和溶洞为主。裂缝连通范围较广,产封闭性地层水,且气井产水量较大。气水的分布受断层裂缝的控制,气水关系极其复杂,同一储产层各个缝洞系统间也无统一的气水界面。荔南桐区块荔2井1972年6月1日在茅二段试油获气$5.12×10^4m^3/d$,首次发现荔枝滩构造茅口组气藏;1971年10月29日钻探井2井,1972年6月1日在茅二a~b段试油获气$12.42×10^4m^3/d$,首先发现南井构造茅口组气藏;1971年9月19日钻探桐4井,1972年6月1日在茅三—茅二a段试油获气$14.04×10^4m^3/d$,发现桐梓园构造茅口组气藏。至2009年12月底,下二叠统茅口组完钻井46口,获工业气井21口,小产井2口,上报探明地质储量47.91×

$10^8 m^3$，其开采经历无水采气阶段（1975-9-2 至 1977-3-8）、自喷排水阶段（1973-9 至 1982-8）、工艺排水采气阶段（1982-9 至 2016-12），累计采气 $29.48\times10^8 m^3$，累计产水 $480.7\times10^4 m^3$，天然气剩余地质储量 $18.43\times10^8 m^3$，采出程度 61.53%。

1982 年 9 月至 2004 年底，气藏工艺排水处于井筒排水采气阶段，主要是利用已有生产井，哪口井被水淹，就在那口井实施排水，没有掌握地层水在整个气藏中的活动规律，如在气藏高部位的荔 6 井进行"高排高采"，导致荔 6 井、荔 2 井、荔 9 井 3 口气井到 2003 年先后全部水淹停产，区块产气量下降，产水量逐渐增大，2004 年平均日产气下降到 $5.53\times10^4 m^3$，平均日产水增大到 $487 m^3$，井筒排水采气效果越来越差。

2005 年后开展了荔南桐茅口组气藏的整体治水措施，通过对气藏气水关系的分析，选择在水源方向上，气水界面处排水，逐步建立"低排低采、低排高采"的气藏排水开发方式，取得了很好的生产效果。

2006 年 12 月 7 日荔 002-X1 井投产，初期气量 $6.0\times10^4 m^3/d$，产水量 $70 m^3/d$。2010 年 9 月，生产套压 12.0MPa、生产油压 2.5 MPa、产气 $3.0\times10^4 m^3/d$，产水 $400 m^3/d$，生产稳定，通过在低部位的荔 002-X1 井气水界面处进行排水，气水同产，使得同一裂缝系统的荔 6 井、荔 2 井、荔 9 井恢复了生产。

2007 年 11 月 26 日在处于井 9 井裂缝系统低部位的井 26 井在气水界面进行电潜泵排水，一直到 2008 年 1 月 21 日见气，期间共排水 $17406 m^3$，平均日排水 $309 m^3$。井 26 井产气 $10.0\times10^4 m^3/d$，产水稳定在 $150 m^3/d$。井 18 井在 2009 年底通过修井作业，改气举方式为反举后，排水量由每天 200 多立方米增加到 400 多立方米，产气量由 2 万多立方米增加到了 6 万多立方米。

通过以上气藏整体治水措施，荔南桐区块 2009 年 1—5 月开井数 12 口，平均日产气 $22.87\times10^4 m^3$，平均日产水 $1176 m^3$，比 2004 年平均日产气增加了 $17.34\times10^4 m^3$。通过动态资料复算茅口组气藏动态储量为 $72.11\times10^8 m^3$，比原上报储量增加了 $24.2\times10^8 m^3$，展示了该区块茅口组气藏开发的巨大潜力。

(5) 生产管理。

① 气藏的动态监测。

动态监测目的：为生产效果分析提供监测数据和资料。

动态监测主要任务：根据需要认识和解决的问题，明确动态监测的任务。有水气藏开发过程中，开展动态监测，主要要解决的问题包括：认识气藏渗流特征；监测井间连通性，划分流动单元；复核气藏动态储量；分析流体性质变化；评价回注井安全环保可靠性，回注效果，预测剩余回注空间；对排水采气工艺适应性进行评价，进行设计校正、工艺优化、工艺措施调整；气藏排水效果、控制水侵效果评价。

动态监测具体工作内容：

监测排水采气井排水过程中地层压力、井底流压、井口压力、井筒内液面、排水量、产气量、温度、流体性质的变化情况，进行生产井试井。监测回注井地层压力、井底流压、井口压力、井筒内液面变化情况，进行回注井试井。及时跟踪分析井间连通性、气藏开发生产动态、气藏排水过程中气水关系变化、排水采气工艺适应性、气田水回注系统的回注能力及安全性。评价开发效果，及时提出开发措施调整建议。

②生产井管理。

生产井生产制度的安排，总的指导原则是：充分利用好气藏自身能量进行气藏排水采气。

在地层能量较高的阶段，要利用地层能量，在气水界面处，高水气比低排低采，防止地层水上窜进入气藏，伤害产层。因为随着地层压力的降低，对排水工艺的要求就会越来越高，排出地层水就会越困难，生产成本也会随之升高。

a. "低排低采"井坚持高水气比的排水采气生产，实现有效的气藏排水（图3-41中A井）。

b. 产出井段离气水界面很近的高采井（图3-41中B井），在不影响"低排低采"井正常排水采气的情况下，可带水采气，一般水量很少。

c. 高部位的高采井（图3-41中C井），控制井底流动压力高于"低排低采"井井底流动压力生产，产纯气，不能进行排水采气，否则高采井就变成"高排高采"井，造成"低排低采"井水量减少不产气，气藏水淹。

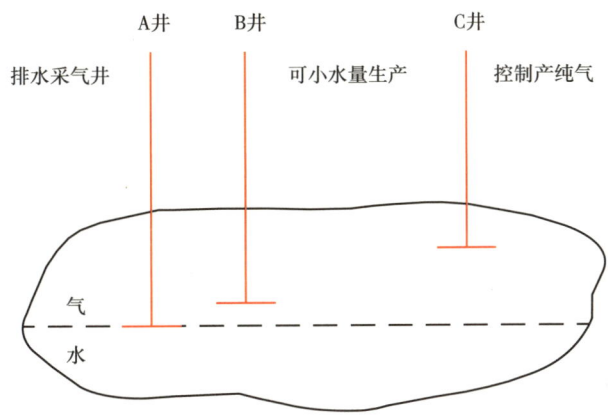

图3-41 "低排低采、低排高采"裂缝圈闭生产示意图

3. "低排低采、低排高采"气藏排水的成功实践，坚定了"排水找气"信心

"排水找气"是在气水界面以下通过排水找到隐蔽的天然气储量，依靠地层自身的能量，排出封隔天然气的水体，使产水井变成工业气井，从而找到隐蔽的天然气储量。勘探开发实践表明，蜀南地区茅口组气藏气水共存是绝大多数裂缝系统的共同特征，有气无水或有水无气的情况极为少见。对于钻在缝洞系统含水部位的产水井，地层水产出也是依靠水体上方天然气的弹性驱动，产大水不能归结为水驱。如果水井产量、压力平稳且递减较慢时，则表明水体之上有一定储量的天然气存在，只要坚持排水，定会水落气出，使水井变为气水同产井，甚至纯气井，找到钻井不曾发现的天然气储量，例如阳72井。

茅口组储层特征决定了单一裂缝系统中水体不大，地层水自身弹性能量有限，隔气式气驱是地层水体产出最主要的驱动方式。在隔气式模式中可能有两个或两个以上被水体分隔的储气空间，当其中一个储气空间投入开发后，其余的储气空间将对其进行能量补给。被开发储气空间气体之下的水体会不断上升，使原来的产气井变为气水同产井，水产量越来越高，气产量则明显降低。如果不采取排水措施，气井将会水淹，被水体分隔的未开发储气空间的天然气就发现不了，同时已开发储气空间的天然气采收率也不高。但是，如果坚持排出地层水，随着分隔水体的不断减少，未开发储气空间的天然气将突破水体封隔进入已开发储气空间，其结果必然是生产压力回升，气产量增高，水产量减少，最后变为纯气井，天然气储量将大幅度增加。开发过程中气水产出的复杂性更具独特性。一些较大储量单井缝洞系统气水产出过程经历了产纯气、气水同产、再次产纯气、再次气水同产等多个反复过程，例如寺47井。

寺47井位于庙高寺构造主高点断层上盘，缝洞发育层段为茅二c段（该井井深3082m，进入下二叠统139m），钻时明显降低，井口间歇井涌，继续钻进中有蹩跳钻现象。钻至井深3083.50m清水喷出转盘面，喷势迅速增大，喷高10~15m，放喷点火后火焰呈橙黄色，焰高8~12m，根部3~5m呈白色雾状。接着边喷边钻，3083.5~3085m近于放空，并发生强烈井喷。由于地层压力高，利用井内钻具完钻。测试在套压29.3MPa，油压30.60MPa下产气184.18×10^{4}m^3/d，水量未计。

寺47井1977年6月28日强烈井喷后钻具完钻，于1977年7月5日抢装输气管线由放喷转入投产，投产时即为气水同产。该井生产经历了气水同产、产纯气到再次气水同产等过程。1977年7月至1979年11月为大量排水阶段，日产水由100m^{3}升至400m^3，日产气由49.3×10^{4}m^{3}升至6.2×10^{4}m^3，生产套压由20.4MPa降至5.1MPa，油压由21.0MPa降至5.4MPa，产量和压力下降都较快，生产水气比高达5m^3/10^{4}m^3，阶段采气0.972×10^{8}m^3，产水3.626×10^{4}m^3。1979年12月至1981年4月，产水变化由稳定趋于缓慢下降至不产水，产水量由31.3m^3/d下降至0.4m^3/d，日产气量为6×10^{4}m^3，保持相对稳定，生产压力略有回升，套压由4.8MPa降至4.5MPa再升至7.0MPa，油压由5.0MPa降至4.8MPa再升至7.0MPa，生产水气比由5.17m^3/10^{4}m^{3}降至0.07m^3/10^{4}m^3，本阶段采气0.3×10^{8}m^3，产水0.896×10^{4}m^3。1981年5月至1986年4月为不产水产纯气阶段，压力明显回升，气量也略有增加，生产套压由7.0MPa升至24.0MPa再降至13.5MPa，日产气量也由6×10^{4}m^{3}增至9×10^{4}m^{3}再降至6×10^{4}m^3，阶段采气1.083×10^{8}m^3。1986年5月以来为再次气水同产阶段，水气比显著升高，随着生产压力的降低及水量增加，自喷生产出现困难，实施泡沫助排和气举带水，但生产仍不正常。到1994年12月底止，本阶段采气0.365×10^{8}m^3，产水3.526×10^{4}m^3。之后间歇生产，截至2017年底该井累计产气2.94×10^{8}m^3，累计产水11.32×10^{4}m^3。

早期压降法计算储量1.44×10^{8}m^3，排水采气沟通了被水体分隔的隔气式气藏，表现出地层压力由13.403升至31.410MPa，压降曲线向前移动储量增加，得到隔气式气藏储量1.76×10^{8}m^3，该井储量实际应为3.20×10^{8}m^3（图3-27）。寺47井裂缝系统是典型的隔气式气藏，在开采早期计算的天然气储量偏小，通过排水采气可获得被水体分隔的隔气式气藏储量，使储量增加。

根据实施排水找气井的开发动态分析，排水找气井的生产过程一般可以分为3个阶段：一是依靠地层自身能量排水阶段，此阶段仅伴有溶解气和少量游离气产出；二是自喷气水同产阶段，排水见气后产水量降低、气产量明显增加；三是人工助排的气水同产阶段，此阶段地层能量明显降低，气井带水困难，必须借助人工排水，以充分开发天然气剩余资源。

排水找气实践表明，排水找气井只能达到理论模式中的水井变为气水同产井，为数很少的井可以再从气水同产井变为纯气井。排水找气井的开发动态表明，缝洞系统中的气水界面在排水过程中并非按照理论模式缓慢下降并实现理想的水落气出。排水过程中，随着水体压力的不断下降，由于地层水和天然气在地层中流动速度上的差异，水体之上的天然气膨胀容易突破水体产出，这一过程类似于具有气顶的油藏在开发过程中的气窜。由于缝洞系统能量有限，随着分隔气和地层水的采出，天然气能量下降将使窜入量越来越少，气带水能力明显降低，这时候必须采用人工助排，通过人工措施为分隔气窜入创造条件。1995—1999年期间，蜀南地区开展"排水找气"工作，在50余口报废水井中实施"排水找气"理论，获得30余口工业气水同产井，获得显著的经济效益和社会效益。

4. 深化完善排水采气工艺配套技术，由单项工艺发展到组合工艺

为适应气藏排水采气需求，蜀南地区不断深化完善排水采气工艺配套技术。经过近40年的探索及发展，排水采气工艺技术积累了一定经验、取得了一些突破，20世纪90年代中后期，随着部分有水气藏采出程度的提高，气藏能量的衰竭，一些依靠排水采气工艺维持生产的低压气水井频频出现水淹，虽经多次调整工艺参数或转换工艺方式仍难于复活，单项排水采气工艺受到严峻的挑战。这时有人认为对于这类地层压力低于10MPa、井深大于2000m、采收率超过50%的有水气藏应当废弃。但是随着气举+泡排、气举+增压、机抽+增压，以及气举+泡排+增压等多种形式组合工艺的应用，一些低压井、频淹井得以继续稳定生产，一些水淹井死而复活。如阳高寺气田阳47井、阳72井，付家庙气田付22井、付31井，张家场气田张13井等应用组合工艺，单井日排水量增加1倍以上，日产量增加42.5%~150.0%。阳72井应用组合排水工艺，地层压力从10MPa降至3.7MPa仍能继续生产，期间多采气$5632\times10^4m^3$，提高采收率17.4%，生产时仍能保持日排水$28m^3$，日采气$1.6\times10^4m^3$，成绩显著。组合工艺的研究应用为有水气藏的"吃干榨尽"、进一步提高采收率开辟了一片新天地。

例：纳59井毛细管泡排+气举+增压组合工艺实践。

（1）气井基本情况。

纳59井构造位置位于纳溪构造翼部断层上盘，于1981年4月12日开钻，12月13日完钻，完钻井深3096m。1983年6月3日投产，投产即产地层水。1984年11月21日水淹。

（2）排水采气应用情况。

1985年7月19日采用纳57井气举纳59井，恢复了自喷连续生产，直到1988年7月24日。1989年2月气矿对纳59井进行了气举修井作业，之后曾利用纳38井与纳57井多次气举无效。1993年4月1日采用车载式压缩机进行气举，再次恢复自喷连续生产，直至1995年3月3日，最后因地层压力太低，无法继续气举再次水淹停产。后于1997年7月4日改下电潜泵工艺。经连续抽汲46d后气井复产，初期日产气达$(8\sim9)\times10^4m^3$，累计增产天然气$1090\times10^4m^3$。2003年依靠电潜泵再度复活，累计增产天然气$1270\times10^4m^3$后水淹停产。

由于电潜泵工艺井下故障频繁，加之当地为农用电网，影响电潜泵的正常运转，故调整为气举工艺，下入油管3009.9m完井。作业后开展气举+泡排+增压组合工艺作业复活该井，累计增产天然气$509\times10^4m^3$。2008年1月20日，因地层压力下降，再次水淹停产。

2008年7月26日，在纳59井安装一套小直径管（即毛细管）注泡装置（一种可将起泡剂直接加注至井底的装置），随即开展气举+泡排+增压联合作业（图3-42）。由于地层压力较低（实测地层压力5.511MPa）、产水量大，气举时采用反举的方式，注气量

$(3.0\sim3.5)\times10^4m^3/d$,反举初期油压 4.7MPa,套压 0.9MPa,日加注起泡剂 153kg,产水量 $150m^3/d$ 以上。由于气举造成的回压较高,井筒内滑脱损失较大,故又提高起泡剂加注量至 280kg/d,产水量明显上升至 $180m^3/d$。连续气举至 8 月 17 日开始产气,初期产气量 $3.3\times10^4m^3/d$,产水 $150m^3/d$。气井生产开始逐步平稳,产气量上升至 $(5.5\sim6.5)\times10^4m^3/d$(最高 $8.8\times10^4m^3/d$),产水量稳定在 $100\sim120m^3/d$,同时利用场站压缩机设备增压输送,油压由 0.9MPa 降至 0.7MPa,有效降低了回压。

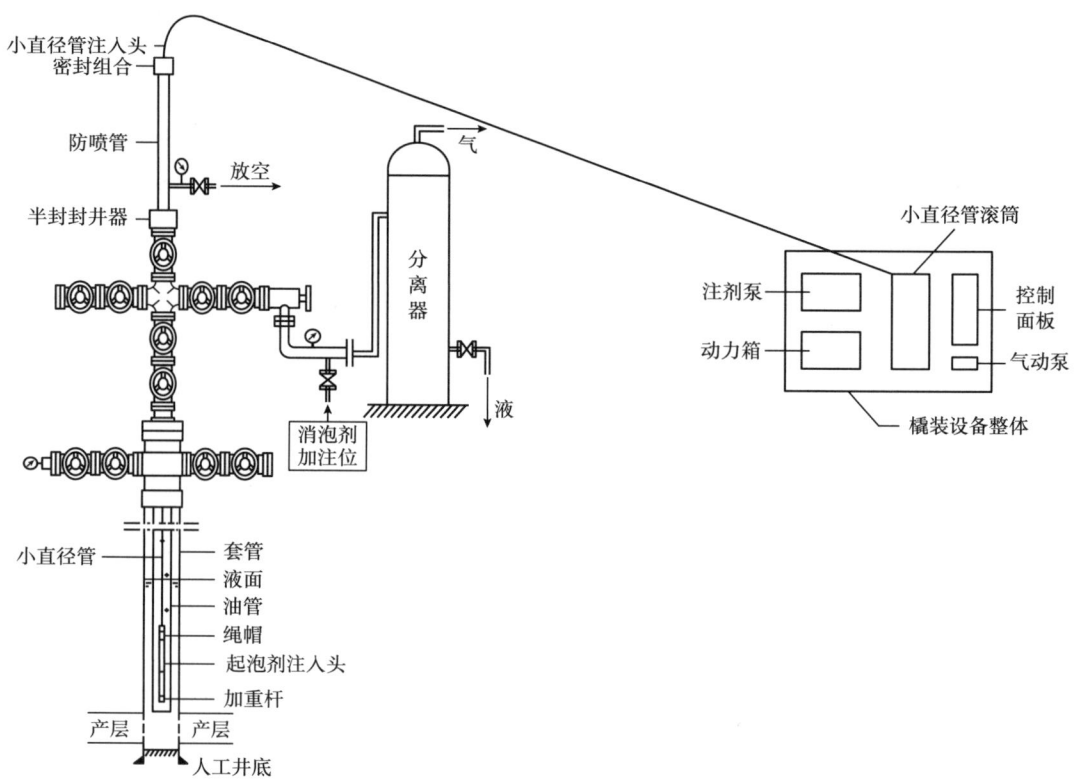

图 3-42 纳 59 井毛细管泡排工艺流程示意图

自开展毛细管泡排+气举+增压组合排水采气工艺后,气井能够保持连续生产,截至 2008 年底,累计采出天然气 $756\times10^4m^3$,产水 $18189m^3$。由此可以看出,该工艺同样适用于地层压力低、产水量大、井深较深的气水同产井。实施该工艺后,产气量和产水量都有大幅的增加,其中产气量增加 $1.5\times10^4m^3/d$,产水量增加了 $20m^3/d$。

随着地层压力的不断降低,气井的生产能力将进一步下降,但仍需继续摸索这类压力低、产水量大且井深的气水同产井的开采经验。目前,纳 59 井为反举生产,井口注气压力只有 2.5MPa,生产套压 0.7MPa,计算井底流动压力只有 3.0MPa 左右(地层压力为 4.79MPa),且井深超过 3000m。在压力如此低、井深如此深的情况下,通过不懈努力,使气井维持了稳定的生产,产气量在 $2.6\times10^4m^3/d$,产水量在 $60m^3/d$ 左右。

(3)工艺井管理要点。

结合纳 59 井、白 18 井、阳 72 井等井组合工艺应用情况分析,组合工艺的主要优点在于能够利用各单项工艺的优点，最大限度地降低气液两相垂直管流的压力损失，从而增大低压井生产压差，维持正常生产的目的。其中，泡排的作用占主导地位，气举、增压等工艺措施是辅助手段。组合工艺井的生产管理应重点关注以下几点：

①通过加强泡排加注装置、气举及增压设备管理，提高设备运转时率，维持组合工艺井的连续生产。

②加强组合工艺井气井动态分析，可利用两相垂直管流软件模拟计算井筒流动状态，具备条件可以采用实测井筒流动压力梯度，用以分析井筒流态是否满足气井携液要求。

③根据气井压力、产量、气液比等参数变化情况及时优化调整泡排剂加注、注气量等工艺参数，维持地层产液与工艺排液量的动态平衡。

④纳59井为单井裂缝系统，投产即气水同产，产出井段在气水界面，是一口"低排低采"井，坚持排水采气取得了较好的开发效果，废弃地层压力很低，2017年底采出程度已达80.39%。

5. 建立气田水回注基地，满足气藏整体治水的需要

为适应气藏排水采气的需求，大量排出的气田水回注也是一个亟待解决的问题，气田水常用的处理方法有三种：处理达标排放，成本较高；综合利用排放，成本也很高；回注地层，安全环保，成本低。通过对蜀南地区阳高寺气田、孔滩气田、荔枝滩气田、南井气田、宋家场气田和桐梓园气田对几个重点茅口组的气田水处理现状研究之后，分析认为目前处理困难的主要原因有回注井的选择困难、未建立回注系统、部分管网服役时间长，运行环境恶劣和环保因素的制约。针对上述问题，在茅口组有水气藏地层水处理方法上还是选择蜀南地区已采枯竭裂缝系统、采出程度较高的多井裂缝系统进行回注，这样做成本较低、安全环保，通过建立老—付、邓井关等回注基地，解决了茅口组气藏气田水出路问题，满足了气藏排水采气的需要。

(1) 建立老—付回注基地，回注荔南桐区块地层水。

2008年3月荔南桐区块地层水回注井福1井周围地层窜漏而停止高压回注，2008年5月，启用桐8井作为该区块气田水回注井，该区块气田水主要通过荔6井—井4井—福1井—福12井—桐18井—桐8井输卤管线及大山阀室—井26井—桐8井输卤管线输至桐8井回注（图3-43），最大总产水量1980m³/d。暂时缓解了该区块地层水回注问题，付—老区块已采枯竭气井裂缝圈闭累计回注空间 $4370.4\times10^4m^3$，在付家庙、老翁场建立卤水回注基地，能满足荔南桐区块及宋—牟潜力区块地层水回注的需要。

(2) 邓井关回注基地建立，解决了孔滩气田地层水回注问题。

邓井关气田位于四川省自贡市，邓8井位于邓井关构造顶部南翼，1959年12月19日开井投产，目前报废。根据该井历年累计产气 $3.93\times10^8m^3$，产水 $77m^3$，产油437.2t，计算地下腾空体积为 $273.4\times10^4m^3$，邓8井距离孔6井20.29km，站内值班房、污水池等齐全。同时，邓井关气田同时还有邓1井、邓15井、邓16井、邓34井等一批回注井可供选择，整个邓8井、邓16井系统目前累计产气 $27.86\times10^8m^3$，计算腾空体积 $2367.08\times10^4m^3$。2008年11月，邓井关地层水回注基地建立，解决了孔滩气田地层水回注问题，同时可满足周边杨家山、瓦市、古佛坎、龙市镇气田地层水的回注。

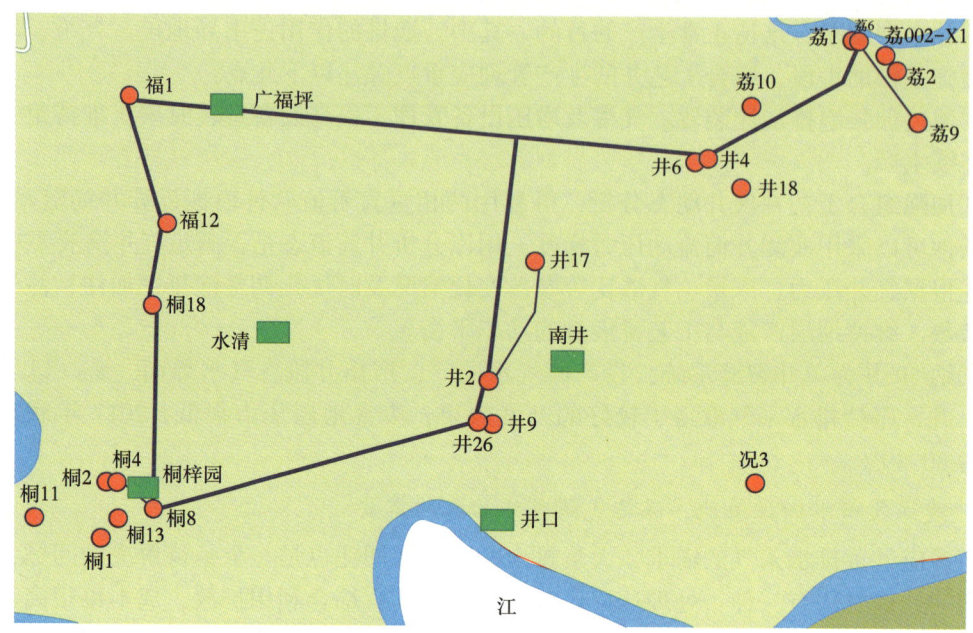

图 3-43 荔南桐片区输卤管网现状示意图

第四节 经验与认识

蜀南地区茅口组气藏自 1957 年隆 10 井发现以来，60 余年滚动勘探开发实践表明，气藏储渗类型为裂缝—孔洞型，气藏由于受构造和断层的控制，在气田的产层内形成多个储渗体，表现为多裂缝系统特征。普遍都产地层水，气水关系复杂，存在隔气式、隔水式等多种气水模式。经过半个多世纪的勘探开发生产实践，通过坚持不懈的科研攻关和探索创新，在有水气藏开发的勘探布井、气藏工程、排水采气工艺等领域的应用研究方面取得了丰硕成果，积累了宝贵的经验，初步形成了一套蜀南地区茅口组有水气藏的技术理论和工艺方法，使相当一批茅口组有水气藏的采收率已达到或超过 70%，部分气藏达 90% 以上，取得了较好的开发效果。

第一，蜀南地区茅口组气藏勘探布井从最初"一占三沿""三占三沿""断层六项布井原则和布井模式"，发展到"走出构造找岩溶"，扩展了茅口组气藏勘探新领域。

蜀南地区茅口组缝洞型气藏勘探思路从过去从"撒大网，占山头"到"一占一沿""一占三沿""三占三沿"打构造的勘探模式，发展到"大断层远离，中小断层紧挨"等打中小断层上盘裂缝发育带的勘探思路，建立了一套"断层裂缝圈闭六项布井原则和模式"，总的来说勘探思路和做法都局限在以找裂缝为基础，随着在构造低部位和向斜地区发现一批储量较大的裂缝系统，茅口组气藏为裂缝—孔洞型气藏的认识更加明晰，对缝洞气藏中气水分布的复杂性也有了清晰的认识，因此选择以寻找古岩溶为目标，在勘探程度较低和勘探领域较广的构造翼部及向斜勘探，拓宽了蜀南地区茅口组气藏的勘探开发领域。

第二，开发思路从压水采气到单井排水再到气藏整体治水，提高了气藏采气速度和采出程度，获得了良好的开发效果。

蜀南地区二叠系缝洞型气藏在开发早期由于受技术条件及对有水气藏认识限制，在气井出地层水后，均采取压小产气量、控制产水量或关井的办法，这种做法对于产水量不大的气井初期有一定的效果，但气井出地层水后，由于地层水对产层渗流通道的阻塞，严重的甚至造成井筒积液水淹停产；同时气井采取压水采气、控水采气的做法往往不能达到提高气井产气量的目的，反而造成气井、气藏出现水淹。经过压水采气的痛苦经历后，1969年开始针对气水同产井采取排水采气方式生产，主要做法是在开采早期，利用地层自身能量充足带水采气，优选气水同产井"三稳定"生产制度，开采中后期气藏能量下降较多，采用工艺技术措施人工助排。这种做法主要是注重气井的生产过程的稳定，研究井筒内气水两相流动规律，工艺上主要针对井筒内流体做工作，现在称这种思路和做法为"井筒排水采气"。井筒排水采气在川南气区有水气藏开发过程中的一段时间内起主导作用，有一定生产效果，但是井筒排水采气是被动的气藏排水方法，这种任何井见水就排的方式促使水从气水界面上窜污染气藏，堵塞裂缝通道，造成气藏气水关系复杂，开采难度变大，影响采气速度，且大大降低采收率，水活跃的气藏采出程度很低，有的10%左右就水淹。在气水界面排水采气建立"低排低采、低排高采"的气藏排水的开发方式，是有水气藏特别是非均质性较强的缝洞性有水气藏开发的科学有效方法。能有效地控制地层水不进入气藏，采气速度、采出程度大大提高，获得了良好的开发效果。

第三，"排水找气"是"低排低采、低排高采"气藏排水的理论升华。

蜀南地区茅口组气藏气水共存是绝大多数裂缝系统的共同特征，有气无水或有水无气的情况极为少见。对于钻在缝洞系统含水部位的产水井，地层水产出也是依靠水体上方天然气的弹性驱动，只要坚持排水，定会水落气出，使水井变为气水同产井，甚至纯气井，找到钻井不曾发现的天然气储量。同样隔气式气驱是地层水体产出最主要的驱动方式。在隔气式模式中可能有两个或两个以上被水体分隔的储气空间，当其中一个储气空间投入开发后，其余的储气空间将对其进行能量补给。被开发储气空间气体之下的水体会不断上升，使原来的产气井变为气水同产井，水产量越来越高，气产量则明显降低。如果不采取排水措施，气井将会水淹，被水体分隔的未开发储气空间的天然气就发现不了，同时已开发储气空间的天然气采收率也不高。但是，如果坚持排出地层水，随着分隔水体的不断减少，未开发储气空间的天然气将突破水体封隔进入已开发储气空间，其结果必然是生产压力回升，气产量增高，水产量减少，最后变为纯气井，天然气储量将大幅度增加。1995—1999年期间，蜀南地区开展"排水找气"工作，在50余口报废水井中实施"排水找气"理论，获得30余口工业气水同产井，获得显著的经济效益和社会效益。

第四，完善的排水采气工艺配套和气田水处理技术是满足气藏整体治水的必要保证。

当气藏能量下降较多，气井自喷生产带水困难，出现水淹和停产时，须采用工艺技术措施人工助排，20世纪70年代蜀南地区开展了以泡排、机抽、气举为代表的排水采气工艺试验阶段，见到了较好的成效。为适应气藏排水采气需求，蜀南地区不断深化完善排水采气工艺配套技术。经过近40年的探索及发展，排水采气工艺技术积累了一定经验、取得了一些突破，20世纪90年代中后期，随着部分有水气藏采出程度的提高、气藏能量的衰竭，一些依靠单项排水采气工艺维持生产的低压气水井频频出现水淹，虽经多次调整工艺参数或转换工艺方式仍难于复活，随着气举+泡排、气举+增压、机抽+增压、以及气举+泡排+增压等多种形式组合工艺的应用，一些低压井、频淹井得以继续稳定生产，一些水淹井死而复活。组合工艺的研究应用为有水气藏的"吃干榨尽"、进一步提高采收率开辟了一片新天地。为适应气藏排水采气的需求，大量排出的气田水回注也是一个亟待解决的问题，选择蜀南地区已采枯竭裂缝系统、采出程度较高的多井裂缝系统进行回注，这样做成本较低、安全环保，解决了茅口组气藏气田水出路问题，满足了气藏排水采气的需要。

第五，对于地层水封闭有限、局部水侵活跃的缝洞型气藏，从井位部署到气藏生产管理，应立足于低排低采进行气藏排水，才能达到较好的开发效果。

有水气藏开发井井位部署要钻在储层裂缝发育带，并在气水界面附近，有利于气水同时采出，改善有水气藏储渗条件及气水分布状况。在同一储渗系统中，达到高部位产气、低部位排水（即"低排低采，低排高采"技术）的目的，对于断层带附近水层或含水气层均进行射孔、改造处理。由于茅口组气藏水体的封闭性和有限性，通过早期在气藏气水界面进行低排低采的排水生产，有利于使用原始地层压力气藏能量排水采气，同时防止地层水沿裂缝上窜，水淹或水锁上部裂缝系统气藏。针对开发中后期水淹气藏，应充分运用动态资料对气藏地质特征进行再认识，特别是与水体分布、气水渗流密切相关的地质特征。评价气藏储量潜力，研究气水原始分布特征、水侵特征、开采过程中气水关系变化特点。选择与单井排水量、气藏排水规模相适应的排水采气工艺，建立与气藏复产后，产水规模相适应的气田水回注系统。生产井管理方面，对于"低排低采"井要坚持高水气比的排水采气生产，高部位的高采井控制井底流动压力高于"低排低采"井井底流动压力生产，产纯气，不能进行排水采气，否则高采井就变成"高排高采"井，造成"低排低采"井水量减少不产气，气藏水淹。

第六，坚定的治水信心是开发好有水气藏的重要基石。

有水气藏开采是天然气复杂气藏开采的世界级难题之一，蜀南地区多裂缝系统茅口组气藏地质条件复杂，为难采的缝洞型有水气藏，水中"捞"气，采收率普遍较低，但路在脚下、事在人为，蜀南地区勘探开发工作者坚定治水信心，不断完善和持续改进技术理论和工艺方法，从压水到排水，从单井排水到气藏排水，从"高排高采"到"低排低采、低排高采"，经过几代人数十年不断地改变，终于认识到有水气藏在气水界面建立"低排低采、低排高采"的气藏排水开发方式，能有效地控制地层水不进入气藏，采气速度、采出程度都获得大大提高，使一批有水气藏的采收率超过70%甚至达到了90%以上，把我国有水气藏开采技术水平推向新高度，对于开发同类型有水气藏具有重要指导意义。

第四章 中坝须二气藏开发实践

中坝气田须二气藏是一受狭长背斜控制的裂缝—孔隙型活跃边水气藏,探明储量 $139 \times 10^8 m^3$,至 2017 年底累计产气 $101.09 \times 10^8 m^3$,采出程度 72.52%。为确保气藏正常生产所采取的"北排南控"等开发调整措施取得了十分理想的开发效果,为有水气藏的合理开发积累了丰富的经验,多次获得中国石油天然气集团有限公司、中国石油天然气股份有限公司"高效开发气田"称号。

第一节 气藏概况

一、地理位置与构造位置

中坝气田位于四川省江油市境内,在江油市以东 5km 处。区内为丘陵地形,地面海拔一般 500~600m,地表出露侏罗系莲花口组。地理条件优越,有涪江流经区内。区内人口密集,宝成铁路穿越气田北部,公路交通便利(图 4-1)。

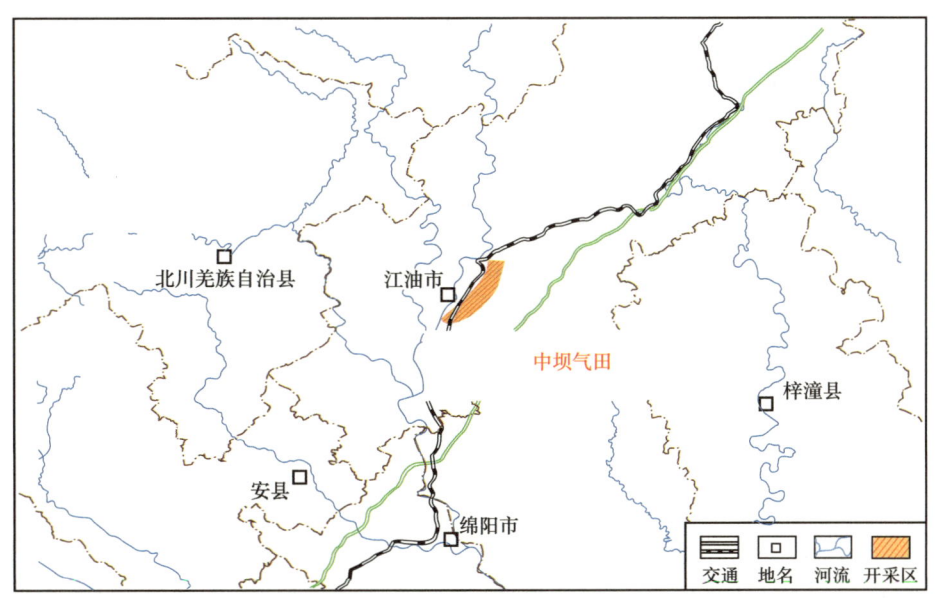

图 4-1 中坝气田地理位置图

区域构造上位于四川盆地北部龙门山前缘断褶构造带,西邻龙门山推覆带,东接梓潼坳陷,北端与海棠铺构造连成一个构造带,为一受断层控制的潜伏背斜。

二、勘探简况

中坝气田勘探工作始于1966年。勘探历程大致分为三个阶段：(1)地震普查、详查阶段(1966—1970年)，开展了地震详查，初步查明了区内构造分布；(2)勘探发现阶段(1971—1977年)，发现须家河组气藏，并提交须二气藏探明储量$100.00\times10^8m^3$；(3)滚动勘探开发阶段(1978年至今)，在中坝地区钻井63口，其中须家河组完钻46口，获工业气井27口。

1. 地震勘探简况

地震勘探始于1966年，并于1970年进行模拟地震详查，至1985年先后以光点磁带模拟和磁带模拟仪对中坝地区进行过6轮地震详查，并提交了相应的地震报告和图件。

1985年至1987年，美国地球物理服务公司(GSI)1828队在该区使用OPSEIS遥测地震仪开展地震详查工作，有4条测线经过中坝构造，测线延伸到前山带，取得了重大突破，推覆体下盘发现了一系列潜伏背斜和断高，印证了龙门山区北段存在印支、喜马拉雅两期造就的巨大推覆体的存在，提交了千佛崖组底、须三段底、须家河组底及震旦系顶界、二叠系阳新统顶界等五层构造图，编著了《龙门山区段前山带地震详查总结报告》。

2001年进行了数字地震详查，覆盖15次，共计19条测线131.175km。2003年10月开展了须三段、千佛崖组、沙溪庙组的目标处理，提供了遂宁组底(即沙溪庙组顶)、沙溪庙组底、千佛崖组底、须家河组须三段顶、须家河组须三段底5个地震反射层构造图。同年还对中坝—厚坝地区进行30/60次覆盖数字地震详查，结合2001年数字地震资料，进行了重新处理和解释，提交了侏罗系底、须家河组底、上二叠统底、寒武系底四层构造图。

2003年，地震201队、210队在中坝—厚坝地区共完成了30条测线的采集任务，覆盖次数为30/60次，获地震剖面长度为667.89km，其中2条侦察测线03ZH001H线和03ZH016线分别向西北方向延伸28km，穿越唐王寨向斜，伸入龙门山后山带。另外3条联络测线呈北东—南西向展布，共计667.885km，所构成的测网控制面积约1500km^2，但是2003年的测线未覆盖中坝主体构造。

2005年，针对须家河组目的层进行地震老资料重新叠加、偏移、时深转换处理，提供了须家河组底界构造图及相应的地震剖面和数据。

2012年，对中坝构造的二维地震资料(2001年度采集)进行重新处理，提交了中坝构造须三段顶、须三段底、须二段底、马鞍塘组底四层构造图。

2. 钻探简况

中坝构造钻探始于1969年，1971年12月在该构造西南翼完钻预探井中19井，完钻层位雷二段，经测试雷三段获$27.07\times10^4m^3/d$的工业气流，由此发现了雷三气藏。1972年在本构造上进行大规模钻井工作，于1973年1月在中坝4井须二段2534.81~2586.05m测试获得$69.69\times10^4m^3/d$的高产气流，发现了须二气藏。1977年7月，采用物质平衡法计算并上报须家河组二段气藏中坝2井区、中坝4井区天然气探明地质储量$100.00\times10^8m^3$。

截至2017年12月31日，中坝须二气藏完钻井46口，测试井39口，获工业气井27口，小气井4口(表4-1和图4-2)。

表 4-1 中坝气田须家河组气藏试油成果统计表

序号	井号	井段（m）	测试时间	测试产量（10⁴m³/d）	试油结果	备注
1	中 2 井	2314.82~2501.14	1974-12-01	14.47	工业气井	完井测试
2	中 3 井	2541.00~2625.00	1975-12-11	16.97	工业气井	完井测试
3	中 4 井	2534.81~2586.05	1973-01-14	69.69	工业气井	完井测试
4	中 5 井	1890.00~1934.00	1977-03-04	0.08	微气井	完井测试
5	中 7 井	2827.13~2981.48	1973-03-19	微气	微气井	完井测试
6	中 9 井	2238.00~2430.00	1976-07-30	9.73	工业气井	完井测试
7	中 16 井	2426.00~2529.00	1977-07-13	5.12	工业气井	完井测试
8	中 17 井	2383.00~2592.00	1977-09-20	0.82	小气井	完井测试
9	中 18 井	2250.00~2427.42	1974-12-03	31.57	工业气井	完井测试
10	中 19 井	2589.50~2612.00	1975-12-31	34.42	工业气井	完井测试
11	中 20 井	2508.30~2674.00	1975-03-04	7.81	工业气井	完井测试
12	中 21 井	2518.41~2654.00	1974-07-30	0	干井	完井测试
13	中 24 井	2383.35~2548.23	1976-07-25	0.10	微气井	完井测试
14	中 25 井	2565.00~2666.00	1977-03-13	5.96	工业气井	完井测试
15	中 26 井	1831.00~1871.40	1979-01-14	微气	干井	完井测试
16	中 28 井	2679.00~2684.60	1980-01-21	水 0.17 m³/d	水井	完井测试
17	中 29 井	2269.00~2361.00	1977-12-22	69.17	工业气井	完井测试
18	中 31 井	2522.00~2580.00	1976-12-19	48.84	工业气井	完井测试
19	中 34 井	2373.00~2409.12	1978-01-20	64.48	工业气井	完井测试
20	中 35 井	2646.00~2750.00	1978-03-30	21.10	工业气井	完井测试
21	中 36 井	2568.00~2629.20	1978-09-24	25.79	工业气井	完井测试
22	中 37 井	2432.00~2481.00	1978-07-18	70.16	工业气井	完井测试
23	中 38 井	2598.00~2695.00	1978-07-04	微气	干井	完井测试
24	中 39 井	2422.91~2461.00	19798-02-12	9.30	工业气井	完井测试
25	中 44 井	2494.00~2600.00	1978-11-28	20.58	工业气井	完井测试
26	中 45 井	2587.20~2615.80	1979-10-27	微气	干井	完井测试
27	中 47 井	2614.81~2720.00	1983-02-22	1.49	工业气井	完井测试
28	中 48 井	2911.66~3039.00	1984-10-16	5.51	工业气井	完井测试
29	中 49 井	2565.82~2650.00	1982-12-07	0.76	小气井	完井测试
30	中 50 井	2526.50~2830.00	1983-03-22	微气	干井	完井测试
31	中 51 井	2394.90~2485.00	1984-06-18	2.83	工业气井	完井测试
32	中 52 井	2355.00~2480.00	1979-08-22	10.36	工业气井	完井测试
33	中 53 井	2254.98~2400.00	1985-01-10	9.75	工业气井	完井测试
34	中 54 井	2975.58~3143.00	1984-11-25	4.66	工业气井	完井测试
35	中 55 井	2618.15~2737.63	1979-10-27	微气	干井	完井测试
36	中 62 井	2500.50~2607.00	1979-05-27	2.64	工业气井	完井测试
37	中 63 井	2314.00~2375.00	1980-01-10	33.35	工业气井	完井测试
38	中 64 井	2450.00~2662.00	1980-09-30	8.81	工业气井	完井测试
39	中 65 井	2353.00~2391.00	1983-04-25	5.51	工业气井	完井测试

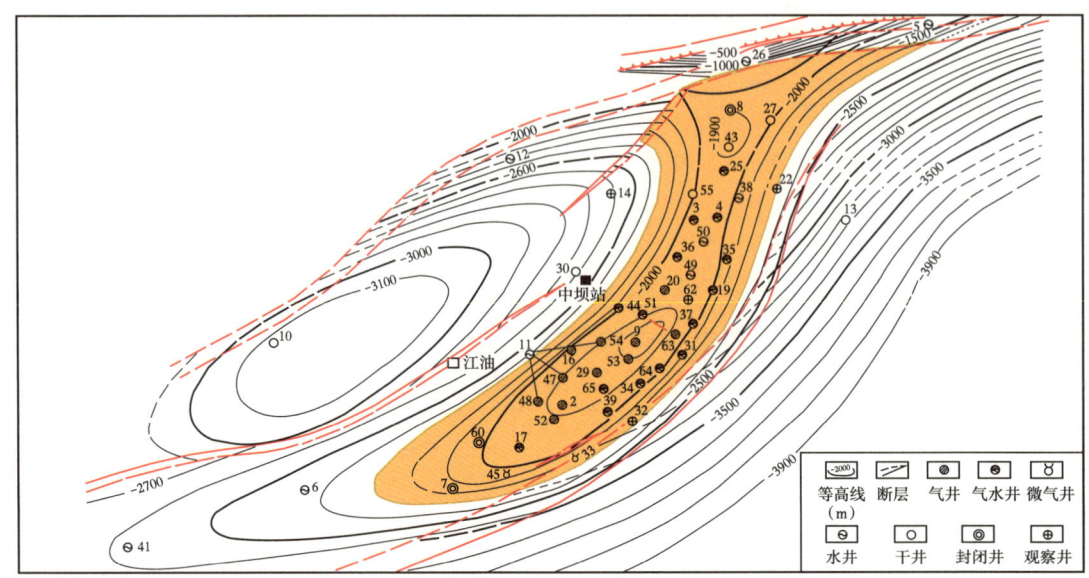

图 4-2 中坝气田须二气藏构造井位图

三、开发简况

中坝气田须二气藏开发工作开始于 1973 年（中气田 4 井投产），原始地层压力 26.985MPa，截至 2017 年 12 月底，气藏现有生产井 28 口，日产气 $42.3×10^4m^3$，日产水 $180m^3$，累计产气 $101.09×10^8m^3$，累计产水 $275×10^4m^3$，探明储量采出程度达 72.52%。

气藏整个开发历程可以划分为试采评价阶段、降产控水、单井工艺排水和气藏整体治水 4 个阶段（图 4-3 和表 4-2）：

(1) 试采评价阶段（1973 年 8 月至 1979 年 12 月）：该阶段采气井数由 1 口增加到 15 口，气藏日产气从 $17.4×10^4m^3$ 逐渐增加到 $135×10^4m^3$，达到气藏产量的高峰。同时离水区较近的北鞍部地区的中 4 井、中 35 井、中 19 井等 3 口井先后开始气水同产。

(2) 降产控水阶段（1980 年 1 月至 1982 年 12 月）：随着 3 口井水淹，且水淹区有向气藏内部扩大趋势，水侵已严重影响气藏开发效果。1980 年开始加密井网（气井数从 15 口增加至 19 口）和控制产量，此阶段水淹区有向气藏内部扩大趋势，中 3 井、中 36 井出水，出水井增至 5 口，气藏产水最高达到 $180m^3/d$。阶段末，产气量调整到 $60×10^4m^3/d$。

(3) 单井工艺排水阶段（1983 年 1 月至 1990 年 7 月）：此阶段井网持续完善，气井由 19 口增加至 23 口。气水同产井采取化排、气举及换小油管等措施以提高带液能力，减少井下积液。气藏保持 $60×10^4m^3/d$ 规模稳产，产水量 $50\sim80m^3/d$。此阶段排水量不足，边水沿裂缝带进一步侵入，仍有中 25 井、中 62 井、中 31 井、中 37 井先后出水，出水井增至 9 口。

(4) 气藏整体治水阶段（1990 年 8 月至今）：此阶段实施"北排南控"的排水采气方案，产水规模稳定在 $250\sim300m^3/d$，气藏保持 $60×10^4m^3/d$ 水平长期稳产。此阶段 1990 年至 2005 年未新增出水井，水线前缘回缩（中 37 井由气水同产井变为纯气井），排水采气效果好。2005 年后由于产量需求，生产规模提高到 $70×10^4m^3/d$ 以上，打破排侵动态平衡，2006 年 3 月至 8 月新增 4 口出水井（中 44 井、中 65 井、中 51 井、中 34 井）。2007 年后气藏降低生

产规模至 $60×10^4 m^3/d$ 左右,气藏未新增出水气井,气藏长期稳产。2015 年至今气藏主动采取降低生产规模,在保证重点排水井正常生产的情况下,控制内部高产井产量,生产规模由 $60×10^4 m^3/d$ 下调至目前的 $45×10^4 m^3/d$,单井油、套压均有不同程度的上升。

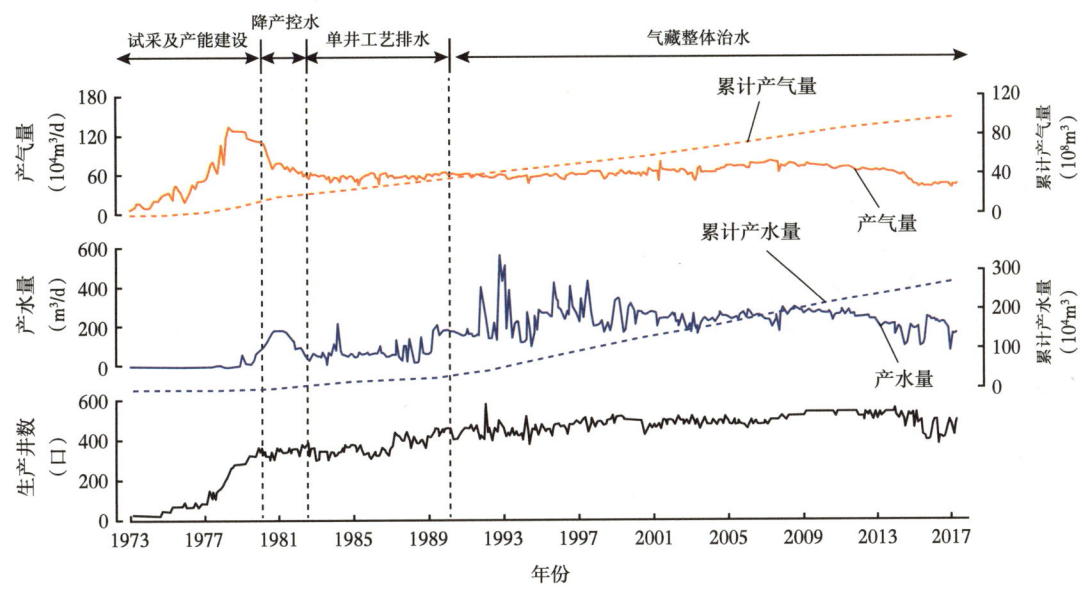

图 4-3 中坝气田须二气藏开采曲线

表 4-2 中坝气田完钻井开发现状表

气藏	已投产井				
	定产气井	定压井	工艺排水井	气水同产井	间歇生产井
须二	中 2 井、中 16 井、中 47 井、中 48 井、中 53 井、中 63 井、中 29 井	中 20 井、中 51 井、中 52 井、中 54 井	中 3 井、中 4 井、中 19 井、中 35 井、中 64 井	中 17 井、中 31 井、中 34 井、中 36 井、中 37 井、中 39 井、中 44 井、中 65 井	中 9 井、中 24 井、中 27 井、中 19 井
合计	7	4	6	8	4

第二节 气藏主要特征

一、构造特征

中坝气田区域构造上位于四川盆地北部龙门山前缘断褶构造带,西邻龙门山推覆带,东接梓潼坳陷,北端与海棠铺构造连成一个构造带,为一受断层控制的潜伏背斜。

区域地质研究表明,川西坳陷北部构造变形较弱,从西向东依次发育龙门山前缘构造带、梓潼凹陷,以及绵阳—苍溪低幅断褶带,总体构造面貌表现为"两隆夹一凹"的构造格局(图 4-4)。构造形态总体表现为不对称的向斜,向斜东翼向东低幅抬升,局部发育断层。中坝气田位于向斜西侧,靠近龙门山山前带,地层倾角较陡。

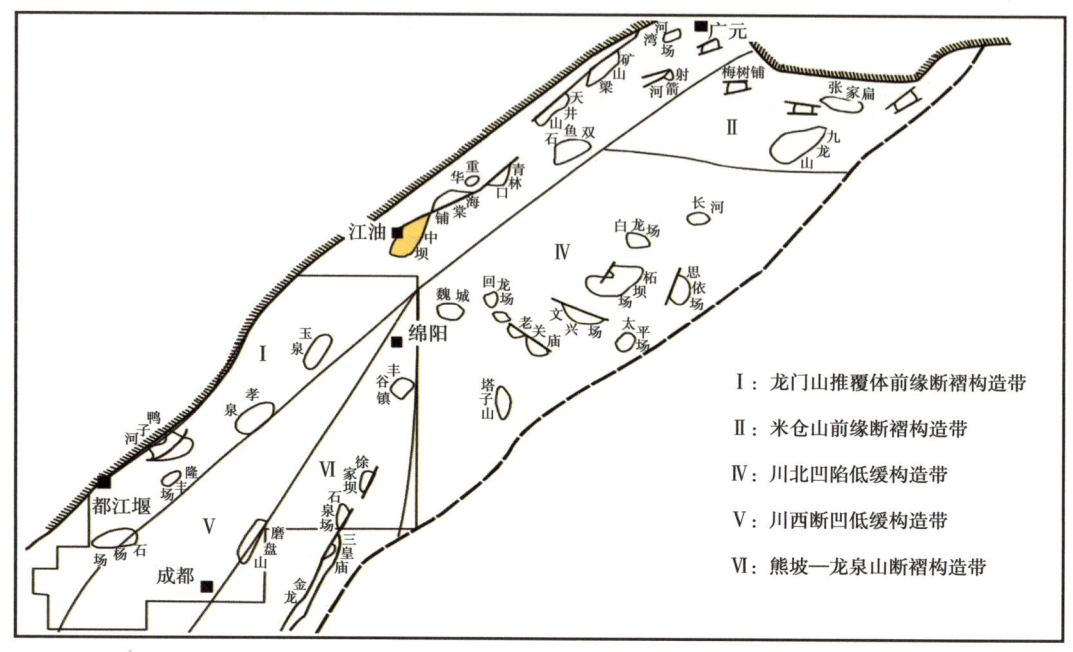

图 4-4 川西地区构造分区图

中坝须二气藏为三面被断层切割的背斜圈闭,其构造形态为一北东向狭长的背斜圈闭。从表 6-3 中可以看出,背斜圈闭长轴 9.5km,短轴 3.2km,闭合面积 49.1km²,闭合度 830m,构造东南翼陡,西北翼缓,该背斜的北、东、西三面皆被三条大型逆断层所切割。

表 4-3 中坝气田须二气藏构造要素表

层位	圈闭类型	长轴(km)	短轴(km)	闭合面积(km²)	闭合度(m)	高点海拔(m)	轴向方位	两翼倾角
须二顶	背斜	6.7	1.5	7.8	236	-1664	190°~250°	西北翼 20°左右
	断层遮挡	9.5	3.2	49.1	830		215°~265°	东南翼 28°左右

中坝背斜构造的三面均被断层所遮蔽,其西北翼和东北翼分别发育一条大型倾轴逆断层,其剖面形态为"断垒"型,这些逆断层不仅为油气富集形成了构造圈闭条件,而且伴随着断层所产生的大量裂缝,可成为油气渗流的主要通道(表 4-4 和图 4-5)。

表 4-4 中坝气田断层要素表

断层编号	性质	断开工区地层	延伸情况 方向	延伸情况 长度(km)	断层产状 倾向(°)	断层产状 倾角(°)	垂直落差(m)	备注
①	逆断层	J_2s-Tl	北东	>21.5	283~327	35~50	100~1100	彰明断层
②	逆断层	J_2s-Tj	北东	22.0	146~170	20~50	50~400	江油断层
③	逆断层	J_1-Tl	北东	20.0	325~345	40~50	300~700	双河断层
④	逆断层	J_1-Tj	北东	8.3~4.8	126~140	30~50	50~700	中 14 北断层
⑤	逆断层	T_3x-Tl	北西西	—	20	40	170	
⑥	逆断层	T_3x	北东	2.0	33	35	150	

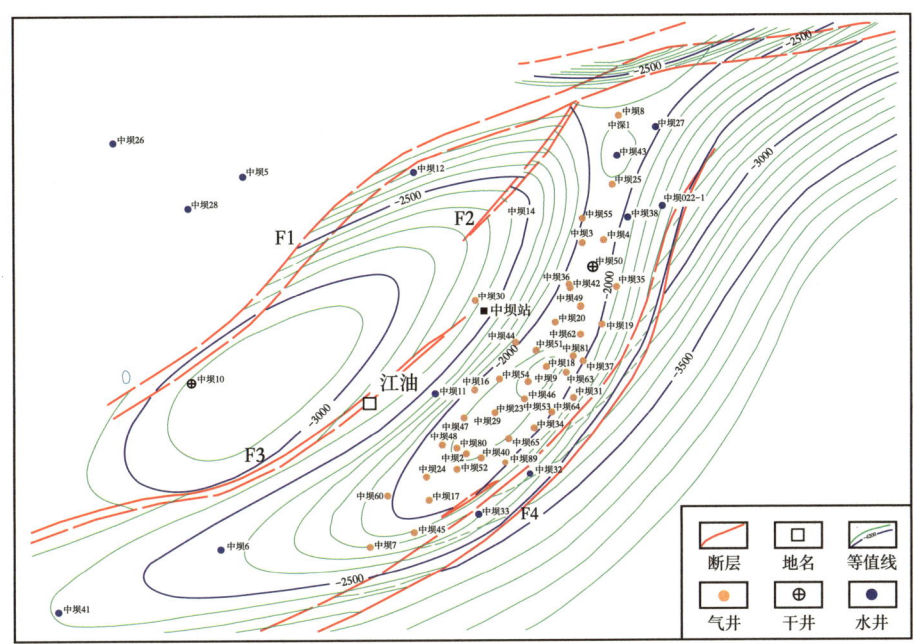

图 4-5 中坝气田须二段顶面构造图

区域内共有 6 条逆断层，其中彰明断层、江油断层、双河断层是该构造上影响最大的一组断层，该组断层呈北东方向延伸，长度为 20~22km，断层倾向为 146°~345°，倾角为 20°~50°，垂直落差为 50~1100m，该组断层对须二气藏的封隔和控制影响巨大。

二、地层与沉积相特征

1. 地层特征

中坝气田三叠系须家河组分四段，须四段上部以岩屑砂岩为主，与页岩、岩屑粉砂岩互层，为浅湖相沉积；下部为灰质泥岩夹页岩，扇三角洲相和河流相沉积；与下伏地层整合—假整合接触。须三段为砂岩与石英、砂岩与页岩互层，下部及底部夹两套粉砂岩，为三角洲沉积，与下伏地层整合接触。须二段上部为块状岩屑长石石英砂岩夹石英砂岩或砂质砾岩，裂缝较发育，为主要气层段，下部为砂岩与页岩、石英砂岩与岩屑石英砂岩互层，与下伏地层不整合—假整合接触。须一段顶部为岩屑石英砂岩及石英砂岩夹薄层页岩，近底部夹一层介壳灰岩，与下伏雷口坡组假整合接触（表 4-5）。

表 4-5 中坝气田须二气藏地层划分表

层位				层位代号	厚度 (m)	岩性岩相简述
系	统	组	段			
三叠系	上统	须家河组	须四段	T_3x^4	94.0	上部以岩屑砂岩为主，与页岩、岩屑粉砂岩互层，为浅湖相沉积；下部为灰质泥岩夹页岩，扇三角洲相和河流相沉积；与下伏地层整合—假整合接触
			须三段	T_3x^3	277.0	砂岩与石英、砂岩与页岩互层，下部及底部夹两套粉砂岩；为三角洲沉积；与下伏地层整合接触

续表

层位				层位代号	厚度(m)	岩性岩相简述
系	统	组	段			
三叠系	上统	须家河组	须二段	T_3x^2	364.5	上亚段为块状岩屑长石石英砂岩夹石英砂岩或砂质砾岩，裂缝较发育，为主要气层段；下亚段砂岩与页岩、石英砂岩与岩屑石英砂岩互层；三角洲相沉积；与下伏地层不整合—假整合接触
			须一段	T_3x^1	154.0	顶部为岩屑石英砂岩及石英砂岩夹薄层页岩，近底部夹一层介壳灰岩；与下伏地层假整合接触

2. 沉积相特征

川西北部地区须二段在广元须家河、江油青林口形成两个较大的山前冲积扇体系，沉积以碳酸盐岩砾、砂为主要成分的砾岩、泥岩组合（图4-6）。中坝气田须二段发育河流—三角洲相沉积，主要发育辫状河三角洲前缘亚相和部分前辫状河三角洲亚相沉积。其中，水下分流河道和河口坝微相储层最为发育（表4-6和图4-7）。

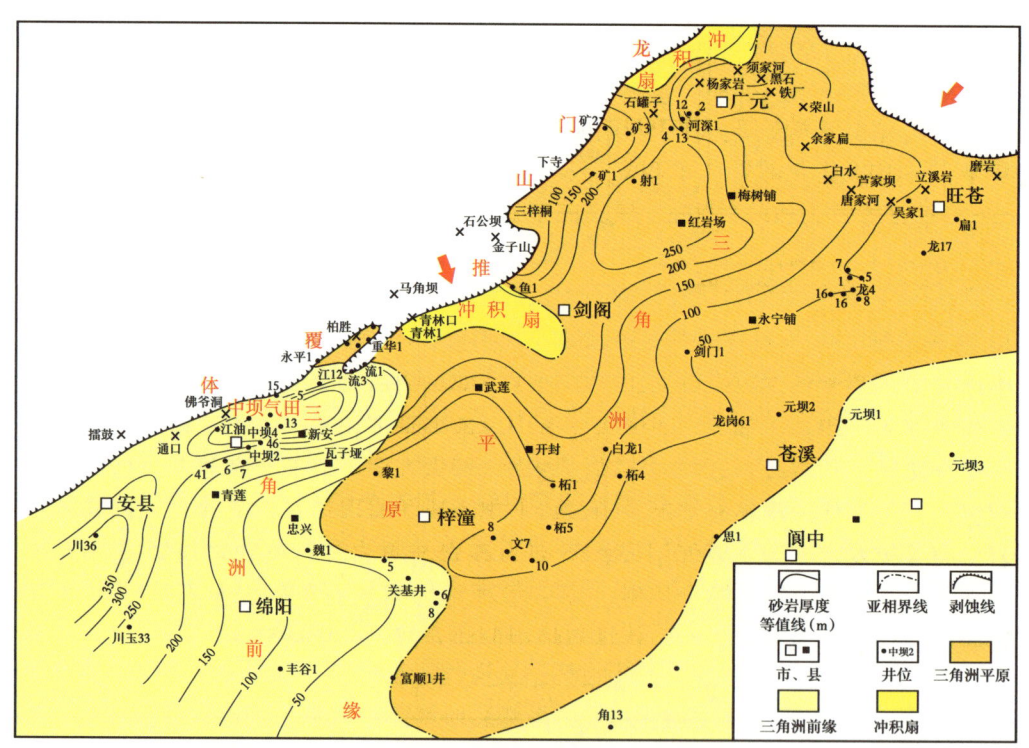

图4-6 川西北部地区三叠系须家河组二段沉积相平面图

水下分流河道底部往往是块状砾岩与下伏地层冲刷接触，其上为大型槽状交错层理、板状层理或块状层理，微细水平层理也较为常见，测井相多为带小锯齿的低幅箱状、钟形，有时见指形。河口坝的典型特征是向上逐渐变粗，呈明显的反韵律，发育平行、块状层理，槽状、板状斜层理，测井相多为带小锯齿的低幅箱状、漏斗形，有时见指形。水下分流河道广泛分布在须二段中，由于相互叠加和侧向摆动，其侧缘常与河口坝和分流间微相相邻。河口坝主要分布在须二段上部和底部，由于相互叠加和侧向摆动，其侧缘常与水下分流河道和分流间微相相邻，水下分流河道和河口坝微相在横向上分布较稳定，是储层发育的有利微相。

表4-6 中坝气田须二段主要沉积相类型划分简表

相	亚相	微相	沉积构造	测井曲线
三角洲	三角洲平原	分流河道	大型板状、槽状层理、正粒序、底冲刷明显	钟形、指形
		决口扇	透镜状层理，具单向水流特征	
		沼泽	水平、沙纹、透镜状层理，生物扰动构造、对称波痕	弱齿化柱形
	三角洲前缘	水下分流河道	槽状交错、板状层理、波状及微细水平层理	低幅箱状、钟形、指形
		水下决口扇	泥砾层鸡窝状产出	
		河口坝	平行、块状层理为主，见槽状、板状斜层理及波痕	齿化低幅箱状、漏斗形、指形
		分流间湾	小型交错层理、水平、沙纹层理	弱齿化柱形类指形
		远沙坝	水平、波状、微细水平层理及波痕	弱齿化柱形
		前缘席状沙坝	水平结构纹理和颜色纹理、脉状波状透镜状复合层理、生物扰动构造及潜穴	指形
	前三角洲		水平纹理、生物扰动构造及潜穴	高阻块状

(a) 中46井，T_3x^2，2273.54～2273.83m，中粒岩屑石英砂岩，大型槽状交错层理，具高角度顺层裂缝，河口坝

(b) 中46井，T_3x^2，2361.48～2361.56m，细粒岩屑石英砂岩块状层理，含碳质条带，具零星小漂砾，分流河道

图4-7 中坝气田须二段典型沉积相岩心照片

三、储层特征

中坝气田须二段钻厚300~400m,以砂岩沉积为主,中间夹薄层泥岩。须二段上部为灰色中厚层状中粗粒长石石英砂岩至粉砂岩和泥岩,中部为黄灰色泥质粉砂岩和泥岩夹细砂岩、灰色中厚层状泥质砂岩和砂质泥岩,下部以灰色厚层块状中粗粒长石石英砂岩为主,夹粉砂岩和粉砂质泥岩。其中,须二段上部200m以内孔隙及裂缝较发育,具有较好的储集条件,为中坝气田主要的储产层段。

1. 岩性特征

须二段岩性主要是岩屑长石石英砂岩、岩屑石英砂岩、长石石英砂岩、岩屑砂岩、长石岩屑砂岩及含砾砂岩夹薄层灰黑色泥岩、粉砂岩,以浅灰—灰色细—中粒岩屑长石石英砂岩为主。砂岩中除含有少量陆源碎屑砾石外,其中常含有泥砾,泥砾分布不均,大小不等,形状各异,泥砾多由灰黑色泥岩、粉砂质泥岩及碳质泥岩组成。

岩石的组成变化不大,石英含量一般为75%~90%,最高可达93%,平均为83%。长石含量一般为5%~10%。据中46井岩心薄片分析资料统计,石英含量83.46%、长石含量5.92%、岩屑含量10.62%,其中岩屑以沉积岩岩屑为主,含量为56.25%,变质岩岩屑含量为43.75%。

须二段岩性横向上从北往南有粒度变细的趋势。大致以中20井—中62井为界,其以北地区须二段上部夹1~3层砾岩,砾径3~7cm,泥质含量少,下部夹页岩、煤层或煤线。以南地区须二段上部为砂岩夹页岩,砾岩含量少且砾径小,下部为砂岩夹少量泥页岩,泥页岩厚度明显较北部小。

2. 物性特征

根据11口井取心资料统计分析表明,1284个样品中最大孔隙度为16.63%,最小孔隙度为0.08%,平均为6.21%,属于低孔储层。其中孔隙度小于2%的数据点占5.99%,大于10%的数据点占6.31%,有87.7%的数据点的孔隙度处于2%~10%之间(表4-7和图4-8)。

测井孔隙度范围为6.4%~10.0%,平均值为8.1%(表4-8)。

表4-7 中坝气田须二段岩心分析孔隙度统计表

孔隙度(%)	<1	1~2	2~4	4~6	6~8	8~10	10~12	12~14	>14
点数	22	55	253	320	335	217	49	28	4
百分数	1.71	4.28	19.72	24.94	26.11	16.91	3.82	2.18	0.31
极值,均值(%)			最大值=16.63		最小值=0.08		平均值=6.21		

表4-8 中坝气田须二段测井孔隙度统计表

井名	中40井	中42井	中45井	中46井	中50井	中64井	中80井	中81井
孔隙度(%)	8.6	8.0	6.9	10.0	6.4	9.2	7.3	8.2

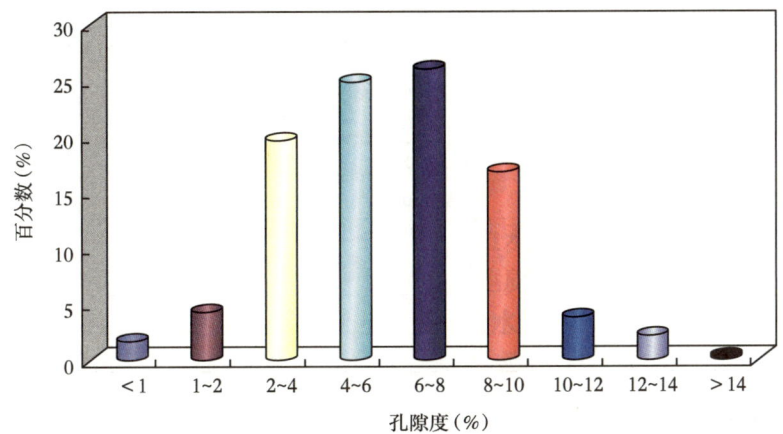

图 4-8 中坝气田须二段岩心分析孔隙度分布直方图

据须二段 1142 个渗透率样品数据分析表明,最小渗透率 0.001mD,最大渗透率为 22.23mD,平均渗透率 0.08mD。小于 0.01mD 样品约占总样品数的 48.86%,0.01~0.1mD 样品约占总样品数的 37.74%,0.1~1mD 样品占总样品数的 12.87%,大于 1mD 样品仅占总样品数的 0.53%(表 4-9 和图 4-9)。须二段储层整体表现为低渗透率特征。

表 4-9 中坝气田须二段岩心渗透率数据表

渗透率(mD)	<0.01	0.01~0.1	0.1~1	1~10	10~100
样品数(块)	558	431	147	5	1
百分比(%)	48.86	37.74	12.87	0.44	0.09
极值,均值(mD)		最大值=22.23	最小值=0.001	平均值=0.08	

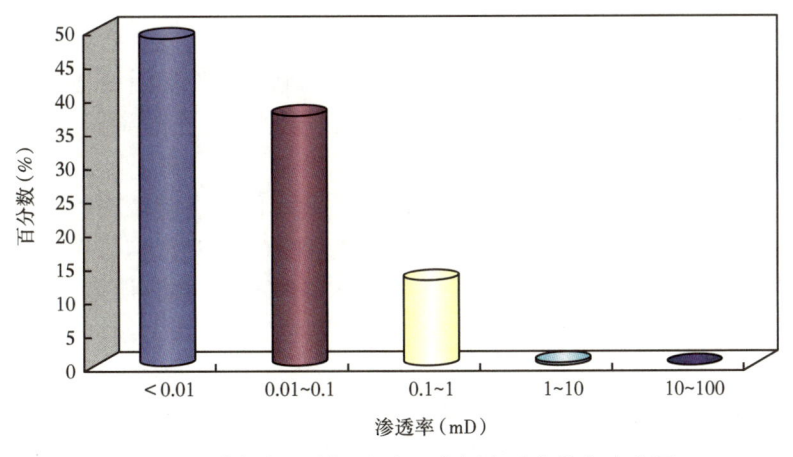

图 4-9 中坝气田须二段岩心分析渗透率分布直方图

根据气藏含气范围内 5 口井的 1091 个岩心含水饱和度分析资料统计,平均含水饱和度为 38.38%(表 4-10)。

表 4-10　中坝气田须二段岩心含水饱和度数据表

井号	总块数（块）	$S_w<20\%$ 样品数（块）	$S_w<20\%$ 百分数（%）	$20\%\leqslant S_w\leqslant 50\%$ 样品数（块）	$20\%\leqslant S_w\leqslant 50\%$ 百分数（%）	$S_w>50\%$ 样品数（块）	$S_w>50\%$ 百分数（%）	平均含水饱和度（%）
中55井	196	1	0.5	59	30.1	136	69.4	58.91
中50井	133	6	4.5	62	54.1	55	41.4	46.56
中46井	397	178	44.8	208	52.4	11	2.8	23.57
中45井	163	—	—	96	58.9	67	41.1	50.69
中34井	202	2	1.0	192	95.0	8	4.0	32.66
合计	1091	187	17.1	627	57.5	277	25.4	38.38

3. 储集类型与孔隙结构特征

1）储集空间类型

通过岩心薄片分析，须二段储层的储集空间以次生孔隙为主，包括粒间溶孔、粒内溶孔，偶见残余原生粒间孔、粒内微孔，裂缝是重要的渗流通道，与孔隙搭配可构成良好的储渗空间。

2）孔隙结构特征

须二段储层喉道类型以片状或弯曲片状喉道为主，管束状喉道及缩颈喉道次之。据中46井须二段上部32个样品分析，变异系数 $C=0.25\sim0.35$ 的样品有3个，占9.38%，为较均匀型，C 值小于0.25的样品有29个，占90.62%，为非均匀型；下部均为非均匀型；从均值判断，除中46井主要为中等喉道（即中值半径 $D_m=10\sim50\mu m$）外，其余各井样品主要为微细喉道；据岩心压汞样品分析资料统计，其排驱压力在 $0.04\sim15MPa$ 之间，其中，高—特高排驱压力样品占总数的88.01%。其对应的最大连通孔喉半径（R_{c10}）为 $0.05\sim18.75\mu m$。

4. 储层类型及分类评价

研究表明，中坝气田须二段储集空间以粒间孔为主，裂缝为主要渗流通道，储层主要为裂缝—孔隙型储层，裂缝的存在大大改善了储层的储渗条件。川西地区一般获工业气流的储层对应的孔隙度大于5%。根据岩心、测井、压汞、物性等资料将储层划分为四类（图4-10、图4-11和表4-11）。

Ⅰ类储层：孔隙度 $\phi>12\%$，渗透率 $K>1mD$，排驱压力 $p_{c10}<0.5MPa$，饱和度中值压力 $p_{c50}<2MPa$，最大连通孔喉半径 $R_{c10}>1.5\mu m$，变异系数 $C>0.25$，均值 $X<14.4$。

Ⅱ类储层：孔隙度 $\phi=8\%\sim12\%$，渗透率 $K=0.1\sim1mD$，排驱压力 $p_{c10}=0.5\sim2.5MPa$，饱和度中值压力 $p_{c50}=1\sim10MPa$，最大连通孔喉半径 $R_{c10}=0.3\sim1.5\mu m$，变异系数 $C=0.2\sim0.25$，均值 $X=14.4\sim15.4$。

Ⅲ类储层：孔隙度 $\phi=8\%\sim5\%$，渗透率 $K=0.04\sim0.1mD$，排驱压力 $p_{c10}=1.0\sim6.0MPa$，饱和度中值压力 $p_{c50}=4\sim20MPa$，最大连通孔喉半径 $R_{c10}=0.125\sim0.75\mu m$，变异系数 $C=0.2\sim0.25$，均值 $X=15.4\sim16.2$。

Ⅳ类储层：孔隙度 $\phi<5\%$，渗透率 $K<0.04mD$，排驱压力 $p_{c10}>2.0MPa$，饱和度中值压力 $p_{c50}>6MPa$，最大连通孔喉半径 $R_{c10}<0.375\mu m$，变异系数 $C<0.2$，均值 $X>16.2$。

(a) 中42井，T_3x^2，2745m，中粒长石岩屑砂岩，面孔率4%，×100

(b) 中42井，T_3x^2，2746m，中粒长石岩屑砂岩，微裂纹发育，见粒间及长石粒内溶孔，×100

图 4-10 中坝气田须二段储层微观照片

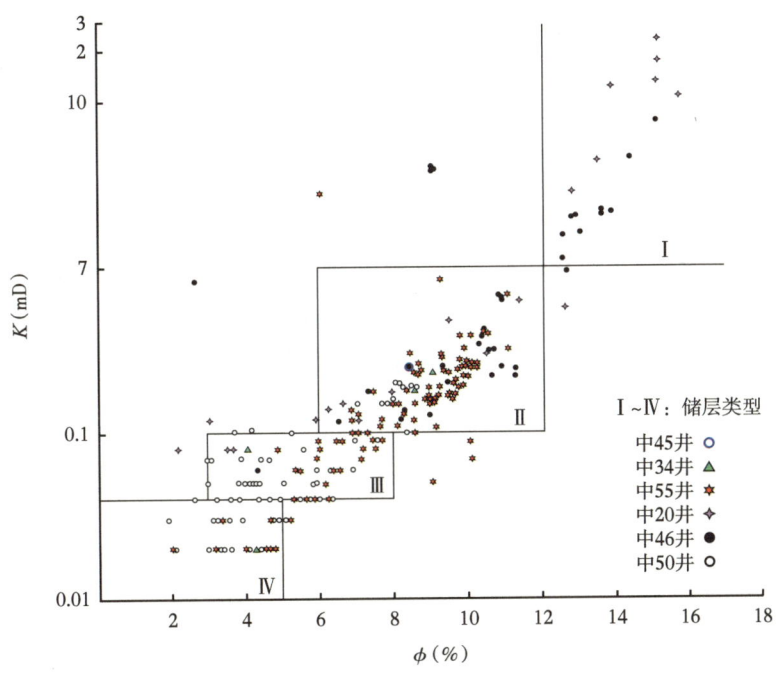

图 4-11 中坝气田须二段孔渗关系图

表 4-11 中坝气田须二气藏储层分级综合表

储层等级	Ⅰ类	Ⅱ类	Ⅲ类	Ⅳ类（非储层）
孔隙率（%）	>12	8~12	5~8	<5
渗透率（mD）	>1	0.1~1	0.04~0.1	<0.04
排驱压力（MPa）	<0.5	0.5~2.5	1.0~6.0	>2.0
中值压力（MPa）	<2.0	10.0~1.0	4.0~20.0	>6.0
最大连通孔喉半径（μm）	>1.5	0.3~1.5	0.125~0.75	<0.375
变异系数	>0.25	0.2~0.25	0.2~0.25	<0.2
均值	<14.4	14.4~15.4	15.4~16.2	>16.2

5. 储层展布特征

中坝气田须二段储层主要分布在上部200m以内，储层单层厚度一般为1.5~21.3m，累计厚度为55.2~112.8m，横向上分布较稳定，在整个构造圈闭上连片分布。储层分布受沉积微相控制，中46井、中64井区为储层厚值区，向南西和北东方向减薄，但受测井资料影响，除部分资料较全的可定量评价储层外，大部分仅可定性判断（表4-12）。

表4-12 中坝气田须二段单井储层参数统计表

井名	储层厚度（m）	孔隙度（%）
中40井	84.7	8.6
中42井	58.8	8.0
中45井	76.5	6.9
中46井	112.8	10.0
中50井	55.2	6.4
中64井	109.2	9.2
中80井	98.6	7.3
中81井	67.5	8.2

四、气藏流体分布特征

1. 流体性质

中坝气田须二气藏产出流体为天然气、地层水及凝析油。

天然气性质：须家河组二段气藏天然气甲烷含量88.99%~92.92%，平均90.59%，二氧化碳含量0.14%~0.84%，平均0.47%，不含硫化氢，含少量凝析油。天然气相对密度0.601~0.638，平均0.622。天然气临界压力4.582~4.689MPa，临界温度198.3~209.1K，属湿气（表4-13）。

表4-13 中坝气田须二气藏气分析数据表

井号	相对密度	天然气组分								
		CH_4（%）	C_2H_6（%）	C_3H_8（%）	C_4H_{10}以上	CO_2（%）	H_2S（g/m³）	N_2（%）	He（%）	H_2（%）
中3井	0.622	90.73	5.52	1.53	1.18	0.57	—	0.31	0.05	0.02
中4井	0.638	89.10	6.71	1.89	1.35	0.60	—	0.29	0.05	0.01
中19井	0.611	92.15	4.12	1.20	1.13	0.26	—	1.05	0.07	0.02
中20井	0.619	91.11	5.47	1.57	1.07	0.48	—	0.24	0.05	0.01
中35井	0.618	91.01	5.40	1.49	1.08	0.55	—	0.29	0.06	0.02
中36井	0.637	88.99	6.42	1.93	1.44	0.64	—	0.53	0.04	0.01
中44井	0.621	90.83	5.65	1.66	1.00	0.47	—	0.25	0.04	0.10
中51井	0.601	92.31	4.68	1.33	0.95	0.41	—	0.26	0.05	0.01
中2井	0.633	89.64	5.83	2.01	1.37	0.84	—	0.23	0.07	0.01

凝析油性质：中坝气田须二气藏生产成果表明，须二气藏产出凝析油，气油比34645m³/m³，凝析油含量约为22g/m³，密度0.736~0.776t/m³，平均0.756t/m³，初馏点

46~86℃，烷烃82%~85%，芳烃12%~18%。

地层水性质：据该区水样分析统计表明，地层水类型为$CaCl_2$型，pH值一般为5.00~6.80，Cl^-含量变化范围为25828~39722mg/L，相对密度在0.99~1.04之间，总矿化度在52.00~67.20g/L，平均59.60g/L；另外还含有其他微量元素（表4-14）。

表4-14 中坝气田须二气藏气田水分析数据表

井名	组分（mg/L）						矿化度（g/L）	水型
	K^++Na^+	Ca^{2+}	Mg^{2+}	Cl^-	HCO_3^-	$Ba^{2+}+Si^{4+}$		
中65井	18446	1171	186	31424	538	1343	53.10	氯化钙
中34井	19249	967	293	32448	497	975	54.40	氯化钙
中4井	19770	875	153	32660	649	1104	55.20	氯化钙
中36井	15707	644	49	25828	779	49	44.50	氯化钙
中31井	23674	1074	173	39373	760	1785	66.80	氯化钙
中35井	22896	1278	202	38839	433	1840	65.50	氯化钙
中3井	18697	1020	0	30771	562	920	52.00	氯化钙
中64井	23156	1298	205	39114	425	1506	65.70	氯化钙
中17井	23164	1574	205	39568	566	1576	66.70	氯化钙
中19井	23165	1547	121	39722	411	2263	67.20	氯化钙
中2井	10657	8163	1499	35308	254	423	56.30	氯化钙
中37井	22046	1423	244	37956	349	1840	63.90	氯化钙

2. 气水关系

钻井及测试成果表明，中坝气田须二气藏受断层及构造圈闭控制，为构造型边水气藏。区内已钻井最低气层海拔为-2185m（中45井），最高水层海拔为-2205m（中22井），海拔-2185m以上为含气区，海拔-2205m以下为含水区，因此，须二气藏气水界面应在-2205~-2185m之间（图4-12和图4-13）。

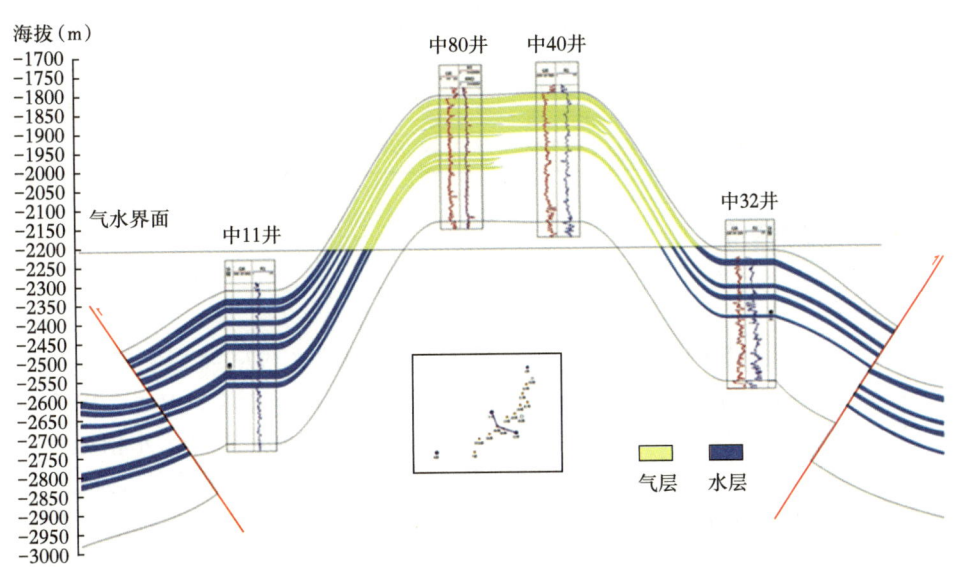

图4-12 中11井—中32井须家河组二段气藏剖面图

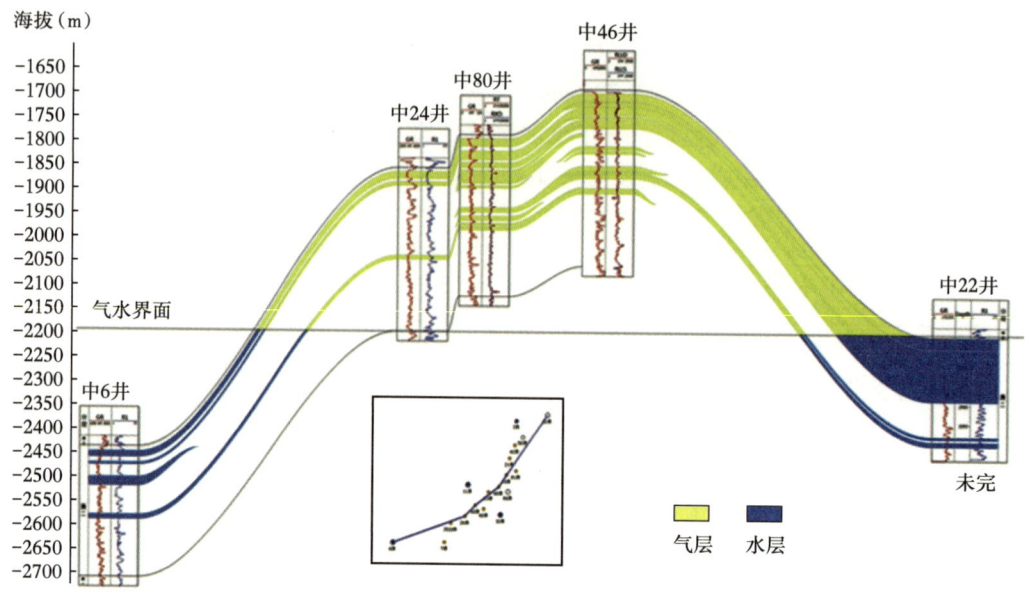

图 4-13 中 6 井—中 22 井须家河组二段气藏剖面图

五、地层压力及温度

中坝气田须二气藏具有统一水动力系统,中 2 井、中 4 井实测原始地层压力分别为 26.928~27.130MPa,原始地层压力系数 1.052~1.122,气层温度 71.50~72.95℃,地温梯度 2.81~2.98℃/100m,属于常温、常压气藏(表 4-15)。

表 4-15 中坝须二气藏原始压力、温度统计表

井号	测试层位	测试日期	气层中深(m)	地层压力(MPa)	压力系数	温度(℃)	地温梯度(℃/100m)
中 4 井	T_3x^2	1973-01-14	2578	27.130	1.052	72.95	2.81
中 2 井	T_3x^2	1974-12-01	2400	26.928	1.122	71.50	2.98

六、生产动态特征

1. 生产简况

中坝气田须二气藏自 1973 年 8 月投入开采(中 4 井),1973 年以后产气规模由 20×10^4m^3/d 逐步上升到 135×10^4m^3/d(1978 年),1978 年 4 月中 4 井开始出水,1982 年产量下调至 60×10^4m^3/d,排水规模 250m^3/d;1990 年执行"北排南控"整体治水措施,气藏生产平稳;2005 年因天然气生产任务重,气藏生产规模调高到 77×10^4m^3/d(最高达到 82×10^4m^3/d),新增三口出水井。2015 年由于产量任务下调及动态资料录取,气藏在保证重点排水井正常生产的情况下,控制内部高产井产量,生产规模由 63×10^4m^3/d 下调至目前的 42.3×10^4m^3/d。其中定产井 7 口(中 2 井、中 16 井、中 47 井、中 48 井、中 53 井、中 63 井、中 29 井),

定压井4口(中20井、中51井、中52井、中54井),工艺排水井5口(中3井、中4井、中19井、中35井、中64井),气水同产井8口(中17井、中31井、中34井、中36井、中37井、中39井、中44井、中65井),间歇生产井4口(中9井、中25井、中27井、中19井)。截至2017年12月底,气藏现有生产井28口,日产气$42.3 \times 10^4 m^3$,日产水$180 m^3$,累计产气$101.09 \times 10^8 m^3$,累计产水$275 \times 10^4 m^3$,探明储量采出程度达72.52%(表4-16)。

表4-16 中坝气田须二气藏生产井生产情况表(截至2017年12月)

井类型	井号	工艺措施现状	套压(MPa)	油压(MPa)	产气量($10^4 m^3/d$)	累计产气量($10^8 m^3$)	产水量(m^3/d)	累计产水量($10^4 m^3$)
主要生产井(8口)	中2井	自喷	3.11	2.41	4.17	6.5217	0.17	0.0937
	中29井	自喷	5.23	4.99	6.72	10.2574	0	0.0803
	中34井	自喷	3.68	3.34	4.17	9.0357	1.97	1.4257
	中44井	自喷	1.35	1.24	2.66	5.1100	0.68	0.6133
	中52井	自喷	3.21	2.59	3.03	3.1154	0	0.0170
	中53井	自喷	4.54	3.66	5.33	3.9406	0	0.0035
	中63井	自喷	5.13	4.06	5.72	4.0583	0	0.0006
	中65井	自喷	3.02	2.01	3.80	2.7717	1.80	0.6604
内部排水井(5口)	中31井	间歇气举	2.23	1.34	0.14	9.3553	4.84	24.4344
	中36井	自喷	2.90	1.20	2.40	4.8903	9.09	29.3061
	中37井	自喷	5.28	3.28	6.30	10.5718	22.67	8.5783
	中39井	间歇气举	3.04	1.78	0.15	1.7665	0	1.1155
	中64井	连续气举	5.14	2.38	0.12	0.0003	5.26	5.9390
主要排水井(2口)	中19井	增压气举	6.34	1.18	0.46	3.6892	51.60	80.6075
	中35井	电潜泵	2.29	1.65	1.09	0.4502	97.95	62.3951
边部或北边小产量井(13口)	中3井	柱塞+气举	2.25	1.15	1.14	2.6459	4.69	7.4529
	中4井	柱塞	3.10	1.30	2.08	6.7506	5.31	31.6343
	中9井	自喷	1.65	1.27	1.74	2.6128	0	0.0195
	中16井	泡排	2.89	2.16	0.65	0.9534	0.01	0.0427
	中17井	柱塞	10.55	3.90	0.35	0.4000	2.13	1.3453
	中20井	间歇生产	1.59	0.91	0.45	1.2599	0.05	0.0207
	中24井	间歇生产	6.43	4.48	1.60	0.0030	2.07	0.0100
	中27井	柱塞	9.22	8.59	0.14	0.0224	1.00	0.0173
	中47井		3.61	2.02	0.51	0.5272	0.02	0.0010
	中48井		3.23	2.92	1.41	1.4670	0.27	0.0286
	中51井	自喷	1.92	1.14	1.00	1.3616	0.06	0.0171
	中54井		1.29	0.58	0.71	1.7028	0.01	0.0267
	中19井	间歇生产	12.95	7.28	0.01	0.0012	0	0.0166

2. 气井生产动态特征

(1)气藏属同一压力系统,但非均质性强。

通过对气藏早期的开采和动态监测资料的分析,清楚地说明整个气藏属同一压力系统,各井相互连通,但非均质性强,具体表现如下:

①气藏开发初期不同部位的气井具有相同的原始地层压力。

1973年8月中坝须二气藏第一口井(中4井)投产,中4井位于气藏北鞍部,1973年1月测得其原始地层压力为27.25MPa,见表4-17,而靠气藏南边,与中4井相距近7000m的中2井1974年12月测得其原始地层压力为27.29MPa,可见开发初期不同部位的气井具有相同的原始地层压力,气藏属同一压力系统。

表4-17 中坝气田须二气藏开发初期各井地层压力数据表

部位		井号	原始地层压力(MPa)	测压时间	压降速度(MPa/a)
北部	内部	中3井	25.19	1975-12	0.773
		中4井	27.25	1973-01	—
	边部	中35井	23.94	1978-03	0.656
		中19井	24.87	1975-12	0.910
南部	西翼	中16井	24.64	1977-07	0.587
	顶部	中9井	26.03	1976-07	0.320
		中29井	25.73	1977-12	0.291
	北翼	中39井	25.74	1979-02	0.227
	南端	中2井	27.29	1974-12	—
		中17井	26.25	1977-09	0.264

注:各井地层压力都折算到海拔-2000m。

②完钻时间稍晚的井有先期压降特征,但不同部位的井先期压降程度不同。

气藏不同部位完钻时间稍晚的井都存在不同程度的先期压降特征,如位于气藏北边部的中19井于1975年12月完钻,测其地层压力已降为24.87MPa,位于气藏南部顶部的中29井1977年12月完钻,测其地层压力已降为25.73MPa,但也可看出不同部位的井的压降速度是有差别的,见表4-17,即使位于南部的中2井于1975年5月投产(气藏第二口投产井),但气藏北部压降速度仍明显大于南部,可见气藏北部渗透性好于南部,气藏存在非均质性。

③各井原始产能差异大,非均质性强。

中坝须二气藏属低孔、低渗透储层,由于基岩渗透性差,裂缝是渗流的主要通道,也是决定气井产能的重要因素。气藏受构造应力和平面扭动应力的双重作用,裂缝主要发育分布在构造的东南翼弧突及北鞍部的枢纽带,处于该区的气井产能大,气藏中5口高产井中就有4口处于该区域,分别是中4井、中37井、中31井和中34井,另一口高产井中29井处于构造高部,5口高产井的单井原始无阻流量为$(50\sim206)\times10^4m^3/d$,而低产能气井原始无阻流量却不到$1\times10^4m^3/d$,如处于气藏南端的中17井,原始无阻流量只有0.63×

$10^4\mathrm{m}^3/\mathrm{d}$,见表 4—18,可见气藏各井原始产能差异大,气藏非均质性强。

表 4—18　中坝须二气藏气井完井测试数据表

井号	测试时间	无阻流量($10^4\mathrm{m}^3/\mathrm{d}$)
中 25 井	1977-03-13	6.47
中 4 井	1973-01-14	124.67
中 36 井	1978-09-24	31.62
中 35 井	1978-03-30	22.57
中 20 井	1975-03-04	8.05
中 19 井	1975-12-31	38.50
中 44 井	1978-11-28	23.52
中 37 井	1978-07-31	206.06
中 51 井	1984-06-18	3.44
中 54 井	1984-11-25	5.65
中 63 井	1980-01-10	47.68
中 9 井	1976-07-30	10.13
中 16 井	1977-07-13	5.20
中 31 井	1976-12-19	61.98
中 53 井	1985-01-10	13.45
中 29 井	1977-12-22	126.00
中 65 井	1983-04-22	7.03
中 47 井	1983-02-22	1.80
中 34 井	1978-01-20	115.14
中 2 井	1975-04-05	27.50
中 48 井	1984-10-16	6.76
中 39 井	1979-02-12	10.70
中 52 井	1979-08-22	11.14
中 17 井	1977-09-20	0.63

(2)气藏北东部边水活跃,气井见水早,出水气井多。

中坝须二气藏于 1973 年 8 月投产,1978 年 4 月第一口投产井中 4 井开始见水,之后随着气藏生产井的增加,出水气井也随之增加,截至 2007 年 6 月底,气藏共投产井 27 口,现有生产井 24 口,出水气井 14 口,出水气井已超过投产井的 50%,见表 4—19。

表 4-19 中坝须二气藏气井投产及出水时间表

序号	井号	投产时间	出水时间
1	中 4 井	1973-08	1978-04
2	中 2 井	1975-05	
3	中 20 井	1975-11	
4	中 3 井	1976-07	1980-03
5	中 9 井	1976-12	
6	中 19 井	1977-11	1979-09
7	中 31 井	1977-11	1987-05
8	中 34 井	1978-06	2006-08
9	中 25 井	1978-08	1986-05
10	中 29 井	1978-08	
11	中 35 井	1978-10	1979-03
12	中 37 井	1978-10	1988-02
13	中 44 井	1979-01	2006-03
14	中 36 井	1979-02	1981-06
15	中 62 井	1979-11	1985-08
16	中 39 井	1980-01	1993-08
17	中 16 井	1980-02	
18	中 52 井	1980-07	
19	中 63 井	1982-03	
20	中 64 井	1982-11	1994-07
21	中 65 井	1984-07	2006-03
22	中 51 井	1985-03	2006-06
23	中 53 井	1986-10	
24	中 17 井	1986-08	1987-02
25	中 47 井	1987-09	
26	中 48 井	1987-09	
27	中 54 井	1987-09	

（3）随着气藏的开采，气藏北部裂缝发育区（水侵区）压力下降加快，出现地层压力下降异常，目前整个气藏地层压力呈现南高北低。

气藏于 1973 年 8 月投产，1978 年 4 月开始产地层水，经过 1980 年至 1982 年的开发调整后，1983 年气藏进入排水稳产阶段，气藏生产规模保持在 $60 \times 10^4 m^3/d$，1990 年 8 月开始实施气藏整体排水，即现有气水同产井维持自喷或助喷带水，同时对气水边界附近长期关闭的水淹井中19井、中35井分别进行工艺排水，期间气藏最高排水量达563m³/d，之后逐渐减少，至2005年为250m³/d左右，2005年5月，由于生产需要，气藏生产规模由60×10⁴m³/d提高到(70~75)×10⁴m³/d生产至今，但气藏排水量仍保持在250m³/d左右。

气藏压力剖面如图4-14所示，从图4-14中可看出，在1990年前整个气藏开采均匀，无大的压降漏斗，1990年8月实施气藏整体排水后，气藏逐渐形成两个压降漏斗，一个是气藏北部裂缝发育区(水侵区，中4井)，另一个是气藏顶部中高渗透区(中9井、中29井)，但随着气藏的开采，北部裂缝发育区(水侵区)的压降漏斗在不断加深的同时范围也逐渐向南扩大，而气藏顶部中高渗透区的压降漏斗逐渐消失，至2006年底，整个气藏地层压力形成了一个大的压降漏斗，即南高北低的局面。

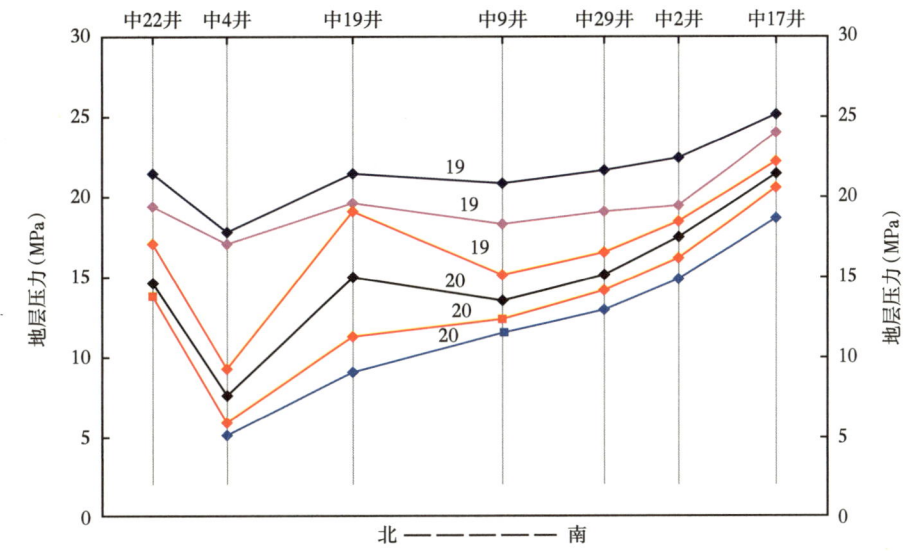

图4-14 中坝气田须二气藏地层压力剖面图（折算到海拔-2000m）

至2016年底，气藏地层压力分布趋势从北往南逐渐升高，北端中4井的折算地层压力为5.10MPa，往南中19井的折算地层压力为9.08MPa，气藏顶部中9井折算地层压力为11.52MPa，南部顶部中29井折算地层压力为12.87MPa，再往南中2井折算地层压力为14.76MPa，而南端中17井的折算地层压力达18.76MPa，比北端水区观察井中22井2004年8月的折算地层压力都高近5MPa。

3. 气藏压力变化特征及连通性分析

中坝气田须二气藏通过近44年的开发，证实为统一压力系统，表现为（表4-20）：

(1) 气藏含气范围内，储层在横向上分布连续，各气井间无断层横向切割，气藏具备横向连通的地质基础；

(2) 气藏不同部位的气井具有相同的原始地层压力（折算到同一海拔高度），如背鞍部的中4井原始地层压力为26.985MPa，靠南边的中2井原始地层压力为26.99MPa；

(3) 从各井原始地层压力看，后期投产的井受先期生产井的影响，与先期完钻的井相比有明显的下降，如中 29 井到 1978 年 8 月投产时地层压力已降为 25.09MPa；

（4）气藏开采过程中各部位气井地层压力基本同步下降（图 4-15），图 4-15 中中 4 井、中 2 井、中 29 井、中 62 井分别位于气藏不同部位，其地层压力下降基本同步；

（5）井间干扰资料表明，气藏内各井相互连通，各井均有不同程度的干扰现象。

表 4-20 中坝气田须二气藏各井原始地层压力对比表

井区	井号	产层	中深（m）	投产日期	测压日期	原始地层压力（MPa）	压力系数
中坝2井区	中 2 井	T_3x^2	2400	1975-05-11	1974-12-01	26.928	1.122
	中 9 井	T_3x^2	2266	1977-12-15	1976-07-30	26.152	1.154
	中 34 井	T_3x^2	2391	1978-06-25	1978-01-20	25.894	1.082
	中 29 井	T_3x^2	2358	1978-08-31	1977-12-22	25.025	1.061
	中 37 井	T_3x^2	2480	1978-10-09	1978-07-18	25.088	1.011
	中 39 井	T_3x^2	2430	1980-01-29	1979-02-12	24.636	1.013
	中 16 井	T_3x^2	2446	1980-02-21	1977-07-13	26.896	1.099
	中 52 井	T_3x^2	2396	1980-07-29	1979-08-22	26.433	1.103
	中 17 井	T_3x^2	2465	1980-08-04	1977-09-20	26.236	1.064
	中 63 井	T_3x^2	2366	1982-03-22	1980-01-10	22.588	0.954
	中 64 井	T_3x^2	2556	1982-11-10	1980-09-30	21.990	0.860
	中 65 井	T_3x^2	2372	1984-07-28	1983-04-25	21.160	0.892
	中 53 井	T_3x^2	2301	1986-10-16	1985-01-10	20.232	0.879
	中 47 井	T_3x^2	2664	1987-09-30	1983-02-22	22.117	0.830
	中 48 井	T_3x^2	3039	1987-09-30	1984-10-15	22.278	0.733
	中 54 井	T_3x^2	3034	1987-09-30	1984-11-25	20.612	0.679
中坝4井区	中 4 井	T_3x^2	2578	1973-08-11	1973-01-14	27.130	1.052
	中 20 井	T_3x^2	2593	1975-11-29	1975-03-04	26.185	1.009
	中 3 井	T_3x^2	2560	1976-07-28	1975-12-11	25.362	0.990
	中 19 井	T_3x^2	2602	1977-11-22	1975-12-31	26.084	1.002
	中 25 井	T_3x^2	2651	1978-08-09	1977-03-13	25.956	0.979
	中 35 井	T_3x^2	2647	1978-10-22	1978-03-30	24.286	0.917
	中 44 井	T_3x^2	2510	1979-01-13	1978-11-28	24.998	0.995
	中 36 井	T_3x^2	2628	1979-02-17	1978-09-24	23.692	0.901
	中 62 井	T_3x^2	2504	1979-11-27	1979-05-27	21.633	0.863
	中 51 井	T_3x^2	2450	1985-03-12	1984-06-18	21.313	0.870

4. 动态储量

须二气藏于 1973 年 8 月投产。由表 4-21 可知，从 1974 年 3 月开始至 2016 年 23 月，已多次采用多种方法对气藏的天然气储量及水侵量进行计算复核。

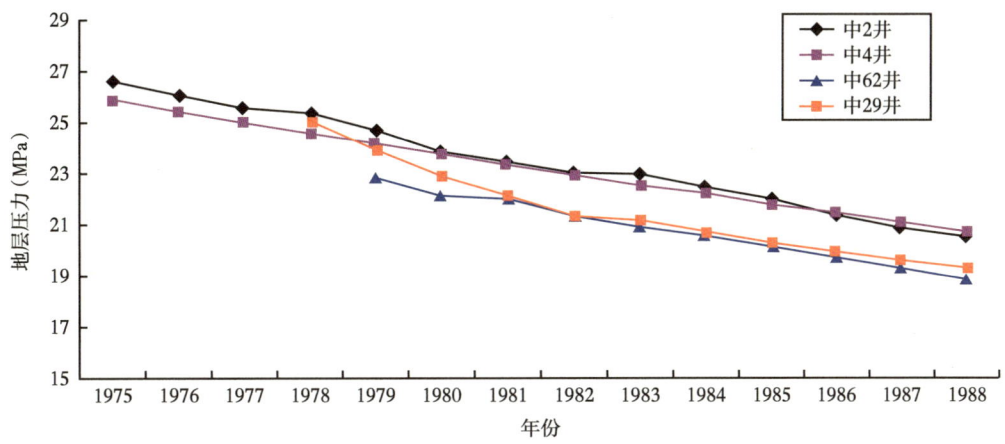

图 4-15 中坝气田须二气藏气井压力变化曲线

从历次储量计算的结果看有两大特点,一是开采初期计算的结果与开采中后期计算结果数值差值较大,二是储量呈上升趋势,分析其原因主要有:

(1)气藏地质情况较为复杂,储层非均质性较强,但取心分析资料较少,储层参数难以定量化,在采用容积法计算时易产生较大误差;

(2)气藏特殊的地质模型,使得在开发过程中地下流体的渗流状况与理论模式存在一定的差异,在利用物质平衡法理论模型进行计算时带来一定的误差;

(3)气藏出水早,产水后又不便于经常改变工作制度,全气藏关井点很少,且测压资料不系统,气藏地层压力采用单井压降插值法计算,不可避免地有误差。

表 4-21 中坝气田须二气藏历次储量复核结果统计

序号	时间	方法	储量($10^8 m^3$)
1	1974-03	压降法	26.37
2	1975-12	压降法	75.56
3	1977-07	压降法	100.00
4	1978-11	容积法	145.13
5	1982-04	压降法	100.00
6	1984-07	物质平衡(半球形)	34.00
7	1984-12	物质平衡/容积法	61.20/63.20
8	1985-03	容积法	110.00
9	1985	容积法	158.12
10	1985	容积法	158.00
11	1990	物质平衡(有限线性流,最优化)	113.29
12	1995	容积法	143.70
		物质平衡(有限线性流,最优化)	117.70

续表

序号	时间	方　法	储量($10^8 m^3$)
13	1997-05	压降法	136.82
		物质平衡(有限线性流,最优化)	127.50
		压力恢复法	97.22
		产量累计法	气藏 124.78 单井 138.85
		罗杰斯蒂	132.35
		相关经验统计	130.37
		油压下降法	气藏 143.65 单井 131.22
14	2007-03	容积法	121.70~134.08
15	2007-06	容积法	141.03
		压降法	136.32
		物质平衡(有限线性流)	132.56
		产量累计法	125.57
		罗杰斯蒂	102.89
16	2016-12	压降法(上报储量)	139.40
		水驱特征曲线法	157.45

2016年12月,在大量的综合研究成果及气藏近44年的生产动态资料基础上再次对中坝须二气藏储量进行复算。届时该气藏生产状况良好,日产气在$42.3×10^4 m^3$,截至2016年12月31日,气藏累计采出天然气$99.48×10^8 m^3$。采用动态法(物质平衡法)计算其地质储量,所使用的数据多为实测数据,特别是2004年以前,该气藏生产稳定。2005年以后,由于生产需要,该气藏未进行全气藏关井,但在气藏各部位取得单井实测压力资料,完全能代表该气藏实际压力。根据计算结果,中坝须二气藏地质储量为$139.40×10^8 m^3$(图4-16)。

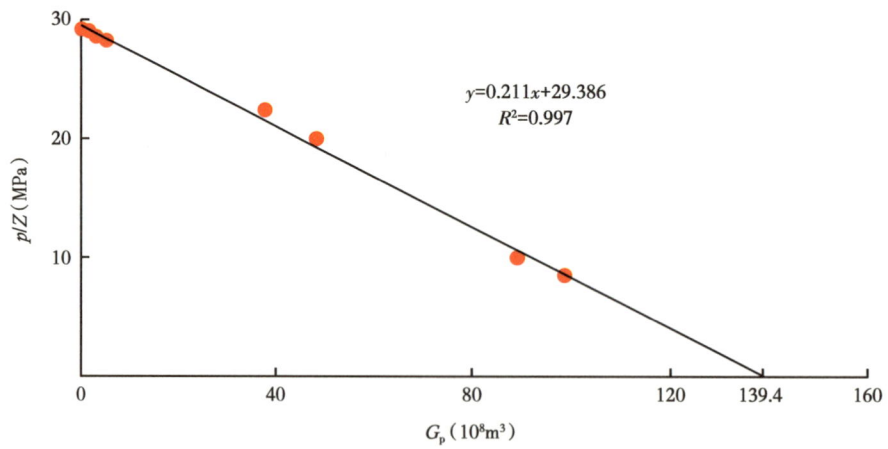

图4-16　中坝气田中坝4井区须家河组二段压降储量图(2016年12月)

第三节 气藏开发主要做法及效果

中坝须二气藏从第一口见水井开始,为了控制地层水对产量的影响,确保气藏正常生产进行的开发调整措施包括实施北排南控整体治水、控制开采规模等,取得了十分理想的开发效果,有效地提高了有水气藏的采收率,为有水气藏的合理开发积累了丰富的经验。

一、勘探阶段(1965—1973 年)

从 1965 年起地质部第二石油普查大队地震调查时在地面发现中坝鼻状构造开始,中坝须二气藏不断开展地质勘探工作,不断深化地质认识,确定气藏钻井思路。

(1)中坝构造为一轴向北东—南西向的狭长形背斜,该背斜的北部、西部、东部到东南部分别被双河断层、江油断层和彰明断层切割和遮挡,并逐渐向南西方向自然倾伏,形成一个被断层复杂化了的背斜鼻状构造,这三条逆断层对气藏边水水域和天然气的聚集分布范围具有一定的控制作用。

(2)中坝背斜构造上的逆断层具有封闭性。中坝气田周围的三条主要断层,主要形成于印支晚期,在喜马拉雅造山期发生大规模的构造运动中断裂基本没有暴露,即使在断裂形成期可能是开启的,但经过印支期的暴露,断面成岩作用及后期长期埋藏和侧向挤压,可以使其转化为封闭状态。中坝气田打在断裂带上的井(中 32 井、中 12 井、中 26 井、中 5 井),均未见到与断裂发育有关的有效裂缝带的录井显示。

(3)构造作用对储层孔渗性具有双重影响。中坝须二气藏在构造作用的综合影响下,其原生孔隙已破坏殆尽,而产生次生孔隙的溶蚀作用虽普遍,但不强烈,从而导致了现今储层的低孔低渗透、小喉道特点。但是构造作用产生的裂缝及局部地区因压实而产生的碎屑颗粒破裂,对改善储层的渗滤性能具有一定作用。储层特征指导钻井方向——只有钻遇裂缝,才能获得较大的工业产能。主要体现在勘探实践证明,中坝气田须二段砂岩气层,若未遇裂缝,产气量一般小于 $0.5×10^4 m^3/d$;若钻遇裂缝产气量则可成倍增加,如中 4 井须二段钻遇裂缝,产气 $64×10^4 m^3/d$。

二、试采评价阶段(1973—1979 年)

1. 加快开发力度,历史产量达到最高

1973 年 8 月至 1979 年 12 月中坝气田须二气藏相继投产 15 口井。1978 年 4 月气藏产量增加到 $66×10^4 m^3/d$;之后产量仍持续上升,1978 年 12 月达到历史最高 $135×10^4 m^3/d$,中 4 井、中 19 井、中 35 井三口气井相继出水。此阶段开发井网初步形成,分布不均匀,井网不完善。早期因对构造及气水界面认识不准确,投产的部分井接近气水边界,构造位置相对较低,气井的位置和投产顺序影响边水过早侵入。这时期生产井数少且单井配产高(北鞍部中 4 井配产相当于无阻流量的40%),使得北鞍部开发早期与水区之间形成较大压差,且该部位储层裂缝发育,易造成水窜,出水后,气藏产量下降较明显。

2. 编制开发方案,指导气藏开发

1978 年 6—11 月,根据石油工业部提出"要建立气田、多产层、稳产、储量四个观念，正正规规地开发四川天然气田，要一个气田一个气田地编制开发设计"的指示，气藏开发者编制完成《中坝气田须二、雷三气藏开发方案设计》。须二气藏采用容积法计算天然气储量 $145.13\times10^8m^3$，因该气藏是底水活动不大的弹性水压驱动气藏，采收率确定为80%，全气藏可采储量为 $116\times10^8m^3$；须二气藏日产气规模 $30\times10^4m^3$、$170\times10^4m^3$、$200\times10^4m^3$ 3 个开发方案，分别稳产 7 年、5 年、3 年，稳产期后改为定产生产。最终方案推荐须二气藏生产井 25 口，日产气 $170\times10^4m^3$，采气速度 5.3%，气藏稳产时间 5 年，稳产期末累计产气 $43.07\times10^8m^3$，采出程度 37.1%，地层压力 15.30MPa。方案实施后产量仍持续上升，1978 年 12 月达到历史最高 $135\times10^4m^3/d$（12 口井），随即中 35 井、中 19 井相继出水。阶段末，投产井 15 口，日产气 $120\times10^4m^3$，日产水 $20m^3$。

三、降产控水阶段（1980—1982 年）

1. 实施"北排南控"，控制水侵速度

随着中 4 井、中 19 井、中 35 井三口气井水淹，且水淹区有向气藏内部扩大趋势，水侵已严重影响气藏开发效果。本阶段主要通过采取"北排南控"，即北区气水同产井维持自喷或助喷，南区控制产量，尤其降低高产井中 31 井、中 34 井、中 37 井、中 29 井的日产气量，降低气藏采速，全气藏产气量由 $135\times10^4m^3/d$ 逐渐降至 $60\times10^4m^3/d$。通过降低生产规模，气藏开采状况有所改善，无水气井压力下降缓慢，各井区之间压力趋于平衡，边水向气藏内部侵入的势头受到一定程度的遏制，此期间只新增加了中 36 井、中 3 井两口气水同产井，但并没有完全控制到边水向气藏内部的侵入。

2. 加密井网密度

1980 年 1 月至 1982 年 12 月出现 3 口井水淹（中 4 井、中 19 井、中 35 井），1980 年开始加密井网，主要在气藏北鞍部及边部裂缝带布井 4 口，气井数从 15 口增加至 19 口，井网密度 1.67 口/km^2。新钻的 4 口井降低了气水边界附近高产井中 31 井、中 34 井、中 37 井、中 29 井产量，但气藏治水效果不明显，水淹区有向气藏内部扩大趋势。

四、单井工艺排水阶段（1983—1990 年）

1. 采用单井排水工艺进行排水采气

气水同产井采取化排、气举及换小油管等措施以提高带液能力，减小井下积液。气藏保持 $60\times10^4m^3/d$ 规模稳产，产水量 $50\sim80m^3/d$。此阶段排水量不足，边水沿裂缝带进一步侵入，仍有中 25 井、中 62 井、中 31 井、中 37 井先后出水，出水井增至 9 口。

2. 持续完善井网分布

气井由 19 口增至 23 口，井网密度 1.35 口/km^2，这阶段主要对气藏低渗透区布井开展补钻加密。中坝须二气藏低渗透区主要分布在北西翼及南北两端地区。控制含气面积约 $10.0km^2$，占气藏含气面积的二分之一左右。1983 年前，低渗透区只有 4 口生产气井（中 16 井、中 17 井、中 20 井、中 25 井），井网密度较稀，控制程度较差。为改善低渗透区的开发效果，在 1984 年补钻加密调整井，获低产气井 4 口（中 47 井、中 48 井、中 51 井、中 54 井），使低渗透区的生产气井增加到 8 口。由于低渗透区的储层特点主要表现在裂缝不发育，而且与气藏的外部边水水域的连通性较差,因此受边水的影响较小,开发效果较好。

3. 根据生产情况及时调整开发方案

因开发初期采速较高(3.2%),北鞍部3口井开始产水,并相继水淹。出水后,气藏产量开始下降。1985年7月,气田开发者完成《中坝气田须二气藏开发调整方案》。方案核实地质储量 $111\times10^8m^3$,拟定了4个开采方案(气藏日产气 $60\times10^4m^3$、$70\times10^4m^3$、$80\times10^4m^3$、$100\times10^4m^3$),稳产都在8年以上。经分析对比,推荐日产气 $70\times10^4m^3$、年生产330d时间、采气速度2.19%为气藏最优调整方案。至1989年气藏保持 $60\times10^4m^3/d$ 规模稳产,产水量 $50\sim80m^3/d$。在此期间边水沿裂缝带进一步侵入,仍有中25井、中62井、中31井、中37井先后出水,出水井增至9口。

五、气藏整体治水阶段(1991年至今)

1. 找准治水思路,实施阻水排水整体治水

1990年开始,针对中坝气田须二气藏地层水水侵不断加剧的现状,气田开发者针对地层水能量、水侵方向等多方面开展研究,根据认识结果执行"内外同排"的联合排水采气方案,在气水边界附近的水淹井中19井、中35井及气藏内部气水同产井开展排水,并根据气藏生产情况合理调整排水量(初期排水量 $500m^3/d$,后根据气藏生产情况将排水规模下调至 $250m^3/d$)。

(1)开展水体能量研究,认识到地层水能量有限。

从构造上看,中坝须二气藏原始气水界面以外、断层控制范围以内的区域都可能是水体,钻获的十余口水井(如中22井、中32井、中11井、中6井、中13井、中14井、中30井等井)似乎证实了这一点,特别是气藏东翼的彰明断层向东北方向消失后以单斜方式延伸,而中坝须二气藏排水采气方案实施后的动态监测和开采动态表明,即使气藏边水的分布范围广、储量大,真正能膨胀进入气藏的水体并不多,其能量也是有限的。实际上,在相同的储层中,与气体在岩石中的流动相比,水的黏度更大、流度更小,同时作为润湿相还多存在一个黏滞阻力,因此水体的流动比气体的流动要困难得多。只有在气藏原始气水界面附近、水层中裂缝比较发育、水体中压降幅度比较大时,水体才可能在压差作用下膨胀和水侵。

①主要水侵方向的水层压力与气藏的地层压力同步下降。气藏2004年8月的平均地层压力为12.662MPa,主要水侵方向中22井的水层压力为13.734MPa,与1979年气藏平均压力23.22MPa、中22井地层压力23.42MPa对比,气藏总压降10.558MPa,中22井压降9.686MPa。

②气藏从1990年8月开展阻水排水采气至2005年底,水侵区内的气水同产井和边部排水井的日产水量都是下降的。如中4井1992年的日平均排水量为 $44.25m^3$,而2005年的日平均排水量已下降到 $14.7m^3$;中19井1996年的日平均排水量为 $164.9m^3$,而2005年的日平均排水量已下降到 $76.1m^3$。

③主要水侵方向中22井的水层压力与水侵区中19井和中35井的地层压力较为接近,说明水区能量也是衰竭的,边水的能量是有限的。气藏的边水属于封闭的弹性能量有限的边水。

2003年7—11月中22井的水层压力为14.028MPa，而排水井中19井和中35井的地层压力分别为11.82MPa、11.48MPa，前者只比后者高2.208MPa和2.548MPa（图4-17）。

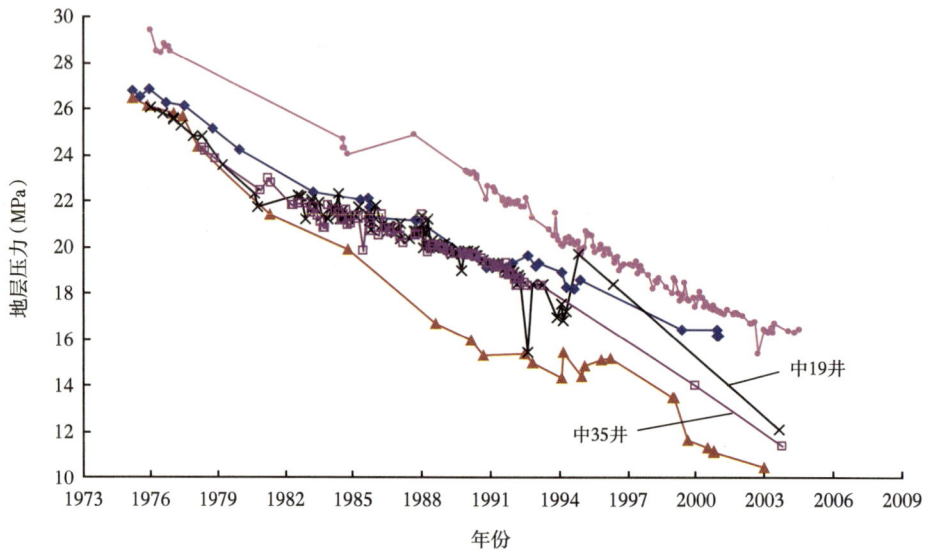

图4-17　中坝气田须二气藏水区观察井与生产井地层压力变化图

④位于水线前缘的中37井产水情况随气藏排水量和邻近主要气水同产井中31井的停产与正常带水采气而变化。气藏通过1993年联合排水后，中37井1994年4月开始由气水同产井变为纯气井生产至2003年12月，之后由于中31井2003年底修井后因井下有落鱼带液能力差未能复活，导致中37井于2004年1月又变为气水同产井，在日产气6104m³左右生产的情况下，至2005年3月日产水由3m³上升为14m³。而中31井2004年底再次修井打捞井下落鱼成功恢复带水生产后，中37井2005年4月产水量迅速降低，月平均日产气7.4104m³，月平均日产水7.26m³。这也表明边水的能量是有限的（图4-18）。

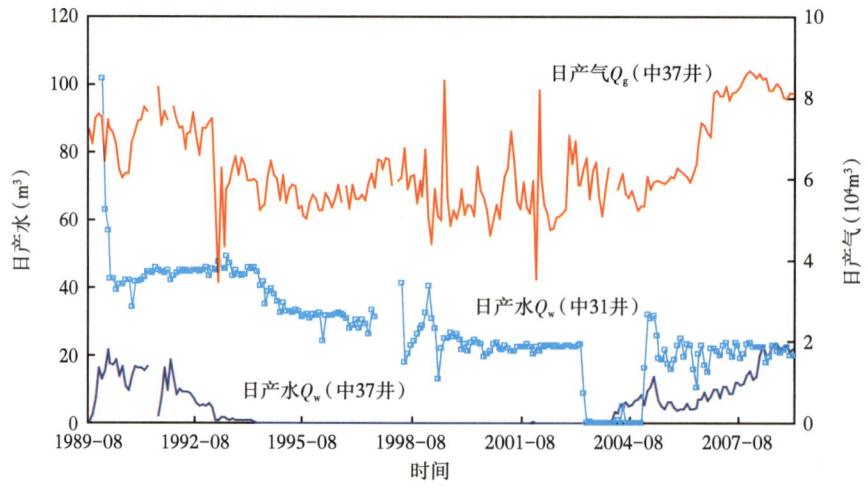

图4-18　中37井生产随中31井排水量变化示意图

（2）综合分析找准水侵主要方向。

经多年的气井压力、观察水井的压力和流体性质等综合分析及对气藏水淹发展过程的动态分析，边水主要是从北端的中22井方向侵入气藏，彰明断层的北消失端是边水侵入的主要方向，为局部水侵，地层水沿裂缝发育带侵入气藏中部。

①气藏北、西、东被三条大逆断层所包围，据计算海拔-3500m以内是封闭的。南端是低渗透带，对边水的侵入起到阻止作用。

②气藏北、西、南、东面的水井中22井、中38井、中14井、中45井、中32井完井测试时，只有中22井产水量较大为59.04m³/d，其余四口水井的产水量都小（表4-22）；再从多年观察结果看出，北东方向的中22井压力变化与气藏采气量密切相关，井底压力随气藏的地层压力同步下降，与气藏连通性很好。将其余水井实测地层压力折算到海拔-2000m处，其中中38井地层压力在22.50~24.80MPa之间，中14井地层压力24.10~24.5MPa，中32井地层压力25.20~26.40MPa，地层压力变化很小。表明基本上只有气藏北端的中22井方向边水具有可动水体，而中38井、中14井、中32井等水井储层渗透性差，与气藏几乎不连通，该方向的边水对气藏影响甚微。

表4-22　中坝气田须二气藏水井完井测试数据表

序号	井号	测试日期	产水量（m³/d）	备注
1	中11井	1977-03-13	0.400	
2	中14井	1976-04-27	0.067	
3	中22井	1976-02-07	59.040	中22井完井后1977年地层压力为24.05MPa，至2004年8月地层压力为13.734MPa，下降了10.316MPa；此期间气藏主产区下降了13.188MPa
4	中27井	1978-03-22	0.170	
5	中30井	1976-07-28	0.038	
6	中32井	1978-12-21	0.671	
7	中38井	1978-07-04	1.060	
8	中43井	1979-08-18	0.290	
9	中45井	1979-10-27	微	

③位于北鞍部及裂缝发育带的生产气井最早出水。如出水气井中4井、中35井、中36井、中19井及中22井都位于裂缝发育带，而且中22井地层压力高于附近气水同产井地层压力，地层压力下降受附近气水同产井影响较大。中22井曾在须二段回注地层水（解决地层水出路），注水过程中发现严重影响中3井、中4井、中19井等井采气，说明气区与中22井区连通性好。

④中22井及气水同产井水样分析结果表明，其水样化学组分及离子含量基本相同，即氯离子含量28000~38000mg/L，总矿化度55~65g/L，都属$CaCl_2$水型。

⑤地层水沿裂缝发育带侵入气藏中部。

中坝气田须二气藏的有效裂缝主要分布在气藏的东翼和鞍部这两个区域，从1978年4月气藏开始产水以来，早期出水的气井都分布在气藏的东翼和鞍部地区，其出水顺序为中4井→中35井→中19井→中3井→中36井→中62井→中25井→中31井→中37井，随着气藏开采，水体前缘是沿裂缝发育带向气藏内部推进的。从单井的生产动态结合生产测井分析，单井产水表现出明显的裂缝水窜特征，以中4井为例：

中4井于1973年11月投产，1978年4月开始产地层水，1978年9月、1983年4月、1983年8月等多次对其关井测压，压力梯度分别为0.1568MPa/100m、0.127MPa/100m、0.196MPa/100m，井筒内均无静液面，同时在1989年11月对其生产测井，解释2575.0～2586.0m为产水层段，和钻井过程中发生井漏的2577.0～2586.0m是吻合的。综合分析认为该井在生产时，边水沿裂缝窜入井底，关井后地层水很快又退回到地层中的裂缝去了（图4-19）。

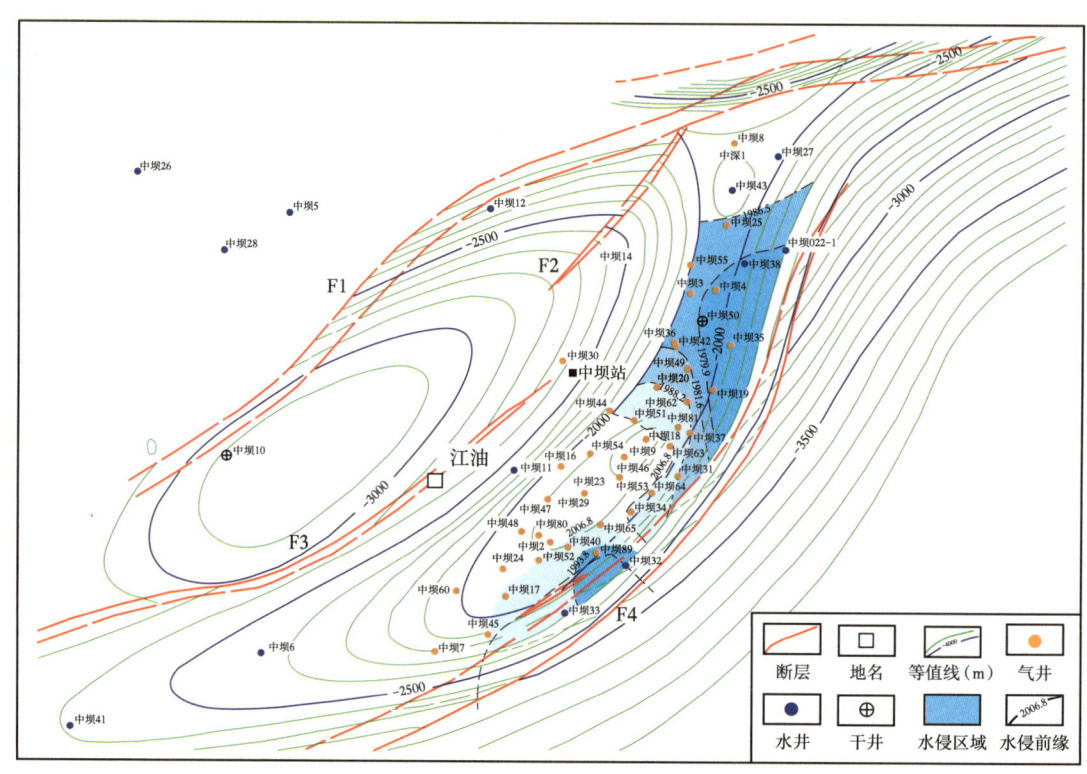

图4-19 中坝气田须二气藏水区观察井与生产井地层压力变化图

⑥裂缝不发育区块，存在一定的可动水量，但水体活动性不强。

从水区观察井地层压力监测看，南部水区的中32井的地层压力随气藏的开采缓慢下降，结合南端中7井在断续生产2个多月后便开始产水，中17井投产半年即产水，以及东南部的中39井也于1993年产出地层水，日产水量在0.5～2m³，说明南部的中7井—中32井区域内存在一定的可动水量，由于裂缝不发育，水体活动性不算强（图4-20）。

⑦最新监测资料表明水线在往气藏中部推进，但水整体推进速度较慢。

主要排水井中35井排水正常，中19井排水量下降，水侵前缘井油套压差增大。

2012—2015年，气藏产气量、产水量逐年下降明显。产气规模从71.23×10⁴m³/d下降到60×10⁴m³/d，产水量从280m³/d下降到150m³/d。同时，主力排水井中19井、中35井排水量下降，气藏产气量出现明显下降，水侵前缘井油套压差增大。2015年中35井实施电潜泵排水，产水量得到恢复，而中19井调整排水采气工艺后，排水能力未得到恢复。

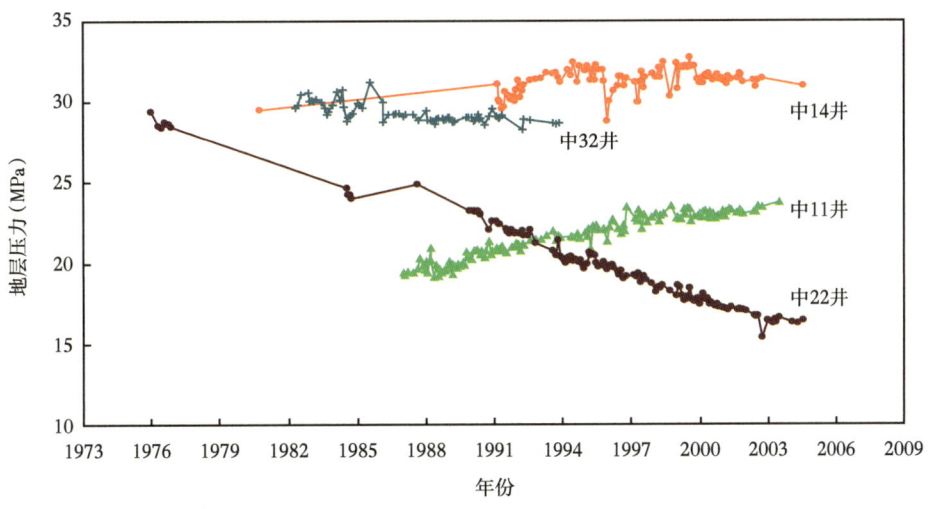

图 4-20 观察井地层压力变化图

水侵前缘的中 37 井、中 44 井、中 63 井，据测压资料反映，井筒中均未形成积液。但生产动态中 37 井表现出井口油套压差增大、产水量上升、水气比上升的生产特征，反映在水侵前缘位置，水线在往气藏中部推进。中 44 井、中 63 井反映不明显，说明边水整体推进速度较慢（图 4-21）。

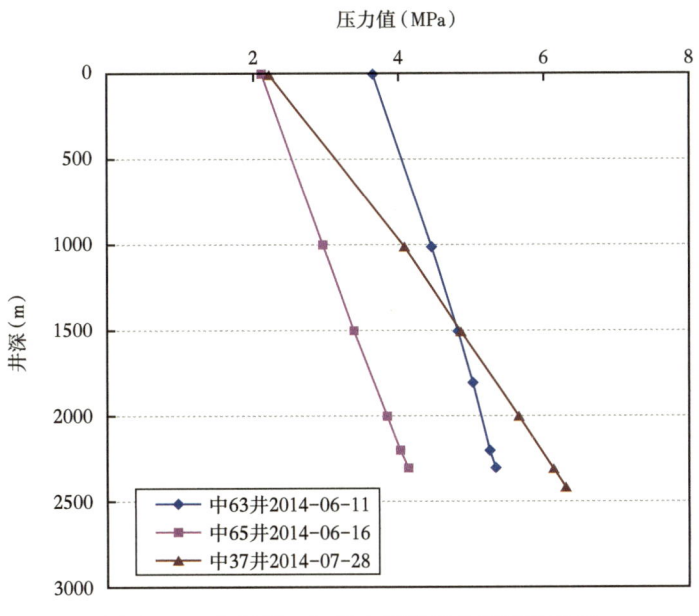

图 4-21 中坝须二气藏水侵前缘井测压曲线图

（3）根据气藏生产动态情况及时调整排水方案。

1990 年 8 月开始实施排水方案，初期仅中 19 井间隙气举排水，到 1993 年 5 月中 35 井电潜泵排水投入使用后，至同年 9 月气藏最高排水量达 563m³/d。之后由于中 35 井电潜泵出故障，中19井的气举管线冰堵，使这两口井不能连续排水，气藏日排水量300m³左右。通过几年的排水方案实施，发现排水规模偏大，1996年后，又一次编制调整方案，该方案推荐边部两口阻水排水井的日排水量为200~250m³。在此期间，气藏的排水效果总体较好。

①气水同产井产气量趋于稳定，产水量明显下降。

两口水淹井同时工艺排水后，最先见效的是中4井，中3井、中36井、中37井、中31井也有相同的效果，特别是中37井于1994年4月开始变为纯气井并延续至2003年12月，至今各井带水采气效果良好（表4-23）。

表4-23 须二气藏气水同产井排水前后生产数据对比表

井号	排水前（1993-04）			排水后（1993-12）			2009-10		
	油压（MPa）	产气量（10⁴m³/d）	产水量（m³/d）	油压（MPa）	产气量（10⁴m³/d）	产水量（m³/d）	油压（MPa）	产气量（10⁴m³/d）	产水量（m³/d）
中4井	2.46	2.33	39.70	2.85	3.11	30.89	1.36	2.80	13.03
中36井	5.61	3.82	39.11	6.39	4.42	26.66	1.36	3.2	13.37
中3井	1.94	1.39	6.55	1.97	1.54	5.18	1.37	1.80	2.27
中37井	12.63	6.31	1.60	12.87	6.36	0.86	6.10	8.30	7.77
中31井	8.48	7.32	45.55	7.46	7.52	43.60	1.95	4.30	18.97

②两口长达13年的水淹井通过强排水后变为气水同产井。

中35井、中19井都位于北鞍部主要水侵方向和原始气水界面附近，完井测试无阻流量分别为22.57×10⁴m³/d和38.50×10⁴m³/d，无水。

中19井，1977年11月投产，1979年10月开始产水，日产气由6.39×10⁴m³降至1.0×10⁴m³，日产水量由0.74m³升至92.0m³，生产至1982年8月停喷，至1990年初采取多次化学排水均未能恢复生产。1993年5月开始强化连续气举排水仅18d就开始产气，而且从1997年8月开始变为自喷带水采气至今，日产气水量较稳定，日产气(4.5~6.0)×10⁴m³，日产水80~100m³（图4-22）。

中35井，1978年10月投产，次月开始产水，1979年10月水淹停喷，水淹时仅累计产气611×10⁴m³，以后多次断续化学排水均未能恢复生产。从1993年5月开始采用电潜泵强化连续排水200~238m³/d，仅排水6d就开始产气。截至2016年12月，日产气1.8×10⁴m³，日排水100m³左右（图4-23）。

两口水淹井通过强化排水，从1993年6月到2009年6月，累计增产天然气2.5×10⁸m³，经济效益显著。

③边水水线前缘推进得到了有效的控制。

气藏实施排水采气方案以来，从1993年8月到2006年3月，在主要水侵方向上的水线前缘没有出现新的见水气井。

气藏主要水侵方向的气水同产井中4井、中36井、中31井的日产水量、水气比一直在逐步下降，表明水侵区内的净剩水量在减少。

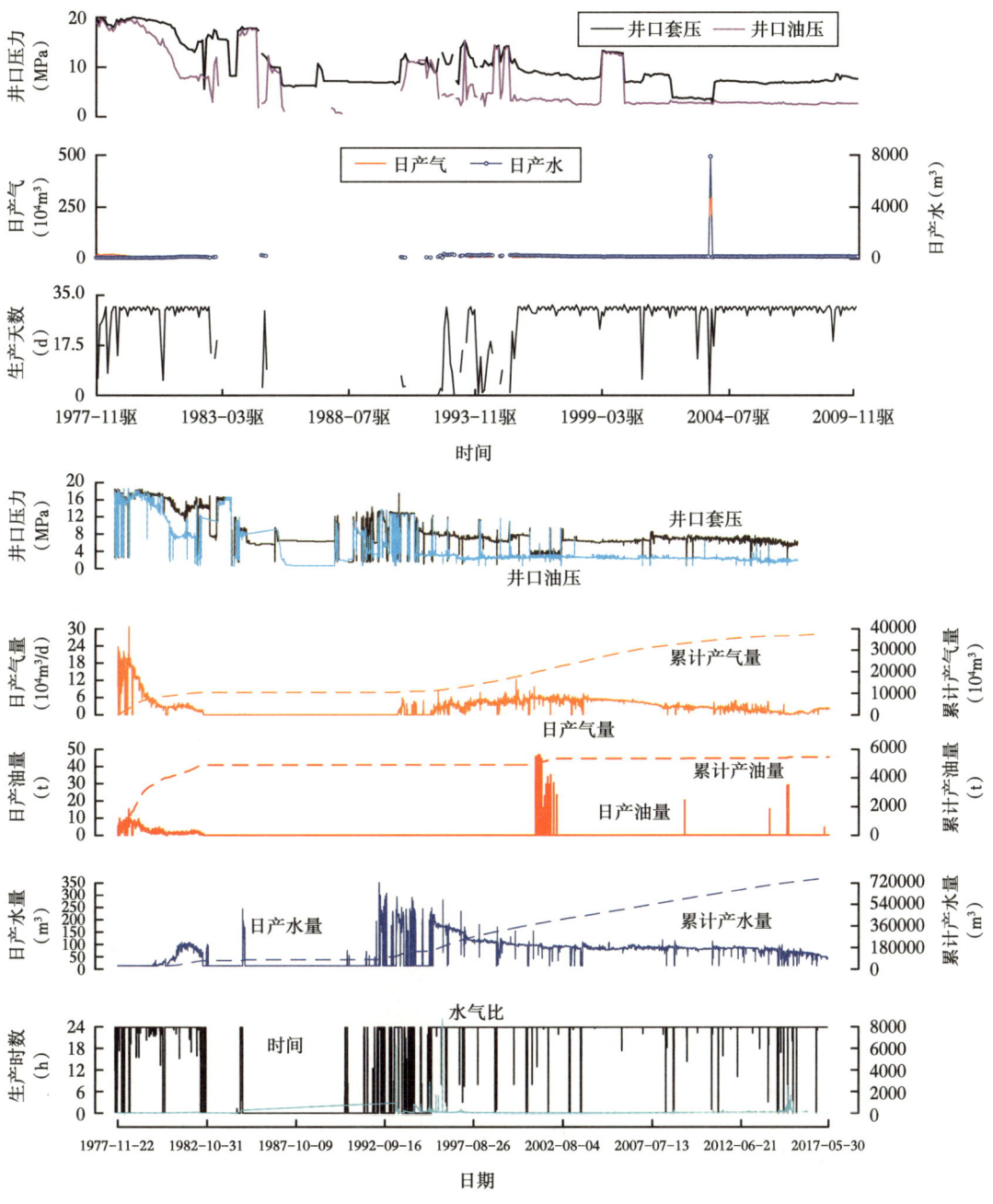

图 4-22　中 19 井采气曲线

随着气藏排水采气方案的实施，气藏阻水排水整体治水实现了气藏排侵平衡，气藏生产形势出现了根本性的好转，水侵前缘得到有效控制，水侵线回退并保持较长时间，气水同产井产水量减少，产气量、井口压力明显上升，水淹停产的中 19 井 1993 年 6 月恢复自喷，气水同产井中 37 井变为纯气井，十余年无新增出水井。

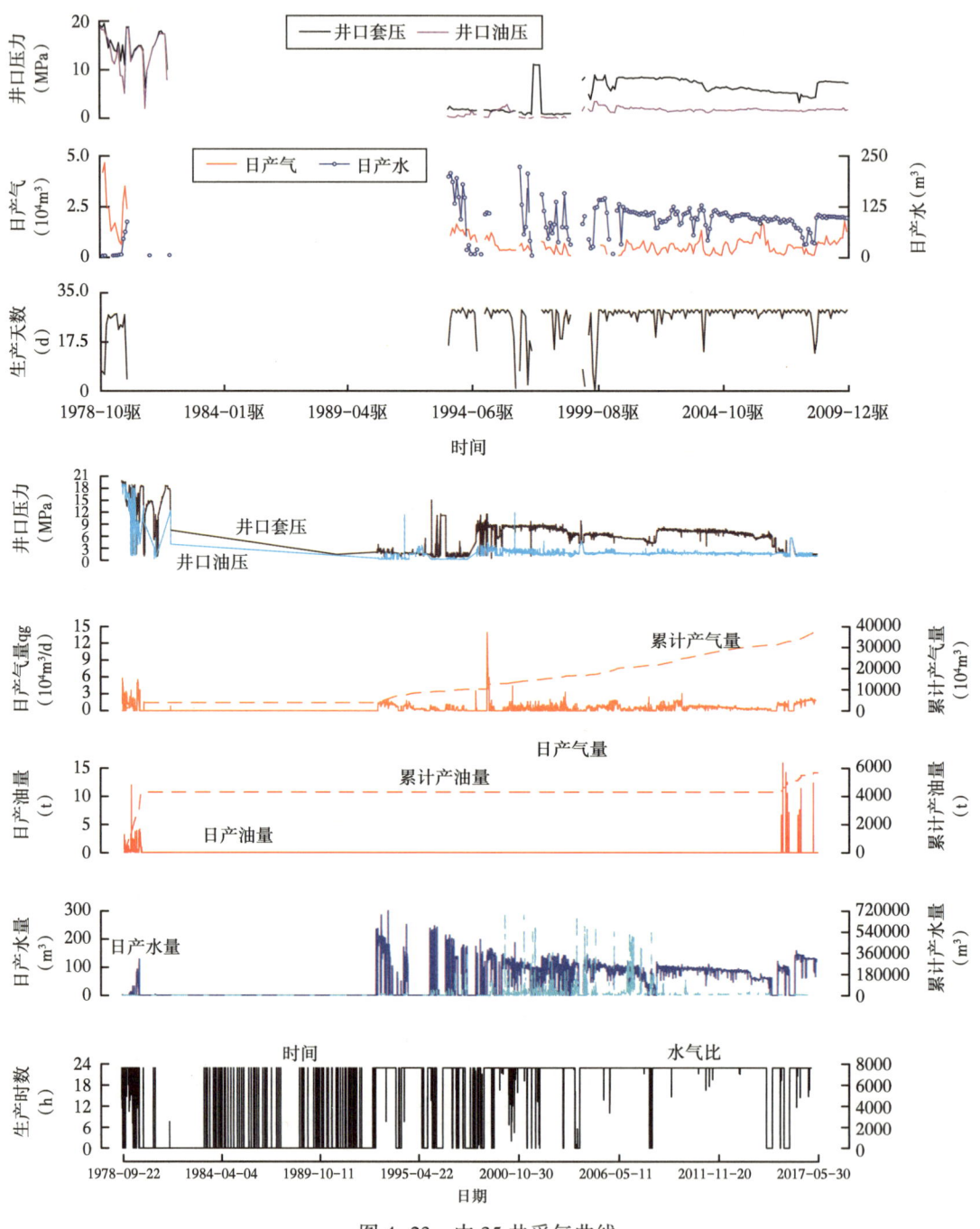

图 4-23 中 35 井采气曲线

2. 持续完善井网分布

1990 年 9 月至今气井由 23 口增至 25 口,井网密度 1.27 口/km²,全气藏形成完善井网。2003 年投产中 27 井为气藏开发补充井,继续动用低渗透区产量,2008 年 4 月在气藏东北部，边水主要侵入方向新钻排水井中022-1井，日增加排水规模20m³，有效提高气藏排水量，保障了气藏长期稳产。

3. 主动控制生产规模

2005年至2014年，由于采气任务重，被迫将气藏产气量由原60×10⁴m³/d生产规模提高到(70~78)×10⁴m³/d，但气藏排水量仍保持在原250m³/d左右，打破了气藏原排侵平衡规律，气井生产压差增加，使边水进一步向主产区侵入，从2006年3月至8月相继新增气水同产井3口(中44井、中65井、中34井)，2007年后气藏降低生产规模，气藏未新增出水气井，气藏生产平稳。2015年气藏主动采取降低生产规模，在保证重点排水井正常生产的情况下，控制内部高产井产量，生产规模由60×10⁴m³/d下调至45×10⁴m³/d，单井油、套压均有不同程度的涨幅。截至2017年12月底，气藏现有生产井28口，日产气42.3×10⁴m³，日产水180m³，累计产气101.09×10⁸m³，累计产水275×10⁴m³，探明储量采出程度达72.52%。

4. 及时调整气田水处理方式

1980—1989年，中坝须二气藏水处理采用地层水同层回注的方式，即在中22井须二段实施同层回注，截止到1989年停止回注时，累计回注量24×10⁴m³。中22井注水前，地层压力没有明显变化，1980年实施同层回注后，地层压力明显下降，1984年7月测压24.692MPa，1989年12月测压23.279MPa，共下降了1.4MPa。分析认为，由于中坝须二气藏连通性好，在中22井实施同层回注对气主产层生产造成严重干扰。2000年以后地层水处理先后回注中49井、中22井、中013-U1井、中013-U2井，保证气藏连续生产。

5. "北排南控"思想指导精细配产

配产为气藏工程管理的主要手段，特别是对于边水气藏，产量的合理调配，有助于边水水线前缘的控制。为更加有效地阻止北水向南推进，除在北部加强阻水排水的同时，对边水前缘气井产量进行合理调配，主要把握两个原则：一是对气水同产井的产量以井底不积液为原则，主要是对中31井、中34井、中37井、中65井等井进行合理配产，确保水线前缘不进一步推进；第二是对边水前缘的纯气井严格控制日产量，即以每月实测纯气井的井底流压高于气水同产井的井底流压为依据合理配产，使得在水线前缘的方向上形成一个高压带，有助于边水水线前缘的控制，主要是对中63井、中53井等井进行合理配产。通过这种精细配产的方式，气藏未见明显水侵加剧，前缘水线起到良好控制作用。

6. 及时调整排水采气工艺措施

1)适时改变排水采气工艺措施，形成后期主体工艺技术

须二气藏开发后期，地层压力降低，同时提高采速后水侵加剧，异常情况频发，调整工艺措施，恢复气井的正常生产。部分气井由开式向半闭式转变，气举气源由气田自身高压气举气源转变为增压气源；电潜泵、柱塞泵新排水工艺的尝试得到普遍运用；再结合管串工艺参数的调整，气举+井口小型橇装增压、泡排+气举、井口增压+气举加速泵等复合工艺的综合运用，中坝气田须二气藏开发后期排水采气主体工艺形成，措施发生重大改变(表4-24)。

表 4-24 须二气藏近年排水采气工艺情况表

排水采气工艺	气井名称	区域位置	条 件
气举	中 3 井	水侵区	(1) 产气量 (0~2.0)×10⁴m³/d； (2) 产水量 0.1~110m³/d； (3) 离气举气源较近，宜建气举管线
	中 4 井	水侵区	
	中 19 井	水侵裂缝区	
	中 31 井	水侵裂缝区	
	中 35 井	水侵裂缝区	
	中 64 井	水线前缘	
	中 022-1 井	水侵区	
	中 20 井	水侵区	
电潜泵	中 35 井	水侵裂缝区	由于产能下降，排水阻水效果变差，2015 年 4 月起实施
柱塞	中 3 井	水侵区	(1) 产气量 (0.5~2.0)×10⁴m³/d； (2) 产水量 0.1~10m³/d； (3) 离气举气源较远，不宜建气举管线，井下油管质量较好
	中 4 井	水侵区	
	中 17 井	低渗透凝析水区	
	中 27 井	主体外区块	
泡排	中 16 井	低渗透凝析水区	(1) 产气量 (0.5~2.0)×10⁴m³/d； (2) 产液量 0.1~10m³/d； (3) 离气举气源较远，不宜建气举管线
泡排+气举	中 31 井	水侵裂缝区	水量不大，井下有落鱼
气体加速泵+增压	中 35 井	水侵裂缝区	水量较大，地层压力低
气举+增压	中 19 井	水侵裂缝区	由于产能下降，排水阻水效果变差，2015 年 2 月起实施

2) 主动维护修井作业，有效避免井下情况复杂

中坝气田须二气藏属半湿气气藏，井下流体中二氧化碳、氯离子含量和矿化度高，井下油管腐蚀严重，特别是 1998 年中 31 井打捞因腐蚀掉入井中油管，历时 120d，井下落鱼仍余 869.47m。有鉴于此，转变思路，变被动维护为主动修井，理论与现场实际相结合，腐蚀机理分析、油套管腐蚀检测技术与现场相互佐证、印证，统计分析，摸索气水同产井更换油管周期为 5 年一次，纯气井为 15 年更换一次。修井证实，该修井周期符合中坝气田须二气藏油管腐蚀规律，有效指导了现场生产。截至 2014 年底须二气藏油管腐蚀穿孔或断落的修井作业 20 井次，其中 2005 年以前占 18 井次，2005 年以后仅 2 次。

3) 引进新技术新工艺，保障工艺措施实施

结合中坝气田须二气藏开发各阶段和气井实际情况，大胆引进、尝试新技术、新工艺，目前已实施了车载式气举、小型橇装增压、高抗凝析油双组分泡排剂、电潜泵、气体加速泵、柱塞气举(远传控制)、径向钻井射孔等多种新技术和新工艺，取得成功。电潜泵在中 35 井成功投运，排水量 160m³/d，日排水量增加 70m³；径向钻孔储层改造技术+柱塞气举工艺在中 17 井试用，产能提高 5 倍，为低渗透有水气井的储量的有效动用提供方向和借鉴；柱塞气举+远传远控在中坝气田得到普遍运用；高抗凝析油双组分泡排剂在产液中凝析油含量高达 75% 以上的中 16 井试验成功，日产气增加 30%，系西南油气田分公司高含油泡排剂首次成功运用。

7. 适时进行地面工艺调整

（1）场站降阻改造，提高采收效率。须二气藏产水量大的生产井均未在单井站进行气液分离，全部通过管线输送至集气站进行集中分离，气液混输时阻力大，压力下降较大，对单井的生产非常不利。为了降低压力损失，需对部分产水量大的生产井流程进行改造，降低输送阻力。2007—2011年期间，持续对各个产水单井场站简化工艺流程，拆除水套炉等工艺设施，集气场站拆除原进站高压工艺系统等小改造，改造后的输压压降控制在0.2MPa左右，有效提高了采输效率。

（2）实施高低压分输改造，提高集输效率。根据中坝气田须二气藏各个单井的生产状况及输配情况，量身定制了一套"高低压分输"的集输系统。将中20井集气站、中34井集气站的高压气井进行独立集输，大大提高单井采收率及管网的输送效果。

第四节 经验与认识

中坝须二气藏从1973年投产至今，已经开发了45年的时间，气藏的开发经历了从初期见水后控产到水侵加剧后采用单井排水到整体治水的一个完整过程，在这个过程中，中坝须二气藏的开发经历了无水采气→初期排水探索时期→全面治水过程，整个开发过程为排水采气、地层水处理积累了经验，多次获得中国石油天然气集团有限公司、中国石油天然气股份有限公司"高效开发气田"等荣誉（图4-24）。

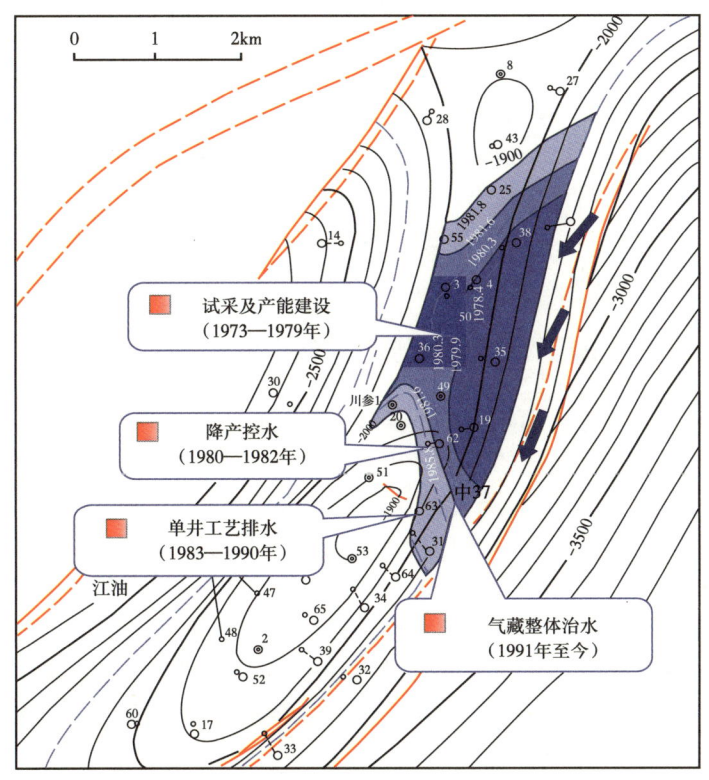

图4-24 中坝须二气田水侵变化示意图

第一，中坝气田须家河组气藏走的是一条认识—调整—再认识—再调整的开采之路，多次开发适时调整均取得较好效果。

中坝气田须家河组气藏走的是一条认识—调整—再认识—再调整的开采之路，几次开发调整均取得较好效果。中坝气田须二气藏自1973年试采以来至1979年底，生产井由1口升至15口，日产气逐渐增加到$135×10^4m^3$（历史最高），北鞍部3口井先后开始气水同产。因水侵严重影响气藏开发效果，自1980年至1982年底进行调整，通过降低开采规模（由$135×10^4m^3/d$降至$60×10^4m^3/d$）、加密井网（气井由15口升至25口）和开展单井排水的被动排水措施，气藏水侵有所控制，新增2口出水井。1983年至2005年以$60×10^4m^3/d$水平稳产，为从根本上控制地层水侵，1990年开展专题研究后开始实施"北排南控"的排水采气方案，水侵前缘的中37井由气水同产井变为纯气井，水线前缘回缩，气藏开始向无水气藏转化，排水采气效果良好。2005年为适应上产需求，日产气再次由$60×10^4m^3$升至$70×10^4m^3$以上生产，但气藏排水量仍保持在原$250m^3/d$左右，打破了长期以来形成的地层水排侵动态平衡，从2006年3月以来相继新增3口气水同产井。同时随着气藏的不断开发，地层压力逐渐下降，排水采气难度增大，气藏进入递减阶段。

第二，精细地质与气藏研究有效提高了气藏采收率。

气田开发始终坚持将地质与气藏工程研究放在首位，落实储量情况、水侵情况，并根据相关最新研究认识及时调整综合治理措施，有效提高有水气藏采收率。

一、精细储量评价是筑实开发的基石

须二气藏自申报探明储量以来，至2007年开发调整方案实施以来先后以多种方法计算气藏动态储量达16次。2014年，依托西南油气田分公司重大专项《川西地区天然气勘探开发关键技术研究》，对须二气藏剩余可采储量开展复算，全面落实剩余储量分布，夯实下步开发基础。近年，随着气藏进入开发调整期，每年度均采用压降法、水驱物质平衡法等多种方法开展储量计算，气藏储量总体仍在$(130~140)×10^8m^3$，较开发方案$100×10^8m^3$核增$(30~40)×10^8m^3$（图4-25）。

二、精细水体刻画是工艺措施实施的基础

须二气藏开发与水为伴，面对有水气藏地质情况复杂及开发后期气水关系复杂的现状，重新认识、评价老气田气藏的地质、开采、气与水特征，庖丁解牛般精细刻画水体，摸清了气藏边水的分布位置和水侵通道及方向，取得了令人瞩目的有水气藏开发效果。2005年开始，为配合产量任务，气藏的产能和开采规模进行了上调，2007年12月时达到了$80×10^4m^3/d$，2008年后产量下降至$65×10^4m^3/d$，但仍然维持在高位运行。通过建立气藏压力和水体影响函数的关系，运用非线性拟合分析整个排水过程，预测累计水侵量，采用精细刻画、预测等有效手段，调整主要排水井中19井、中35井措施，控制高部位中29井采速，确保气藏排水量在$250m^3/d$以上，控制压降漏斗的继续扩大，保障气藏生产平稳（图4-26和图4-27）。

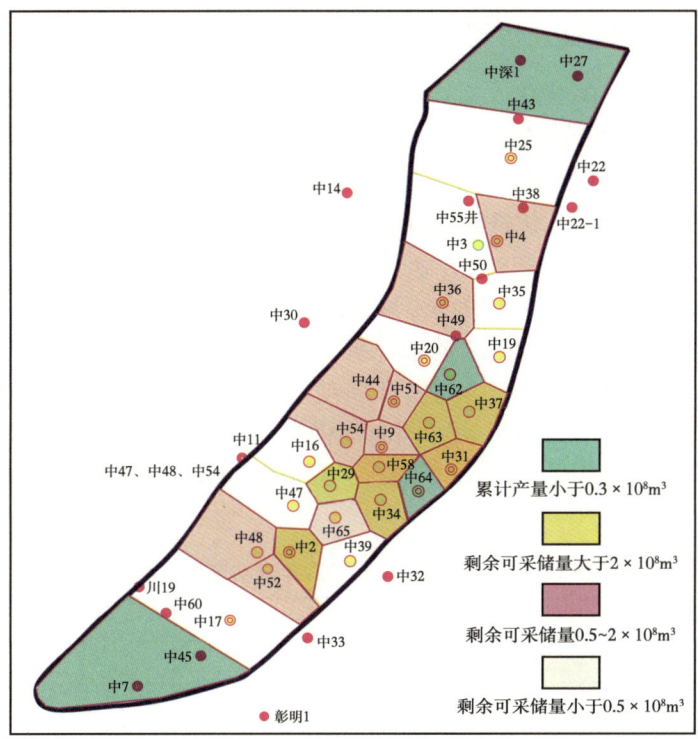

图 4-25　中坝气田须二气藏剩余储量分布

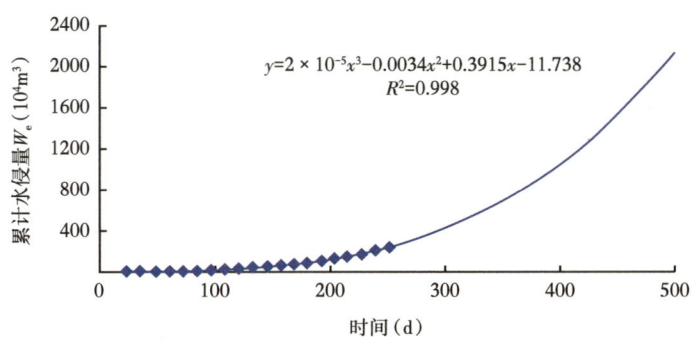

图 4-26　累计水侵量和时间关系

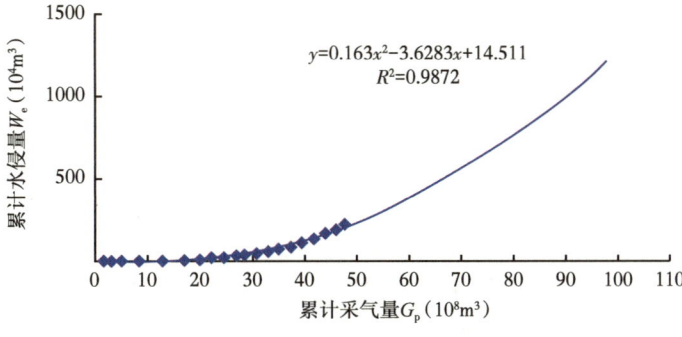

图 4-27　累计水侵量和累计采气量关系

三、精细动态监测及分析可有效指导气藏开发生产

动态监测是气藏开发的眼睛,是一项长期的系统工作,贯穿于气田开发整个历程,监测及分析结果直接指导气藏的合理生产。一是按系统、准备、实用的原则,抓重点、抓时机的主要思路开展工作,抓重点监测井(点),抓检维修、碰口等时机见缝插针开展工作;二是建立完善的动态监测网,优选观测井;三是总结分析,优化、调整。坚持"地层—井筒—地面"三结合分析气井生产动态,"气藏工程、采气工程、地面集输处理工程"三统一的方法制定开发措施,实行常态化与专题分析、局部与系统分析相结合的原则。建立气矿、研究所及作业区、井站班组三级动态分析机制,切实做到"未雨绸缪""一田一策""一井一法",提前预判气井生产,扎实开展动态分析,解决生产上的难题。2010 年至 2014 年实施测流动压力工作 289 井次。同时加强气藏流体性质监测,年均近 60 井次,分批次分区块实施测静压工作及专项试井工作,对气藏的生产规模及排水规模提供了有力的支撑(表 4—25)。

表 4—25 中坝气田须二气藏近年来动态监测统计表

年份	流压测试（井次）	静压测试		专项试井	回注井（井次）
		井次	实施井		
2010	71				
2011	65	2	中 19 井,中 48 井	中 44 井,中 52 井,中 63 井,中 80 井	9
2012	41	2	中 27 井,中 19 井		11
2013	64	2	中 24 井,中 27 井,中 19 井		8
2014	48	2	中 022—1 井,中 19 井		8
小计	289	8		4	36

第三,完善的井网系统有利于均衡开发。

实践证明对于中坝须二气藏这种强非均质水侵活跃气藏不适宜推广"稀井高产",中坝须二气藏通过多次调整开发方案,加大井网密度,生产井从最初的 13 口上升到 25 口,生产井网密度达到 1.27 口/km²,平均井距 500m 左右。其完善的井网可细化气藏各井控水与排水的分工及产量的调节,实现整体治水措施的实施。同时还可保证具有一定数量的气区监测井、水区观察井,监测井网完善对准确认识地层水活动特征有重要作用。合理布置井网系统是气藏高效、科学开发的基础,是实现气田长期高产、稳产的前提条件。

第四,控水采气在短期内可以减缓地层水的水侵速度,但实际生产中会造成气藏更大范围的水侵。

中坝须二气藏 1973 年 8 月投产后,产气量上升到最高 $135 \times 10^4 m^3/d$,但由于东北翼边水的侵入,气藏从 1978 年 4 月(中 4 井)开始产地层水,随着水侵加剧中 4 井、中 35 井、中 36 井、中 19 井、中 3 井、中 20 井、中 25 井、中 62 井、中 31 井、中 37 井相继产地层水,气藏在第一口产水井出现后采取了压产的方式,中 4 井压产后,气藏月均产水量最低降到 $0.8 m^3/d$,气藏在短时间内控水压锥在表面上起到了一定的效果,气藏产水量在一年

内没有增加,但是到了 1979 年,中 35 井、中 19 井相继产水,气藏月均产水量迅速上升到 64 m³/d,东北翼生产井遭受全面水侵。

随着生产井持续产水,气藏被迫采取南控北排将气产量调整到 $60×10^4 m^3/d$,也是希望进一步通过压产控制控制地层水的产出,但北翼中 3 井、中 36 井、中 62 井、中 25 井、中 31 井仍然相继产水,气井中 19 井、中 35 井水淹停喷,可见控制气井、气藏产量,并不能使中坝气田须二气藏这类具有局部水侵活跃的裂缝—孔隙型边水气藏减轻边水侵入的影响。在这期间,中 3 井、中 4 井、中 62 井、中 25 井、中 2 井采用化排、气举及小油管等助排措施,虽然取得了一定的效果,但是对于气藏地层水从东南翼侵入作用甚微。

第八章气藏实施局部水侵切断和气藏整体排水相结的方式使"排水采气"效果立竿见影。

中坝气田须二气藏从 1990 年开始进行了排水采气方案地质论证和排水采气工艺措施试验研究,特别是 1993 年 5 月对东北翼长期水淹停喷井中 19 井强化连续气举排水和中 35 井电潜泵连续强化排水,使气藏东北翼边水水侵得到缓解,气井生产进一步好转。

1996 年排水方案针对边水活动特点及其规律,将 1990 年前只在气藏内部进行的"点式"排水改变为内部"点式"排水与边部"阻水"排水相结合的联合排水方式,从而提高了气藏的排水效果。在北区两口位于主要水侵方向的原始气水界面附近,且水淹长达 13 年的中 35 井和中 19 井开展阻水排水,对 5 口主要气水同产井(中 3 井、中 4 井、中 31 井、中 36 井、中 37 井)采用自喷或助喷带水生产,实现气藏整体排水(气水边界阻水井排水+气藏内部见水井助排)。由于排水井点部署正确,使进入气藏内部的水侵量减少或被完全阻隔了,使边水水线前缘推进得到了有效控制,排水采气很快见到了"立竿见影"的效果。

第五,合理控制气藏产量规模,合理调配边水前缘气井产量,有助于边水水线前缘的控制。

为更加有效地阻止北水向南推进,除在北部加强阻水排水的同时,对边水前缘气井产量及气藏产量进行合理调配。

首先,对气水同产井的产量以井底不积液为原则,用最大合理产量生产。

其次是对边水前缘的纯气井严格控制日产量。即以每月实测纯气井的井底流压高于气水同产井的井底流压,这有助于边水水线前缘的控制,配合排水取得了良好的效果。

2005—2014 年由于采气任务重,将气藏产气量由原 $60×10^4 m^3/d$ 提高到 $78×10^4 m^3/d$ 后气井生产压差增加,使边水进一步向主产区侵入,2015 年气藏主动采取降低生产规模至 $42.3×10^4 m^3/d$,在保证重点排水井正常生产的情况下,控制内部高产井产量,使气藏的单井油、套压均有不同程度的涨幅,实现了气藏的长期稳产。

第六,建立完善地层水回注系统及地面集输系统是实现气藏持续开发的必要条件。

1980—1989 年,中坝须二气藏地层水处理采用地层水同层回注的方式,对气主产层生产造成严重干扰,不利于气藏稳产。2002 年后,气藏开发工作者提前开展了气田水治理的方案论证、备用回注井的选井和气田水输送整体规划论证工作,中坝气田须二气藏地层水于 2002 年 5 月 1 日开始在中 49 井进行回注。经历了中 49 井、中 22 井、中 013–U1 井回注,到 2007 年已形成以中 20 井、中 3 井为重要枢纽的较为完善的气田水回注系统。气藏工作者还加强回注井、地面系统的动态监测管理和环保工作。一方面做好地质勘查，调研当地地理、水文地质，注水层附近纵、横向地层出露变化情况，保证回注水不沿露头、断层窜、泄地表污染环境和水源，有效抑制住中 49 井回注浅层污染，控制了中 22 井回注高压风险。据生产事件统计，中坝气田须二气藏回注系统自 2007 年至今实现"零"污染。另一方面气藏工作者通过对场站降阻改造和低压分输改造有效提高了须二气藏集输效率，为气田可持续开发提供必要条件。

第七，中坝须二气藏属于局部活跃强水侵边水气藏，储层非均质性强，地层水主要沿裂缝侵入。

针对此类裂缝孔隙性活跃边水气藏，正确的治水对策是：(1)出水前保持合理的采速，避免过高采速造成边部地层水快速侵入气藏中部；(2)出现出水迹象后加强动态监测，对有出水迹象的单井进行重点监测，通过早期有出水迹象的单井来判断地层水的来源及水侵方向；(3)正式出水后对早期产水井进行排水采气，同时在地层水来源方向打排水井，通过排水井来重点排水，通过在边部排水来切断地层水来源方向，保障气藏中部为纯气区；(4)大规模出水后，通过电潜泵、气举等合理方式加强边部排水力度，使侵入气藏中部的地层水回缩，中部有水气井可以从气水同产变为纯气井。

第五章　宋家场茅口组气藏开发实践

宋家场气田茅口组气藏是一个裂缝—孔洞型、边水较活跃的整装有水气藏，至2017年12月底共完钻17口井，获气井10口，探明上报地质储量$38.00\times10^8m^3$。宋家场气田茅口组气藏开发因早期采气速度过高，导致边水沿裂缝水窜，气藏无水采气期较短，气藏出水带来的一系列问题制约了气藏的开发和采收率的提高，通过开发中后期精心组织剩余储量的挖潜，积极开展排水采气工作，累计产气$28.94\times10^8m^3$，使气藏最终采出程度达到76.16%，仍然取得了较好的开发效果。

第一节　气藏概况

一、地理位置与构造位置

宋家场气田地处四川省宜宾市翠坪区宋家乡境内，纵跨长江南北两岸，东与江安县桐梓园气田相邻，南与长宁县牟家坪气田相望，西接宜宾观斗山气田，北邻宜宾青山岭、广福坪气田。构造上位于泸州古隆起西侧，区域构造隶属四川盆地川东南中隆高陡构造区川南低褶带。

二、地震勘探简况

1958年，四川石油管理局301重力队在川南西部南溪、宋家场、牟家坪一带作1:100000重力详查，1960年8月提交总结报告，发现宋家场构造。地面构造平面展布为一典型的蝌蚪状，剖面形态呈高丘状，地层倾角15°左右，西南头大，东北尾长，倾角较舒缓。核部出露最老地层为侏罗系中统沙溪庙组。1966年，地调处地震队203队、251队、209队在宋家场构造进行地震详查，作了嘉陵江侵蚀面、乐顶、阳顶三层1:50000构造图。1971—1973年，地调处四大队根据川南地区以前所做的地震工作及资料，再次进行补充、修改，对个别构造进行地震详查，编写了包括宋家场在内的泸州地区地震连片测量成果总结报告及相应的构造图、剖面图。1991年，地调处在宋家场气田进行数字地震连片详查，1992年提交嘉二1顶和茅口组顶的构造图。

三、钻探简况

1966年5月开始对三叠系进行钻探，先后完钻宋1井和宋3井。宋1井三叠系嘉一段中途测试产气$5.8\times10^4m^3/d$，产水$560m^3/d$，酸化后测试产微气，宋3井三叠系嘉陵江组试油未获气。1974年5月加深宋1井，对二叠系进行钻探，1974年7月在茅口组首次获得工业气流。至2017年12月底，已完钻井17口（宋1井、宋2井、宋3井、宋4井、宋5井、宋6井、宋7井、宋8井、宋9井、宋10井、宋11井、宋12井、宋13井、宋14

井、宋15井、宋17井、宋22井），其中，宋3井完钻层位为三叠系嘉一段，其余16口井完钻层位为下二叠统（其中茅口组完钻井有12口），获茅口组整装气藏一个。获工业性气井10口（宋1井、宋2井、宋4井、宋5井、宋6井、宋7井、宋8井、宋9井、宋13井、宋15井），包括7口气水同产井（宋1井、宋2井、宋4井、宋7井、宋8井、宋9井、宋15井），获小产井1口（宋11井）、微气井3口、有天然气显示井2口（宋12井、宋22井）、水井1口（宋10井）。

四、开发简况

自1974年宋1井投产以来，宋家场茅口组气藏产气量经历了上产、递减、后期挖潜三个阶段（图5-1）。

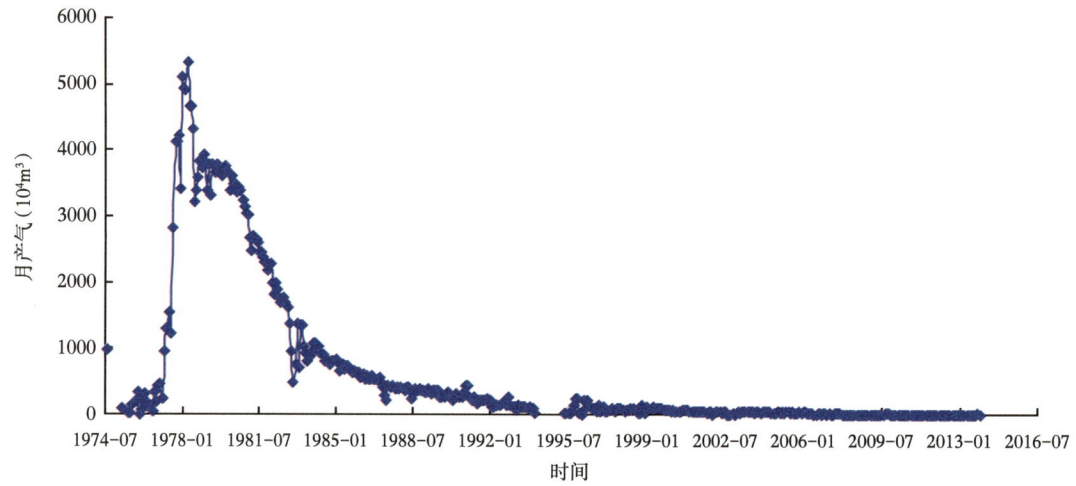

图5-1 宋家场茅口组气藏历年产量曲线图

1. 上产阶段（1975—1980年）

1975—1977年相继投产4口气井（宋1井、宋2井、宋4井、宋5井），产气由$1.6×10^4 m^3/d$升至$50×10^4 m^3/d$，阶段产气$1.10×10^8 m^3$，1977年7月至1978年6月，为满足国家用气需要，气田高速开采，气藏平均产气量达$170×10^4 m^3/d$，1978年7月开始执行茅口组气藏开发设计方案，设计规模$120×10^4 m^3/d$，实际生产未满足设计要求，没有达到预期效果，阶段产气$14.37×10^8 m^3$，采出程度37.8%。

2. 产量递减阶段（1981—1990年）

由于早期采速过高，气水界面上升，地层水沿断层和裂缝上窜侵入气藏，宋7井于1978年10月出水后，到1990年，气藏共有6口井产地层水，仅宋1井、宋2井、宋5井能正常生产，为了改善开发效果，1978年开始采用排水采气工艺，1989年对全气藏进行排水采气提高采收率研究，通过数值模拟等方法制定了排水$500 m^3/d$最佳排水规模，选择宋2井、宋8井、宋9井、宋15井为最佳排水点，并制定了相应的实施方案。至1990年底，已在宋8井、宋9井、宋15井进行排水工艺作业。气藏产气量降至$13.8×10^4 m^3/d$，

阶段产气 $11.98\times10^8m^3$，采出程度 72.2%。

3. 后期挖潜阶段（1991—2017 年）

2003 年底出水的 7 口气井（宋 1 井、宋 2 井、宋 4 井、宋 7 井、宋 8 井、宋 9 井、宋 15 井）全部水淹停产，仅 2 口小产气井（宋 5 井、宋 6 井）间歇生产，气藏处于水淹停产状态，至 2017 年底气藏停产，累计产气 $28.94\times10^8m^3$、累计产水 $73.57\times10^4m^3$，采出程度 76.16%。

第二节 气藏主要特征

一、地层及沉积相特征

宋家场气田位于泸州古隆起西侧，区域构造隶属四川盆地川东南中隆高陡构造区川南低褶带。根据钻井资料证实，宋家场气田地层从地面到下二叠统可分为侏罗系沙溪庙组，三叠系须家河组、嘉陵江组及飞仙关组，二叠系长兴组、龙潭组及茅口组，含气层为下二叠统茅口组。气田内宋 17 井钻进最大井深 3185m，最老层位为中志留统（表 5-1）。沉积地层自下而上为志留系、二叠系下统的梁山组（缺失石炭系，泥盆系）、栖霞组及茅口组；二叠系上统龙潭组、长兴组；三叠系下统飞仙关组、嘉陵江组；三叠系上统须家河组（缺失中三叠统雷口坡组）；侏罗系下统自流井组；地面出露地层为侏罗系中统沙溪庙组。

表 5-1 宋 17 井地层简表

层位				层位代号	厚度（m）	岩性岩相简述
界	系	统	组			
中生界	侏罗系	中统	沙溪庙组		950.0	紫红色泥岩
		下统	自流井组		308.0	浅灰带褐色亮晶介壳灰岩
	三叠系	上统	须家河组	T_3x	562.5	浅灰、灰白色石英砂岩夹灰黑色页岩及煤线。与下伏地层假整合接触
		下统	嘉陵江组	T_1j	421.5	灰—深灰色石灰岩、白云岩夹石膏岩层，碳酸盐岩浅海台地相沉积。与下伏地层整合接触
			飞仙关组	T_1f	442.0	暗紫色泥岩与石灰岩、泥灰岩互层，局限海台地相。与下伏地层假整合接触
古生界	二叠系	上统	长兴组	P_2ch	37.5	石灰岩夹页岩，碳酸盐岩台地相沉积。与下伏地层整合接触
			龙潭组	P_2l	107.5	页岩、泥岩夹煤线及凝灰质粉砂岩，滨海沼泽相沉积。与下伏地层假整合接触
		下统	茅口组	P_1m	269.0	深灰—浅灰色、灰白色石灰岩，含燧石及白垩，碳酸盐岩台地相沉积。与下伏地层整合接触
			栖霞组	P_1q	60.0	石灰岩、白云质灰岩，含白垩及零星燧石，滨海相沉积。与下伏地层整合接触
			梁山组	P_1l	3.0	页岩夹粉砂岩、石灰岩、泥灰岩，海陆过渡相沉积
	志留系	中统			24.0	以灰绿色及深灰色页岩为主，夹粉砂质页岩

地史上，上二叠世乐平世沉积以前，东吴运动使本区茅口组出露水面，使宋家场构造上部茅四段受到不同程度的剥蚀，全区茅口组地层厚度在246~274m之间，为一套生物碎屑灰岩，由下至上可分为茅一段、茅二段、茅三段、茅四段（图5-2和图5-3），各段岩性特征及沉积环境特征详见表5-2。

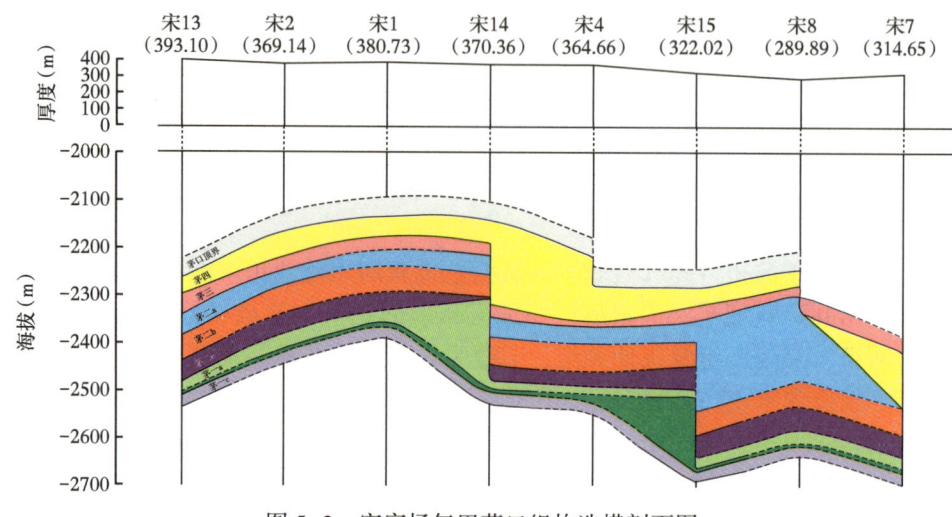

图5-2　宋家场气田茅口组构造横剖面图

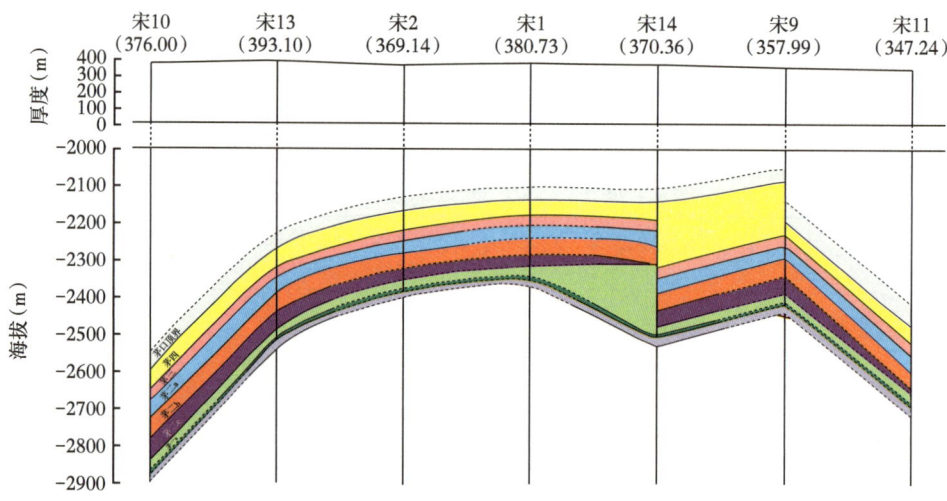

图5-3　宋家场气田茅口组构造纵剖面图

表5-2　宋家场气田茅口组地层岩性与沉积特点表

层位	岩性	沉积特征
茅四段	深灰、灰黑色生屑灰岩，泥晶绿藻灰岩	局限海台地相
茅三段	灰、灰白色块状亮晶红藻灰岩，亮晶蜓灰岩	开阔海台内滩相
茅二段	深灰色泥晶蜓灰岩，深灰、灰色泥晶、细粉晶生屑灰岩	早期局限海台地相，末期出现内滩相沉积环境
茅一段	灰黑色含介屑泥晶灰岩、泥晶绿藻"眼球"状灰岩	局限海台地相

二、构造及圈闭特征

宋家场气田茅口组顶构造长轴 15.9km，短轴 7.0km，最低闭合等高线海拔 −2550m，闭合高度 420m，闭合面积 62.6km²，构造区块内有 4 个局部高点，由西南向东北，其闭合面积、高度依次减小，海拔高度依次降低。两翼倾角较小，东南翼 15°～17°，西北翼 8°～17°。主高点两侧伸出一南西向鼻突，长轴 4.8km，短轴 1.0km。

根据 1991 年地震资料解释，宋家场气田茅口组顶发育有断层 26 条，均为中、小逆断层，其中未编号的小断层 9 条。断层走向可分为三组，第一组为北东—南西向，共计 14 条，大致与构造长轴平行，断距不大，一般为 40～70m，个别最大可达 140m；第二组近南北向，共计 10 条，断距 40～70m，个别最大可达 140m；第三组为北西—南东向，共计 2 条，断距 30～80m。根据气藏开发证实，这些断层多不具封闭性，与构造轴线相交处的中、小断层伴生裂缝尤为发育，改善了茅口组储层的天然气储集条件，使气藏具有良好的连通性。根据 2007 年地震资料解释结果，宋家场气田茅口组顶地震发射构造图如图 5-4 所示。

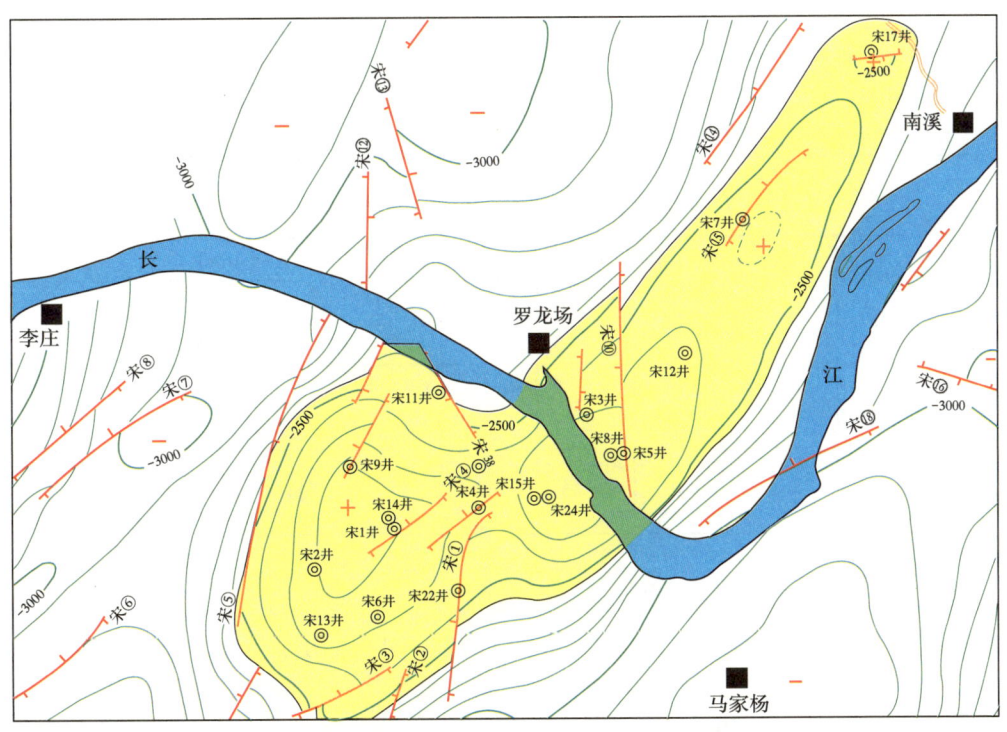

图 5-4　宋家场气田茅口组顶地震发射构造图

三、储层特征

1. 储层岩性

茅口组储层为一大套海相沉积生物碎屑灰岩。

2. 储集类型

根据钻井、录井、薄片等资料，结合钻井过程中井漏、放空与取心观察，宋家场茅口组储集空间由茅口组顶古岩溶形成的溶蚀孔、洞和未充填或半充填构造裂缝两大类组成，其中溶蚀孔、洞为主要储集空间。

1) 致密基质岩块孔隙度低、渗透性差、补给能力十分有限

根据宋 2 井、宋 13 井、宋 24 井三口井茅三段岩心分析资料，基质岩块孔隙度分析样品 436 块，孔隙度范围 0.13%～10.71%，平均 1.66%；渗透率分析样品共 145 块，空气渗透率小于 0.01mD 的样品有 121 块，占 83.45%，渗透率范围在 0.1～8.0mD 之间的样品有 24 块，占 16.55%。同国内外碳酸盐岩储层相比，宋家场气田茅口组生物碎屑灰岩属低孔低渗透致密岩石，为一套浅海相碳酸盐岩沉积，厚度在 246～274m 之间，形成了储渗体系统内流体的遮挡条件。如表 5-3 和表 5-4 所示，无论是川中—川南过渡带，或是宋家场气田茅口组，基质岩块均表现为低孔低渗透特点，从总体上看，茅口组基质岩块属致密非储集性岩石，当有裂缝和溶洞沟通时，其补给能力也十分有限。

表 5-3 四川盆地二叠系茅口组岩石孔隙度分析统计表

地区	井数（口）	样品数（块）	孔隙度范围（%）	平均孔隙度（%）
川中—川南过渡带	9	1354	0.42～1.74	0.80
泸州宋家场气田	3	436	0.13～10.71	1.66

表 5-4 四川盆地二叠系茅口组岩石渗透率分析统计表

地区	井数（口）	样品数（块）	小于 0.01mD		小于 0.1mD		0.1～0.01mD		大于 0.1mD	
			样品数	百分比（%）	样品数	百分比（%）	样品数	百分比（%）	样品数	百分比（%）
川中—川南过渡带	9	765			563	73.59	171	22.35	31	4.05
泸州宋家场气田	3	145	121	83.45			24	16.55		

2) 溶蚀孔、洞是主要储集空间

根据取心井岩心观察统计：宋 2 井、宋 13 井、宋 14 井分别位于构造高部或长轴范围内，取心收获率 39%～44%，平均 41%，岩心破碎呈碎块状，溶蚀孔、树枝状溶蚀缝及网状裂缝发育，面缝率高达 20%，白云化溶蚀孔洞及亮晶溶蚀孔洞发育，面孔率高达 15%。根据 3 口井岩心孔隙度分析：范围在 1.63%～10.71% 之间，平均 4.12%。从分布上看，高孔隙层段厚度不到 1m，形成大小不一的渗透体，通过裂缝和较大的孔洞连接起来，形成良好的渗透体。

钻井资料显示：茅口组存有较大的溶洞系统。宋 1 井在茅四段放空 1.67m；宋 15 井在茅四段放空 0.4m，在茅二段放空 0.2m；宋 7 井在茅四段放空 0.2m。根据 17 口完钻井统计：放空 3 口井，占总数 16.7%；井漏 11 口井；有的井还出现放空井漏现象，证明储

层内有大缝大洞。根据地面茅口组石灰岩巷道的缝洞调查，岩溶洞穴多沿裂隙呈管道状发育，管径大小变化较大，横向上展布不规则，裂缝与岩溶洞系统构成储集与流动空间，因而储层裂缝、溶洞系统与高孔薄层组成极为复杂的储集系统。

3）未充填或半充填裂缝既是天然气的储集空间，也是溶蚀孔、洞之间的渗滤通道

宋家场气田茅口组石灰岩在构造运动中发生多次断裂、变形，形成了多期裂缝网络，地层水沿断裂、裂缝对岩石进行溶蚀，形成多期溶蚀孔洞。根据3口取心井的岩心描述（表5-5），茅口组石灰岩中分布的裂缝多被方解石充填，形成方解石充填缝斑，张开与半张开裂缝密度0.19~1.71条/m，平均约0.71条/m。根据国外裂缝性油气藏特点，未充填或半充填裂缝对油、气储集能力有限，主要作用是连通溶蚀孔洞系统，形成较大规模的储渗体。

3. 储层分布特征

宋家场气田茅口组储层按电性特征可分为4段（茅一段、茅二段、茅三段、茅四段），综合钻井过程中气井纵向上放空、井漏和井喷等显示特征，天然气及储层流体分布受断裂与古岩溶双重控制。总体上，茅口组顶古岩溶发育，缝洞发育带主要分布在茅口组中上部0~160m的区域内。

表5-5 宋家场气田茅口组取心井裂缝描述表

项目	宋2井	宋13井	宋24井
层位	茅四—茅二a段	茅四—茅一a段	茅四—茅二b段
取心心长（m）	44.88	83.39	48.80
填充缝（条）	142	709	148
填充缝密度（条/m）	3.31	8.50	3.80
张开与半张开缝（条）	77	18	9
张开与半张开缝密度（条/m）	1.71	0.22	0.19
孔洞（个）	52	10	20

四、流体性质与流体分布

1. 天然气

根据宋家场气田茅口组气藏气井天然气常规分析资料：天然气平均相对密度0.569、临界温度192.3K、临界压力4.639MPa，甲烷含量较高、平均97.60%，硫化氢含量小于0.01%，属于典型的干气气藏（表5-6）。

表5-6 宋家场气田茅口组气藏地面天然气常规分析统计表

组成	C_1	C_2	C_3	C_{4+}	CO_2	H_2	N_2	H_2S
百分含量（%）	97.60	0.94	0.17	0.02	0.56	0.005	0.66	<0.01

2. 地层水

通过宋家场气田6口气井（宋1井、宋2井、宋4井、宋9井、宋8井、宋15井）出水

后长期的水性监测资料分析（表5-7），宋家场气田地层水平均氯根含量9284~12053mg/L，平均矿化度16.22~20.48g/L，水型为深层封闭性 $CaCl_2$ 型。

表5-7 宋家场茅口组气井气水同产阶段水性监测统计表

井号	气水同产阶段时间	氯根（mg/L）		矿化度（g/L）		水型
		范围	平均	范围	平均	
宋1井	1995-11 至 2003-12	9246~12780	11056	16.02~21.81	18.92	$CaCl_2$
宋2井	1985-02 至 1993-11	1053~118842	12053	17.48~24.98	19.69	$CaCl_2$
宋4井	1985-11 至 1987-02	10957	10957	18.18	18.18	$CaCl_2$
宋9井	1980-04 至 1983-06	6843~12446	12308	12.52~20.69	20.48	$CaCl_2$
宋8井	1984-11 至 1989-08	9732~11617	9284	16.43~19.14	17.34	$CaCl_2$
宋15井	1982-03 至 1984-04	9353~9839	9650	15.72~16.55	16.22	$CaCl_2$

3. 流体分布

根据宋家场气田茅口组气井测试资料分析（表5-8），气藏在原始状态下，顶部为气，边部为水。在构造高点、沿长轴范围内打的井，在构造高部位的井均产工业性纯气，较低部位宋7井是气水同产，低部位宋10井为水井，具边水气藏特征，因此宋家场气田茅口组气藏地层水属于边水。宋家场气田茅口组气藏气井出水初期日产水量迅速上升，经过一段时间带水生产后，气井日产水量逐渐下降并趋于稳定，符合边水气藏的产水特征。

表5-8 宋家场气田茅口组气藏测试成果表

井号	构造位置	产层	产层中部海拔（m）	测试产气（$10^4 m^3/d$）	测试产水（m^3/d）
宋1井	高点	茅四段	-2170.60	129.06	不产水
宋2井	近高点	茅四段—茅二a段	-2224.86	58.30	不产水
宋9井	北翼	茅三段—茅二a段	-2261.01	55.57	不产水
宋5井	东潜高	茅四段—茅三段	-2284.06	16.75	不产水
宋6井	南翼	茅三段—茅二a段	-2302.21	3.63	不产水
宋8井	东潜高	茅三段—茅四段（下盘）	-2320.11	68.30	不产水
宋4井	鞍部	茅四段—茅三段	-2362.64	33.97	不产水
宋15井	长轴	茅四段—茅一a段—茅二a段	-2401.98	22.04	不产水
宋22井	东南翼断层上盘	茅四段—茅二a段	-2475.07	0.14	不产水
宋7井	北潜高顶部	茅四段	-2526.85	10.62	24.48
宋13井	南长轴	栖一a段	-2609.28		不产水
宋10井	南长轴	茅二b段	-2739.50	微气	水井

宋7井投产就气水同产，生产1个月后水淹，宋10井测试为水井，分析认为宋7井钻遇气水界面附近，宋10井钻遇气水界面以下（表5-9），根据气井投产前压力测试与海拔深度作关系曲线图，压力梯度在-2600m处出现交叉点，认为宋家场气田茅口组气藏在原始状态下有统一气水界面，气水界面海拔为-2600m。

表5-9 宋家场气田茅口组气井测试与原始气水关系分析表

井号	层位	打开产层井段（m）	完井方式	井段海拔（m） 顶界	井段海拔（m） 底界	测试日产量 天然气（10^4m^3）	测试日产量 地层水（m^3）
宋7井	茅四段	2448.00~2827.85	裸眼	-2513.20	-2534.15	10.62	24.48
宋10井	茅二b段	2973.00~2983.00 3105.00~3118.00	射孔	-2597.00	-2742.00	微气	172.80

五、温度压力系统

1. 地层温度

根据地层温度实测资料，宋家场地区地层地温梯度为2.131℃/100m，由此推算在茅口组气藏中部海拔-2225m处，地层温度为89.38℃。

2. 地层压力

根据茅口组气藏气井投产初期测压资料，统一折算到宋2井产层中深数值接近，认为宋家场气田茅口组气藏具有统一压力系统，原始地层压力为28.032MPa（表5-10）。

表5-10 宋家场茅口组气藏气井地层压力统计表

井号	投产日期	测压日期	产层中部海拔（m）	地层压力（MPa）	折算压力（MPa）	压力系数
宋1井	1976-12-15	1975-09-10	-2170.60	28.005	28.072	1.1176
宋2井	1977-07-16	1976-04-08	-2225.00	28.032	28.032	1.0977
宋4井	1977-05-12	1975-03-12	-2362.64	28.243	27.694	1.0317
宋5井	1975-08-08	1975-08-08	-2284.06	28.226	28.153	1.1108
宋6井	1998-06-18	1975-09-11	-2302.21	26.252	26.163	0.9888
宋7井	1978-10-15	1976-10-26	-2526.85	28.355	27.988	1.0009
宋8井	1977-11-14	1976-02-09	-2320.11	27.811	27.697	1.0780
宋9井	1977-07-14	1976-10-20	-2261.01	28.008	27.965	1.0847
宋10井	未投产（水井）	1977-10	-2739.50	30.110	29.434	0.9544
宋15井	1982-03-10	1980-12-11	-2401.98	16.826	16.691	

六、开发动态特征

1. 产能特征

根据宋家场气田茅口组气藏气井初期稳定试井和不稳定试井分析，6口井测试无阻流量在(20~323.0)×10⁴m³/d之间，平均145.0×10⁴m³/d，无阻流量高于100.0×10⁴m³/d的气井3口，占50%；无阻流量(50.0~100.0)×10⁴m³/d的气井1口，占17%；无阻流量低于50.0×10⁴m³/d的气井2口，占33%（表5-11）。

表5-11 宋家场气田无阻流量分析成果表

井号	二项式无阻流量（$10^4 m^3/d$）	指数式无阻流量（$10^4 m^3/d$）	不稳定试井无阻流量（$10^4 m^3/d$）
宋1井	323	471	173
宋2井	84	90	89
宋4井	34	47	
宋5井	20	22	32
宋8井	263	274	100
宋9井	145	184	298

宋家场气田茅口组气藏宋5井1975年8月最先投产，1976年至1977年间，其余气井陆续投产，1977年11月后气田全面投产（宋15井为气田补充井，1982年3月投产）。投产初期，气井配产高于无阻流量30%的气井有2口（宋2井、宋4井），其他气井配产占无阻流量的15%~25%，符合国内外气井配产方法与原则。根据Jones对气井紊惯流影响程度研究，Jones比值小于2时，气井以达西流为主；Jones高于2时，气井紊惯流影响程度增大。茅口组气藏宋5井Jones比值小于2，其余气井Jones比值均大于2，说明气井紊惯流效应较严重。另一方面，对于无阻流量高于100×10⁴m³/d的气井，二项式产能方程A值小于1.3，因宋家场气田茅口组气藏渗透性较高，中高产能气井属于低A值高紊流气井类型（表5-12）。

表5-12 宋家场气田气井产能综合分析表

井号	无阻流量（$10^4 m^3/d$）	二项式系数		Jones比值	投产初期日产气（$10^4 m^3$）	占无阻流量的百分比（%）
		A	B			
宋1井	323	0.4580	0.0042	3.96	48	15
宋2井	84	1.2260	0.6677	46.74	27	32
宋4井	34	4.7500	0.3790	3.71	12	35
宋5井	20	23.3800	0.5750	1.49	5	25
宋8井	263	0.0563	0.0108	51.45	46	17
宋9井	145	0.9000	0.0215	4.46	30	21

宋家场气田茅口组气藏地质储量规模较小，气井产能较高，按初期无阻流量的15%~25%配产，气井稳产能力较差，气井产量递减较快。1977年11月气田全面投产，气藏产量达到了170×10⁴m³/d，后迅速递减至125×10⁴m³/d，气藏以120×10⁴m³/d水平稳产1年时间后，1980年气藏进入产量递减阶段。

2. 水侵特征

在气藏开发过程中，气藏气水关系在逐渐发生变化（表5-13），边水从不同的方向侵入气藏。

表5-13 茅口组气藏气井见地层水时间、液面情况表

构造位置	井号	产层中部海拔（m）	投产日期	见地层水时间	地层压力（MPa）		液面（m）	
					2007年3月测	2008年5月测	2007年3月测	2008年5月测
北长轴	宋7井	-2526.85	1978-10	1978-10	未测	未测	未测	未测
	宋8井	-2320.11	1977-11	1984-11	9.280	10.053	-1335.51	-1434.01
	宋12井	-2431.68	未投产		未测	未测	未测	未测
东翼	宋22井	-2475.07	非气井	1978-02	12.954	未测	无液面	未测
	宋4井	-2362.64	1977-05-12	1980-01	未测	未测	未测	未测
	宋15井	-2401.98	1982-03	1980-11	14.429	未测	-2339.70	未测
南长轴	宋10井	-2739.50	水井	1977-10	未测	未测	未测	未测
	宋13井	-2344.90	未投产	1981-01	12.699	未测	-1106.91	未测
北翼	宋9井	-2261.01	1977-07	1980-04	9.585	11.672	-1758.40	-1091.81
高点	宋2井	-2225.00	1977-07	1985-03	11.245	未测	无液面	未测
	宋1井	-2170.60	1976-12	1995-11	10.577	11.331	无液面	无液面
	宋6井	-2302.21	1998-06	不产水	10.312	11.455	无液面	无液面

构造北长轴：宋7井产层中部海拔-2526.85m，1976年3月完井测试气水同产，1978年10月15日投产就气水同产，生产1月就水淹；宋12井在茅二段钻井中强烈井漏，未直接见到水显示，但在茅二b段，井深2780~2790m，海拔-2422.18m，1976年11月电测具水显示；在北高点的宋8井产层中部海拔为-2320.11m，1984年11月产地层水，说明1976年3月到1984年11月见地层水海拔位置上升了206.74m，地层水在向气藏构造较高部位推进。

构造东翼：宋22井产层中部海拔为-2475.07m，1978年2月测试不见地层水；宋15井产层中部海拔为-2401.98m，1980年11月测试不见地层水，1982年3月投产就产地层水；宋4井产层中部海拔为-2362.64m，1975年3月测试不产地层水，1980年1月4日开始产地层水，说明1978年2月到1980年4月见地层水海拔位置上升了112.43m。

构造南长轴：宋10井构造位置较低，1977年10月完井测试，产层茅二b段全部产水，产层中部海拔-2739.5m，而较高位置的宋13井1981年1月在茅口组测试产少量气，不产地层水，产层中部海拔-2344.9m，说明1977年10月到1981年1月地层水上窜高度为394.6m。

构造高点：宋2井1985年3月产地层水，见地层水海拔-2224.86m，而较高位置的宋1井于1995年11月产地层水，见地层水海拔-2170.6m，说明这期间见地层水上窜高度为54.26m。

通过 2007 年 3 月和 2008 年 5 月宋家场气田茅口组气藏的测压资料，位于构造顶部产层海拔较高的气井没有液面（如宋 1 井、宋 2 井），位于构造边部产层海拔较低的气井有液面（如宋 15 井、宋 9 井、宋 11 井、宋 13 井），但液面海拔相差较大，地层水已窜至主高点顶部，造成气藏水淹，宋家场气田茅口组气藏构造受多个断层切割，致使开发过程中压力传递和地层水补给受阻，又加上各井开采不均衡，导致开发中后期各个构造区块的液面海拔不一致。

气藏水侵活跃程度取决于储层非均质性的强弱，以及水区的水体能量。宋家场气田茅口组气藏属于非均质性强的裂缝—孔洞性气藏，地层水沿裂缝性水窜是气藏水侵活跃的主要原因，水侵活跃与大裂缝、断裂带和高渗透带的存在密切相关，在气藏开发中主要表现为横侵纵窜型、纵窜横侵型、纵横窜复合型等水侵模式。

横侵纵窜型：这类井多位于高角度大缝区或附近，甚至有大缝直接连通井筒，边水横侵入气藏后沿高角度大缝直接窜入井内，如图 5-5 所示。这类井产水迅猛且量大，有时甚至表现为管流特征，对气井生产影响极大，短期内可使气井水淹，宋 15 井属此类型。

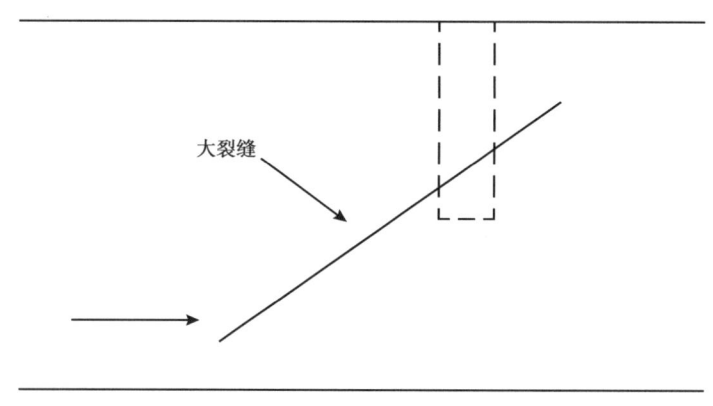

图 5-5　横侵纵窜型水侵示意图

纵窜横侵型：在边水气藏的开发中，往往处于构造高部位或裂缝发育的高渗透区的气井先投产，在顶部或裂缝发育的高渗透区形成低压区，势必在大裂缝和裂缝发育带形成低能带，边水则沿大裂缝向构造高部位或裂缝发育带窜流，使这些部位的井过早地产地层水，甚至水淹。如图 5-6 所示处于构造高部位的井 A（宋 8 井）因与边水相连的大裂缝连通而很快产地层水；井 B（宋 5 井）因无大裂缝连通而产纯气。

纵横窜复合型：在这种类型的气井附近，往往存在着与高角度大裂缝相连通且微裂缝或溶洞发育的高渗透层。边底水首先沿大裂缝上窜而进入高渗透层，然后再沿此高渗透层向生产井推进，结果导致气井在投产一定时间后大量产水，这种类型水侵对气井生产和气藏开发危害最大，它使小范围的纵蹿水危害至一大片，且主要发生在高渗透地带主产气区（图 5-7），宋 1 井、宋 2 井都属此类型。

气藏水侵方向、路径：根据气井产地层水时间先后和海拔高低的比较分析（表 5-14 和图 5-8），茅口组气藏水侵活动比较活跃，随着气藏的开采，地层水在不同方向主要沿断层、裂缝及连通孔洞侵入气藏；侵入气藏后主要沿裂缝自下而上窜入储层。

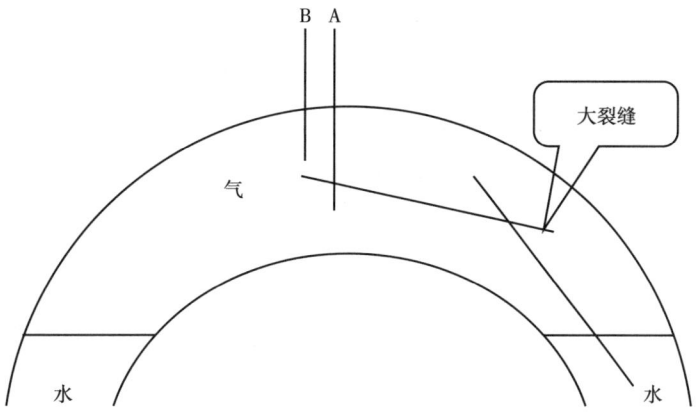

图 5-6　纵窜横侵型水侵示意图

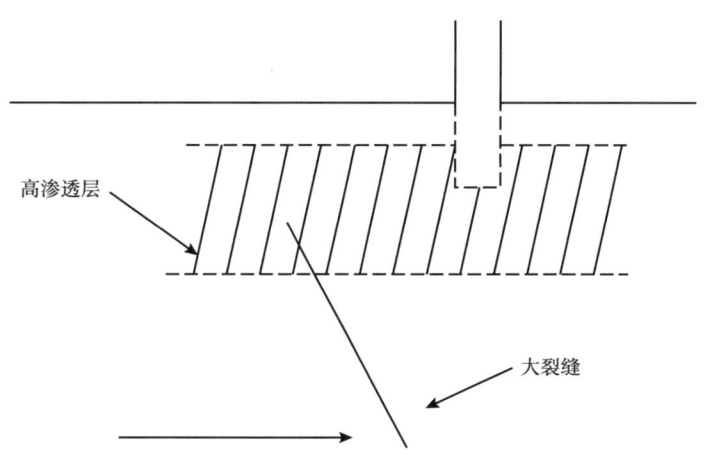

图 5-7　纵横窜复合型水侵示意图

表 5-14　宋家场气田茅口组气藏水侵特征表

井号	构造位置	产层井段（m）	产层中部海拔（m）	钻遇断层情况	投产日期	产地层水时间	产地层水时的压力（MPa）
宋 7 井	北潜高顶部	-2534.15～-2525.65	-2526.85	钻遇断层（龙潭组）	1978-10-15	1979-03-24	24.500
宋 4 井	鞍部	-2339.34～-2333.98 -2362.80～-2355.30	-2362.64	钻遇断层（龙潭组）	1977-05-12	1980-01-04	9.005
宋 9 井	北翼	-2289.01～-2224.01	-2261.01	钻遇断层（龙潭组）	1977-07-14	1980-04-10	18.600
宋 15 井	长轴	-2520.24～-2284.95	-2401.98	钻遇断层（茅口组）	1982-03-10	1982 年 3 月投产，产地层水 5m³/d	16.830
宋 8 井	东潜高	-2322.11～-2315.11	-2320.11	钻遇断层（茅口组）	1977-11-14	1984-11-23	10.400
宋 2 井	近高点	-2279.46～-2173.06	-2225.00	未钻遇	1977-07-16	1985-03	125.237
宋 1 井	高点	-2173.27～-2170.27	-2170.60	钻遇断层	1976-12-15	1995-11-30	10.604

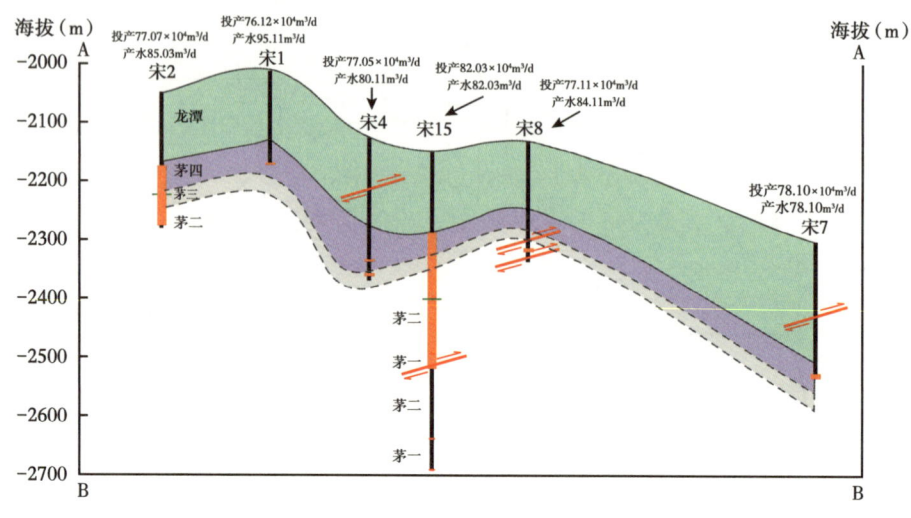

图 5-8 宋家场气田茅口组气藏水侵特征图

(1) 地层水主要沿断层、裂缝侵入气藏。

茅口组气藏基质岩块较致密,宋家场气田茅口组气藏气井试井资料解释表明(表 5-15 和表 5-16),天然气从基质岩块到裂缝系统流动很困难,因此地层水体主要储集在缝洞之中,地层水的活动主要沿大裂缝窜动。

表 5-15 宋家场气田茅口组气藏宋 2 井压力恢复试井解释结果

解释参数	双对数分析	单对数分析		备注
		MDH 法	霍纳法	
渗透率(mD)	44.5	47.7	44.3	关井日期:1982 年 12 月 17 日至 1983 年 2 月 21 日
视表皮系数	-2.32625	-1.85088	-2.20342	
导压系数	5.3088	5.6900	5.2864	
井筒储存系数	1.3295			
弹性储容比	0.14286			
窜流系数	9.5378×10^{-6}			

表 5-16 宋家场气田茅口组气藏宋 8 井压力恢复试井解释结果

解释参数	双对数分析	单对数分析		备注
		MDH 法	霍纳法	
渗透率(mD)	-37.51		37.16	关井日期:1978 年 6 月 20 日至 7 月 17 日
视表皮系数	-6.0078		-5.9245	
导压系数	8.4921		8.4121	
井筒储存系数	0.78985			
弹性储容比	2×10^{-6}			
窜流系数	6.04897×10^{-6}			

产水井几乎都钻遇断层：宋家场气田茅口组气藏7口气水同产井，除宋2井未钻遇断层外，其余6口气水同产井均钻遇断层，说明气藏地层水主要沿断层、中大裂缝侵入气藏。

（2）地层水沿高渗透带不均匀推进。

①以构造主高点宋4井、宋9井为例，宋4井海拔位置比宋9井低，出水时间比宋9井早。但宋4井出水后，气产量下降小，产水量增加也不大；而宋9井不仅气产量递减幅度快，水产量上升也快，并且很快水淹。其原因在于宋9井位于断层高渗透带，宋4井位于断层低渗透带。

②以构造北东1号高点宋8井、宋5井为例，两井井口相距3m，井底产层中部水平距离24m，宋5井产层中部井深比宋8井高35.9m，宋8井1977年11月14日投产，1984年11月23日产地层水，日产水量、气水比逐渐上升，经过一段时间后，日产水量、气水比逐渐趋于稳定。而宋5井至今产纯气，说明气藏地层水主要是沿宋8井井底高渗透断裂带、裂缝水侵。

（3）地层水侵入气藏后主要沿裂缝自下而上窜入储层。

根据宋家场气田茅口组气藏7口气水同产井出水时间与产层中部井深海拔的关系分析，气井产层中部海拔越低，越早见地层水，气井产层中部海拔越高，越晚见地层水。宋7井产层中部海拔最低（-2526.85m），最早见地层水（1978年10月）；宋1井产层中部海拔最高（-2170.6m），最晚见地层水（1995年11月）。地层水侵入气藏后主要沿裂缝自下而上窜入储层。

3. 气藏连通性

根据压力测试资料及生产动态资料分析（图5-9）：除宋11井外，宋家场气田茅口组气藏所有气井地层压力在生产过程中下降趋势一致，气藏气井之间连通性较好，属同一裂缝系统，气藏为整装气藏。宋15井原始地层压力16.826MPa，明显低于其他气井原始地

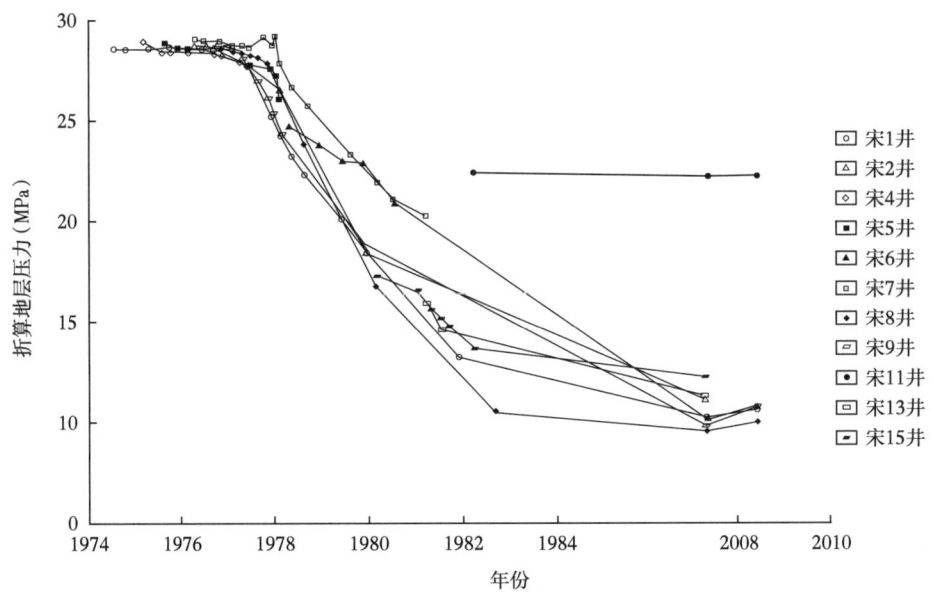

图5-9 宋家场气田茅口组气藏各井压力变化曲线图

层压力 28MPa，该井是气田 1980 年钻的茅口组气藏开发补充井，明显出现了先期压降。通过 2007 年 3 月和 2008 年 5 月全气藏关井后，测试茅口组气藏所有气井的当前地层压力，宋 11 井地层压力 24.56MPa，明显高于气藏其他气井地层压力，宋 11 井与其他气井不存在连通关系，属单独裂缝系统。

4. 动态储量

宋家场气田茅口组气藏由于没有获得可靠的溶蚀孔洞分布的地质储量参数，无法采用容积法计算地质储量，气藏在 30 余年的开发过程中，获取了较为丰富的动态监测资料，在不同开发阶段，茅口组气藏进行过多次动态储量计算（表 5-17），计算方法主要采用压降法和物质平衡法。

表 5-17 宋家场气田茅口组气藏历次地质储量计算成果表

年份	采出程度（%）	方法	地质储量（$10^8 m^3$）	计算单位
1978	22.58	压降法	38.00	川南矿区
1982	57.89	压降法	38.00	川南矿区
1985	65.97	物质平衡法	38.89	美国 DM 公司
1989	71.24	考虑水侵的物质平衡法	38.97	川南矿区，西南石油学院
1994	73.74	压降法	40.72	川南矿区
2000	75.16	压降法	43.77	蜀南气矿勘探开发研究所
2006	75.80	压降法	40.37	蜀南气矿勘探开发研究所

2007 年 3 月，宋家场气田茅口组气藏气井关井 1 个月后，下压力计实测气藏地层压力为 10.692MPa，采用定容气藏压降法复算地质储量为 $40.37 \times 10^8 m^3$（表 5-18 和图 5-10）。

表 5-18 宋家场气田茅口组气藏压降储量数据表

序号	选中	测压日期	关井天数（d）	测压条件	最大关井压力（MPa）	地层压力（MPa）	压缩系数	视地层压力（MPa）	累计产气量（$10^4 m^3$）
0	√	1975-09-10	长关	真重	23.575	28.005	0.9546	29.338	1128.7
1	√	1977-01-21	1	真重	23.335	27.730	0.9524	29.116	4750.7
2	√	1977-06-14	1	真重	22.701	27.010	0.9467	28.532	10592.5
3	√	1977-11-15	3	真重	20.548	24.541	0.9285	26.430	27942.3
4	√	1978-01-21	2	真重	19.765	23.632	0.9231	25.600	38275.2
5	√	1979-10-15	2	真重	15.043	18.033	0.9003	20.029	120135.4
6	√	1983-02-22	53	真重	9.776	11.657	0.9111	12.794	219504.4
7	√	1986-04-11	4	真重	8.110	9.641	0.9216	10.461	252337.0
8	√	1987-04-08	10	真重	8.037	9.553	0.9223	10.358	258403.6
9	√	1990-04-28	10	真重	7.637	9.072	0.9254	9.804	271452.0
10	√	1991-05-25	5	真重	7.708	9.157	0.9246	9.903	275239.6
11		1995-07-30	14	真重	8.920	10.621	0.9160	11.595	280621.9
12		1998-02-20	16	真重	8.632	10.272	0.9180	11.190	283755.1
13		1998-08-17	5	真重	8.833	10.516	0.9168	11.471	284129.6
14		2007-03-29	27	井下测压	9.118	10.692	0.9155	11.678	288058.5

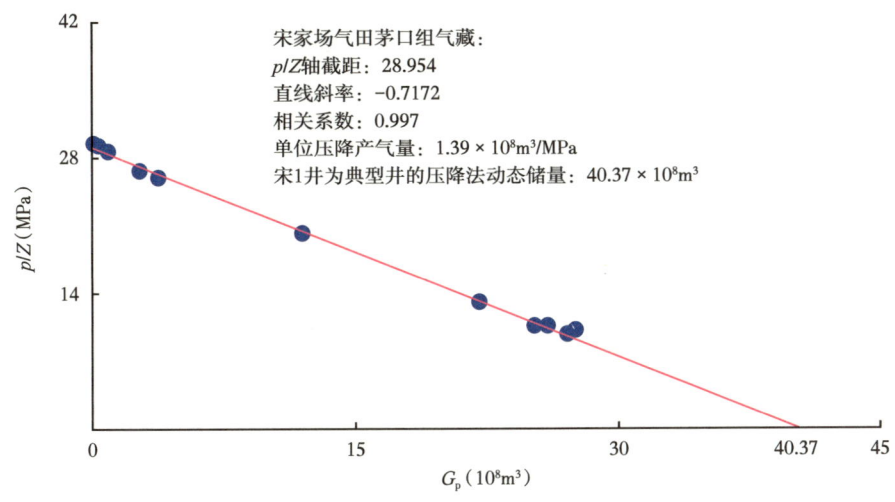

图 5-10　宋家场气田茅口组气藏压降图

第三节　气藏开发主要做法及效果

一、上产阶段(1975—1980 年)

1975 年 5 月宋家场气田编制茅口组气藏勘探开发设计，鉴于当时宋家场气田勘探程度低，气井生产控制的裂缝系统储量是 $18×10^8m^3$，而对全气田的面貌尚不清楚，产能、储量还必须扩大，故下步勘探开发的指导思想是：立足全气田，主攻二叠系，三占三沿夺高产，稀井广探拿面积，裂缝系统都揭开，产能储量倍加翻，根据当时四川气田 $300×10^8m^3$ 的总规划部署，对宋家场气田要求年产能力大体上在 1976 年底以前达到 $7×10^8m^3$ 的水平，除现有已建成的 $80×10^4m^3/d$ 产能规模外，尚需打新井增加产能。

(1)贯彻稀井广探的原则，甩开钻探。全气田控制一定含气面积，实现稀井高产。使原有产能、储量进一步扩大。

(2)勘探与开发兼顾：所布井网既是勘探井井网又是开发井井网，一上手就要首先占据构造有利部位，揭开每一个裂缝系统，并形成一定产能，适应国家需要。第一批井"三占三沿"夺高产。沿长轴、占高点、占断块，适当甩开，控制面积，增加产能。第二批井稀井广探拿面积，甩开翼部揭开多裂缝系统，拿下全气田。通过这两批井的钻探，基本上做到了控制整个气田面貌，拿下面积 $48km^2$，使控制储量进一步增加。

宋家场气田自 1966 年开钻以来，至 1978 年 6 月底，已完井 13 口，其中三叠系 1 口，二叠系 12 口，获定产量气井 8 口，气水同产井 1 口。基本搞清茅口组气藏地层含油气情况，并经试采证实了茅口组气藏的勘探开发潜力。1978 年 11 月，川南矿区编制了宋家场气田茅口组气藏开发设计，开发设计原则为，宋家场气田茅口组气藏为边水气藏，但边水不活跃，为合理利用气藏能量，使气藏各处压力均匀下降，达到稳产期长、采收率高，在开采过程中必须控制高回压生产，避免边水早期舌进。以压降法 $38×10^8m^3$ 储量依据进行配产，在考虑到稳产期长、采收率高的情况下，同时又要最大限度地满足社会主义建设需要，经石油工业部审批同意稳产阶段开发规模为 $120 \times 10^4 m^3/d$。1977 年 7 月至 1980 年 4 月，为满足国家用气需要，宋家场气田高速开采。开发设计规模为 $120 \times 10^4 m^3/d$，实际并未按开发方案执行，平均日产气达 $144.5 \times 10^4 m^3$，日产水维持在 $5 m^3$ 左右，阶段产气 $14.37 \times 10^8 m^3$。

二、产量递减阶段（1981—1990 年）

1. 早期自喷带水采气

宋家场气田高速开采导致部分气井过早见水，气藏产量递减较快，针对这种情况当时的主要做法是采取"三稳定"生产制度进行自喷带水采气，"三稳定"即井口生产压力、气水产量、水气比稳定，建立"三稳定"生产制度即是优选气井合适的开度，用合理的气产量把气藏流入井筒的水全部带出地面，使气藏、井筒内气水流动达到相对稳定的动态平衡，并以中、高水气比的制度生产，充分利用气藏早期充沛能量，排出地层水，认为这样有利于气藏中后期的开采。为了确保气水同产井稳定生产，采取了"就地分离、气水分输、固定制度、避免关井、勤加分析、井类不同、区别对待"的管理办法。

以宋 8 井为例，宋 8 井 1984 年 11 月 23 日开始产地层水，根据当时地层压力和生产资料，通过反复摸索和调整，得出了日产气 $(2 \sim 3) \times 10^4 m^3$、日产水 $40 \sim 50 m^3$ 时，气井就能实现"三稳定"生产，从而使这口井自喷带水生产 5 年。

宋 2 井 1977 年 7 月投产，投产初期产气 $30 \times 10^4 m^3/d$，1985 年 3 月开始产地层水。根据当时气井生产状况分析，优选气井合适的针阀开度，把气井控制在日产气 $(2.1 \sim 3.5) \times 10^4 m^3$ 生产，气井日产水 $55 \sim 65 m^3$，使气藏、井筒内气水流动达到相对稳定的动态平衡，实现了气井"三稳定"生产，宋 2 井自喷带水生产 6 年半时间，累计带水 $15.24 \times 10^4 m^3$。

2. 排水采气

针对部分气井自喷带水效果差的问题，1983 年开始对宋家场气田茅口组气藏出水气井采用化学泡沫排水、气举、机抽、电潜泵等人工助排措施，在气藏排水采气过程中，主要是对剩余地质储量集中的主缝洞系统主高点的宋 1 井、宋 2 井、宋 9 井及北东 1 号潜高的宋 8 井、宋 15 井采用排水采气工艺措施，到 1993 年底累计增产气量 $8370.4 \times 10^4 m^3$，占同期累计产量的 13.9%（表 5-19），取得明显的增产效果。但由于这几口井都处于构造高部位，属于高排高采，对气藏伤害较大。

表 5-19 宋家场气田茅口组气藏工艺措施增产统计表

年份	年产气量 ($10^8 m^3$)	老井		工艺排水	
		年产气 ($10^8 m^3$)	占比例（%）	年产气 ($10^4 m^3$)	占比例（%）
1983	1.17467	1.11770	95.2	569.7	4.8
1984	1.05412	1.05182	99.8	23.0	0.2
1985	0.84279	0.70030	83.1	1424.9	16.9
1986	0.67600	0.55477	82.1	1212.3	17.9
1987	0.47274	0.38226	80.9	904.8	19.1

续表

年份	年产气量 ($10^8 m^3$)	老井		工艺排水	
		年产气($10^8 m^3$)	占比例(%)	年产气($10^4 m^3$)	占比例(%)
1988	0.44410	0.34369	77.4	1004.1	22.6
1989	0.39820	0.32183	80.8	763.7	19.2
1990	0.38030	0.29135	76.6	889.5	23.4
1991	0.27070	0.23351	86.3	371.9	13.7
1992	0.17670	0.11386	64.4	628.4	35.6
1993	0.12410	0.06629	53.4	578.1	46.6
合计	6.01442	5.17738	86.1	8370.4	13.9

1) 宋1井气举排水采气

宋1井于1976年12月投产，1995年11月产地层水，1998年12月实施增压气举工艺后，日平均产气$4 \times 10^4 m^3$，日平均产水$120 m^3$，增压效果较好。随着地层水对裂缝通道的逐步伤害堵塞，至2001年6月底气井排水量和产气量都低，生产困难，2002年5月15日采取常规气举结合气体加速泵工艺，通过作业气井带水效果好，产量较稳定，日产气$1.2 \times 10^4 m^3$左右，日排水$110 m^3$左右，但经过较短时间后气举效果变差，靠气举维持间歇生产，2003年12月水淹停产（图5-11）。

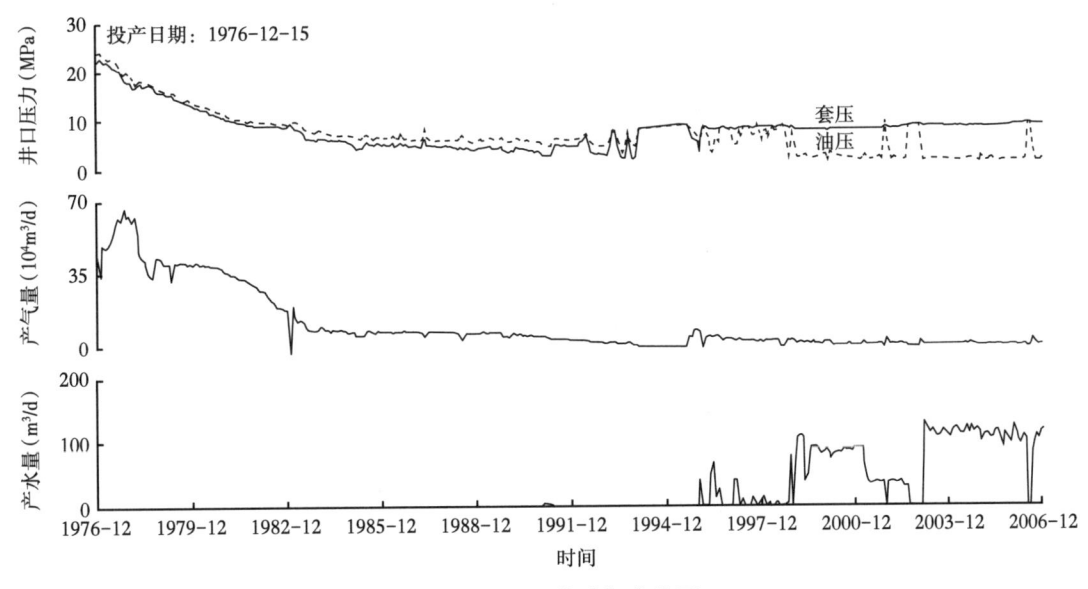

图5-11　宋1井采气曲线图

2) 宋8井机抽排水采气

(1) 宋8井概况及存在的问题。

宋8井产层井段为2605～2616m，产层中部井深2610m，井底压力为6.05MPa。该井实施机抽排水采气以来，先后检泵7次，但生产一直不正常，产气量仅为(0.4～0.7)×

$10^4 \text{m}^3/\text{d}$，排水量一直很小，一般排水量为 $4\sim12\text{m}^3/\text{d}$，且每次检泵后正常抽出水时间在 20d 左右。通过分析，宋 8 井机抽排水采气的问题主要体现在以下几个方面：①抽油泵采用软密封深井泵，耐磨能力差，密封胶皮容易脱落，容易磨损，寿命低，且无防气能力，易发生气锁，泵效低；②原采用的油气分离器气液分离效果差，易使大量游离气进泵，使泵效降低；③宋 8 井处于气田开采后期，地层出砂严重，实施机抽卡泵；④油管中的砂、垢等物易落入泵筒，引起卡泵。

（2）配套的技术方案与措施。

该井井下配套装置采用 44mm 防腐防气整筒式金属柱塞泵、组合式井下高效多相分离器、承载阀装置。井下杆管柱结构优化设计，在现在抽油机条件下，采用 $\phi25.4\text{mm}\times820\text{m}+\phi22.2\text{mm}\times800\text{m}+\phi19.1\text{mm}\times700\text{m}$ 的 D 级抽油杆方案。但由于机抽井少，杆柱调节困难，仍采用原井杆柱（即泵挂 2200m），且由于配套抽油杆短节缺失，上部 $\phi25.4\text{mm}$ 抽油杆与光杆之间采用临时加工的普通平扣短节代替。

（3）宋 8 井机抽排水采气效果。

配套技术实施后机抽系统一次性复抽成功，并且保持稳定排水。连续生产 121d 后，因抽油杆与光杆间的普通平扣短节处发生断裂而停机检泵，起出井下配套工具，经检查井下工具完好，完全可以继续使用。本周期，共产水 3973.34m^3，平均日产水为 38.45m^3，平均泵效为 68%；扣除停电时间，按实际抽汲时间计算，则平均日产水为 38.45m^3，平均泵效为 74%。显然无论其日产水量、平均泵效还是检泵周期，显著高于原装备水平。

通过分析总结宋家场气田排水采气经验，得出如下结论：

①机抽排水采气具有不断增加对地层的回压、理论上可将天然气采至枯竭等优点，是低压产水气井有效的排水采气手段。

②随着 H 级高强度抽油杆、玻璃钢抽油杆、深抽减载装置的使用，目前排水采气井的允许泵挂深度可进一步加深，机抽的适用范围进一步扩大。

③防腐防气整筒式金属柱塞陶瓷泵阀泵、承载阀、井下多相分离器的配套使用，很好地解决了机抽排水采气系统柱塞易磨损、泵效低、易气锁、易砂卡的问题。

④宋 8 井应用配套技术装备后，泵效、检泵周期、排水量得到较大提高，其使用的配套技术装备值得推广应用。

三、后期挖潜阶段（1991—2017 年）

1. 实施综合治理方案

针对"排水采气"实施中存在的 3 个问题（一是方案预测结果与实际有出入，表现为排水井点水产量小于预测值；二是设备运行不正常，没有达到设计要求；三是井况差，影响作业效果），1994 年，重新编制了《气藏后期综合治理方案》。

1）治理方案要点

（1）全气藏关井，使气水分异，水退回远处地层；系统录取压力资料，核实原始储量，查清剩余储量分布。

（2）以边部排水、顶部采气为原则。

（3）抓好重点井挖潜。搞好宋 1 井、宋 2 井的排水采气和宋 4 井、宋 9 井、宋 15 井的水淹复产工作。即宋1井起钻具、带气举阀下油管,宋2井、宋15井起油管检气举阀;宋4井换油管下气举阀;宋9井起电潜泵改上气举或射流泵工艺。

(4)开展低压、低渗透气井捞砂工艺技术攻关,解放宋8井产能。

(5)动态与静态结合,搞好动态分析。深入研究气藏中气水分布状况,对气水同产井运用节点分析摸索工作制度,确保"三稳定"生产。

(6)发展低压井排水采气工艺,提高气田最终采收率。

2)方案预测结果及初步实施效果

用经验法和数值模拟对气藏产能进行了动态预测,结果是:用数值模拟的产能为$10\times10^4\mathrm{m}^3/\mathrm{d}$,为1993年底全气藏关井前气田产量的3倍;用经验法预测表明,气田产能可能达到$(14\sim32)\times10^4\mathrm{m}^3/\mathrm{d}$。

初步实施证明,气藏在关井20个月之后,宋1井修井前开井生产,日产量就达到$10\times10^4\mathrm{m}^3/\mathrm{d}$,证实了全气藏关井的措施是正确的。因而,只要按照以上工作部署,排水采气工艺运行正常,气田日产气14×10^4以上、年产气$0.504\times10^8\mathrm{m}^3$,采出程度从目前的65%提高到78.1%也大有希望。最终由于机械原因,工艺设备故障频繁和气田水无出路等原因造成气井不能正常连续排水采气生产,未达到设计效果。

2. 开展提高采收率对策研究

总体策略:针对宋家场气田茅口组气藏的地质开发特点,充分利用现有气井,优化排水采气工艺措施井位,按顺序实施强化排水工艺,最大程度地降低井口、井底压力,使水淹气井封闭气获得解放。

根据气藏工程和数值模拟研究结果,综合气田开发动态,宋家场气田茅口组气藏目前水侵量总计$318\times10^4\mathrm{m}^3$,占主缝洞系统32%,高部位采气低部位排水的最佳时机已过去,综合优选措施井位按顺序实施可以提高排水采气工艺效果。

未投产井利用:宋6井、宋13井位于宋1井主高点缝洞发育相对较差的区域,与主缝洞系统连通性较差,可利用开采区域内封闭的天然气。根据产能与压力状况综合分析,宋6井压力比宋1井压力高约5MPa,连通性最差,受地层水干扰相对较小,应采取多相位深穿透技术重复射孔,放喷和酸化等综合措施,使宋6井发挥一定的产能(表5-20)。宋13井压力与宋12井比较接近,连通性好,受地层水影响较大,可先放喷观察,综合分析后再决定措施。

表5-20 利用井产能与压力状况

井号	完井措施	初期测试		测压		宋2井	
		油嘴(mm)	日产气($10^4\mathrm{m}^3$)	时间	压力(MPa)	测试时间	压力(MPa)
宋6井	酸化	10	3.63	1985-03	14.51	1983-02	12.05
宋13井	酸化	15	3.54	1985-03	12.34	1983-02	12.05

1)排水采气方案与指标

根据气藏工程和气藏数值模拟研究,制定四套排水采气方案(表7-21),开发指标预测见表5-22。综合气井地质开发特点和井况,选择方案一较佳。宋4井为低产井,出水后水量小，排液困难。宋1井、宋2井井况较好，剩余储量最大，作为重点排水采气井，同时在低部位宋9井、宋15井进行强化排水，可使宋1井、宋2井、宋8井的地层水活动减弱，充分发挥气井的生产潜力。宋8井井况条件最差，套管松动，井内脏污堵塞严重，宋15井强化排水，有利于宋8井进行较长时间的间歇自喷生产（宋8井气水分离现象十分明显）。排水采气工艺措施实施顺序为宋15井、宋9井、宋8井、宋1井、宋2井。

表5-21 提高气藏采收率方案表

方案	总井数（口）	排水采气井		低部位排水井		保持现状生产	未投产改造与利用	
		井数（口）	井号	井数（口）	井号		井数（口）	井号及措施
一	9	2	宋1井、宋2井	2	宋9井、宋15井	宋4井、宋5井、宋8井	2	宋6井、宋13井放喷投产，多相位深穿透酸化
二	9	4	宋1井、宋2井、宋4井、宋8井	2	宋9井、宋15井	宋5井	2	宋6井、宋13井放喷投产，多相位深穿透酸化
三	9	2	宋1井、宋2井	1	宋15井	宋9井、宋15井、宋8井、宋9井	2	宋6井、宋13井放喷投产，多相位深穿透酸化
四	8	2	宋1井、宋2井	1	宋9井	宋4井、宋5井、宋8井	2	宋6井、宋13井放喷投产，多相位深穿透酸化

表5-22 排水采气方案指标预测汇总表

方案	排水采气				低部位排水采气				增产气量（$10^8 m^3$）	采收率增加值（%）
	井号	增产气量（$10^8 m^3$）	日排水（m^3）	总排水量（$10^4 m^3$）	井号	增产气量（$10^8 m^3$）	日排水（m^3）	总排水量（$10^4 m^3$）		
一	宋1井	0.97	40	8.0	宋9井	0.33	120	7	2.03	5.34
	宋2井	0.56	90	17.0	宋15井	0.17	130	25		
二	宋1井	0.97	40	8.0	宋9井	0.33	120	7	2.59	7.58
	宋2井	0.56	90	17.0						
	宋8井	0.31	45	15.2	宋15井	0.17	130	25		
	宋4井	0.25	15	1.2						
三	宋1井	0.97	70	8.0	宋15井	0.17	130	25	1.70	6.82
	宋2井	0.56	90	17.0						
四	宋1井	0.97	90	8	宋9井	0.33	120	7	1.86	4.89
	宋2井	0.56	100	17						

2）排水采气井实施效果分析

实施概况：该项目1997年开展以来，通过对宋家场气田茅口组气藏工程和数值模拟研究，制定了该气藏提高采收率方案。1998年执行该方案，到1999年底共实施排水采气工艺作业井6口，投产挖潜井1口，方案要求井基本执行完毕，具体实施情况见表5-23。

表 5-23 宋家场气田方案执行情况表

气井类型	井号	措施内容	存在问题	效果
低部位排水井	宋 9 井	起喷射泵、起分隔器、解卡，下气举阀	无压缩机，未进行气举	未生产
	宋 15 井	气举	目前无压缩机	最高气举水量可达到 131m³/d，未见气
主要排水采气井	宋 1 井	小油管，后改气举	正常气举	日产气可达 (2~3)×10⁴m³，日排水量 80~100m³
	宋 2 井	起分隔器解卡、气举	继续气举	日排水量达 70m³，日产量仅 0.5×10⁴m³
改造挖潜井	宋 6 井	接管线投产	产能低	间歇生产，日产 0.5×10⁴m³ 气左右
其他采气井	宋 8 井	机抽	井底出砂严重，目前停抽	正常抽水时可达 45m³，日产气 0.2×10⁴m³
	宋 4 井	修井时油管断井底	不能工作	停产

方案执行情况表明，方案井虽进行了排水采气作业，但产能未达到计划目标，主要有四个问题：一是该气藏停产时间长，要开采封闭气需要加大排水量和坚持长时间排水，降低流动压力。二是井况变差，宋 4 井油管腐蚀断落，井内有落鱼，2042.5m 用 ½in 管柱无法打捞；宋 15 井套管在 2103.6m 破裂错位；宋 8 井内脏污（出砂、腐蚀物）难以清除；宋 9 井封隔器卡。上述问题造成工艺措施困难。三是宋 8 井深井机抽排水难度大，由于井内出砂严重，常出现卡泵、断杆事故，正常工作时日排水仅 30m³，达不到 60m³ 的要求，故效果差。四是现有气举压缩机不能满足宋 1 井、宋 2 井、宋 9 井、宋 15 井同时气举排水的要求，全气藏日排水不到 200m³，达不到预期效果。

效果分析：自 1998 年实施方案后，截至 1999 年底，增产气量 1996.8×10⁴m³，采收率提高 0.5%，总排量 6.38×10⁸m³，年产量由 1997 年 912.6×10⁸m³ 提高到 1074.2×10⁸m³，增加了 16.43%，但增产效果还未达到增产气量 (1~2)×10⁸m³、采收率提高 3%~5% 的预定目标。从排水采气井生产动态看，宋 1 井、宋 2 井、宋 8 井措施后，平均气水比没有达到水淹停产时的水平，表明封闭气还没有重新流动（表 5-24），宋 1 井、宋 2 井为高排高采造成的水淹，气举效果很差。

表 5-24 宋家场气田方案执行效果表

| 井号 | 措施时间 | 排水量 (m³) | | 平均日产气量 (10⁴m³) | 平均气水比 (m³/m³) | 水淹前气水比 (m³/m³) |
		日排水	累计排水			
宋 1 井	1999 年 1 月气举	90	2726	2.00	206	743
宋 2 井	1999 年 5 月气举	80	6779	0.50	76	166
宋 8 井	1999 年 5 月机抽	40	1866	0.20	39	469
宋 15 井	1999 年 2 月气举	150	11471	0.23	19	971

第四节 经验与认识

(1)宋家场气田茅口组气藏为裂缝—孔洞型、边水较活跃的有水气藏,构造具有多断层、多高点的特征,储层低孔低渗透、缝洞发育、非均质性强。开采早期为满足国家用气的需要,高速开采导致气藏过早水淹,无水采气期较短。

(2)宋家场气田茅口组气藏气井产水后,采取的主要做法是利用气井早期地层压力较充足的特点进行自喷带水,通过监测气水产量、压力变化,摸索气井出水特征和规律,选择气水井最佳生产制度,实现气水产量、井口压力、气水比"三稳定"生产,延长自喷带水生产期,提高自喷期的采出程度,取得了一定效果,其中宋8井和宋2井通过"三稳定"制度自喷带水生产分别达到5年和6年半时间。

(3)宋家场气田茅口组气藏气井产水后,进行了多次动态监测和专题研究,分析认为气藏是地层水封闭有限的边水气藏,因此开展排水采气是可行的,1983年开始对气藏出水气井采用化学泡沫排水、气举、机抽、电潜泵等排水采气工艺措施,至1993年底累计增产气量 $8370.4 \times 10^4 m^3$,占同期累计产量的13.9%。在气藏排水采气过程中,主要是对主缝洞系统主高点的宋1井、宋2井、宋9井及北东1号潜高的宋8井、宋15井采用排水采气工艺措施,表明排水采气短时间内有一定效果。

(4)针对"排水采气"实施中存在的问题,1994年重新编制了《气藏后期综合治理方案》,实施全气藏关井,使水退回远处地层;并制定了边部排水、顶部采气的方针。气藏在关井20个月之后,宋1井修井前开井生产,日产量就达到 $10 \times 10^4 m^3/d$,证明了方案是可行的,但由于机械原因,工艺设备故障频繁等造成气井不能正常连续排水采气生产,未达到方案设计的效果。

(5)1997年至1999年再次对气藏进行排水采气提高采收率研究,通过在气藏边底部排水,逐步实现"低排低采、低排高采",可以达到改善气藏气水关系的目的,自1998年实施方案后,截至1999年底,增产气量 $1996.8 \times 10^4 m^3$,采收率提高0.5%,但因井况变差和气田水无出路等原因未能持续排水,没有达到采收率提高3%~5%的预定目标。

(6)宋家场气田茅口组气藏尽管早期采气速度过大,使气井过早见水,稳产期较短,但通过开发中后期精心组织剩余储量的挖潜,积极开展排水采气工作,使气藏最终采出程度达到76.16%,仍然取得了较好的开发效果。

(7)宋家场气田茅口组气藏这类裂缝—孔洞型、边水较活跃、水体封闭有限的气藏30余年的开发历程表明,气藏投入开发时应在气水界面进行排水采气,建立"低排低采、低排高采"的开采方式,避免水沿裂缝上窜污染气藏,才能实现气藏持续稳定地高效开发,提高气藏最终采收率。

第六章 大天池气田五百梯区块石炭系气藏开发实践

大天池气田五百梯区块石炭系气藏是一个含局部封存水和弱边水的气藏。区块主体构造褶皱剧烈，断层十分发育，储层为中—低孔、低渗透的裂缝—孔隙型储层。储层平面上非均质性强，储层段埋深较深，在气藏开发过程中，不断深化对气藏水侵特征认识，根据不同的水侵特征，开展了具有针对性的治水措施和符合气藏自身特点的排水采气工艺试验攻关，达到了较好的开发效果。至 2017 年 12 月，气藏共完钻 52 口井，获气 47 口，上报地质储量 $361.77 \times 10^8 m^3$。累计产气 $190.54 \times 10^8 m^3$、累计产水 $26.17 \times 10^4 m^3$，探明地质储量采出程度 52.66%。2017 年平均日产气 $160 \times 10^4 m^3$、日产水 $23 m^3$。

第一节 勘探开发简况

一、地理位置与构造位置

五百梯区块地理位置位于四川省开江县和重庆市开州区境内的五百梯—义和场一带（图6-1），构造属于川东大天池高陡构造带北倾末端的一个局部构造，为一短轴状背斜，长约 24km，东西最宽处约 6.5km，剖面形态为箱状。

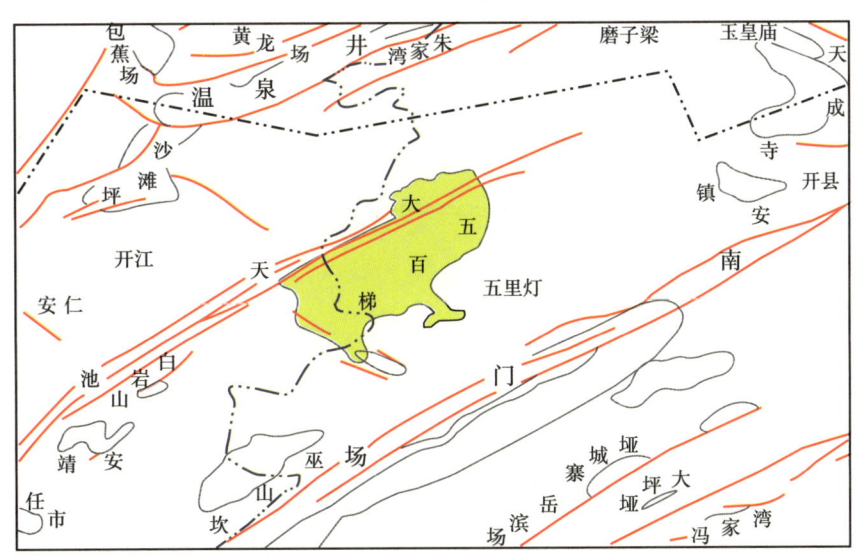

图 6-1 五百梯区块区域构造位置图

二、勘探简况

1. 地震勘探

五百梯构造的地震勘探始于1974年，对大天池构造北段进行了地震普查；1986—1987年地震连片详查，发现五百梯构造。1988—2001年加密详查和多轮地震老资料处理解释，编制了石炭系顶界构造图，对石炭系地层厚度及储层厚度进行了预测。2008年对五百梯区块进行了三维地震数据采集处理，重新认识五百梯地质构造。

2. 钻井勘探

钻井勘探始于1979年构造西南端钻探邓1井，1980年完钻，钻达石炭系，未钻获油气，仅产少量水。1989年1月，天东2井在钻至井深3780m时发现长兴溶孔白云岩，经取心及岩屑资料证实为生物礁，在井段3738.50~3843m测试，日产气 $3.60\times10^4 m^3$，由此发现生物礁气层。同年9月，在五百梯构造高部位的天东1井于石炭系首次获工业性气流，日获气 $111.84\times10^4 m^3$，发现石炭系气藏。

三、开发简况

五百梯区块石炭系气藏截至2017年12月底，共完钻井52口，获纯气井36口，气水同产井11口，水井5口，投产井47口。气藏开发大体可以划分为试采与开发评价阶段、方案实施及调整阶段和低渗透区储量动用阶段三个阶段（图6-2）。

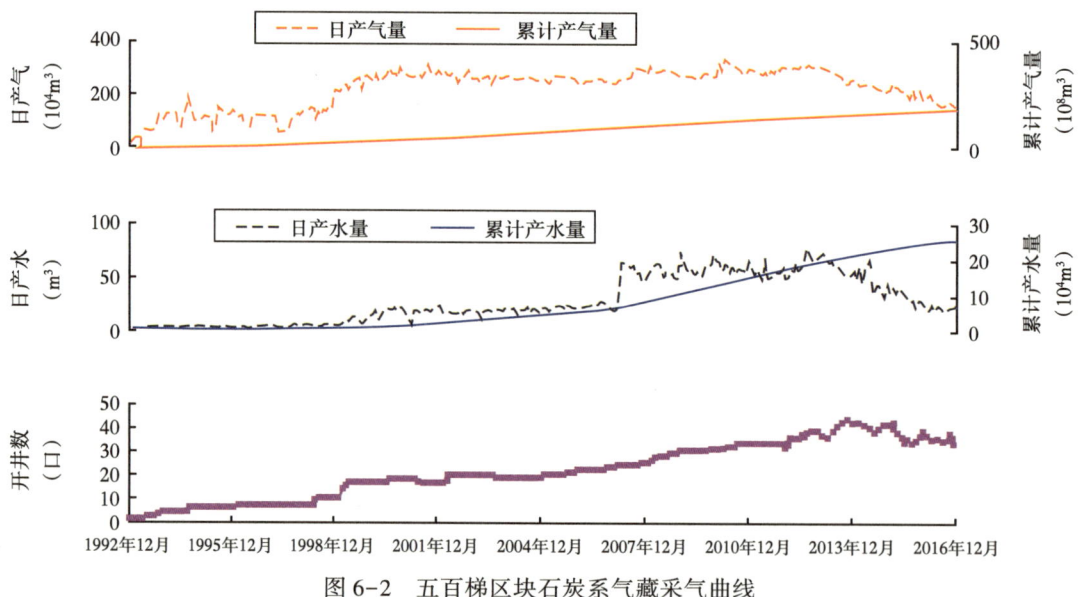

图6-2 五百梯区块石炭系气藏采气曲线

试采与开发评价阶段（1992—1995年）：1992年12月天东2井首先投入试采，后又有5口井投入生产，日产气 $100\times10^4 m^3$、日产水 $4m^3$。本阶段累计产气 $9.0\times10^8 m^3$、累计产水 $3430m^3$。

方案实施及调整阶段（1996—2007 年）：1995 年编制开发方案，计算储量 $449.03\times10^8\mathrm{m}^3$，计划气藏 2001 年达到日产 $394\times10^4\mathrm{m}^3$ 规模。截至 2001 年底，气藏实际生产井数 18 口，日产气量 $270\times10^4\mathrm{m}^3$、日产水 $20\mathrm{m}^3$。因与开发方案设计存在较大差异，2001 年重新编制了《五百梯气田整体开发方案》，计算储量 $372.52\times10^8\mathrm{m}^3$，规模 $292\times10^4\mathrm{m}^3/\mathrm{d}$。2002 年，气藏共投产气井 20 口，日产气量 $290\times10^4\mathrm{m}^3$。2006 年，气藏日产气 $262\times10^4\mathrm{m}^3$，编制了《五百梯气田石炭系开发调整方案》，计算储量 $342.54\times10^8\mathrm{m}^3$，规模 $260\times10^4\mathrm{m}^3/\mathrm{d}$，实际生产 $260\times10^4\mathrm{m}^3/\mathrm{d}$。截至 2007 年底，共投产气井 27 口，日产气 $262\times10^4\mathrm{m}^3$、日产水 $64\mathrm{m}^3$，累计产气 $97.22\times10^8\mathrm{m}^3$、累计产水 $7.34\times10^4\mathrm{m}^3$。

低渗透区储量动用阶段（2008 年至今）：为提高气藏低渗透区储量动用，2008 年部署了 $415\mathrm{km}^2$ 的三维地震，在气藏低渗透区部署了 17 口开发补充井，其中大斜度井和水平井 14 口，主要集中在主体构造的东北翼和南翼低渗透区，累计增加地质储量 $59.24\times10^8\mathrm{m}^3$（南低渗透区 $41.02\times10^8\mathrm{m}^3$，北低渗透区 $18.22\times10^8\mathrm{m}^3$）。气藏在 $260\times10^4\mathrm{m}^3/\mathrm{d}$ 稳产至 2014 年开始递减。

截至 2017 年底，气藏共投产气井 47 口，上报探明地质储量 $361.77\times10^8\mathrm{m}^3$，标定可采储量 $240.67\times10^8\mathrm{m}^3$，累计产气 $190.54\times10^8\mathrm{m}^3$、累计产水 $26.17\times10^4\mathrm{m}^3$，探明地质储量采出程度 52.66%。2017 年平均日产气 $160\times10^4\mathrm{m}^3$、日产水 $23\mathrm{m}^3$。

第二节　气藏主要特征

一、地层特征

五百梯区块仅发育上石炭统黄龙组而缺失下石炭统河洲组。黄龙组与上覆二叠系梁山组和下伏志留系均为假整合接触。下伏志留系受风化剥蚀作用形成表面凹凸不平的底形，使部分地区上石炭统受古地貌影响造成地层厚度减薄，在部分负地形区黄龙组较厚。石炭系末期又因受云南运动构造隆升影响，部分地层遭受强烈剥蚀影响，因此，区内黄龙组残余地层厚度变化很大，平面上厚度分布范围为 10~40m 不等，大于 40m 的厚度分布区仅位于大天 002-2 井区，工区北部存在可代表古地貌高地的无石炭纪沉积的地层缺失区。整体上五百梯石炭系地层厚度具有自研究区中部向西部和北部明显减薄的变化趋势。

二、构造特征

1. 构造及圈闭特征

五百梯潜伏构造为大天池构造带北倾没端东南翼大⑬号断层下盘的一个潜伏构造，大⑬号断层上盘即为大天池构造主体，发育有史家寨、轿顶山潜高等构造。

（1）史家寨潜伏高点。

位于史家寨附近，高点海拔-3270m，最低圈闭线-3300m，闭合度 30m，长轴 2.7km，短轴 0.8km，闭合面积 $1.30\mathrm{km}^2$。

（2）轿顶山潜伏高点。

位于轿顶山附近，高点海拔-3570m，最低圈闭线-3650m，闭合度 80m，长轴 2.1km，短轴 0.5km，闭合面积 $0.97\mathrm{km}^2$。

(3)五百梯潜伏构造。

五百梯潜伏构造形态为一长轴状背斜，剖面形态为箱状，在下二叠统底界发育有中新场高点（中新场高点又分为东、西两个次高点）及五百梯高点。

①五百梯高点。

位于五百梯附近，高点海拔-3750m，最低圈闭线-3800m，闭合度50m，长轴3.1km，短轴1.4km，闭合面积2.80km^2。

②中新场高点。

位于中新场附近，在下二叠统底界上分为东、西两个高点，其中西高点为主高点，高点海拔-3370m，最低圈闭线-3500m，闭合度130m，长轴2.7km，短轴1.2km，闭合面积2.3km^2；东高点高点海拔-3570m，最低圈闭线-3600m，闭合度30m，长轴1.1km，短轴0.4km，闭合面积0.98km^2。两高点以海拔-3800m形成共圈，长轴7.3km，短轴2.8km，共圈定面积17.4km^2。

(4)五百梯—五里灯地层—构造复合圈闭。

五百梯—五里灯石炭系圈闭类型属地层—构造复合圈闭。五百梯潜伏构造区石炭系气藏原始气水界面为-4700m，构造主体上义和场—中和场气水界面为-4200m，东南面以-4700m等高线为界，北西面以-4200m等高线、⑳号断层为界，西南面以地震预测的石炭系10m厚度线为界，圈定的复合圈闭面积为164.59km^2。

2. 断层特征

在五百梯—五里灯构造内，①号、④号、大⑬号、⑳号断层起到主要控制作用。①号、⑳号断层：位于大天池主体构造北西翼，为两条互相平行构造延伸的倾轴逆断层。其中，①号断层靠近构造轴部，控制了主体构造构造形态、隆起幅度、圈闭规模。向东、向西均延伸出工区，区内延伸长度约20km，倾向南东，倾角45°~70°，落差100~650m，向上消失在侏罗系内部，向下消失于志留系内。⑳号断层位于①号断层下盘，向上消失在雷口坡组内部，向下消失于志留系内。④号、大⑬号断层：位于大天池主体构造南东翼。其中，④号断层向西南延伸出工区，向东走向由北东向转为南东向，区内延伸长度约14km，倾向北北西转北东，倾角30°~60°，落差50~700m，向上消失在侏罗系内部，向下消失于志留系内。大⑬号断层走向为北东向，区内延伸长度约12km，倾向北北西，倾角40°~65°，落差100~700m，向上消失在雷口坡组内部，向下消失于志留系内。

三、储层特征

1. 储集类型

五百梯区块石炭系气藏储层的储集空间包括孔隙、洞穴、喉道和裂缝四大类。孔隙是主要的储集空间，裂缝为主要的渗流通道，五百梯区块石炭系气藏储集类型为裂缝—孔隙型。

2. 储层物性特征

五百梯区块石炭系气藏平均有效孔隙度在3%~8.76%之间，平均为5.44%。基质渗透率在0.028~8.25mD之间，平均3.79mD。含水饱和度变化范围为16.41%~33.20%，平均22.12%。气藏储层表现中—低孔、低渗透、低含水饱和度特征（图6-3至图6-5）。

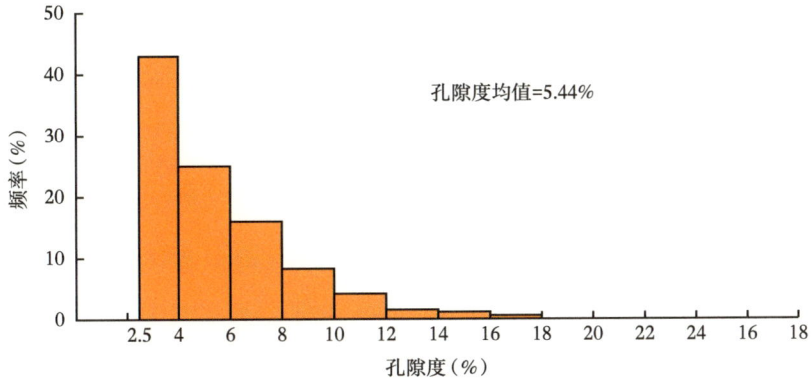

图 6-3　五百梯区块石炭系气藏储层孔隙度频率分布图

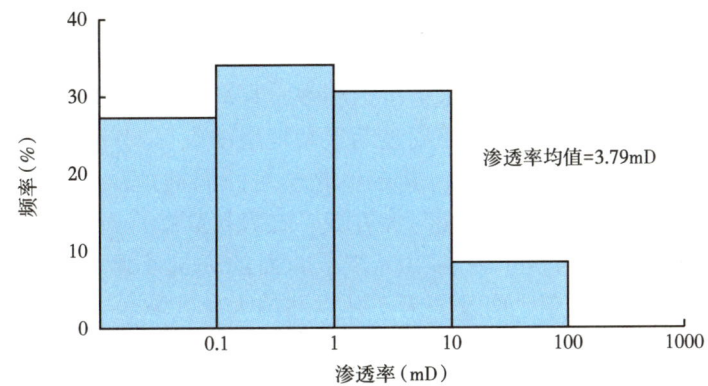

图 6-4　五百梯区块石炭系气藏储层基质渗透率频率分布图

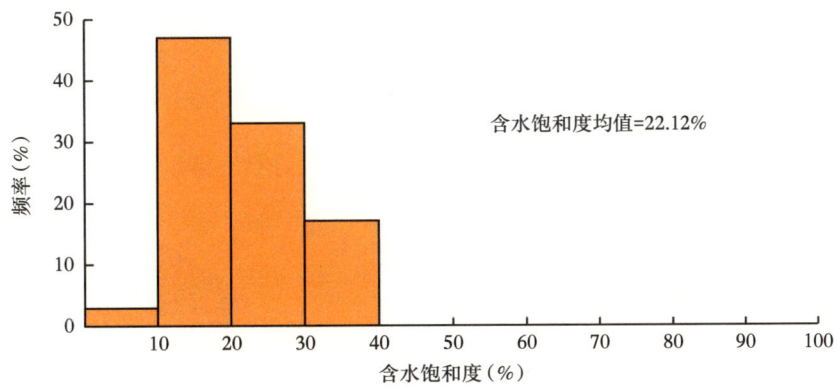

图 6-5　五百梯区块石炭系气藏储层含水饱和度频率分布图

3. 储层分布特征

五百梯区块石炭系气藏储层发育于上石炭统黄龙组内，主要分布在黄龙组二段。其特点是分布较连续、成层性较好，与相邻各井有良好的对比性。从分类储层的展布来看，Ⅱ类、Ⅲ类储集岩发育，分布范围较广，孔隙度中—低，在构造西端天东1井—天东63井—天东16井区黄龙组二段底部可见一到两个"高孔隙层"，向东有向上迁移增厚的趋势,在低渗透区内储层主要以Ⅲ类储层为主。

五百梯区块石炭系气藏各井储层厚度在 8.47~27.15m 之间,储层发育区具有围绕天东 71 井—天东 59 井—天东 62 井—天东 72 井—天东 016-1 井呈环状分布的特点。

四、流体性质及气水界面

1. 流体性质

根据 42 口气井气样分析结果,石炭系各气井的天然气组分基本一致,CH_4 含量一般在 95% 以上,重烃含量小于 0.7%,属干气气藏。此外,天然气中微含 H_2S,CO_2 含量为 1%~2%,气质好。

五百梯区块石炭系气藏地层水均为 $CaCl_2$ 型,矿化度一般约 40g/L,Cl^- 含量 12000~35000mg/L,含 I、Br、B 等微量元素。

2. 流体分布情况

五百梯气田石炭系气藏共有封闭水、半封闭水、局部封存水和正常边水等四种不同的水体。封闭水体位于大天 1 井区,其四周被断层和地层缺失区封闭,为一独立的水体。半封闭水体分布于大天 3 井区、4 井区,其东、北、西三面被地层缺失区封闭,东南面被①号断层封隔,仅在东北①号断层末端与大方城—义和场断垒区局部相通,气水界面为海拔-4200m 左右。局部封存水位于天东 107 井东北面的局部小断凹内,气水界面为海拔-4075m。正常边水位于气藏东、南及大天 2 井以北的大片区域,气水界面为海拔-4700m,如图 6-6 所示。其中,气藏南、北低渗透区只存在于海拔-4700m 以下的边水。

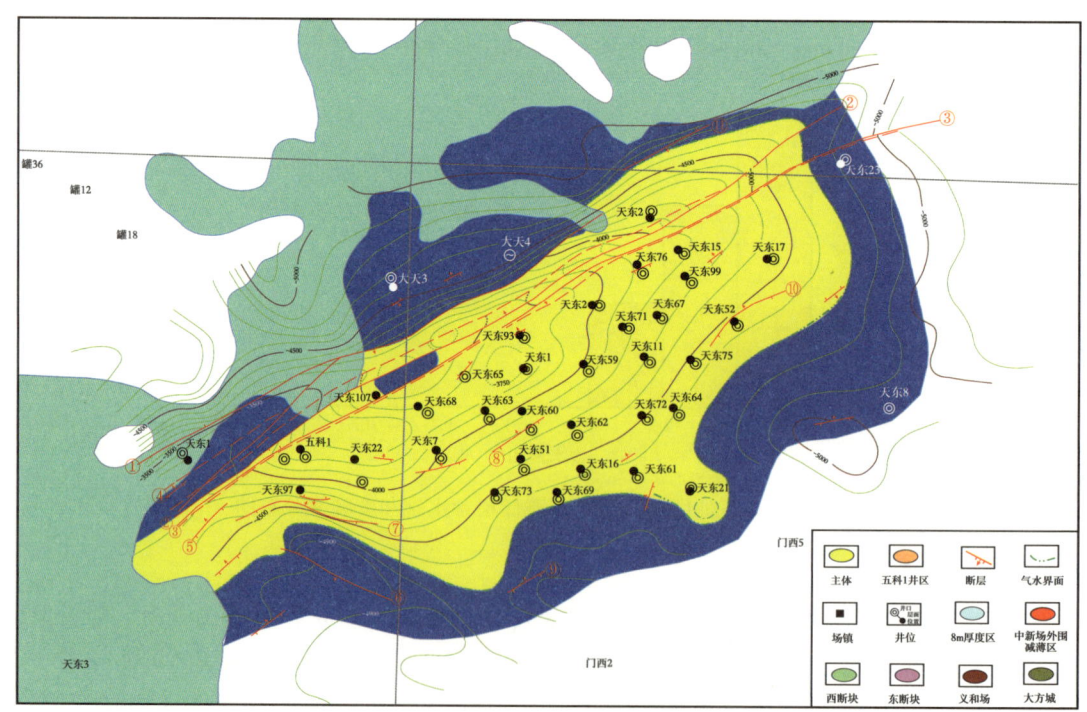

图 6-6 五百梯气田石炭系气藏气水分布图

五、气藏压力系统及连通关系

五百梯区块石炭系气藏主体区与断垒区、大天2井区、大天3井区、大天4井区相互连通,为同一压力系统,大天1井区为一独立的压力系统。

六、气藏驱动类型及气藏类型

五百梯区块石炭系气藏为具弱边水的地层—构造复合圈闭裂缝—孔隙型弹性气驱气藏。

七、气藏渗流特征

1. 气藏渗透率以中—低渗透为主,横向上非均质性强

五百梯区块石炭系气藏渗透率最大的是天东63井(11mD),最小的是五科一井(0.0023mD)。气藏总体表现为中—低渗透特征,部分井为特低渗透。总的来说渗透率在气藏内部分布复杂,不完全受构造的影响,明显表现出较强的非均质性。

2. 石炭系气藏单井产层大多表现为视均质类型

在五百梯区块石炭系气藏的试井解释里,曲线表现具有典型双孔介质的实例较少,大多数井具有多层复合地层的渗流特征。在试井解释中可以明显地看出均质地层的特征(图6-7),该气藏测试层是裂缝—孔隙型的碳酸盐岩地层,说明裂缝和由裂缝串联的孔洞为主要储渗空间,且分布均匀,表现出视均质特征。

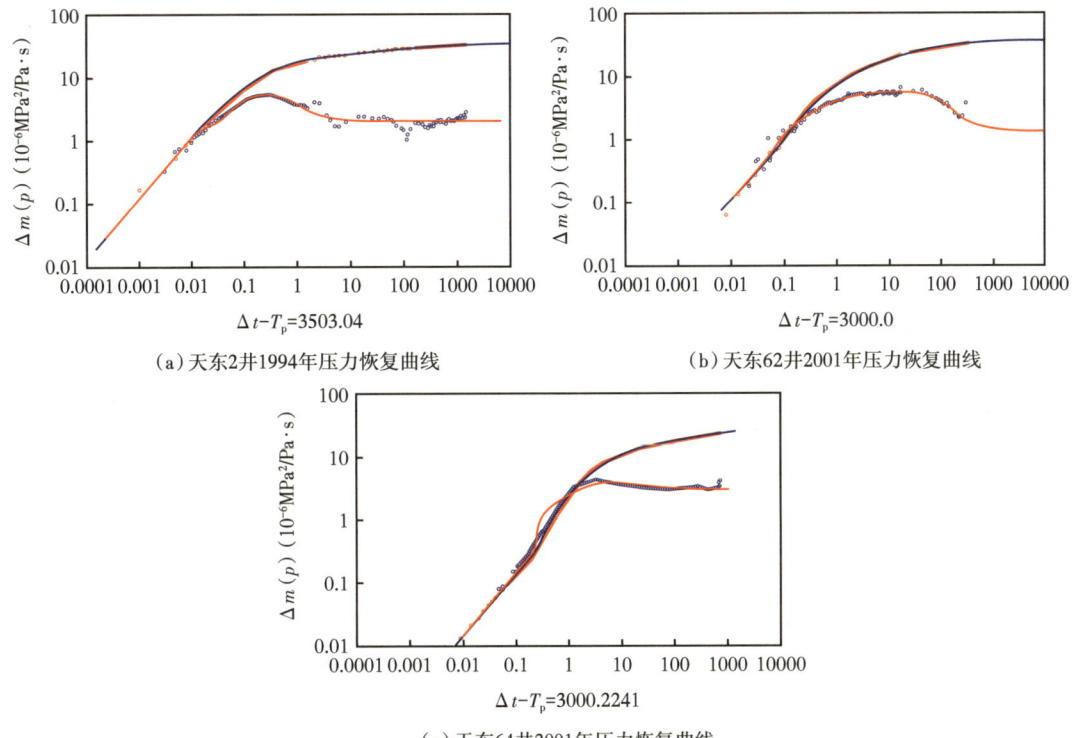

(a)天东2井1994年压力恢复曲线

(b)天东62井2001年压力恢复曲线

(c)天东64井2001年压力恢复曲线

图6-7 石炭系气藏典型的视均质类型试井曲线

3. 大多数井试井没有外边界反映

气藏大部分气井在测试中,由于测试时间短,还未探测到边界,仅部分位于断层附近或气藏边部的井有边界反映(图6-8),如天东7井、天东21井。天东7井试井测试产生类似于封闭边界的特性;天东21井,该井位于边界鼻凸位置,测试表现出定压边界、矩形不流动边界特性。

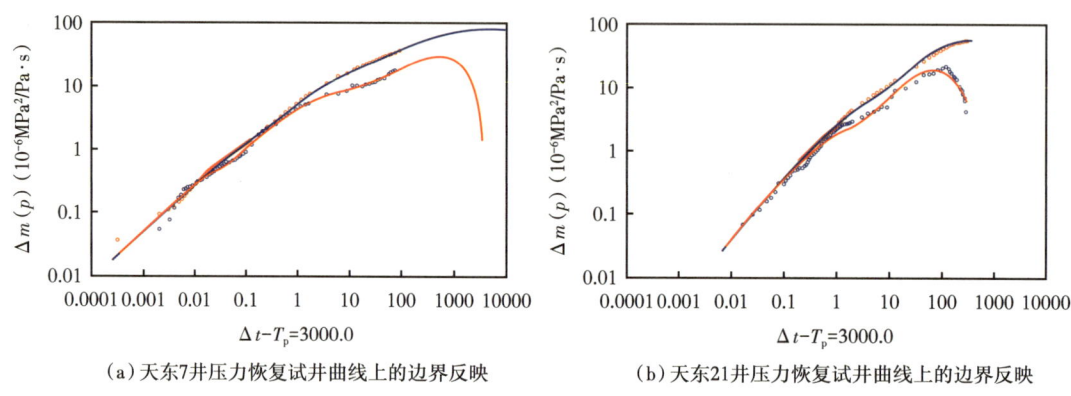

(a)天东7井压力恢复试井曲线上的边界反映　　　(b)天东21井压力恢复试井曲线上的边界反映

图6-8　石炭系气藏压力恢复试井曲线上的边界反映图

4. 部分井在测试后期存在井间干扰现象

开发井投产后的压力恢复试井测试在关井后期观察到了井间干扰现象,如天东63井、天东64井、天东67井、天东69井等井。从天东63井的压力恢复曲线(图6-9)看,在曲线后期段压力恢复缓慢,压力导数曲线明显下掉,分析与该井关井复压期间邻井的生产干扰有关。

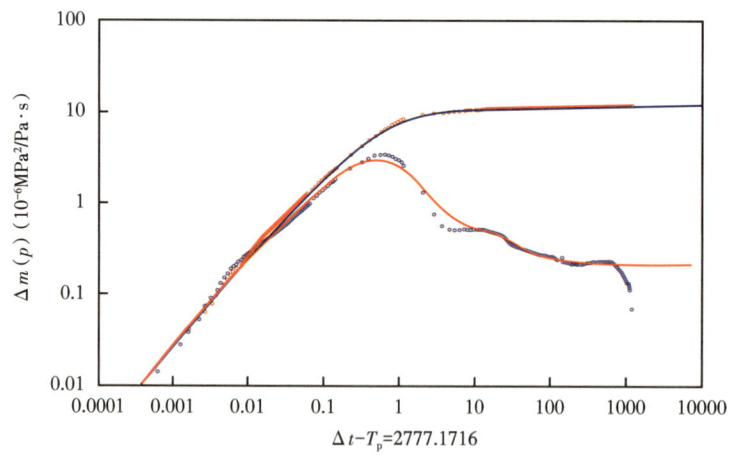

图6-9　天东63井压力恢复试井曲线上的井间干扰现象(1999年12月10日至2000年2月15日)

八、气藏压力分布情况

从气藏压力分布(图6-10和图6-11)可以看出,气藏主体开发均衡,除低渗透区压力

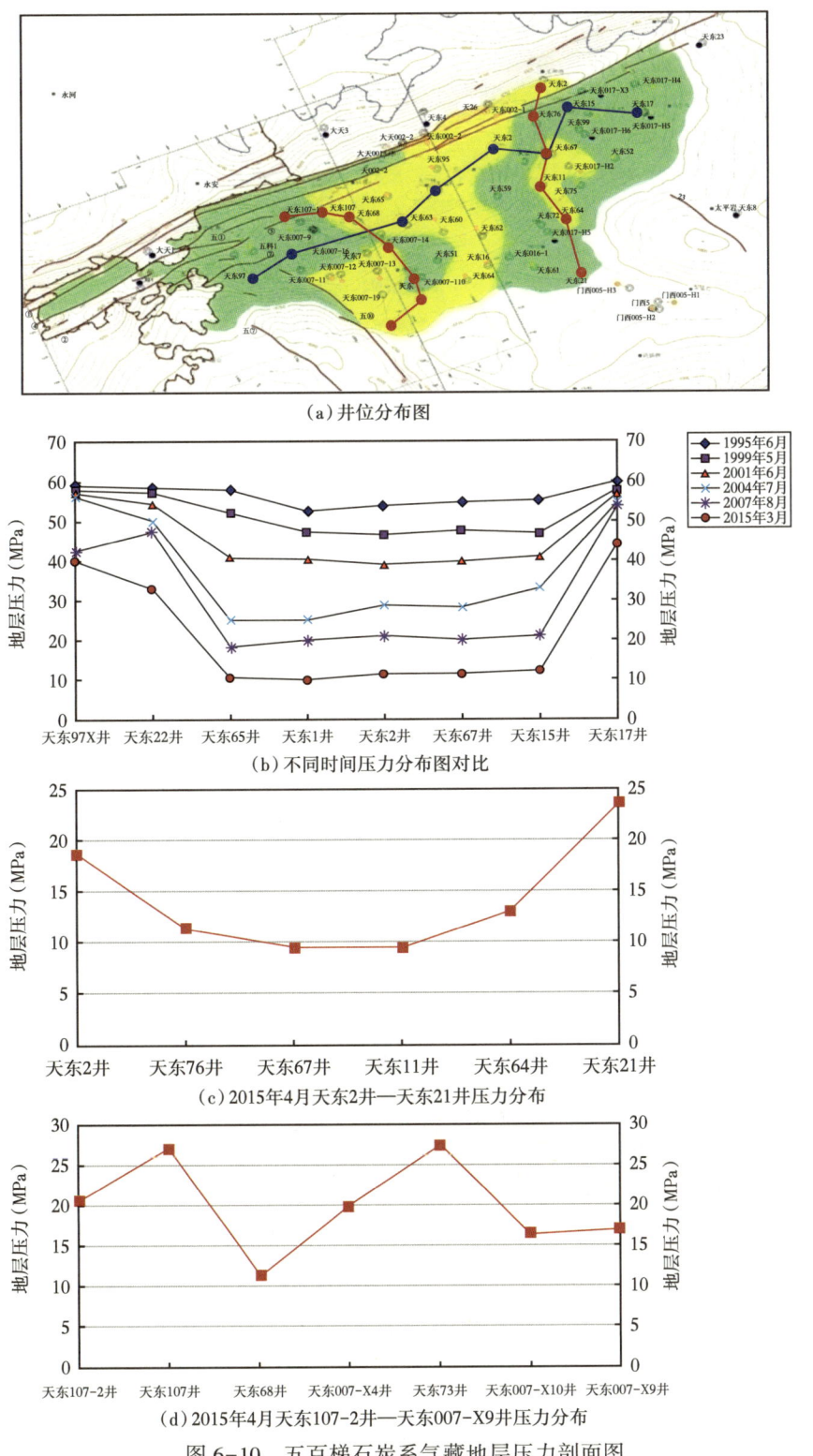

图 6-10 五百梯石炭系气藏地层压力剖面图

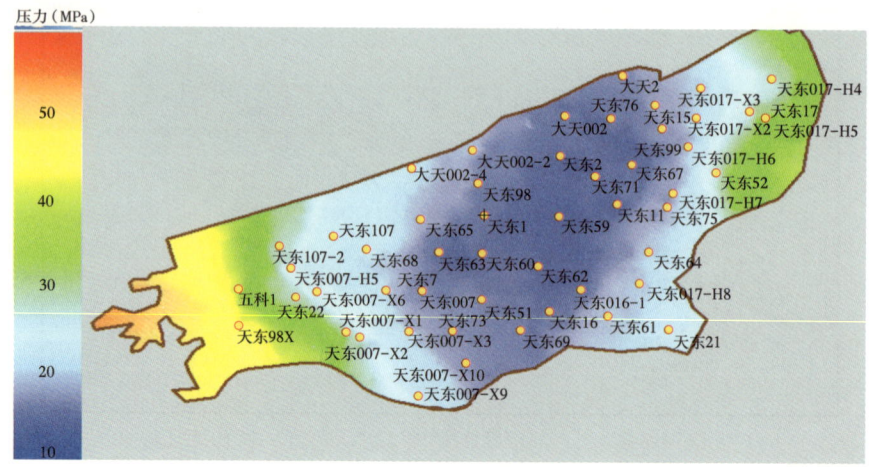

图 6-11 五百梯石炭系气藏压力分布图(2015 年 3 月)

较高,气藏主体未出现明显的压力漏斗。五百梯南的天东 97X 井区和北低渗透区的天东 17 井区,压力在 40MPa 以上,其中天东 97X 井区地层压力在 45MPa 左右;气藏主体地层压力在 10MPa 左右。

九、气藏水侵特征

1. 产水现状及特征

从产水的构造方位和出水大致原因,可以把大天池气田五百梯石炭系气藏划分为四个出水区域(图 6-12):(1)天东 107 井区域;(2)大天 2 井区域;(3)五百梯主体东北翼;(4)五百梯主体南翼。

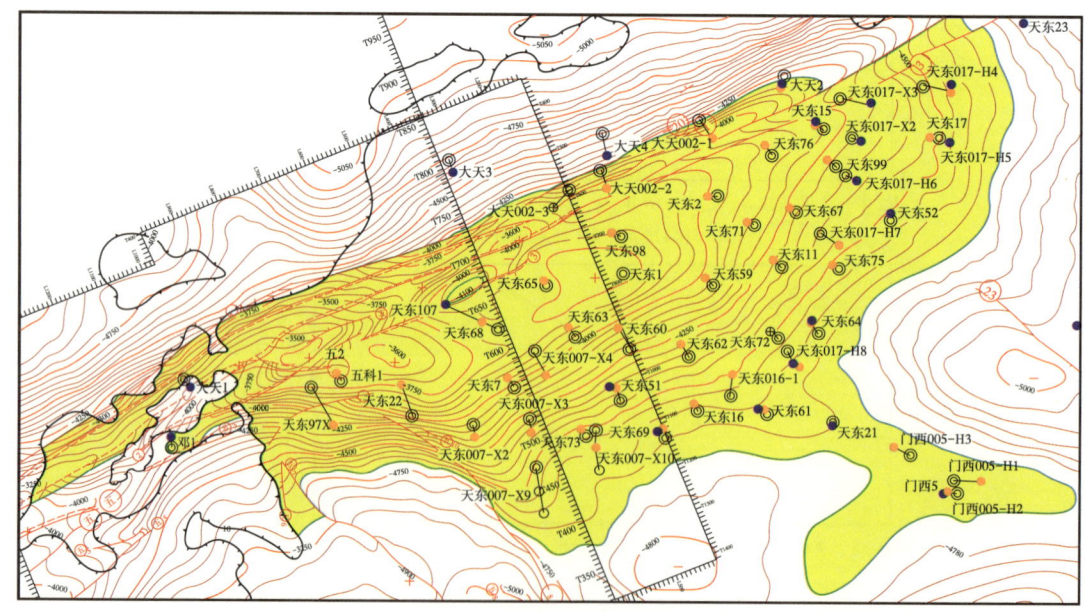

图 6-12 五百梯区块石炭系气藏产水井分布图

五百梯区块石炭系气藏产水井具有以下几个特征：

1）产水量逐渐下降型

产水量逐渐下降型主要是指天东 107 井，天东 107 井产水量从初期的 $53m^3/d$ 降到目前 $12m^3/d$，而产气从 $12.9\times10^4m^3/d$ 增加到 $18\times10^4m^3/d$。一般来说在没有其他外因情况下，产水量逐渐下降的原因是因为水体能量非常有限，也就是水体比较小。

2）产水量少，带水长时间生产型

天东 15 井、天东 21 井、天东 51 井、天东 52 井、天东 64 井、天东 69 井、天东 017-X2 井、天东 017-X3 井、天东 017-X4 井这些井的产水量普遍较少，在 $2m^3/d$ 以内，产水后能够带水长时间生产。该类型产水井的一个特点是都离边水比较远，位于构造的中部或者腰部，一般是通过微裂缝沟通，所以产水不大，对气井的生产影响不大。

3）初期产水稳定，产水逐渐增加型

大天 2 井初期产水稳定，后期产水迅速增加，有继续上升的趋势。该类型产水井一般处于气水界面边上，随着地层压力下降，边水缓慢入侵，产水量增加。

2. 地层水对气藏开发的影响

截至 2017 年 12 月底，气藏共有 14 口井产地层水，大部分气井水侵强度弱，产水量低，能依靠自身能量或加泡的方式携液生产。有部分井受水侵影响较大，无法发挥自身产能，主要集中在主体构造南翼和东北翼的低渗透区，东北翼低渗透区受水侵影响尤为严重，主要表现在以下方面：

(1) 低渗透区水平井、大斜度井产量下降快，生产困难。

由于低渗透区水平井、大斜度井基本全部出水，气井无阻流量下降较快，日产气量也下降较快，部分井生产困难。目前，天东 017-H5 井、天东 017-H6 井、天东 017-H8 井只能间歇性生产或者不能生产。

目前北低渗透区日产气量 $29.4\times10^4m^3$，累计产气量 $9.4\times10^8m^3$，北低渗透区剩余数值模拟储量 $63.79\times10^8m^3$，采气速度仅 1.5%，剩余储量开采困难。

(2) 低渗透区储量动用困难。

2006 年后新部署天东 017-H4 井、天东 017-H5 井、天东 017-X3 井、天东 017-X2 井、天东 016-1 井，但是这些井投入生产后很快见水，气区易被水体分隔；2012 年投产的天东 017-H6 井、天东 17-H8 井受水侵影响，也不能正常生产，无法计算其动态储量，北低渗透区目前动态储量合计 $15.55\times10^8m^3$，较 2006 年前仅增加 $1.76\times10^8m^3$（表 6-1）。

表 6-1 北低渗透区储量变化

区块	井名	目前产量 ($10^4m^3/d$)	累计产量 (10^8m^3)	2006 年精细描述储量 (10^8m^3)	动态储量 (10^8m^3)	动态储量变化 (10^8m^3)
北低渗透区	天东 017-H4 井	9.2	0.93		2.28	2.28
	天东 017-X3 井	0.8	0.14		0.34	0.34
	天东 15 井	1.0	2.09	5.75	2.52	-3.23

续表

区块	井名	目前产量 ($10^4 m^3/d$)	累计产量 ($10^8 m^3$)	2006年精细描述储量 ($10^8 m^3$)	动态储量 ($10^8 m^3$)	动态储量变化 ($10^8 m^3$)
北低渗透区	天东017-X2井	2.8	1.37		1.74	1.74
	天东52井	2.2	0.95	1.84	1.70	-0.14
	天东99井	1.4	0.95	0.18	1.30	1.12
	天东76井	1.6	1.08	1.12	1.69	0.57
	天东71井		0.09	0.67	0.67	0
	天东21井	1.9	1.19	3.08	2.09	-0.99
	天东61井		0.32	1.15	0.99	-0.16
	天东016-1井	0.8	0.13		0.23	0.23
	天东017-H5井	间歇生产	0.01			
	天东017-H6井	1.0	0.05			
	天东017-H7井	0.7	0.10			
	合计	29.4	9.40	13.79	15.55	1.76

注：天东017-H5井、天东017-H6井、天东017-H8无法正常生产，天东017-H7井生产时间短，无法计算动态储量。

3. 水体活跃程度评价

1）边水推进速度缓慢，水侵量小

从计算的气藏主体区水侵量考虑，五百梯区块石炭系气藏主体区边水推进仍然较缓慢，用差值法计算的2011年水侵量为 $134.4×10^4 m^3$。

2）边水水体体积小，边水能量小

罐状水层模型（《油藏工程手册》，石油工业出版社出版，冉新权、何江川译）是最简单的水侵模型，该模型是基于压缩系数的定义之上的。随着油气开采过程中油（气）藏压力下降，水层不断向油气层膨胀。将压缩系数用于水层可得：

$$W_e = (C_w + C_p) W_i (p_i - p) \qquad (6-1)$$

式中 W_e——累计水侵量，m^3；

C_w——水的压缩系数，MPa^{-1}；

C_p——岩石（孔隙）的压缩系数，MPa^{-1}。

W_i——水体中水的原始体积，m^3；

p_i——原始油（气）藏压力，MPa；

p——目前油（气）藏压力，也是水体内边界压力，MPa。

方程（6-1）假定水侵从各个方向径向推进。但大多数情况下，水并不会从油（气）藏各个方向侵入，即实际油（气）藏并不是圆柱形的。因此，必须对方程进行校正以使其能正确地描述流动机理。最简单的校正方法是加入水侵角分数，则方程（6-1）变为：

$$W_e = (C_w + C_p) W_i f (p_i - p) \qquad (6-2)$$

式中　f——水侵角分数，$f=\theta/360°$；
　　　θ——水侵角，（°）。

$$W_i = \pi(r_a^2 - r_e^2)h\phi \tag{6-3}$$

式中　r_a——水层半径，m；
　　　r_e——油（气）藏半径，m；
　　　h——水层厚度，m；
　　　ϕ——水层孔隙度。

用压力表示的水驱气藏物质平衡方程为：

$$\frac{p}{Z}\left[1-\left(\frac{C_p+S_{wc}C_w}{1-S_{wc}}\right)\Delta p - \frac{W_e-W_pB_w}{GB_{gi}}\right] = \frac{p_i}{Z_i}\left(1-\frac{G_p}{G}\right) \tag{6-4}$$

式中　p——目前地层压力，MPa；
　　　Z——天然气压缩因子；
　　　S_{wc}——残余水饱和度；
　　　Δp——压降，MPa；
　　　B_w——水的体积系数；
　　　B_{gi}——原始地层压力、温度下的天然气体积系数；
　　　G——地质储量，10^8m^3；
　　　p_i——原始地层压力，MPa；
　　　Z_i——原始天然气压缩因子；
　　　G_p——累计产气量，10^8m^3。

采用罐状水层模型，假定不同的水体大小，计算该水体大小情况下气藏的水侵量。然后，根据气藏生产资料、流体性质、岩石性质和计算的水侵量计算 PH 压力，并作 PH 压力与累计产气量 G_p 关系曲线。如果选定的水体大小与实际的水体相符，则计算的 PH 压力点会落在初始 PF 直线段的延长线上。如果计算的 PH 压力不是沿初始 PF 直线段的延长线呈直线分布，则需要调整水体大小，重新计算，如此反复，最终将得到确切的水体大小。

采用罐状水层模型计算（图 6-13），五百梯区块石炭系气藏主体区对应水体为 $0.18×10^8 \text{m}^3$。

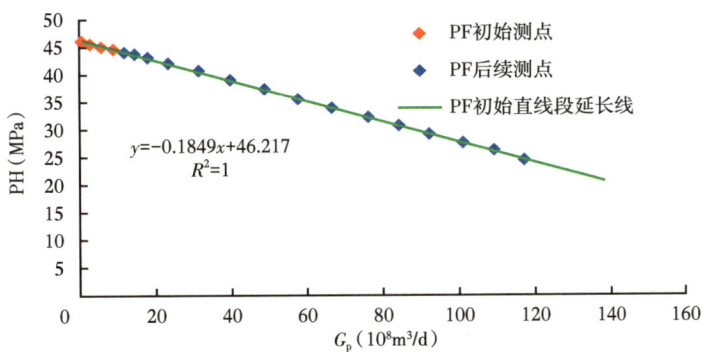

图 6-13　五百梯石炭系气藏主区块水体参数确定图（罐状水层模型）

3）地层水活跃程度

水体活跃程度的高低对气藏的开发影响很大。水体活跃程度高的气藏，见水早，产水量大，气井的举升压力高，气藏的废弃压力也高，因而气藏的合理产气量小，采收率也较低。相反，水体活跃程度低的气藏，见水晚，产水量小，气井的举升压力低，气藏的废弃压力也低，因而气藏的合理产气量大，采收率也较高。

由水侵体积系数 ω 与采出程度 R 的关系：

$$\omega = R^B \tag{6-5}$$

$$\omega = \frac{W_e - W_p B_w}{G B_{gi}}, \quad R = \frac{G_p}{G} \tag{6-6}$$

式中　ω——水侵体积系数；

　　　R——采出程度；

　　　B——水侵相关常数；

　　　G_p——累计产气量，$10^8 \mathrm{m}^3$；

　　　G——地质储量，$10^8 \mathrm{m}^3$；

　　　W_e——水侵量，$10^8 \mathrm{m}^3$；

　　　W_p——累计产水量，$10^8 \mathrm{m}^3$；

　　　B_w——水的体积系数；

　　　B_{gi}——原始地层压力、温度下的天然气体积系数。

G 取动态储量，计算 B 值为 4.04，大于 4，说明五百梯区块石炭系气藏边底水活跃程度为不活跃。

第三节　气藏开发主要做法

一、勘探阶段

1979 年钻探构造西南端邓 1 井石炭系产少量水。1989 年 9 月天东 1 井在石炭系钻获百万立方米级高产气流，发现了石炭系气藏。为明确气藏气水分布及储层发育状况，1995 年以前气藏共钻探探井、评价井 14 口，其中气井 10 口，水井 4 口。4 口水井都位于气藏主体构造的边部，初步认为气藏存在边水（表 6-2）。

表 6-2　五百梯区块石炭系气藏探井、评价井测试成果统计表

井号	构造位置	完井时间	日产气量（$10^4 \mathrm{m}^3$）	日产水量（m^3）
大天 1 井	大天池构造北段近轴部	1992-03	0	0.40
大天 2 井	大天池义和场潜伏高点北端西翼	1991-12	119.95	0
大天 3 井	义和场构造南段西北翼	1993-06	0	4.00
天东 1 井	五百梯潜伏构造近高点	1989-09	111.81	0
天东 11 井	五百梯潜伏构造北段东南翼	1991-10	72.93	0
天东 15 井	五百梯潜伏构造北端	1992-10	16.54	0

续表

井号	构造位置	完井时间	日产气量（$10^4 m^3$）	日产水量（m^3）
天东16井	五百梯中段东南翼	1993-02	35.83	0
天东17井	五百梯潜伏构造东北端	1992-12	2.40	0
天东2井	五百梯构造北段近轴部	1990-01	88.78	0
天东21井	五百梯构造南段鼻凸	1993-02	11.63	0
天东22井	五百梯潜伏构造中新场高点东南	1993-03	2.51	0
天东7井	五百梯潜伏构造中段东南翼	1991-10	2.40	0
天东8井	五百梯潜伏构造北段外围低部位	1994-04	0	1.14
天东23井	五百梯潜伏构造北段近轴部	1995-09	0	0.24

在认识到气藏可能存在边水后，对布井思路进行了调整，后续部署开发井时尽量避开边水，主要集中在主体构造，2007年以前部署的21口开发井中，获气井19口，水井1口（大天4井），气水同产井1口（天东107井），获气成功率达95.2%（表6-3）。

表6-3 五百梯区块石炭系气藏开发井测试成果统计表

井号	构造位置	完井时间	日产气量（$10^4 m^3$）	日产水量（m^3）
天东107井	五百梯构造西南段近轴部偏西北翼	2005-07	12.09	5.40
天东99井	五百梯潜伏构造北段偏东翼	2005-10	5.35	0
天东98井	五百梯潜伏高点附近	2005-12	8.08	0
天东68井	五百梯构造西南段近轴部	2003-09	27.81	0
天东97X井	五百梯潜伏构造高	2006-07	2.44	0
五科1井	五百梯潜伏构造高点南端	1999-04	7.44	0
大天4井	大天池构造带义和场高点中段	1995-05	微	5.84
天东76井	五百梯潜伏构造北段轴部	1990-04	0.63	0
天东51井	大天池构造带五百梯潜伏构造东翼	1995-07	11.03	0
天东52井	五百梯潜伏构造北段东翼	1995-11	2.27	0
天东59井	五百梯潜伏构造中段轴部偏东翼	1997-08	0	0
天东60井	五百梯潜伏构造中段轴部东翼	1998-02	37.55	0
天东61井	五百梯潜伏构造中段东南翼	1997-11	21.03	0
天东62井	大天池构造五百梯潜伏构造中段	1997-07	11.58	0
天东63井	五百梯潜伏构造中段轴部东翼	1998-02	21.08	0
天东64井	五百梯潜伏构造中段东翼	1997-12	10.94	0
天东65井	五百梯潜伏构造五百梯高点附近	1998-01	56.47	0
天东67井	五百梯中段东南翼	1997-12	16.92	0
天东69井	五百梯潜伏构造中段南翼翼部	1998-01	24.03	0
天东71井	五百梯潜伏构造北段轴部偏东翼	1999-03	2.99	0
天东73井	五百梯潜伏构造中段东南翼翼部	1998-02	2.68	0

二、试采与开发评价阶段(1992—1995年)

天东 2 井于 1992 年 12 月 16 日首先投入试采,到 1993 年,天东 11 井、天东 1 井、天东 15 井又先后投入试采,1994 年天东 16 井和大天 2 井加入试采,气藏生产井数增至 6 口,日产气量上升至 $100 \times 10^4 m^3$,日产液 $4 m^3$,年产气量达到 $3.4 \times 10^8 m^3$。

从本阶段试采情况来看,试采井均集中在主体构造,试采期间只有少量凝析水产出,未见地层水,证实了气藏为边水气藏,主体构造未受地层水影响。结合气藏测试情况,主体区外围共有两口水井,一口为位于东南翼圈闭外的天东 8 井,另一口为位于东北倾没端部的天东 23 井。根据气井和水井压力梯度方程和各井的实钻情况论证五百梯区块石炭系气藏主体构造原始气水界面为海拔 -4700m(天东 21 井石炭系底界海拔为 -4689m,测试产气不产水)。

三、方案实施及调整阶段(1996—2007年)

通过方案的实施和多轮方案的调整,最终气藏在 $260 \times 10^4 m^3/d$ 实现稳产,通过本阶段气田的开发,深化了对气藏储层分布、渗流特征、水侵特征的认识,为气藏生产组织、井位部署、挖潜措施等奠定了基础。

1. 优质储层发育是获得高产的必要因素,酸化压裂增产效果明显

地质研究及试井分析证实五百梯区块石炭系气藏主体区形成了以天东 63 井、天东 67 井为中心的两个高渗透区,天东 59 井为中心的低渗透区,在气藏边部都是低渗透区(图 6-14)。气藏总体表现为中—低渗透特征,部分井为特低渗透,气藏渗透性分布复杂,

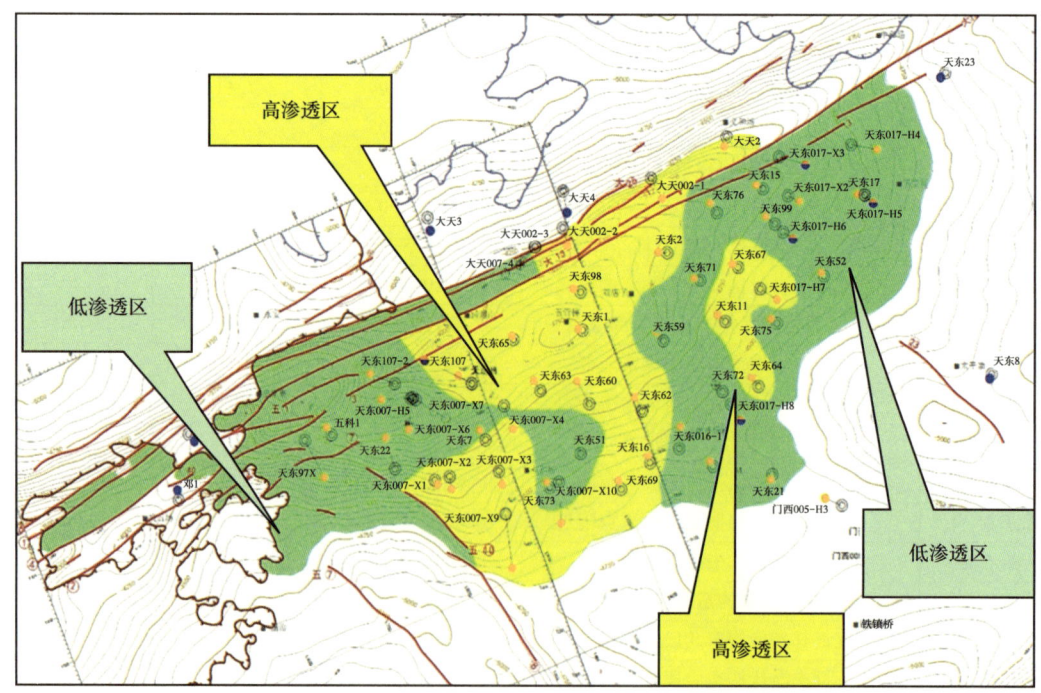

图 6-14 五百梯区块主体高、低渗透区分布图

不完全受构造的影响,非均质性强。

通过实钻井测试产量与试井分析渗透率统计表(表6-4)可以看出,测试产量与储层渗透性呈很好的正相关关系。渗透率较高的天东1井、天东2井、大天2井等均获得了较高的测试产量,而特低渗透的天东7井、天东59井等测试产量均较低。

表6-4 试井解释渗透率与测试产量统计表

井号	渗透率(mD)	试井测试年份	测试产量($10^4m^3/d$)
天东1井	4.3	2005	111.81
天东2井	4.133	1996	88.78
天东7井	0.0549	2001	2.17
天东11井	1.9	2001	72.93
天东15井	0.13	2003	16.54
天东16井	4.56	2003	85.83
天东21井	0.02	2001	11.63
天东51井	0.52	2000	11.03
天东59井	0.06	1997	0.48
天东62井	0.43	2006	19.40
天东63井	11	2001	22.20
天东64井	0.255	2001	10.94
天东65井	3.997	2001	8.44
天东67井	5.971	2001	20.23
天东69井	0.98	2005	4.02
天东76井	0.43	2006	6.27
大天2井	6.54	2002	119.95

该阶段对大量气井进行了酸化压裂,有效沟通了储层裂缝,地层渗透率得到明显改善,如天东63井,措施前试井解释井附近渗透率$K_1=2.3$mD,8m以外地层渗透率比近井区高出近2倍,$K_2=6$mD;经过措施增产后,80m以内地层渗透率$K_3=11$mD,比措施前提高了3倍多(图6-15)。部分井在酸化后井壁附近地层受到伤害,试井解释表皮系数为正值,投产后,随着生产带出部分酸化施工液,地层伤害得到改善。如天东15井,1994年试井解释$S=1.0751$,井筒附近地层轻微伤害,1996年$S=-0.322$,伤害得到改善。这类型的井还包括天东59井、天东62井等。

本阶段共对27口井(表6-5)进行了酸化压裂,获得了不同程度的效果,归纳认识如下:

(1)对储层发育、渗透性好的气井,采用常规解堵酸化解除井筒和井壁附近的表皮伤害,就可达到较好的增产目的。如天东1井、天东2井、天东11井、天东16井、大天2井等5口井,自身储层条件好,常规酸化解堵增产效果明显,增产气量达(66.64~110.02)$\times 10^4m^3/d$。

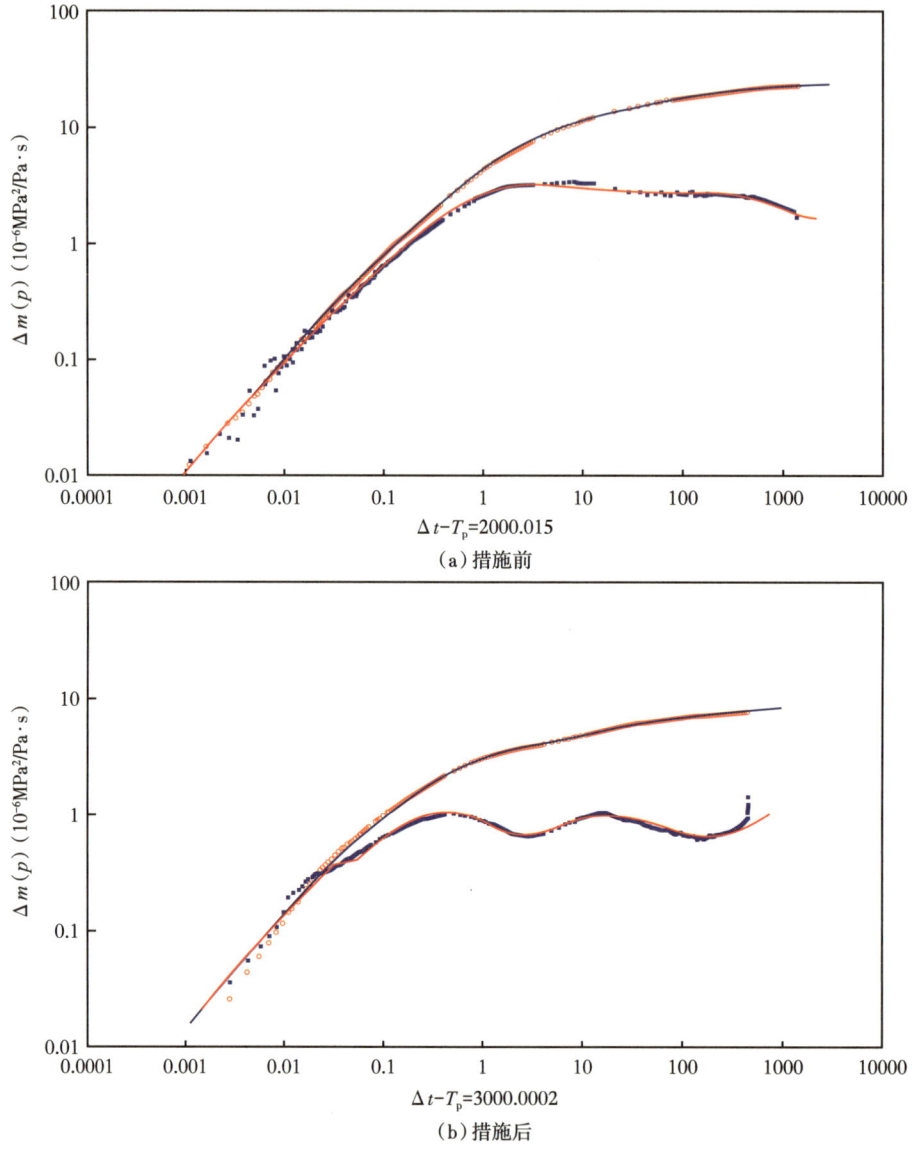

图 6-15　天东 63 井措施前后压力恢复曲线对比图

（2）对储层发育、渗透性欠佳的气井，先采用常规解堵酸化解除表皮伤害，再选择适当的深度开展酸化压裂增产工艺措施，也能达到较好的增产目的。如天东 15 井、天东 21 井、天东 51 井、天东 61 井、天东 62 井、天东 63 井、天东 64 井、天东 67 井、天东 99 井、天东 107 井等增产效果较好，增产气量 $(4.12\sim17.61)\times10^4 m^3/d$。

（3）对储层欠发育的气井，由于自身储层条件不好，含油气性差，即使经过酸化压裂改善了渗透性，增产效果仍不理想。如天东 17 井、天东 73 井、天东 76 井、天东 22 井、天东 59 井等井增产效果较差，增产气量 $(0\sim2.68)\times10^4 m^3/d$。

表6-5 五百梯石炭系气藏部分井压裂酸化数据表

井号	酸化类型	酸化日期	酸化井段（m）	产量（$10^4m^3/d$）酸前	产量（$10^4m^3/d$）酸后	效果
天东1井	常规酸解堵酸化	1989-09-10	4214.98~4260.00	26.53	111.81	好
天东2井	常规酸解堵酸化	1990-03-04	4433.11~4483.00	20.82	88.78	好
天东7井	常规酸解堵酸化	1991-10-13	4596.25~4625.00	微气	微气	无效果
天东7井	常规酸解堵酸化	1991-11-06	4596.25~4625.00	微气	2.40	一般
天东7井	降阻酸、胶凝酸压裂酸化	1997-07-20	4596.25~4625.00	2.40	2.17	无效果
天东11井	常规酸解堵酸化	1989-09-10	4664.50~4695.00	6.29	72.93	好
天东15井	常规酸解堵酸化	1992-10-19	4558.00~4581.00	4.50	16.54	较好
天东15井	前置液滤失控制酸压裂酸化	1998-10-27	4558.00~4581.00	6.70	11.46	较好
天东16井	常规酸解堵酸化	1993-03-15	5022.80~5058.50	18.75	85.83	好
天东17井	常规酸解堵酸化	1992-12-13	4774.00~4785.00	微气	2.40	一般
天东21井	常规酸解堵酸化	1993-02-21	4971.00~4992.00	3.91	11.63	较好
天东22井	常规酸解堵酸化	1993-03-28	4456.50~4473.50	2.05	2.51	差
天东51井	常规酸解堵酸化	1995-07-27	4982.20~4999.50	6.91	11.03	较好
天东52井	常规酸解堵酸化	1996-03-28	4841.46~4856.00	4.41	2.27	
天东59井	小型降阻酸下工具解堵酸化	1997-05-04	4461.03~4479.03	微气	0.48	差
天东60井	常规酸解堵酸化	1998-02-14	4717.40~4744.50	5.17	待测	
天东61井	前置液胶凝酸压裂酸化	1997-10-21	5005.86~5028.36	4.50	21.03	较好
天东61井	胶束酸	2002-9-23	4279.00~4300.50	4.50	17.60	较好
天东62井	前置液胶凝酸压裂酸化	1997-06-20	4762.10~4782.10	0.91	11.58	较好
天东62井	前置液胶束酸压裂酸化	2003-06-04	4762.10~4782.10	8.30	19.40	较好
天东63井	前置液胶凝酸压裂酸化	1998-01-31	4546.95~4565.95	3.47	21.08	较好
天东63井	胶束酸	2001-02-16	4546.95~4565.95	22.20	未测	
天东64井	前置液胶凝酸压裂酸化	1997-12-31	4972.62~4989.02	2.62	10.94	较好
天东64井	前置液胶凝酸压裂酸化	2001-12-19	4972.62~4989.02			
天东65井	胶束酸解堵酸化	1998-02-12	4434.57~4456.07	8.44	待测	
天东67井	前置液胶凝酸压裂酸化	1998-01-26	4618.11~4631.91	1.21	16.92	较好
天东67井	前置液降滤失酸压裂酸化	2001-12-26	4618.11~4631.91	20.23	未测	
天东68井	常规酸解堵酸化	2003-09-25	4616.14~4639.04	27.81	27.81	
天东69井	前置液胶凝酸压裂酸化	1998-02-08	4982.91~5008.51	4.02	待测	
天东71井	常规酸解堵酸化	1999-04-01	4480.45~4508.50	未测	2.99	
天东73井	常规酸解堵酸化	1999-02-10	5099.25~5121.85	无	2.68	一般
天东76井	常规酸解堵酸化	1999-05-12	4521.23~4547.73	0.63	2.58	一般
天东76井	胶凝酸压裂酸化	2002-07-31	4521.23~4547.73	2.40	6.27	一般
天东99井	常规酸解堵酸化	2005-09-23	4622.50~4644.00	0	5.35	较好
天东107井	常规酸解堵酸化	2005-08-02	5270.00~5300.00	0	12.09	较好
大天2井	常规酸解堵酸化	1992-01-07	4490.00~4529.00	9.93	119.95	好

2. 明确了气藏的连通关系，为气藏的合理开发和后期挖潜奠定了基础。

通过本阶段气藏开发，认为五百梯区块石炭系气藏主体区与断垒区、大天 2 井区、大天 3 井区、大天 4 井区相互连通，为同一压力系统。

(1) 五百梯区块石炭系气藏主体区各井相互连通，为同一压力系统。

①气藏具连通的地质基础。

根据前面研究成果，气藏主体区范围内地层及储层连续分布，不存在地层缺失及断层分隔，气藏具备连通的地质基础。

②各井流体性质基本一致。

根据各井天然气分析结果，气藏主体区各气井的天然气组分基本一致，CH_4 含量一般都在 95% 以上；重烃含量很少，都低于 0.7%；非烃含量低且含量相近，氦含量 0.03% 左右，CO_2 含量 1%~2%，不含或微含 H_2S。

③动态数据显示气藏主体区各井连通。

气藏早期井折算地层压力基本一致，五百梯区块石炭系气藏主体区内早期完钻的 5 口探井（天东 1 井、天东 2 井、天东 7 井、天东 11 井及天东 15 井），其折算地层压力（折算位置为海拔 -4175m）基本一致，都在 59.7MPa 左右，见表 6-6。

表 6-6 五百梯区块石炭系气藏原始地层压力统计表

井号	地层压力（MPa）	折算至 -4175m 处压力（MPa）
天东 2 井	59.539	59.889
天东 11 井	59.988	59.691
天东 15 井	59.744	59.683
天东 1 井	58.898	59.797
天东 7 井	59.468	59.902
天东 16 井	60.690	59.731
天东 21 井	60.620	59.513
大天 2 井	60.092	60.096
天东 22 井	58.452	59.036
天东 17 井	60.656	60.027
气藏平均		59.737

④后期完钻的井存在先期压降。

气藏主体区内自 1999 年至 2006 年先后共完钻有三批开发井，分别为天东 60 井、天东 61 井、天东 62 井、天东 63 井、天东 64 井、天东 65 井、天东 71 井、天东 76 井、天东 73 井、天东 68 井、五科 1 井和天东 98 井、天东 99 井、天东 107 井、天东 97X 井，这些气井完井时都存在不同程度的先期压降，如图 6-16 和图 6-17 所示。进一步证明了气藏范围内各井间的连通性。

⑤生产过程中存在井间干扰。

气藏投产初期，以天东 2 井单独投入生产，观测天东 11 井、天东 1 井、天东 15 井井

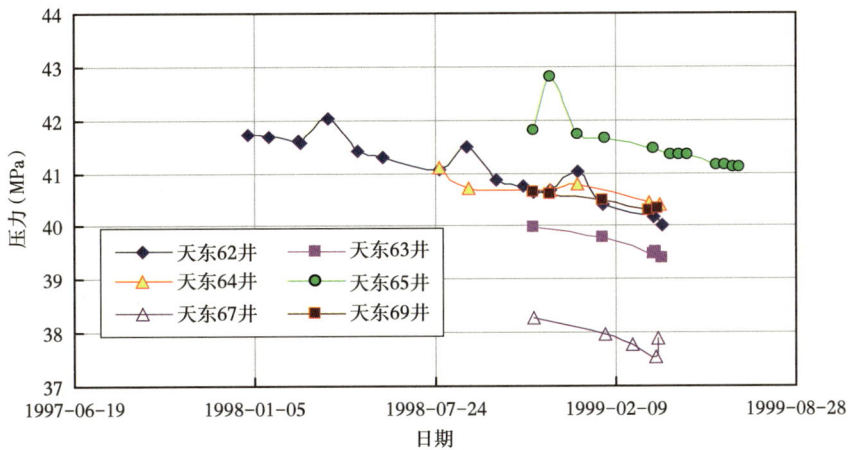

图 6-16 1999 年投产气井投产前压力下降曲线图

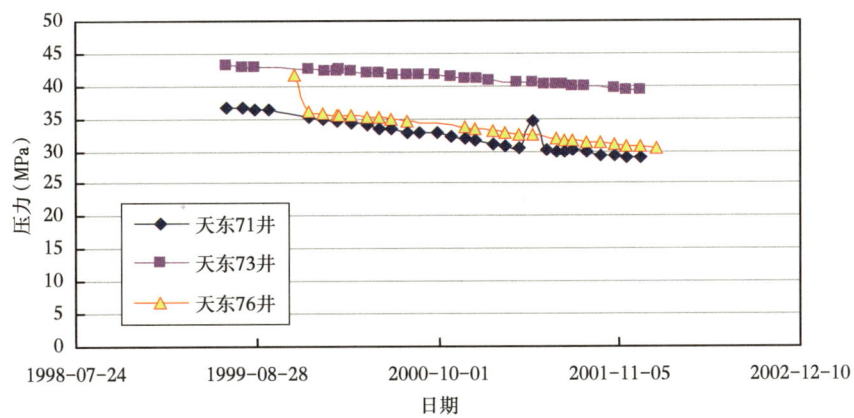

图 6-17 2001 年投产气井投产前压力下降曲线图

口压力先后出现连续下降；随后天东 11 井、天东 15 井、天东 1 井投入开采，其相邻的大天 2、天东 17 井、天东 7 井、天东 22 井、天东 51 井、天东 52 等井井口压力均出现不同程度的下降，证实气藏内各井间互相连通，如图 6-18 所示。

（2）天东 107 井断垒区与五百梯气藏主体区连通。

①静态地质数据反映与气藏主体区连通。

由于③号断层不同位置断距变化较大，在天东 107 井北东方向上的天东 65 井至天东 98 井之间未断开，在西南方向五科 1 井附近也未断开。因此，③号断层不能将天东 107 井断垒区与气藏主体区断开。

②天东 107 井存在先期压降。

天东 107 井 2005 年 8 月 23 日完井测试地层压力为 53.068MPa，折算至气藏主体区中部（海拔 -4175m）压力为 53.134MPa，比气藏主体区原始折算压力 59.737MPa 低 6.603MPa，这可能为气井先期压降所致。

③天东 107 井随气藏主体区开采而压力连续下降。

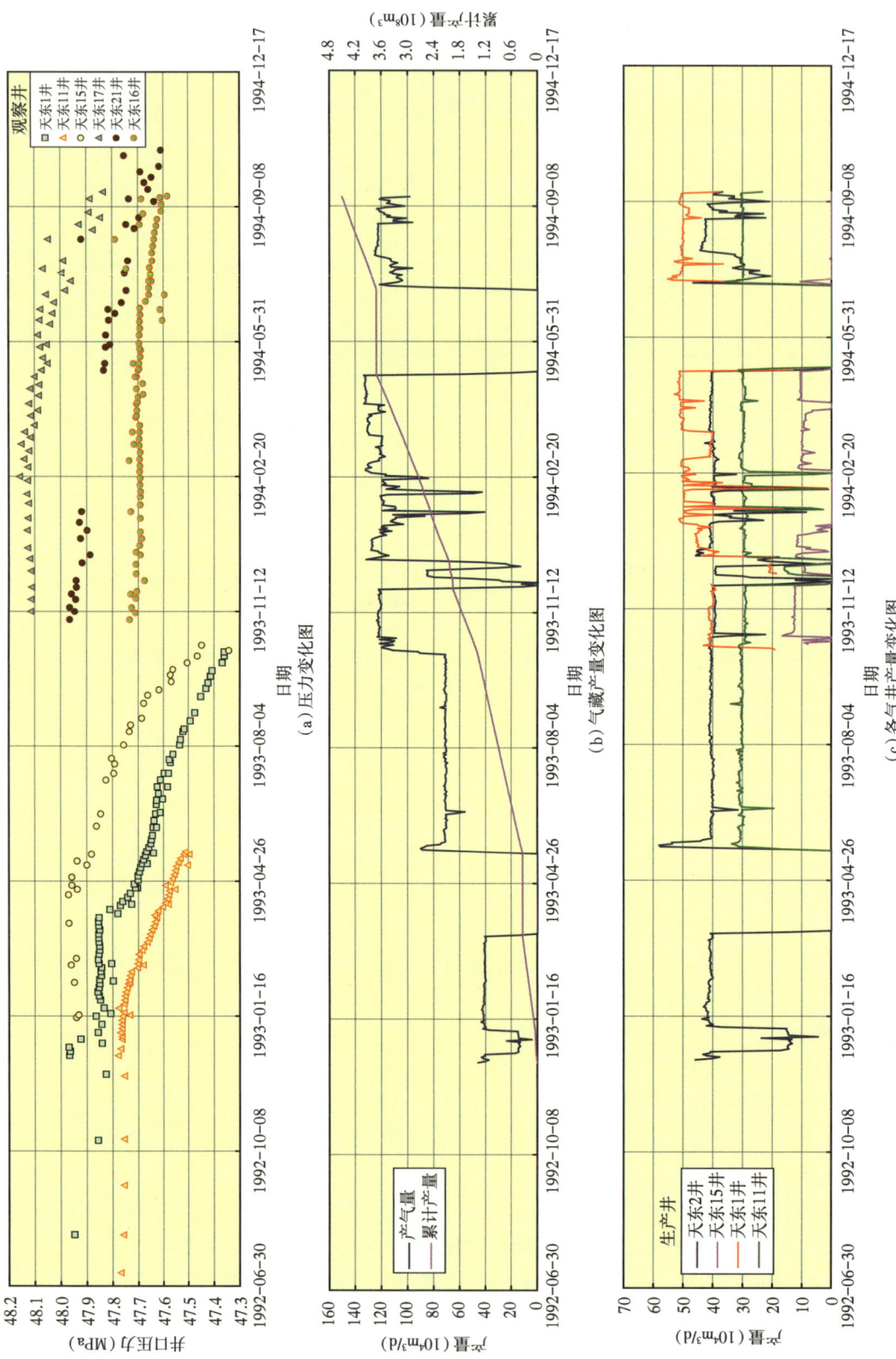

图6-18 五百梯区块石炭系气藏主体区各气井压井压力产量变化曲线图

天东107井从完井至2007年10月22日投产前，一共进行8次下井底压力计实测井底压力，数据显示压力呈连续下降，证明与主体连通（图6-19）。

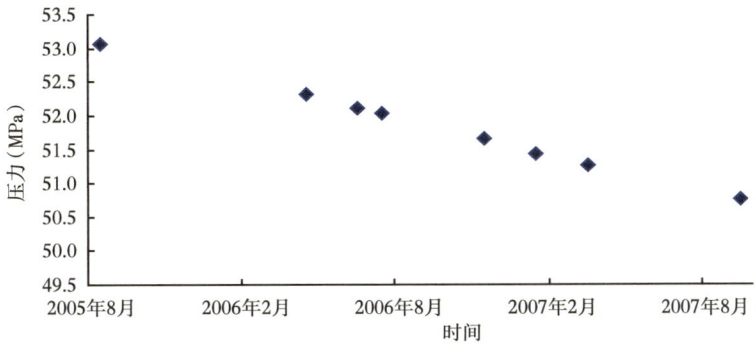

图6-19　天东107井地层压力变化图

（3）生产动态数据证实大天2井区与大天3井区、大天4井区连通。

①大天4井存在先期压降。

大天4井为大天2井投产后完钻的一口探井，完井测试为水井，测试地层压力60.119MPa，与早期完成的另一口水井大天3井位于同一圈闭区，大天3井完井测试原始地层压力64.933MPa，大天4井与大天3井相差4.817MPa，而两井产层中部海拔（-4378.8m与-4641.4m）仅相差约260m，因而两井压差远远高于两井间的静水柱压力，分析认为可能是大天4井受大天2井生产的影响产生先期压降所致。

②生产动态数据显示大天2井与大天3井、大天4井连通

随着大天2井的开采，大天3井、大天4井实测地层压力都出现了连续的下降，大天3井地层压力由原来的64.933MPa降到了58.034MPa，大天4井地层压力由60.119MPa降至46.318MPa，分别下降了6.899MPa和13.801MPa，如图6-20所示，而且从图6-20中可以看出，大天2井的压力下降斜率最大，为0.0044，大天3井和大天4井的压力下降斜

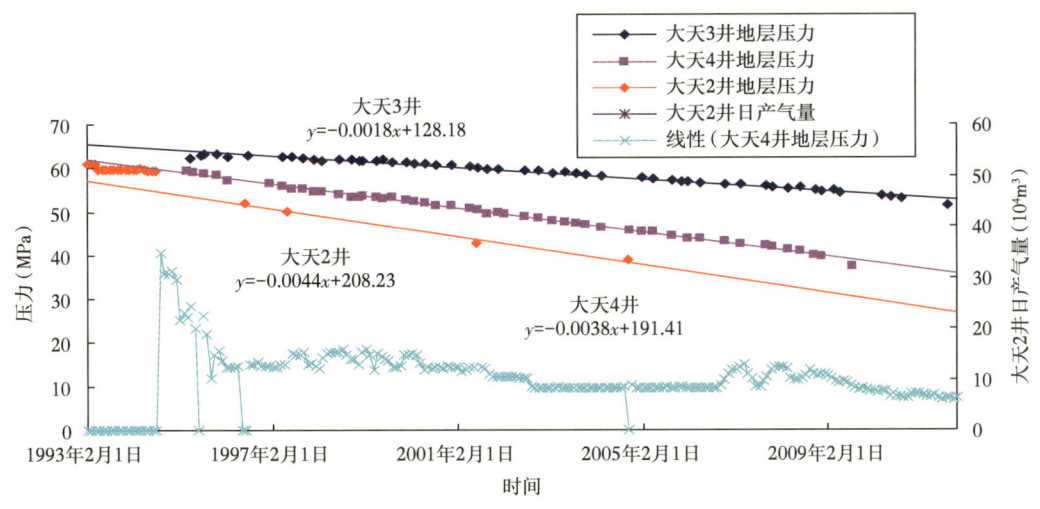

图6-20　大天2井与大天3井、大天4井间连通关系图

率分别为0.0018和0.0038，低于大天2井压降斜率。由此证实了大天2井与大天3井、大天4井之间的连通关系。

3. 动静态相结合，深化气藏水侵特征认识，指导气藏开发生产

本阶段大天池气田五百梯石炭系气藏出水井共有8口（表6-7），集中在四个区域：主体东北翼、主体南翼、天东107井区和大天2井区。

表6-7 气井出水状况统计表

分区	井名	开井时间	出水时间	初期产气量 ($10^4 m^3/d$)	目前产气量 ($10^4 m^3/d$)	目前产水量 (m^3/d)	备注
主体东北翼	天东15井	1993-10-01	2006-06-29	14.4	1.0	0.5	
	天东52井	1998-06-01	2006-03-28	1.4	1.8	0.5	
主体南翼	天东61井	1999-03-01	2000-05-15	14.5			2002年7月上试长兴组
	天东51井	1998-06-01	2006-02-28	6.2	1.6	0.5	
	天东69井	1999-03-28	2006-01-03	20.0	11.0	1.2	
	天东21井	1996-02-27	2001-02-27	7.0	2.0	0.2	
天东107井区	天东107井	2007-10-01	2007-12-09	15.0	7.0		
大天2井区	大天2井	1994-09-01	2000-05-28	34.9	3.0	3.0	

总体来说，该阶段地层水能量较弱，产水井只对自身产能有影响，边水对气藏主体构造气井生产基本无影响，对气藏开发影响不大。8口气井产水中，除天东107井和天东61井产水稍大外（7~12.6m^3/d），其他井日产水在1m^3左右，均能依靠自身能量带液生产。

（1）天东107井区域。

①产水原因分析。

天东107井东南为③号断层，其上盘全为气井，且生产多年一直未见产水，不可能为水源方向，而西南方向构造位置相对较高，分析认为应为天东107井的主要气源方向。北西方向为②号断层，其上盘的大天1井虽为水井，水体存在，但②号断层在该井区附近的断距很大，垂直断距达数百米，断层的封闭性应该较好。且两口井折算地层压力相差较大，大天1井压力折算至天东107井产层中部压力应为58.64MPa左右，而天东107井实测地层压力为53.068MPa，相差了5.57MPa，因此这一方向来水的可能性也基本可以被排除。除此之外，就只剩北方方向来水的可能性了。而在天东107井北东向正好存在一局部小断凹，其北西方向受②号断层上盘志留系泥岩的封闭作用较好，因而其内残留地层水的可能性很大，天东107井正好处于其边缘。这与天东107井的产水特征也很吻合，因此综合分析认为这一断凹区就是天东107井的水源区，水体性质为局部封存水。

天东107井钻遇大天③号断层，地层重复了栖一段、梁山组和石炭系三层。上盘石炭系井深5116.5~5139.0m，下盘石炭系井深5268.5~5305.5m。完井下盘测试产气12.09×$10^4 m^3$/d，产水504m^3/d。表明该井钻在下盘石炭系的气水界面上。从测井曲线结合测试情况判断，天东107井区大天③号断层下盘石炭系气藏原始气水界面在5291.0m，对应海

拔为-4077.93m。故本次取海拔-4075m 为该封存水区域的原始气水界面。

②产水状况及生产组织。

2007 年 10 月 21 日投产，投产初期日产气 13.6×10⁴m³，日产水 53m³。生产过程中发现，气井产水量不断下降，产气量逐渐增大（图 6-21），从生产动态上也进一步证实了该区域为局部封存水，水体能量封闭有限。

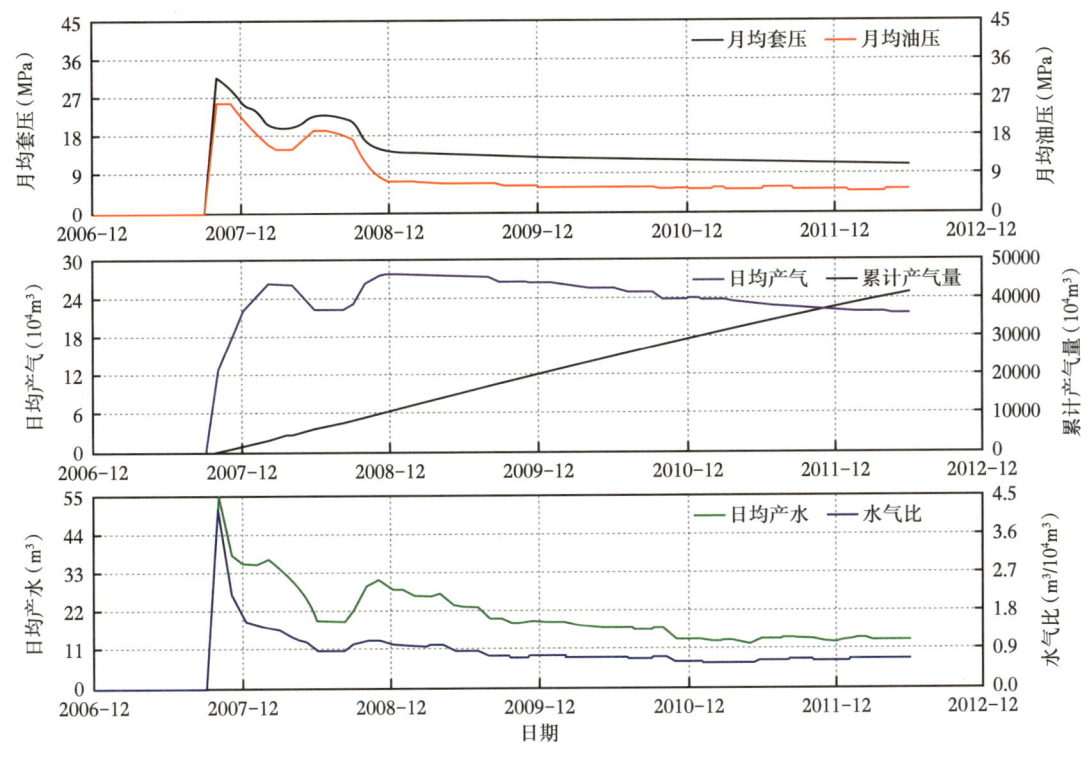

图 6-21 天东 107 井采气曲线

静动态资料证实天东 107 井为局部封存水后，有效指导了气井的生产组织，配产 25×10⁴m³/d，依靠地层天然能量携液生产，实现了近 5 年的稳产期，生产过程中产水量不断下降，地层水对气井生产影响较小。2016 年 12 月该井日均产气 15×10⁴m³、产水 7m³，生产稳定。气井历年产气 7.71×10⁸m³、产水 5.38×10⁴m³。

（2）主体构造东北翼。

①产水原因分析。

气藏主体构造原始气水界面为海拔-4700m，从构造位置看，天东 15 井靠近一条断层，随着气藏压力下降，部分地层水从断层破碎带沿高渗透裂缝逐渐侵入到主压降区天东 15 井附近，然后再沿微裂缝侵入天东 15 井，天东 52 井产水主要原因也是因为气藏压力下降后边水沿微裂缝侵入产水。

②产水状况及生产组织。

该阶段本区域产水井为天东 15 井和天东 52 井，两口井无水采气期均较长（天东 15 井 13 年，天东 52 井 8 年）。两口井处于气藏低渗透区，水侵很弱，气井出水后，水量较小，能依靠气井能量正常携液生产，气井后期实施泡排工艺。

天东 15 井：1993 年 10 月开井生产，2006 年 6 月 29 日产水由 $0.7m^3$ 上升至 $1.1m^3$，证实产地层水，日产水 $0.2\sim5.16m^3$。2007 年 8 月开始实施泡排工艺，连续带水效果明显，产气量由 $1.8\times10^4m^3/d$ 上升至 $2.88\times10^4m^3/d$，效果较好。目前该井的日产气量为 $1\times10^4m^3$，日产水量为 $0.5m^3$，连续带液，生产稳定。

天东 52 井：1998 年 6 月开井生产，2006 年 3 月底产水由 $0.73m^3/d$ 上升至 $5.08m^3/d$，证实产地层水。日产水 $0.2\sim2m^3$，2007 年 8 月开始实施泡排工艺，连续带水效果明显，产气量由 $2.1\times10^4m^3/d$ 上升至 $2.3\times10^4m^3/d$，效果较好。目前该井的日产气量为 $1.8\times10^4m^3$，日产水量为 $0.5m^3$，连续带液，生产稳定。

（3）主体南翼。

①产水原因分析。

该阶段本区域产水井有天东 21 井、天东 51 井、天东 61 井和天东 69 井四口井。这几口井水量都不大，从出水特征看，主要是边水随着主产区压力下降沿着微裂缝侵入气藏。

距离该区产水井较近的天东 16 井长期以 $10\times10^4m^3/d$ 以上的产量生产，没有产水。分析其原因一是该井在 2005 年以前一直是控水采气，同时周围的天东 61 井停产后，该井区控制储量增大，因此保持较高的地层压力；二是比天东 16 井位置低的天东 69 井也一直采取控水采气，控制储量也较大，地层压力下降缓慢，使得地层水没有沿某一高压降区快速舌进。

天东 69 井—天东 51 井方向是气藏南区的主要压降方向，气藏主力气井都分布在这一区域，水侵的方式应该是地层水侵入天东 69 井后又沿着微裂缝侵入到天东 51 井，目前天东 51 井产水量很少。

②产水状况及生产组织。

产水的四口井中，除天东 61 井因气田水无法处理关井外，其他 3 口井均能正常携液生产，且生产稳定。

天东 61 井：1999 年 3 月开井生产，2000 年 4 月 17 日日产水由 $0.57m^3$ 上升至 $9.67m^3$，证实产地层水，最高日产水 $12.44m^3$。至 2001 年 5 月 15 日，因产水量大，地层水无法处理而关井，2002 年 7 月上试长兴组。

天东 51 井：1998 年 6 月开井生产，2006 年 2 月 28 日日产水由 $0.22m^3$ 上升至 $0.76m^3$，取样证实产地层水。2007 年 8 月开始，气井采取泡排工艺，带液明显，产水量上升至 $2.9m^3/d$。2007 年 11 月后，产水量呈下降趋势，目前该井的日产气量为 $1.6\times10^4m^3$，日产水量为 $0.5m^3$，能连续带液生产。

天东 69 井：1999 年 3 月开井生产，2001 年取样显示产地层水，目前该井的日产气量为 $11\times10^4m^3$，日产水量为 $1.2m^3$，水气比为 $0.11m^3/10^4m^3$，生产稳定。

天东 21 井：1996 年 2 月开井生产，2000 年取样显示产地层水，目前该井的日产气量为 $2\times10^4m^3$，日产水量为 $0.2m^3$，水气比为 $0.1m^3/10^4m^3$，生产稳定。

（4）大天 2 井区。

①产水原因分析。

大天 2 井区石炭系气藏气水界面为 $-4200m$，大天 2 井靠近气水边界，随着边水的推进，大天 2 井于 2000 年 5 月产出地层水，随着大天 2 井的开采，大天 3 井、大天 4 井实测地层压力都出现了连续的下降，大天 3 井地层压力由原来的 64.933MPa 降到了 58.034MPa，大天 4 井地层压力由 60.119MPa 降至 46.318MPa，分别下降了 6.899MPa 和 13.801MPa。2 口水井压力下降较大，大天 2 井水气比缓慢上涨，也表明水体能量不强。

②产水状况及生产组织。

大天 2 井于 1994 年 9 月投产，初期以 $30 \times 10^4 m^3/d$ 组织生产，认识到气藏存在边水，调整至 $13 \times 10^4 m^3/d$ 控制生产，日产凝析水 $1m^3$ 左右，气井生产稳定。2000 年 5 月开始，产水有上升趋势，经证实气井产地层水，认识到边水的侵入后，调整了工作制度，以 $8 \times 10^4 m^3/d$ 组织生产，产水量缓慢上升至 $2m^3/d$，生产稳定。2006 年 10 月，由于产量任务紧张，提高气井产量至 $12 \times 10^4 m^3/d$，产水量迅速上升至 $7m^3/d$，目前该井日产气量为 $3 \times 10^4 m^3$，日产水量为 $3m^3$，生产稳定。总体说来，大天 2 井从投产至 2007 年底，阶段控水生产有效地控制了边水的侵入，达到了不错的开发效果，本阶段累计产气 $5.07 \times 10^8 m^3$，累计产水 $6977m^3$。

4. 建立完善了气田水输送、回注系统，为气藏后期开发提供保障

通过本阶段气藏的开发，深化了对气藏水体的认识，建立和完善了气田水输送管网和回注系统。目前，五百梯气田已建有完整的气田内部气田水输送管网，各单井站的气田水经管线与车载相结合的方式输送至天东 71 井经处理后回注，天东 71 井站建有设计规模为 $10m^3/h$ 气田水处理装置，目前平均回注量为 $32.4m^3/d$，回注压力为 $0.1 \sim 0.2MPa$。

天东 71 井作为五百梯区块石炭系气藏的回注井，回注层嘉五 1 亚段，计算地下储集空间达 $1.2 \times 10^8 m^3$，能够满足区块气田水的长期回注。

胶束酸酸化后试注发现，泵注压力 2.0MPa 条件下，排量可达 $5.14m^3/h$，日回注量可达 $123.4m^3$，泵注压力 8.5MPa 条件下，排量可达 $24.8m^3/h$，日回注量可达 $595.2m^3$，试注情况非常好。回注的压力、排量都比较稳定，且回注泵压较低。用 2006 年回注的参数计算，其回注压力在 $0.1 \sim 0.2MPa$ 之间，平均排量为 $10m^3/h$，按此回注速度，以每天回注 16h 计算，可以回注 $160m^3$，能够满足气藏的回注要求。

四、提高低渗透区储量动用阶段（2008 年至今）

为提高气藏低渗透区储量动用，2008 年开始，在气藏低渗透区部署了 17 口开发补充井，以大斜度井和水平井为主，主要集中在主体构造的北低渗透区和南低渗透区，累计增加地质储量 $59.24 \times 10^8 m^3$。该阶段主要认识和做法如下：

1. 低渗透储层配套技术的成功攻关，提高了单井产能，有效动用了低渗透区储量，延长了气藏稳产时间

（1）开展气藏精细描述研究，精细刻画地质模型，搞清剩余储量分布。

2008—2009 年对区块进行了三维地震资料采集，在此基础上，重新对气藏进行精细描述研究，认为气藏南北区剩余低渗透储量达 $121.31 \times 10^8 m^3$，具有较大开发潜力，这些认识为低渗透储量的开发打下了基础。

（2）对低渗透区大斜度井、水平井布井原则进行了研究，指导低渗透储量的合理开发。

通过地质综合分析及数值模拟等技术确定了在储层有效厚度大于5m的区域、低渗透区中相对有利区块(储能系数、剩余储量丰度、地层压力相对较高、裂缝相对发育区)部署大斜度井、水平井,大斜度井、水平井合理井距为1200~1500m。

(3)优化完井酸化工艺,进一步提高单井产能。

根据气藏储层工程地质特征及各类酸化工艺技术特点,对大斜度井、水平井完井增产工艺技术进行了优化研究。2010年开始对大斜度井、水平井采用了裸眼封隔器分段酸化完井和分级转向酸酸化工艺提高单井产能,使测试产量普遍提高,平均测试产量达$38.54 \times 10^4 m^3/d$,为笼统酸化的2.8倍。

通过上述地质工程等技术攻关,气藏开发效果明显:

(1)大斜度井、水平井较直井产能增加明显。

由表6-8可知,气藏北部低渗透区天东017-X2井测试产量高达$71.33 \times 10^4 m^3/d$,是邻井天东15井的4.3倍,是天东99井的13.33倍,且天东017-X2井初期产量可高达$30 \times 10^4 m^3/d$。南部低渗透区部署的天东007-X2井、天东007-X3井、天东007-X4井测试产量是同区域的天东7井的18~33倍,且初期产量均大于$20 \times 10^4 m^3/d$。说明大斜度井、水平井能明显提高低渗透区单井产能。

表6-8 五百梯区块石炭系气藏部分井储层参数及测试情况表

区块	井型	井名	孔隙度(%)	地层厚度(m)	含气饱和度(%)	水平段长(m)	测试产量($10^4 m^3/d$)	无阻流量($10^4 m^3/d$)
南低渗透区	直井	天东7井	5.83	17.66	79.91		2.40	3.22
	大斜度井	天东007-X2井	5.51	666.63	72.30	880.0	80.42	164.76
		天东007-X3井	5.56	477.30	67.95	606.0	61.80	122.65
		天东007-X4井	7.83	374.13	82.76	404.0	44.00	83.82
北低渗透区	直井	天东15井	5.03	20.03	77.64		16.54	28.00
		天东99井	5.13	14.82	80.45		5.35	7.90
	大斜度井	天东017-X2井	4.26	131.63	74.50	420.0	71.33	126.64
		天东017-X3井				505.7	10.64(水:249.6m^3/d)	17.08
	水平井	天东017-H4井	4.82		79.27	621.0	67.59	135.60

(2)气藏南低渗透区储量得到有效动用。

2007年前,南低渗透区5口直井(天东51井、天东73井、天东7井、天东97X井、五科1井)动态储量仅$5.14 \times 10^8 m^3$,平均单井动态储量$1.02 \times 10^8 m^3$。2007年后,天东22-7-51井通过对气藏进行精细描述和合理开发井网研究,在南低渗透区整体部署,分步实施了5口大斜度井(天东007-X2井、天东007-X3井、天东007-X4井、天东007-X9井、天东007-X10井),合计动态储量达$46.16 \times 10^8 m^3$,增加动用低渗透储量$41.02 \times 10^8 m^3$,平均单井动态储量$4.6 \times 10^8 m^3$,使南低渗透区储量动用程度由6.23%提高至55.97%,采气速度由0.2%提高至5.21%。

(3)气藏稳产时间延长,采收率大幅提高。

因低渗透储量动用技术难度大，2006 年完成的《五百梯气田石炭系气藏调整方案》，在未考虑南北低渗透区新布井情况下，安排气藏以 26 口井生产，生产规模 $260\times10^4\text{m}^3/\text{d}$，稳产 5.5 年至 2012 年 6 月结束。2007 年 1 月至 2012 年 10 月，经过气藏精描研究，在南北低渗透区先后部署了 17 口补开发井（水平井、大斜度井），使气藏生产规模一直稳定在 $260\times10^4\text{m}^3/\text{d}$ 以上，有效延长了气藏的稳产时间，采收率得到大幅提高。

2. 北低渗透区开发效果较差，水平井排水采气工艺措施尚需攻关

由于北低渗透区受边水水侵影响较大，部署的水平井、大斜度井受到水侵影响，依靠气井自身能量难以带液生产，本阶段北低渗透区新增产水井 5 口（天东 017-H5 井、天东 017-H6 井、天东 017-X3 井、天东 017-H4 井、天东 017-X2 井），以天东 017-H5 井为例（图 6-22）。

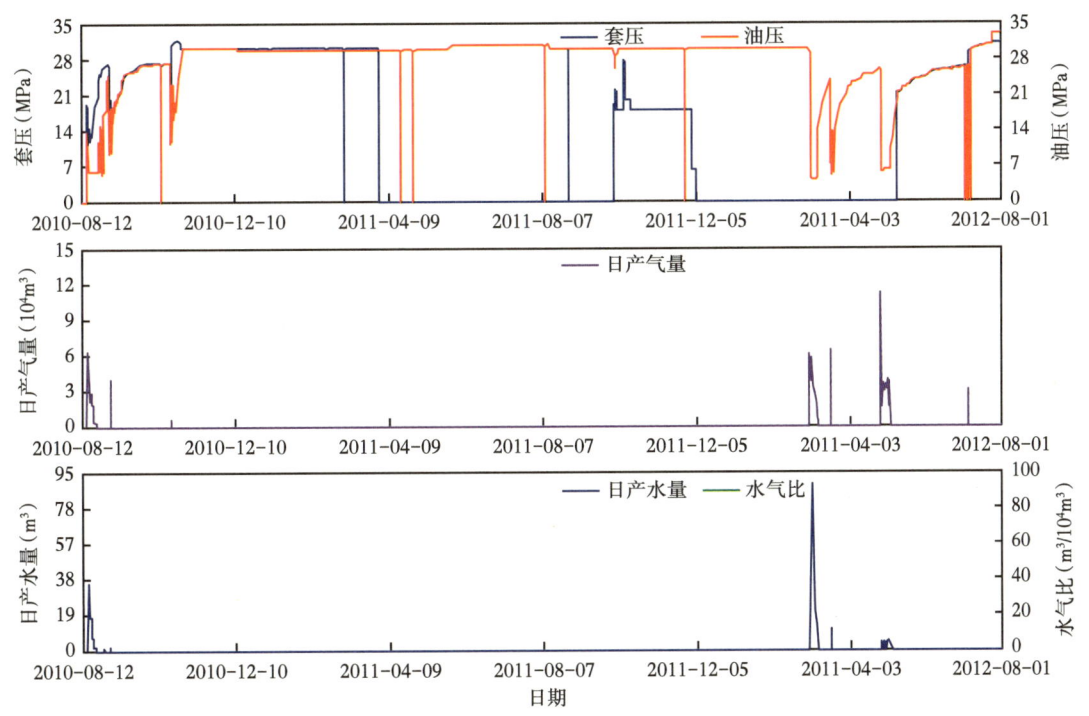

图 6-22　天东 017-H5 井采气曲线图

天东 017-H5 井 2010 年 8 月 15 日投入生产，开井生产后产水量为 $18\text{m}^3/\text{d}$，并连续产地层水。由于产水严重，井下管柱工艺复杂，无合适的排水工艺，不得不关井停止生产。目前北低渗透区日产气量 $29.4\times10^4\text{m}^3$，采气速度 1%，累计产气量 $9.4\times10^8\text{m}^3$，采出程度仅 10%。

北低渗透区水平井开发效果差，究其原因，主要是因为：储层埋藏深、低渗透，且受水侵影响，气井一旦水淹，由于地层能量补给缓慢，很难依靠自身能量携液生产。

气井水淹后，受到储层（低渗透、井深）和井下管串（大多数井下有封隔器，且管串复杂）的限制，难以开展卓有成效的排水采气工艺措施，因此适用于低渗透有水气藏水平井的排水采气工艺措施尚需攻关。

3. 针对石炭系气藏气井深，井型、管串复杂开展了排水采气工艺措施试验，优选出适合五百梯石炭系的排水采气工艺措施

五百梯区块石炭系气藏共开展过泡沫排水、气举、柱塞气举等排水采气工艺措施试验，效果如下。

（1）泡沫排水。

随着气藏压力的不断下降及外围水体的侵入，气井稳产能力不断减弱，五百梯气田于2006年7月首次在天东7井、天东73井实施泡沫排水采气工艺，主要原理是通过向井内注入起泡剂，降低井内积液的表面张力，在井底气流的冲击搅动下产生泡沫，减少液体的滑脱效应，使井内积液以泡沫的形式被带出井筒，达到排出井内积液、维持气井正常生产的目的。截止到2016年6月底，五百梯石炭系气藏累计实施泡沫排水采气工艺气井17口，其中液体泡排15口，固体泡排2口，2011年至2015年五百梯石炭系气藏气井平均每年实现措施增产气量达 $1.5875 \times 10^8 \mathrm{m}^3$（表6-9和图6-23）。

表6-9 五百梯石炭系气井泡排实施情况表

序号	井号	区块	开始加注时间	套压（MPa）	油压（MPa）	产气量（$10^4 \mathrm{m}^3/\mathrm{d}$）	产水量（m^3/d）	备注
1	大天2井	义和场	2011-09	12.4	8.4	5.98	4.3	
2	大天002-1井		2015-07	11.7	3.9	2.45	0.4	
3	天东15井	北低渗透区	2007-08	12.2	7.8	1.33	0.1	
4	天东017-X2井		2012-01	6.8	4.2	3.02	0.8	
5	天东21井		2008-08	8.9	6.8	2.13	0.2	
6	天东52井		2007-08	15.8	11.5	1.83	0.1	
7	天东76井		2008-08	12.6	7.8	1.10	0.1	
8	天东99井		2010-09	9.2	5.1	1.30	1.2	固体泡排
9	天东017-H6井		2015-07	9.1	4.3	0.10	0	固体泡排
10	天东1井	中高渗透区	2012-05	4.5	5.6	19.80	1.4	
11	天东62井		2012-12	6.1	4.6	8.10	0.1	
12	天东64井		2011-08	5.9	4.7	7.40	0.9	
13	天东60井		2009-03	10.5	5.7	7.21	0.8	
14	天东7井	南低渗透区	2006-08	14.4	8.3	0.60	0	
15	天东51井		2007-08	12.2	10.2	0.60	0	
16	天东73井		2008-12	9.2	7.3	0.47	0.2	
17	天东016-1井		2010-09	11.7	6.9	0.41	0	

①低渗透区部分产能较低的气井实施泡排工艺后，产气量平均实现提高 $(0.2 \sim 0.5) \times 10^4 \mathrm{m}^3/\mathrm{d}$，采气时率也有一定提高，如低渗透区的天东7井、天东51井、天东52井、天东76井等。

天东7井2006年8月23日开始实施泡排工艺开采，起泡剂为UT-11C，消泡剂为FG-2，对比同期该井泡排措施生产前后（2005年9月至2008年3月）的生产数据（图6-24），可

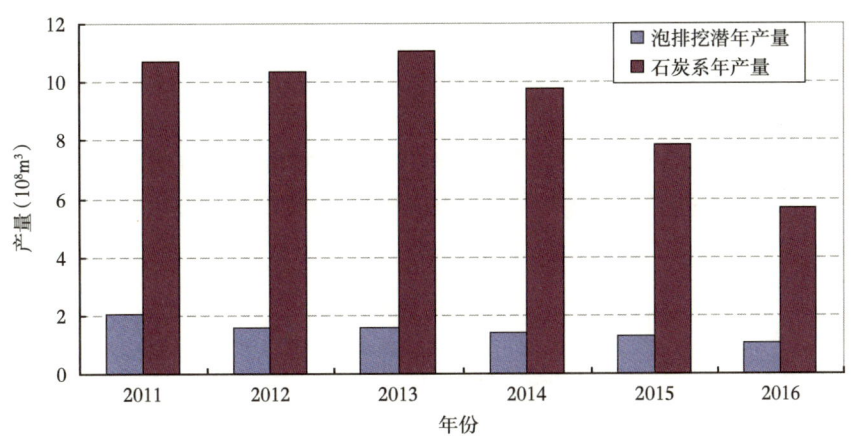

图 6-23　五百梯石炭系气井年泡排挖潜产量图

以明显发现，措施后月平均生产时间增加 2.6d，月平均油套压差较泡排措施前减小 3.57MPa，月平均产气量较措施前增加 $5.0\times10^4m^3$，措施后气井可连续带液生产，月平均产水 $5.2m^3$。与泡排工艺开采以前的间歇生产制度相比，生产情况明显变好，采气时率增加。天东 7 井措施后一年共采气 $211.4\times10^4m^3$，与措施前一年的 $145.1\times10^4m^3$ 相比多产气 $66.3\times10^4m^3$，累计增产 $63.42\times10^4m^3$。

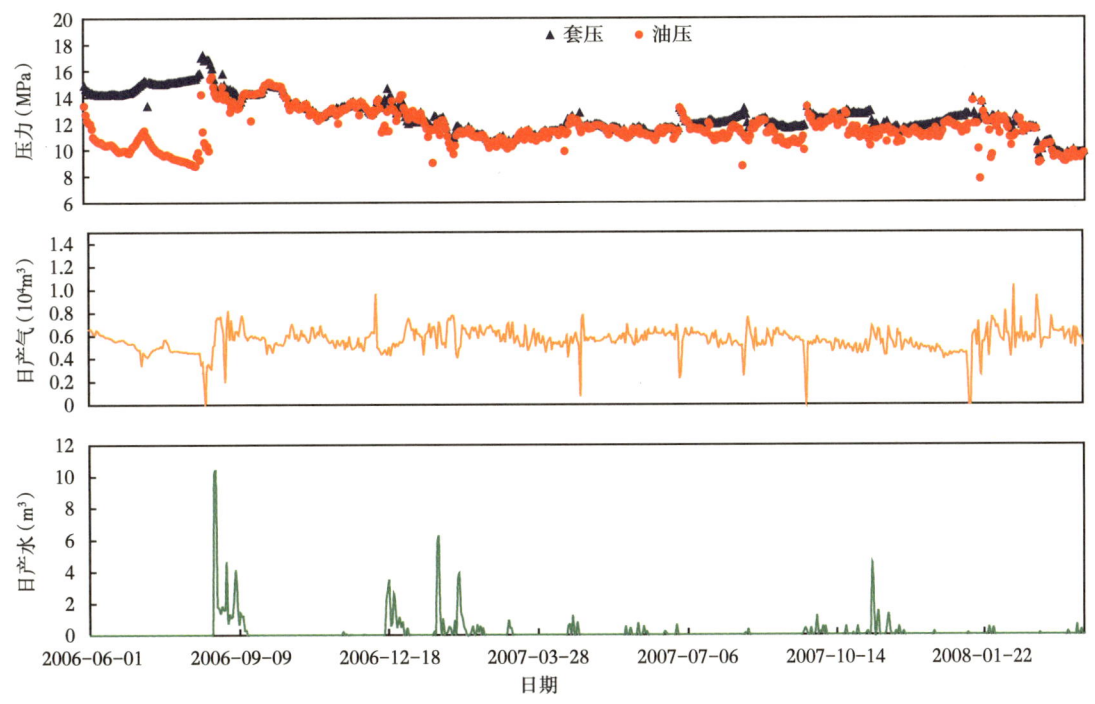

图 6-24　天东 7 井措施前后采气曲线图

②大斜度水平井泡沫排水效果较好,如天东 017-X2 井。该井于 2012 年 1 月开始实施泡沫排水采气,起泡剂为 UT-11C,起泡剂为 FG-2A,实施后效果较为理想,实现日增产气量达 $2\times10^4m^3$。以该井 2016 年 6 月至 2016 年 11 月生产情况为例(图 6-25),2016 年 6 月该井由于起泡剂加注泵故障停止加注,带液出现明显的困难,需要定期关井复压提高带液能力,2016 年 10 月 15 日开始恢复泡排加注,对比该井恢复泡排恢复前后的生产数据,措施恢复后平均生产时间增加近 13d,月平均油套压差减小 2.1MPa,月平均产气量较措施恢复前增加 $2.76\times10^4m^3$,气井平均日产水 $1.5\sim2m^3$,带液正常,生产较为平稳。

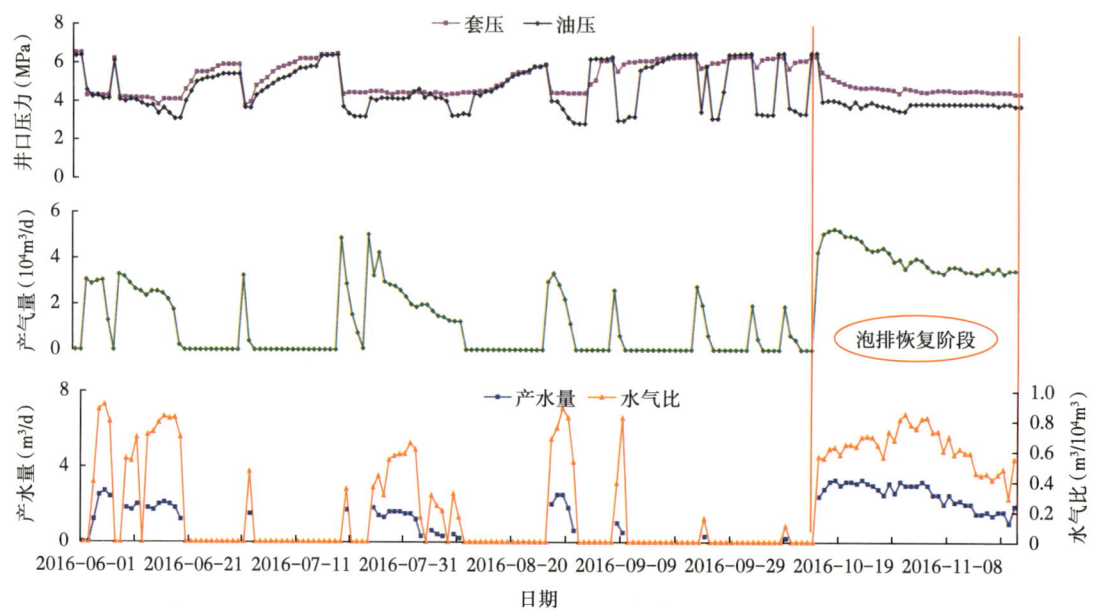

图 6-25 天东 017-X2 井措施恢复前后采气曲线图

③五百梯石炭系气井泡沫排水总体效果较好,对比措施前后气井生产基本情况,除个别气井增产效果不明显外,其余均实现日产气量增加 $(0.1\sim2.4)\times10^4m^3$,措施井平均增产气量 $0.66\times10^4m^3/d$。在统计的措施井中,产量增加 $0.5\times10^4m^3/d$ 以上的气井占措施井数的 40%,效果不明显的气井仅占措施井数的 13.3%;油套压差和产水量均有明显的变化,井均日产水量增加 $0.41m^3$,井均油套压差下降 2.83MPa,泡沫排水采气效果较为显著(表 6-10 和图 6-26)。

表 6-10 五百梯石炭系措施井生产情况表

序号	井号	区块	日产气量(10^4m^3)			日产水量(m^3)			油套压差(MPa)		
			实施前	实施后	气量变化量	实施前	实施后	水量变化量	实施前	实施后	油套压差变化量
1	大天 2 井	义和场	5.80	6.70	0.90	5.60	7.50	1.90	3.80	1.50	-2.30
2	大天 002-1 井		2.30	4.60	2.30	0.40	0.65	0.25	7.40	0.80	-6.60

续表

序号	井号	区块	日产气量（10⁴m³）			日产水量（m³）			油套压差（MPa）		
			实施前	实施后	气量变化量	实施前	实施后	水量变化量	实施前	实施后	油套压差变化量
3	天东15井	北低渗透区	1.80	2.68	0.88	0.10	0.73	0.63	3.87	0.41	-3.46
4	天东017-X2井		2.30	3.60	1.30	1.20	2.20	1.00	2.10	0.96	-1.14
5	天东21井		2.05	2.30	0.25	0.31	0.45	0.14	5.40	1.30	-4.10
6	天东52井		2.10	2.30	0.20	0.31	0.70	0.39	5.10	0.71	-4.39
7	天东76井		1.60	2.20	0.60	0.05	0.10	0.05	3.60	2.30	-1.30
8	天东99井		2.20	2.60	0.40	1.21	1.42	0.21	2.30	1.10	-1.20
9	天东017-H6井		1.20	1.10	-0.10	0.15	0.12	-0.03	4.10	4.60	0.50
11	天东62井	中高渗透区	7.12	9.50	2.38	0.20	0.40	0.20	6.20	2.30	-3.90
12	天东64井		6.20	6.60	0.40	0.75	1.20	0.45	2.80	1.40	-1.40
13	天东7井	南低渗透区	0.40	0.47	0.07	0.12	0.17	0.05	4.00	0.47	-3.53
14	天东51井		2.30	2.55	0.25	0.30	0.62	0.32	3.74	1.63	-2.11
15	天东73井		0.50	0.60	0.10	0.09	0.16	0.07	7.40	1.24	-6.16
16	天东016-1井		0.42	0.53	0.11	0.20	0.75	0.55	4.30	1.40	-2.90

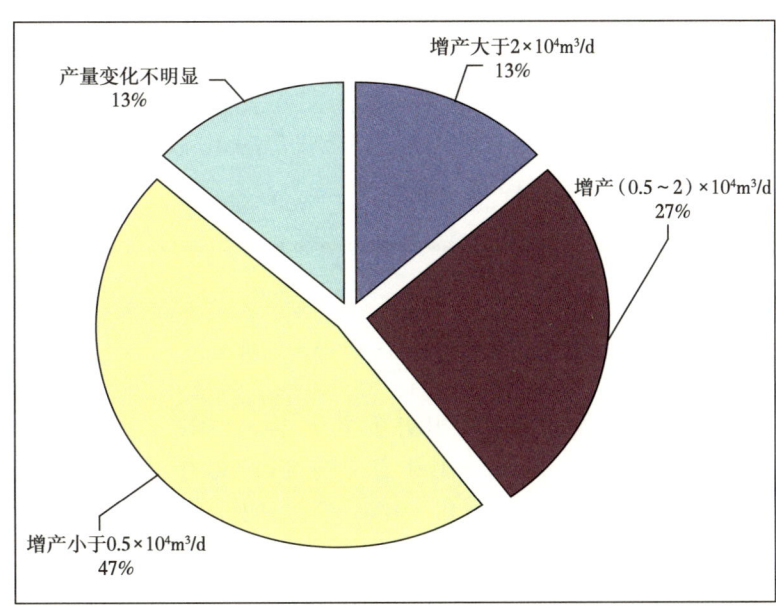

图 6-26　五百梯石炭系措施气井增产效果分布图

总体说来，泡沫排水采气工艺措施操作方便，成本低，见效快，对于石炭系气井产水量小，气井深，井型、管串复杂具有很好的适应性，取得了不错的效果，是气藏排水采气的主要工艺措施。

(2)气举。

气举排水采气工艺在五百梯区块石炭系气藏共开展过 1 口井的试验,为天东 017-X3 井。

天东 017-X3 井 2007 年 8 月 18 日开钻,在飞仙关组(井深 3700m)增斜钻进,井深 5130m 进入石炭系,于井深 5640m 完钻,石炭系水平巷道长 508m,最大井斜达到 95.68°,127mm 衬管完井。2008 年 8 月 20 日液氮气举后测试日产气 $10.64 \times 10^4 m^3$,日产水 $249.6 m^3$,2008 年 9 月更换气举管串后关井。

自喷阶段:2009 年 1 月 3 日开井,开井前套压 29.567MPa,油压 30.810MPa,1 月 5 日因油压平输压关井,最高日产水 $65.1 m^3$。阶段产气 $13.9 \times 10^4 m^3$,产水 $122.3 m^3$,气井靠自喷带液无法正常生产(图 6-27)。

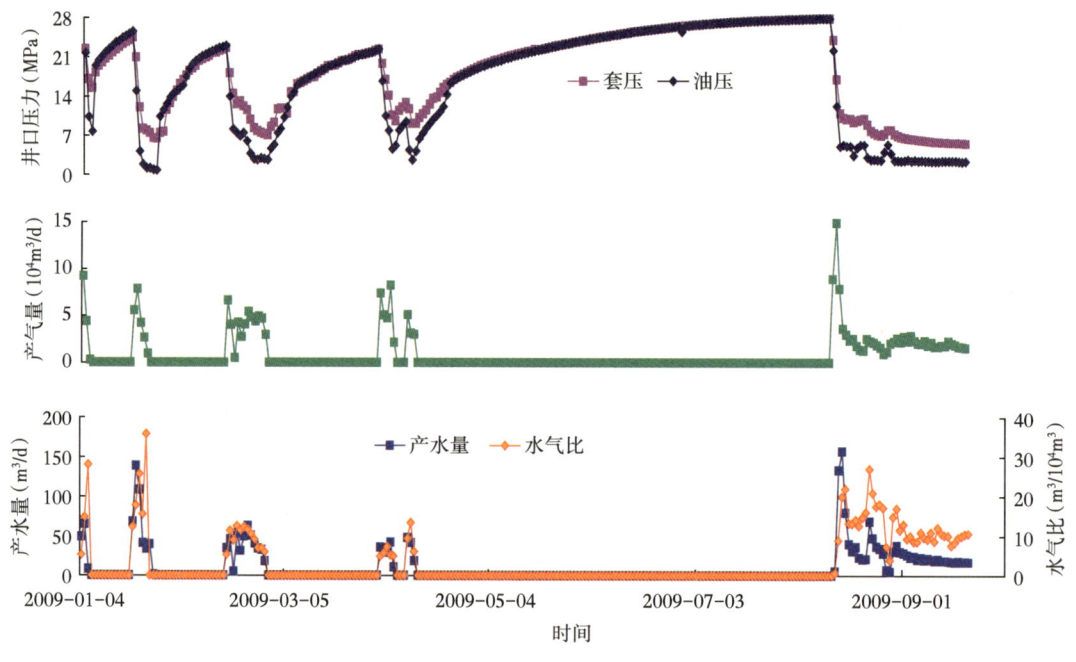

图 6-27 天东 017-X3 井采气曲线

抽排阶段:2009 年 1 月 18 日开井,开井前套压 24.443MPa,油压 25.827MPa。当日开始利用气井自喷生产,油压下降后利用新安装的 RTY330 单井增压机生产,初期瞬产 $18.5 \times 10^4 m^3/d$。1 月 23 日,油压下降到 0.5MPa 左右,抽排增压机因负荷过大,停机,后采取放空方式生产至次日。1 月 24 日,该井放空火炬熄灭,后关井复压。此阶段产气 $21.1 \times 10^4 m^3$,产水 $431.3 m^3$,最高日产水 $138.6 m^3$,气井依靠单独抽排和放空提液的方式都不能正常带液生产。

增压气举+抽排试生产:2009 年 2 月 15 日,开井前套压 22.067MPa,油压 22.907MPa,采取增压气举+抽排水试生产。15 日至 26 日期间,因 RTY330 机组、车载压缩机及车载压缩机进机前经常出现冰堵问题,气井生产不稳定。此阶段产气 $49.3 \times 10^4 m^3$,日产气一般在 $4.4 \times 10^4 m^3/d$ 左右,最高日产水 $63.0 m^3$,一般日产水 $44.5 m^3$ 左右,阶段累计产水

459.5m³。

2009年4月1日，该井再次利用车载增压机气举+抽排生产，开井前套压22.4MPa，油压22.4MPa，自喷生产，日产气7.4×10⁴m³，日产水36.0m³，4月3日抽排生产，套压14.16MPa，油压7.88MPa，日产气4.7×10⁴m³，日产水34.8m³，4月4日至4月11日增压气举+抽排生产，最高日产水48m³，一般日产水量35~42m³。

增压气举+抽排正式生产：2009年8月11日，该井开始实施增压气举+抽排的方式正式生产，开井前套压27.952MPa，油压27.965MPa。最高日产水157.3m³，平均日产水21.8m³，9月20日为16.8 m³，套压5.62MPa，油压2.39MPa，日产气1.6×10⁴m³，注气量为4.7×10⁴m³/d。该井产气、产水、注气压力有逐步降低的趋势，并趋于稳定。8月26日至27日，因抽排增压机故障，单独实施了增压气举，产气在1.0×10⁴m³/d左右，日产水为4.5~7.0 m³，套压7.38~8.07MPa，油压4.11~5.66MPa，产气、产水明显低于增压气举+抽排生产的水平。证实单独采用抽排方式，该井排水和采气效果不好。截至2009年8月20日，该井累计产气230.9×10⁴m³，累计产水2551.8m³（图6-28）。

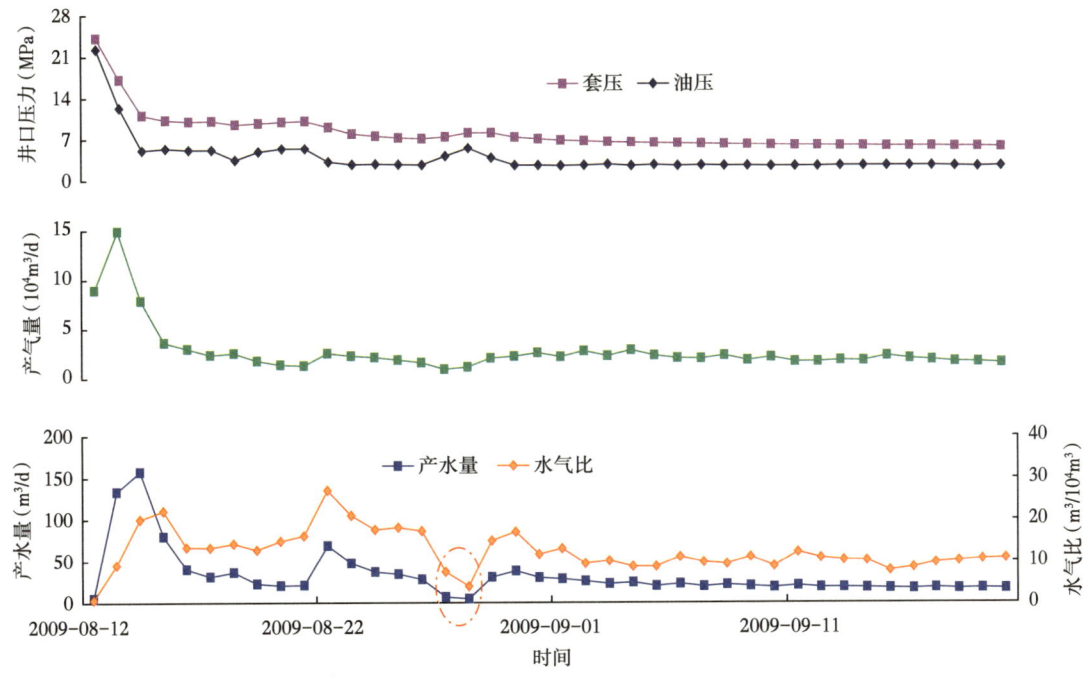

图6-28　天东017-X3井生产情况图

总体说来，天东017-X3井采取抽排+增压气举能够适应气井排水采气的需要，达到了一定的增产效果，但由于携液困难的产水井主要分布在北低渗透区，气液补给慢，且井下管串复杂不利于气举工艺的实施，加之地面气举管网和增压机运行成本较高，工艺效益差，难以在气藏推广应用。

（3）柱塞气举。

柱塞气举是利用关井期间储存在柱塞下方的天然气的能量，通过开井时在柱塞上、下部产生的压差,将柱塞和井内液体举升到地面的一种排水采气工艺。该工艺在板东区块和安岳须家河组气藏都取得了很好的现场应用效果。

2018年对五百梯石炭系气藏的天东21井实施了柱塞气举工艺。天东21井2016年4月进行了修井,并在井下安装有柱塞工作筒,该井中部井深4981.5m,地层压力24.03MPa,剩余动态储量$1.54×10^8m^3$,目前生产套压6.27MPa,生产油压3.17MPa,日产气$1.1×10^4m^3$,日产水$0.7m^3$。目前该井井下卡定器已经坐放完成,卡定器坐放深度4963.13m,卡定器坐放完成后开井试运行1次,运行正常。下步将进行地面工艺改造施工,预计2018年下半年柱塞气举排水可以正式投入使用。

根据工作安排,2018年还将对五百梯石炭系气藏的天东64井、天东67井和大天2井等3口井实施柱塞气举排水采气工艺。柱塞气举工艺有望在五百梯石炭系推广应用。

综上,泡沫排水采气工艺是目前五百梯石炭系气藏应用最广泛、效果较好的排水采气工艺措施,柱塞气举有望在五百梯石炭系气藏推广应用,效果有待检验。

第四节 经验与认识

五百梯石炭系气藏是一个含有局部封存水和弱边水的有水气藏,气藏为裂缝—孔隙型储层,储层平面上非均质性强,储层段埋深较深,总体来说气藏水侵不活跃,气藏开发效果较好,2013年容积法上报探明地质储量$361.77×10^8m^3$,标定可采储量$240.67×10^8m^3$。截至2017年底,累计产气$190.54×10^8m^3$、累计产水$26.17×10^4m^3$,探明地质储量采出程度52.66%。2017年12月,气藏平均日产气$160×10^4m^3$,日产水$23m^3$。在气藏的勘探开发过程中得到以下经验认识:

第一,五百梯石炭系气藏储层发育特征和气水分布关系为后期气藏的有效控水奠定了基础。

五百梯石炭系气藏为裂缝—孔隙型储层,单井试井表现为视均质特征,气藏大的裂缝总体不发育,石炭系气藏夹于两个风化壳间,周围储层遭受剥蚀、气藏周围渗透性能差,平面上非均质性强,分为两个高渗透区,周围均为低渗透区。

气藏气水分布总体为弱边水,局部含封存水,出水大体可分为四个区域:天东107井区的局部封存水,大天2井区、五百梯主体东北翼、五百梯主体南翼的弱边水。水侵相对较强的区域主要分布在北低渗透区,低渗透区为气藏主体构造的水侵提供了一道天然阻隔屏障。

第二,五百梯石炭系气藏勘探阶段见水后思路的调整,为气藏的合理开发起到了重要的作用。

从1989年天东1井获百万级高产气流发现石炭系气藏开始,在五百梯各构造部位钻井均未产水,曾一度认为石炭系气藏为无水气藏,直到在钻探主体构造边部的探井天东23井(东北翼)和天东8井(南翼)时,测试均为水井,认识到气藏存在边水的可能。认识到气藏存在边水后,对勘探思路进行了调整,布井尽量避开边水,主要集中在主体构造,1995—2007年期间部署的21口开发井中,获气井19口,水井1口(大天4井),气水同产井1口(天东107井),获气成功率达95.2%。

第三,提前介入,提前部署,地层水相关技术设施配备,是气藏高效开发的重要保障。

通过3年6口井的试采，虽然试采井在试采期间均未产地层水，但通过实钻井的测井、测试情况论证，确定了气藏为边水气藏，气藏原始气水界面为海拔-4700m。在编制开发方案时，提前介入，提前部署，充分考虑了地层水可能对开发存在的影响，从井位部署、排水采气工艺措施、地面气田水输送系统和回注井选井等方面均进行了细致的考量，并与产能建设同时进行，为气藏后期开发提供了重要保障。

第四，动静态相结合，深化气藏水侵特征认识，根据不同的水侵特征，开展具有针对性的治水措施，有效地指导了气藏开发。

通过静动态资料的相互印证，逐步深化了对气藏水侵特征的认识，如天东107井区为局部封存水，大天2井为边水。并根据不同的水侵特征制定了不同的治水对策：

如天东107井局部封存水，由于水体能量封闭有限，制定了强排水的治水策略，配产较高（$25×10^4m^3/d$），充分依靠地层天然能量携液生产，实现了近5年的稳产期，生产过程中产水量不断下降，气井开发效果好。

再如大天2井，开展了控水生产的治水策略。投产初期以$30×10^4m^3/d$组织生产，认识到气藏存在边水，调整至$13×10^4m^3/d$控制生产，日产凝析水$1m^3$左右，气井生产稳定。2000年5月开始，产水有上升趋势，经证实气井产地层水，认识到边水侵入后，调整了工作制度，以$8×10^4m^3/d$组织生产，产水量缓慢上升至$2m^3/d$，生产稳定。大天2井从投产至2007年底，阶段控水生产有效地控制了边水的侵入，达到了不错的开发效果。

第五，泡排是适合五百梯石炭系最重要的排水采气措施之一，柱塞气举在五百梯石炭系气藏有一定的应用前景，效果有待检验。

针对石炭系气井深（平均埋深4700m左右），井型、管串复杂的现状，在气田开展了泡排、气举、柱塞气举等排水采气工艺措施试验，试验结果表明：气举能够适应气井排水采气的需要，达到了一定的增产效果，但由于携液困难的产水井主要分布在北低渗透区，气液补给慢，且井下管串复杂不利于气举工艺的实施，加之地面气举管网和增压机运行成本较高，工艺效益差，难以在气藏推广应用。泡沫排水采气工艺措施操作方便，成本低，见效快，对于五百梯区块石炭系气井产水量小、气井深，井型、管串复杂具有很好的适应性，取得了不错的效果，是气藏排水采气的主要工艺措施。柱塞气举在板东区块取得了很好的现场应用效果，目前在天东21井进行现场试验，在五百梯区块石炭系气藏有一定的应用前景，效果有待检验。

第六，对于低渗透有水气藏，水平井排水采气工艺措施尚需攻关。

五百梯区块石炭系气藏北低渗透区受边水水侵影响较大，部署的水平井、大斜度井受到水侵影响，依靠气井自身能量难以带液生产，北低渗透区新增的5口产水井开发效果差，究其原因，主要是储层埋藏深、低渗透，且受水侵影响，气井一旦水淹，由于地层能量补给缓慢，很难依靠自身能量携液生产。气井水淹后，受到储层（低渗透、井深）和井下管串（大多数井下有封隔器，且管串复杂）的限制，难以开展卓有成效的排水采气工艺措施，因此适用于低渗透有水气藏水平井的排水采气工艺措施尚需攻关。

第七，对于低渗透有水气藏的开发，应遵循"整体部署、分步实施、滚动勘探开发"的思路，以有效规避风险。

在五百梯区块石炭系气藏北低渗透区开发过程中，在对低渗透区水侵特征认识不足的情况下，大批水平井被部署并快速上产，大量水平井迅速水淹停产。受到储层特殊性和复杂井下管串的限制，无法开展有效的排水采气工艺措施，导致北低渗透区开发效果较差。在类似的低渗透有水或其他特殊气藏的开发过程中，应该实行滚动勘探开发的思路，整体部署、分步实施，在不断深化对气藏的认识的基础上，分批逐步上产，以达到有效规避风险的目的。

总体来说，对于五百梯石炭系气藏这一含有局部封存水和弱边水的有水气藏。在勘探阶段，要充分利用三维地震储层预测技术和储层流体识别技术，布井尽量避开高含水层；在开发过程中，动静态相结合，不断深化对气藏水侵特征认识，根据不同的水侵特征，开展具有针对性的治水措施，开展符合气藏自身特点的排水采气工艺试验攻关研究，以指导气藏开发实践。在对气藏认识不清时，开发过程中应该遵循滚动勘探开发的思路，整体部署、分步实施，在不断深化对气藏的认识的基础上，分批逐步上产，以达到有效规避风险的目的。总之，大天池气田五百梯石炭系气藏的开发应该提前介入，提前部署，充分考虑地层水可能对开发存在的影响，从井位部署、动态监测、排水采气工艺措施、地面气田水输送系统和回注井选井等各个方面细致考量，并与产能建设同时进行，为气藏的高效开发提供重要保障。

第七章 中坝雷三气藏开发实践

中坝气田雷三气藏是四川盆地不活跃边水气藏的典型代表。该气藏受狭长背斜和断层共同控制，储层为灰色细—粉晶白云岩，横向分布稳定，厚度约100m，次生溶孔及网状微细裂缝极为发育，具有较好的均质性，含气面积13.4km^2，储量丰度6.44×10^{8}m^3/km^2。气藏自1982年投产以来，到2017年已有36年的开采历史，开采过程中多井产地层水，地层水不活跃，最高日产水量40m^3，表现为弱水驱特征，水侵从外向内整体均匀推进。鉴于气藏具有高含硫（硫化氢含量99.68~121.25g/m^3）、低含凝析油（凝析油含量60g/m^{3}左右）特征，毒性、腐蚀性强，在对气藏不断深化认识的基础上，采取了"开发早期提高采速""递减阶段稳水采气"，以及"北控南注"等治水措施，取得了非常好的开发效果。截至2017年底，中坝雷三气藏累计产气81.02×10^{8}m^3，累计产凝析油38.99×10^{4}t，累计产水15.36×10^{4}m^3，采出程度高达93.88%，为此类气藏的高效开发提供了借鉴。

第一节 气藏概况

一、地理位置与构造位置

中坝气田位于四川省江油市境内，江油市以东5km处。地面海拔一般500~600m，为丘陵地形，地表出露侏罗系莲花口组。地理条件优越，有涪江流经区内。区内人口密集，宝成铁路穿越气田北部，公路交通便利（图7-1）。

图7-1 中坝气田地理位置图

区域构造位于四川盆地西北边缘，属于川北古中坳陷低缓构造区九龙山—中坝构造群，北邻龙门山—大巴山台缘坳陷，南接川西中新坳陷。是北部龙门山前缘断褶带的一个低背斜潜伏构造，其北端与海棠铺构造连成一个构造带。储集圈闭为一潜伏背斜。北、东、西三面分别被双河断层、彰明断层、江油断层所切割，逆断层的断距在500~1000m，东、西两断层为倾轴逆断层，背斜呈地垒式（图7-2）。

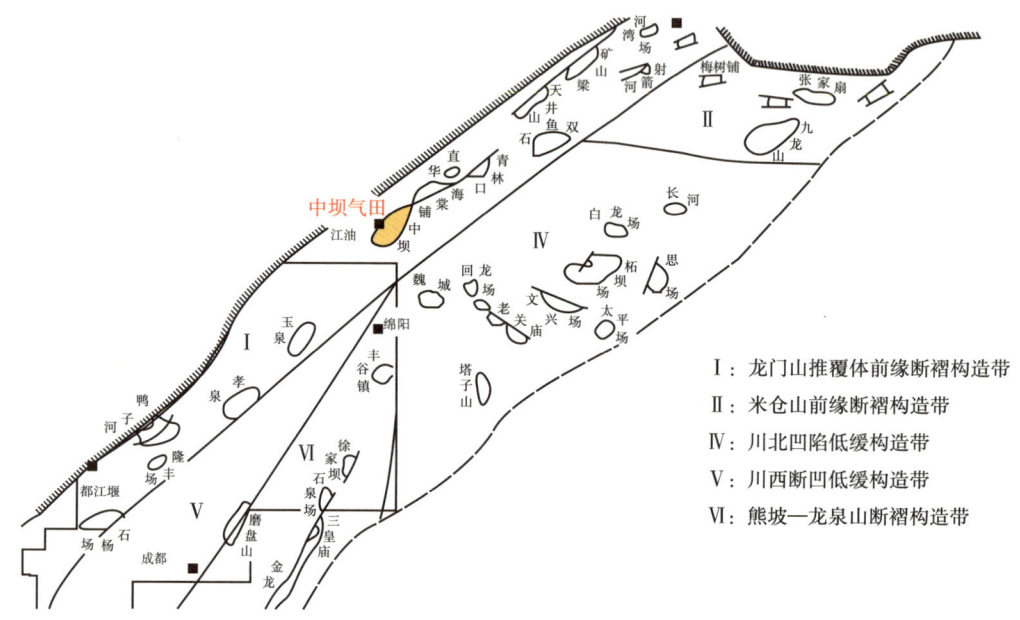

图7-2 中坝气田区域构造位置图

二、地震勘探简况

中坝地区地震勘探工作始于1966年，1970年进行模拟地震详查，至1985年先后以光点磁带模拟和磁带模拟仪进行过6轮地震详查，并提交了相应的地震报告和图件。

1985年至1987年，美国地球物理服务公司（GSI）1828队在该区使用OPSEIS遥测地震仪开展地震详查工作，有4条测线经过中坝构造，测线延伸到前山带，取得了重大突破，推覆体下盘发现了一系列潜伏背斜和断高，印证了龙门山区北段存在印支、喜马拉雅两期造就的巨大推覆体的存在，提交了千佛崖组底、须三段底、须家河组底及二叠系茅口组顶界、震旦系顶界等五层构造图，编著了《龙门山区段前山带地震详查总结报告》。

2001年进行了数字地震详查，覆盖15次，共计19条测线131.175km。2003年10月开展了须三段、千佛崖组、沙溪庙组的目标处理，提供了遂宁组底、沙溪庙组底、千佛崖组底、须家河组须三段顶、须家河须三段底5个地震反射层构造图。同年还对中坝—厚坝地区进行30/60次覆盖数字地震详查，结合2001年数字地震资料，进行了重新处理和解释，提交了侏罗系底、须家河组底、上二叠统底、寒武系底四层构造图。

2003年，地震201队、210队在中坝—厚坝地区共完成了30条测线的采集任务，覆盖次数为30/60次，获地震剖面长度为667.89km，其中2条侦察测线03ZH001H线和03ZH016线分别向西北方向延伸28km，穿越唐王寨向斜，伸入龙门山后山带。另外3条联络测线呈北东—南西向展布,所构成的测网控制面积约1500km²。

2005年,针对须家河组目的层进行地震老资料重新叠加、偏移、时深转换处理,提供了须家河组底界构造图及相应的地震剖面和数据。

2012年,对中坝构造的二维地震资料(2001年度采集)进行重新处理,提交了中坝构造须三段顶底、须二段底、马鞍塘组底四层构造图。

三、钻探简况

中坝构造钻探工作始于1969年。1969年7月在中坝构造首钻预探井中19井,钻至雷三段时发生强烈井喷,1972年5月完钻,完钻层位雷二段。1972年11月射开雷三段下亚段(井段3351.04~3355.00m),测试获27.07×10⁴m³/d的工业气流,从而发现了雷三气藏。

截至2017年底,中坝气田雷口坡组共钻井17口,获工业气井10口(中18井、中21井、中23井、中24井、中40井、中42井、中46井、中80井、中81井、中19井),气水同产井2口(中3井、中8井),水井2口(中6井、中7井),干井3口(中11井、中12井、中15井),累计获测试产量567.78×10⁴m³/d,获无阻流量1745.21×10⁴m³/d(表7-1和图7-3)。1986年上报雷三气藏探明地质储量86.30×10⁸m³,2016年标定技术可采储量81.78×10⁸m³。

表7-1 中气田钻遇钻达雷口坡组各类井测试成果表

井号	测试层位	测试井段(m)	测试日期	流压(MPa)	产气量(10⁴m³/d) 日产气	产气量(10⁴m³/d) 无阻流量	产油量(t/d)	产水量(m³/d)
中3井	雷三段	3382.30~3460.00	1973-12-26		2.40		1.02	2.00
中6井	雷三段	3817.00~3818.00	1976-06至1976-11-17	21.780	微			1.20
中7井	雷三段	3396.00~3490.00	1973-08-23		微			3.70
中8井	雷三段	3382.66~3450.00	1974-08-11	5.669	0.85		微	2.57
中11井	雷三段	3768.00~3900.00	1975-05-06至1976-06-07	37.598				微
中12井	雷三段	3948.10~3988.40	1977-09-09	12.688				微
中15井	雷三段	2197.00~2219.00	1981-09-27至1981-10-10	0.097	微		微	
中18井	雷三段	3100.00~3232.10	1975-07-26	34.234	91.57	610.40	20.64	
中21井	雷三段	3292.00~3319.46	1974-10-29	24.639	64.88	100.90	31.80	
中23井	雷三段	3040.00~3155.00	1976-10-18	30.369	97.71	224.60	45.08	
中24井	雷三段	3145.08~3253.00	1977-03-21	31.080	94.96	237.00	33.64	
中40井	雷三段	3110.00~3126.50	1978-09-13	23.036	57.68	77.95	19.20	
中42井	雷三段	3410.00~3322.40	1979-03-14至1979-03-17	14.377	9.75	10.80		
中46井	雷三段	3075.00~3139.00	1985-05-07	20.793	38.22	53.18	23.71	
中80井	雷三段	3075.00~3166.00	1990-03-20	25.210	39.30	196.50	27.41	
中81井	雷三段	3191.00~3289.00	1990-01-29	28.240	43.39	173.56	11.63	
中19井	雷三段	3290.00~3355.00	1972-11-16	20.738	27.07	60.32		
合计(17口)					567.78	1745.21		

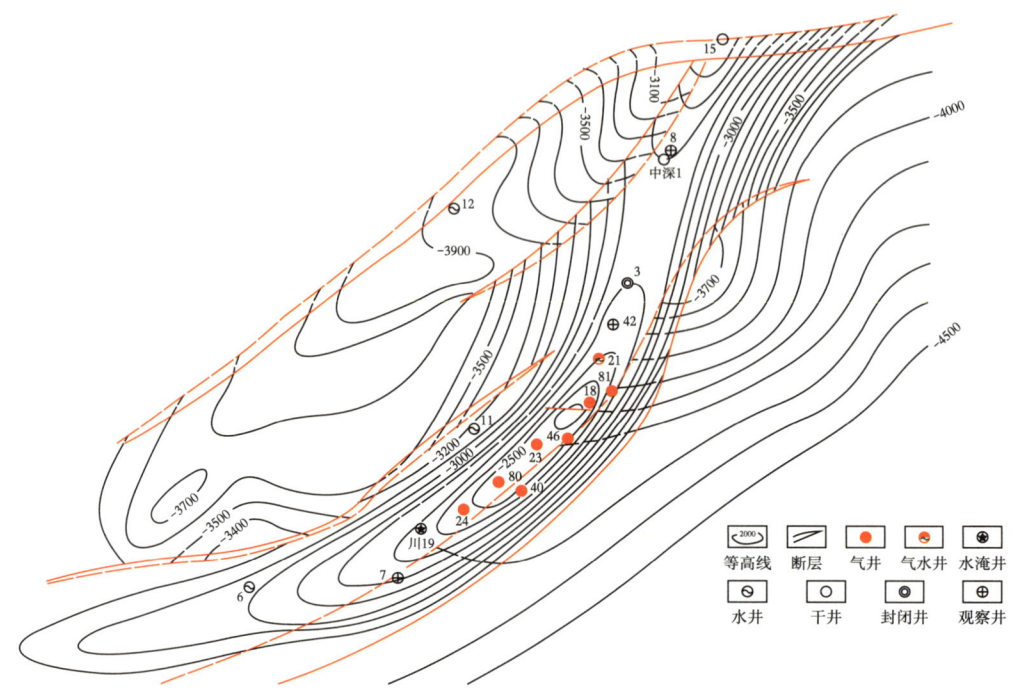

图7-3 中坝气田雷三气藏构造井位图
本图根据涂华珍1994年《川西北矿区老井潜力调查及利用方案》报告中图4编制而成

四、开发简况

1. 阶段划分

雷三气藏整个开发历程可以划分为4个阶段：试采阶段、$80×10^4m^3/d$ 稳产阶段、$120×10^4m^3/d$ 稳产阶段，以及递减增压开采阶段。

试采阶段：1982—1984年，投产井5口，气藏日产气$60×10^4m^3$，阶段累计产气$4.68×10^8m^3$，采出程度4.44%，地层压力下降至33.054MPa，阶段压降2.155MPa，单位压降采气量$2.17×10^8m^3/MPa$。

$80×10^4m^3/d$ 稳产阶段：1985—1989年，按照开发方案设计要求，气藏以$80×10^4m^3/d$的生产规模生产，采气速度3.16%，投产井数增加至7口，阶段累计产气$18.23×10^8m^3$，采出程度17.29%，地层压力下降至26.532MPa，阶段压降5.8MPa，单位压降采气量$2.24×10^8m^3/MPa$。

$120×10^4m^3/d$ 稳产阶段：1990—2000年，按照《中坝气田雷三气藏提高开采速度可行性方案论证》，投产井数增加至10口，气藏以$120×10^4m^3/d$规模生产，采气速度3.76%，阶段累计产天然气$58.6×10^8m^3$，采出程度68.09%。经过11年的高速开采，气藏各项开发指标保持较高水平，有效提高了气藏的采气速度及经济效益。

期间由于构造北端的中21井1996年8月出水，同年12月位于构造南端的中19井水淹，加之中42井因油管堵塞关井等影响因素，1996年、2000年进行了两次方案调整。

递减增压开采阶段：2001—2017年，2001年9月开始实施增压开采，2006年底全气藏增压。由于气藏水侵范围扩大,主力生产井中24井、中80井、中81井相继产地层水,气藏产能持续递减,进入开发后期,地层压力低,产量递减快,主要通过增压和排水采气维持生产。2017年底气藏生产井数6口(中18井、中21井、中23井、中40井、中42井、中46井),日产气11.22×10⁴m³,日产凝析油1.2t,日产水7.8m³(图7-4)。

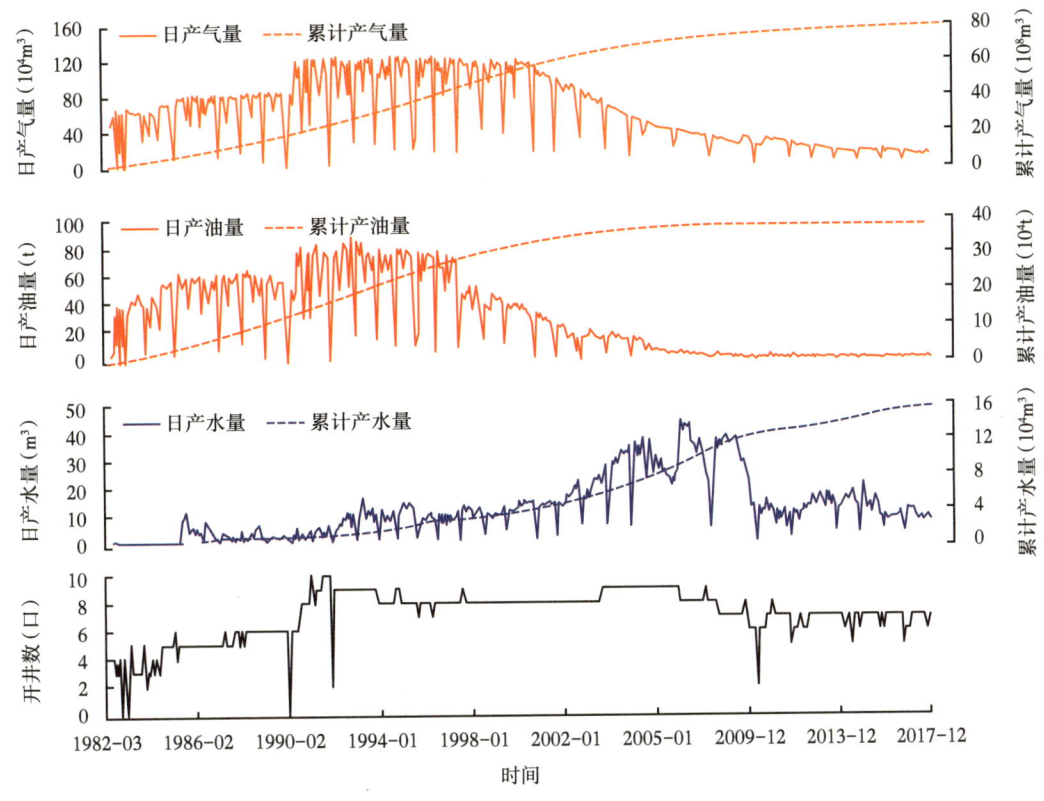

图7-4 中坝气田雷三气藏历年开采曲线图

2. 气藏类型

中坝气田雷三气藏受一狭长背斜控制,气藏埋藏深度为3140~3510m,原始地层压力35.304MPa,地层温度86℃。地层水型为$CaCl_2$型,总矿化度117.2g/L。具高含硫、低含凝析油特征。

气藏投入试采前,对多口井实测了地层压力,各井折算原始地层压力介于35.054~35.304MPa之间,表明气藏原始状态下为统一压力系统。投产后各井压力呈一致下降趋势,关井后压力基本一致,进一步说明气藏具有统一压力系统且连通关系较好。开采到后期气藏边部气井关井压力较主体压力偏高,见到一定的水驱作用。

综合认为,中坝雷三气藏属高含硫化氢,低含凝析油,常温、常压弱水驱构造边水气藏。

3. 气藏储量申报

中坝气田雷三气藏计算了多次地质储量,计算结果在77.31×10⁸~86.30×10⁸m³之间,以1986年计算的86.30×10⁸m³作为气藏探明地质储量。1988年再次进行储量复算,计算结果相近,证实气藏储量可靠。

4. 主要开发指标

中坝气田雷三气藏于 1982 年 3 月中 40 井首先投入试采,截至 2017 年底,共有 10 口井(中 40 井、中 21 井、中 23 井、中 42 井、中 24 井、中 18 井、中 46 井、中 81 井、中 80 井、中 19 井)投入生产,累计产气 $81.02\times10^8m^3$,累计产凝析油 38.99×10^4t,累计产水 $15.36\times10^4m^3$,气藏采出程度高达 93.88%,取得了非常好的开发效果。

第二节 气藏主要特征

一、地层与沉积相特征

1. 地层特征

中坝雷三段地层总厚度 193.5~229.0m,平均厚度 209.5m,厚度大。分小层看,雷三上亚段厚度较为稳定,为 90.6~116.6m,平均 101.7m;雷三下亚段三个小层中,雷三下亚段 1 小层和 2 小层相对较厚,雷三下亚段 3 小层相对较薄。雷三下亚段 1 小层平均厚度 45.3m;雷三下亚段 2 小层平均厚度 42.2m;雷三下亚段 3 小层平均厚度 19.5m(表 7-2 和表 7-3)。

表 7-2 中坝气田雷三气藏各井地层厚度表　　　　单位:m

井号	雷三上亚段	雷三下亚段 1 小层	雷三下亚段 2 小层	雷三下亚段 3 小层	雷三段
中 3 井	106.5	48.7			
中 6 井	116.6	55.0	39.7	10.6	221.9
中 7 井	103.5	44.1	35.5	27.8	210.9
中 8 井	101.0	51.4			
中 11 井	110.1	47.9	39.7	18.8	216.5
中 18 井	103.0	35.9	50.8	17.2	206.9
中 21 井	104.5				
中 23 井	90.6	42.9	37.8	22.2	193.5
中 24 井	99.5	40.1	39.2	20.9	199.7
中 40 井	93.0				
中 42 井	100.5	43.3			
中 46 井	92.3	38.8	51.9	18.2	201.2
中 80 井	97.5	48.1	34.9	17.7	198.2
中 81 井	109.6	42.5	51.1	25.8	229.0
中深 1 井	97.0	50.5	41.5	15.9	204.9

表 7-3　中坝气田雷三气藏各储层地层厚度统计表　　　　　单位：m

统计参数	雷三上亚段	雷三下亚段1小层	雷三下亚段2小层	雷三下亚段3小层	雷三段
最大值	116.6	55.0	50.8	27.8	229.0
最小值	90.6	35.9	35.5	10.6	193.5
平均值	101.7	45.3	42.2	19.5	209.5

2. 沉积相特征

中坝气藏雷三段沉积时期沉积模式为局限海盆潮坪相沉积，可划分为2个沉积亚相和5个沉积微相（表7-4、图7-5和图7-6），对天然气储集有利的微相类型为潮间浅滩和潮下浅滩微相。

表 7-4　中坝气田雷三段沉积相划分简表

相	亚相	微相
潮坪	潮间	潟湖，浅滩，潮道
	潮下	浅水盆地，浅滩

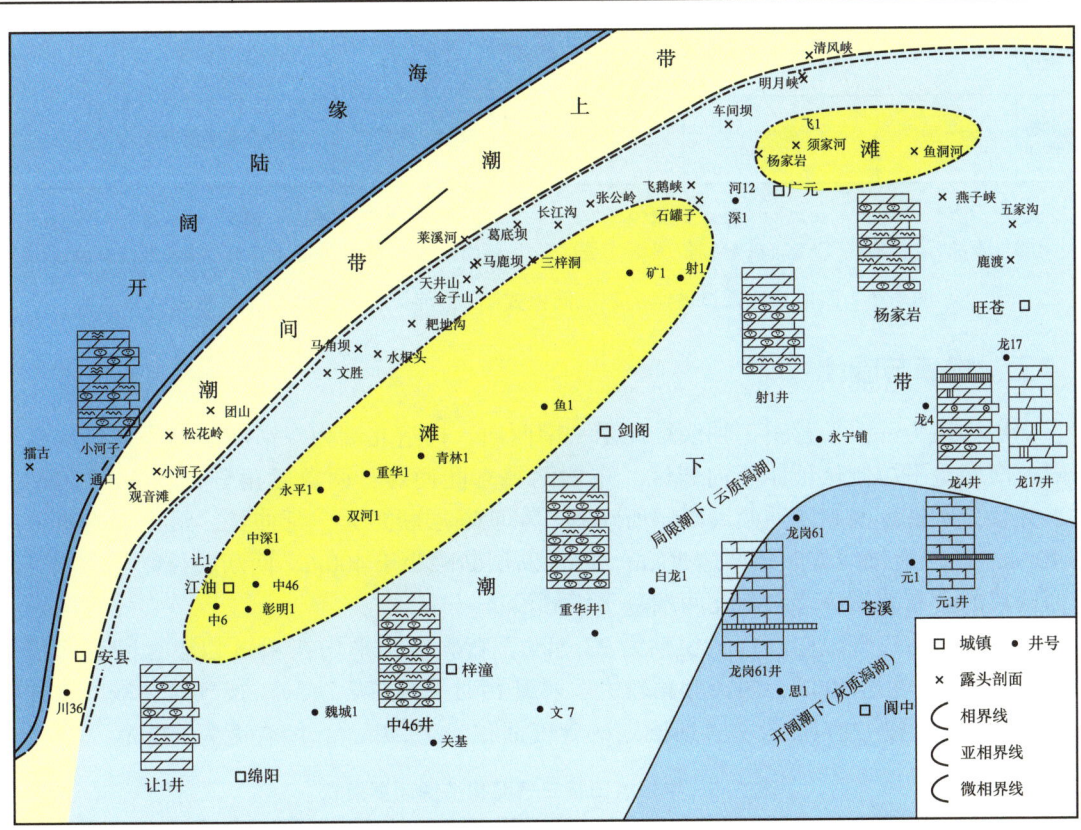

图 7-5　川西地区北部中三叠统雷口坡组雷三段沉积时期沉积相平面展布图

雷三段地层沉积微相横向分布具有如下特征：
(1)雷三下亚段1小层和雷三下亚段2小层以潮下亚相沉积为主，雷三下亚段3小层以潮间亚相沉积为主；

（2）雷三下亚段3小层的储集体以潮道和潮间浅滩为主，潮道微相横向展布范围有限，潮间浅滩微相横向展布范围较大；

（3）雷三下亚段1小层和雷三下亚段2小层的储集体以潮下浅滩为主，其横向展布范围较宽，只有局部出现沉积尖灭。

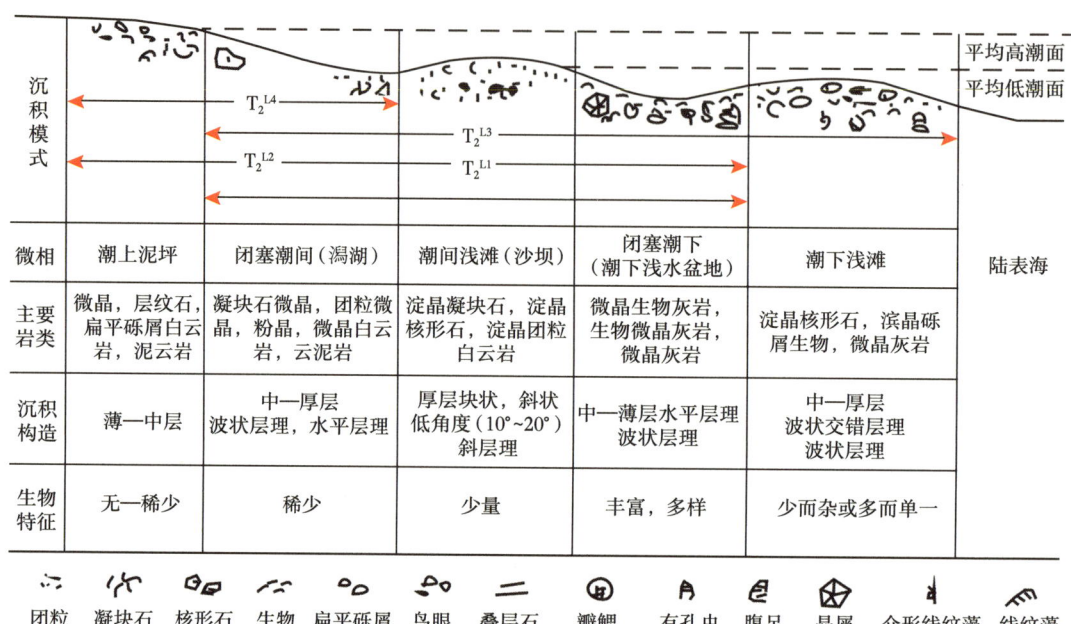

图7-6 四川盆地雷口坡组沉积剖面模式图（据何鲤，廖光伦等，有修改）

二、构造与圈闭

中坝构造为一狭长背斜，轴线呈北东—南西向，构造北端为双河断层与海棠铺构造所分隔，南端呈平缓倾伏延伸至向斜区。东西两翼东陡西缓，两翼倾角分别为34°和26°左右，并且分别被彰明和江油两大断层所切割。彰明断层断距大，延伸长，最大垂直落差大于400m，断层沿轴线方向延伸达20km，江油断层断距小于400m，两断层控制了雷三气藏东西两翼的分布范围，背斜南北两端呈平缓倾没。

中坝气田雷三气藏构造背斜长轴为23.5km，背斜短轴平均在4km以下，闭合面积为65km^2，闭合高度达800m，两翼倾角较大，鼻部相对平缓（表7-5）。按气藏北端气水井中3井气水界面海拔-2871m计算，所圈定的含气面积为13.4km^2，闭合度为372m。

表7-5 中坝气田雷三气藏构造圈闭要素表

圈闭类型	层位	高点海拔(m)	最低圈闭线海拔(m)	闭合度(m)	闭合面积(km^2)	轴长		构造走向	两翼及鼻部倾角		
						长轴(km)	短轴(km)		东南翼(°)	西北翼(°)	鼻部(°)
断背斜鼻状构造	雷三段顶	-2400	-3200	800	65.0	23.5	2.3~3.4	北东—南西	15~36	24~33	3.0

三、储层特征

1. 岩性特征

雷三上亚段为致密白云岩，区内残厚 100m，泥质含量 1%~5%，中 46 井在本层底部进行了取心 18.69m，岩心收获率 95.1%，平均孔隙度 1.485%，平均渗透率 0.839mD，平均含水饱和度 35.6%，岩石薄片观察共发现裂缝 193 条，以构造缝为主，构造缝有 176 条，占 91.2%。裂缝主要为白云质、方解石充填，有 129 条，占裂缝总数的 66.8%，其次为有机质充填，有 46 条，占 23.8%，其余充填的裂缝 18 条，仅占 9.4%。本层岩性较为致密，储、渗条件差，构造缝虽较发育，但多为方解石、白云质充填，是很好的盖层，与下伏雷二段的膏质白云岩底板构成一个完整的储集单元。

全直径岩心观察表明，雷三下亚段岩性主要是灰色细—粉晶白云岩、具有颗粒黏结的粉藻白云岩、砂屑白云岩，横向上厚度稳定，约 100m。储层中次生溶孔发育，分布着大量的针孔层，有效孔隙度 2.4%~5.5%，平均 4.38%。储层中大量的微细裂缝与渗透率较高的溶孔形成主要的渗流通道，渗透率 0.01~35.04mD，一般为 1mD，是储层主要发育段。

1）砂屑白云岩

砂屑白云岩颜色以褐灰、深褐色为主，厚层块状常见，单层厚度变化极大，为 0.05~5m 不等，砂屑含量一般大于 50%，成分多为泥—粉晶白云岩和藻泥晶白云岩，分选、磨圆中等—好；粒间充填物以亮晶胶结物为主，云泥基质较少。岩石中常具有粒级递变构造和大中型交错层理，冲刷侵蚀面较为发育，并可见裂缝发育。砂屑白云岩的岩石学特征表明砂屑白云岩形成于较强的水动力条件之下，在潮下高能滩体中尤为发育。总体来看，分布于雷三段的砂屑白云岩胶结程度弱，粒间溶孔发育，储集性能好，面孔率一般 2%~8%，平均孔隙度为 3.6%、平均渗透率为 1.08mD，构成了该套储层的主要储集岩类型。

2）颗粒黏结白云岩

宏观上，浅色亮晶胶结物呈斑点"雪花"状散布于暗色藻粘连颗粒之间构成"雪花"状构造，小型交错层理和粒级递变层理常见，弱冲刷侵蚀面较为发育。

层序上，颗粒黏结白云岩向上一般渐变为砂屑白云岩，向下可过渡为泥晶藻云岩或藻团块白云岩等。以上特征反映了颗粒黏结白云岩形成于水动力条件变化较大的环境之中。能量较强时，水体将早期未固结和半固结的富藻细粒沉积物（岩）破碎，形成分选、磨圆差的砂屑和粉屑，当能量降低时，生长的蓝绿藻将这些颗粒粘连构成大小不一的团块，随能量的进一步降低，蓝绿藻再次将团块粘连，构成颗粒黏结结构。由此可见，这类岩石形成于高能与低能之间的过渡环境中，属于水动力条件逐渐降低的产物。

总体来看，该类岩石接受表生期和埋藏期溶蚀作用后，其孔隙间的膏质组分和方解石发生溶解，形成较多的颗粒黏结"格架"溶孔，平均孔隙度为 2.76%、平均渗透率为 1.61mD，具有较好的储集性能。

3）具残余颗粒结构的晶粒白云岩

具颗粒残余结构的晶粒白云岩分布较少，颜色以浅灰、褐灰色为主，颗粒残余以砂屑为主，鲕粒较少，该类岩石主要由亮晶砂屑灰岩和亮晶鲕粒灰岩经白云化和重结晶作用转化而来，沉积于相对较深水的高能环境中，如潮间—潮下带滩的滩体。其中可见一定数量的晶间孔、晶间溶孔和小溶洞，储集性能较好，面孔率一般小于2%，平均孔隙度为2.55%、平均渗透率为0.63mD。

4）细—粉晶白云岩

在各小层段具有较多的分布，横向上厚度变化大，薄—厚层块状，灰白、褐灰、深灰和灰绿色为主，泥—粉晶结构。浅色（灰白、褐灰）泥—粉晶白云岩除主要由半自形泥—粉晶白云石构成外，还含有一定数量的膏盐类矿物、黏土泥、陆源粉屑石英和丝状蓝绿藻较少。这种岩石常与泥质白云岩、藻叠层白云岩和膏质白云岩共生在一起，水平层理发育，膏盐矿物（或假晶）等常见，局部见暴露干裂、帐篷构造、鸟眼孔。

2. 物性特征

1）孔隙度

根据6口取心井305个孔隙度统计，孔隙度范围为0.1%~14.28%，孔隙度小于1%的高达19.67%，孔隙度小于4%的占69.02%，频率主峰主要分布2%~6%之间，平均3.85%，储层整体表现出低孔特征（表7-6和图7-7）。

表7-6 中坝雷三段岩心分析孔隙度统计

孔隙度(%)	<1	1~2	2~4	4~6	6~8	8~10	10~12	12~14	>14
累计点数	60	100	180	235	275	293	300	303	305
点数	60	40	80	55	40	18	7	3	2
百分数(%)	19.672	13.115	26.230	18.033	13.115	5.902	2.295	0.984	0.656
极值，均值(%)	最大值=14.28				最小值=0.09			平均值=3.852	

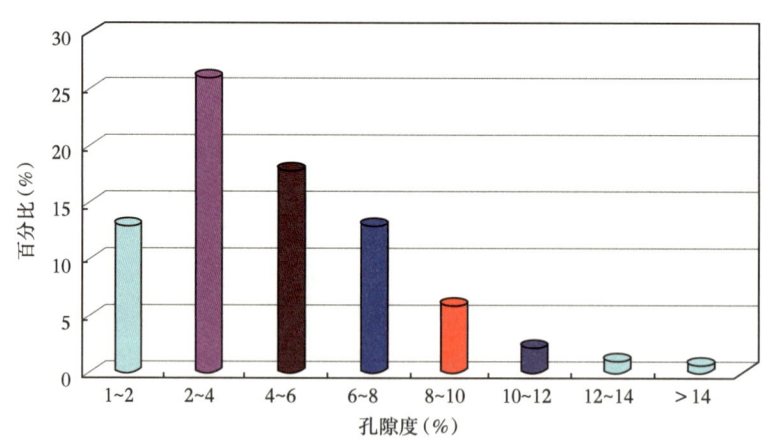

图7-7 中坝雷三段岩心分析孔隙度分布直方图

2）渗透率

据6口取心井177个渗透率统计，渗透率分布范围为0.00034~131mD，频率主峰在0.1~10mD之间，平均值为3.37mD，储层整体表现出中、低渗透特征（表7-7和图7-8）。

表7-7 中坝雷三段岩心分析渗透率统计

渗透率(mD)	<0.01	0.01~0.1	0.1~1	1~10	10~100	>100
累计点数	21	64	116	166	176	177
点数	21	43	52	50	10	1
百分比(%)	11.86441	24.29379	29.37853	28.24859	5.649718	0.56497
极值，均值(mD)		最大值=131 最小值=0.0003372 平均值=3.368				

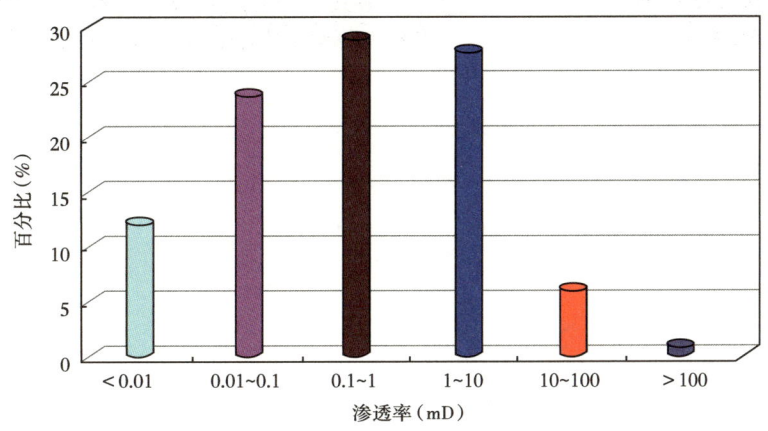

图7-8 中坝雷三段岩心分析渗透率分布直方图

3) 含水饱和度

雷三下亚段有3口井578块样品测定了微波法含水饱和度，含水饱和度的峰值在20%以下，含水饱和度小于20%占样品数的66.7%，平均值为20.10%。

3. 孔隙结构特征及储层分类评价

1) 孔隙结构特征

雷三下亚段的储集空间主要以粒间孔和粒间溶孔为主，据岩心描述溶孔的孔径一般为0.1~1mm，孔隙密度一般为3~25个/cm², 铸体薄片鉴定的孔隙直径平均为121.4μm，压汞测得的喉道宽度以0.04~2μm为主，其孔隙结构为粗—细孔和中、小喉道。经中46井和中8井的86块岩心铸体薄片鉴定统计，孔隙最大直径0.518mm，最小直径0.003mm，粗孔占53%，细孔占43%，微孔仅占4%，中46井岩心观察，井段3109.2~3123.8m，孔隙密度3~20个/m，只见洞8个，洞径2~2.5mm，说明雷三下亚段的岩石孔隙主要为粗孔和细孔，大于2mm的洞较少。根据中42井8块岩心薄片分析，其孔隙喉道均为片状喉道，喉道宽度为0.2~5μm，184块压汞资料统计，中值喉道宽度r_{50}在0.04~2μm范围内，中小喉道样品数占总样品数的82.9%，大于2μm和小于0.04μm的分别占7.4%和9.7%，表明雷三下亚段岩石的孔隙喉道主要为中小喉道(图7-9至图7-11)。

以粒间孔、粒间溶孔为主要孔隙类型的岩石各类物性参数都比较好；以晶间孔、晶间溶孔为主要孔隙类型的岩石，各物性参数次之；以微裂缝和少量孔隙组合时，各类物性都差(表7-8)。

图 7-9 中坝气田雷三段岩心孔隙照片

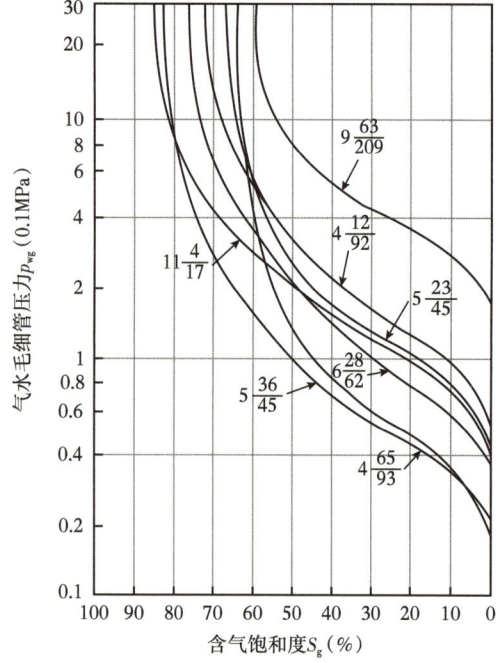

图 7-10 中46井雷三中亚段储集岩的典型气水毛细管压力曲线图

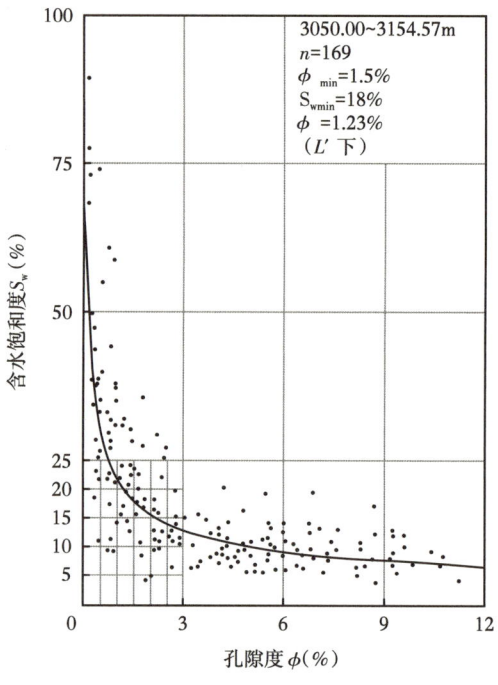

图 7-11 中46井雷三中亚段孔隙度和含水饱和度的关系曲线图

表 7-8 中坝气田雷三段孔隙类型和物性关系

主要孔隙类型	样品数	孔隙度（%）	渗透率（mD）	含水饱和度（%）	面孔率（%）	平均孔隙直径（μm）
粒间孔 粒间溶孔	18	4.03~12.16 均值：7.39	0.035~25.6 均值：2.30	6.9~24 均值：13.72	4~20 均值：9.89	91.74~316.6 均值：154.6
晶间孔 晶间溶孔 晶内溶孔	14	1.37~12.02 均值：4.94	0.008~6.81 均值：0.577	6.51~20.31 均值：12.55	1~10 均值：4.71	35.8~113.3 均值：84.91
微裂缝 少量孔隙	4	0.31~1.99 均值：0.74	0.0009~1.88 均值：0.52	16.0~45.57 均值：30.05	0~0.5 均值：0.275	0~58.29 均值：21.22

2) 储层分类评价

中坝雷三段储层可分为四类,分类依据为孔隙度、渗透率、排驱压力、中值毛细管压力、孔喉体积(直径大于 0.04μm)5 个参数(表 7-9)。

表 7-9 雷三下亚段储层分类评价参数表

类别	孔隙度(%)	渗透率(mD)	排驱压力(MPa)	中值压力(MPa)	孔喉体积(%)	类型
I	>7	>5	<0.5	<5	>60	高孔高渗透
II	4~7	1~5	0.1~1	1~10	40~60	中孔中渗透
III	1.5~4	0.07~1	1~5	5~50	20~40	低孔低渗透
IV	<1.5	<0.07	>5	>50	<20	超低孔低渗透

I 类储层特征:属于高孔高渗透储层(图 7-12 和图 7-13)。这类储层的孔隙度大于 7%,样品中最小孔隙度为 7.53%,最大孔隙度为 10.79%,平均值为 8.46%。渗透率大于

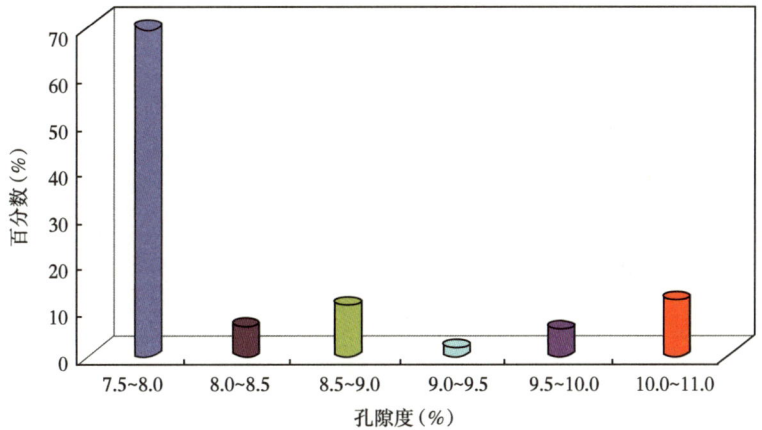

图 7-12 雷三段 I 类储层孔隙度分布直方图

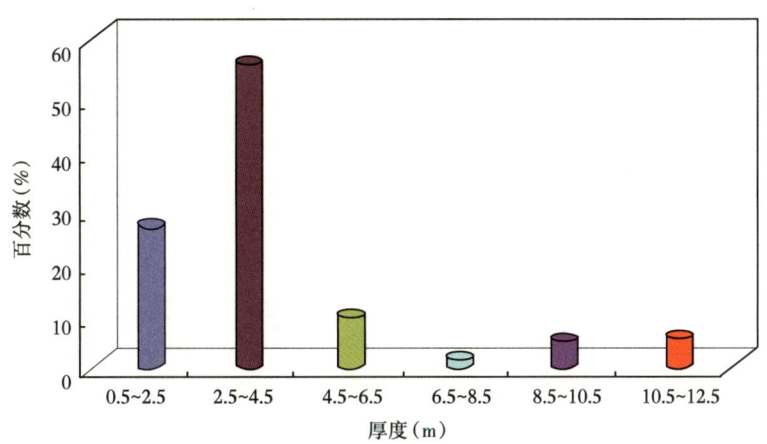

图 7-13 雷三段 I 类储层厚度分布直方图

1.39mD，最大 5.73mD。排驱压力小于 0.05MPa，大于 0.04μm 的孔喉体积大于 60%，孔隙结构一般为粗孔大喉型，毛细管压力曲线为粗歪大喉单峰型，主要孔隙类型为粒间孔和粒间溶孔。这类储层最小有效储层厚度大于 0.6m，最厚的储层有 11.8m，平均厚度 4.79m。岩性主要为粗粉晶白云岩、细粉晶白云岩。

Ⅱ类储层特征：属于中孔中渗透储层（图 7-14 和图 7-15）。孔隙度在 4%~7%，最大孔隙度达到 6.94%，平均值 5.31%，主要分布在 5%~6.5% 之间，占总数的 67.44%。最小渗透率为 0.3129mD，最大渗透率为 0.8946mD。毛细管压力曲线为粗歪中喉单峰型和粗歪中喉双峰型，排驱压力为 0.1~1MPa，中值压力 1~10MPa，大于 0.04μm 的孔喉体积在 40%~60% 之间。孔隙结构为中喉型或细孔中喉型，主要为粒间孔、粒间溶孔、晶间溶孔。这类储层厚度大，最厚的储层为 55.7m，最小厚度为 1.1m，平均 13.07m，以气层为主，最大含气饱和度 88.9%，平均含气饱和度 63.83%。岩性主要为细粉晶白云岩，藻团白云岩，溶孔白云岩等。

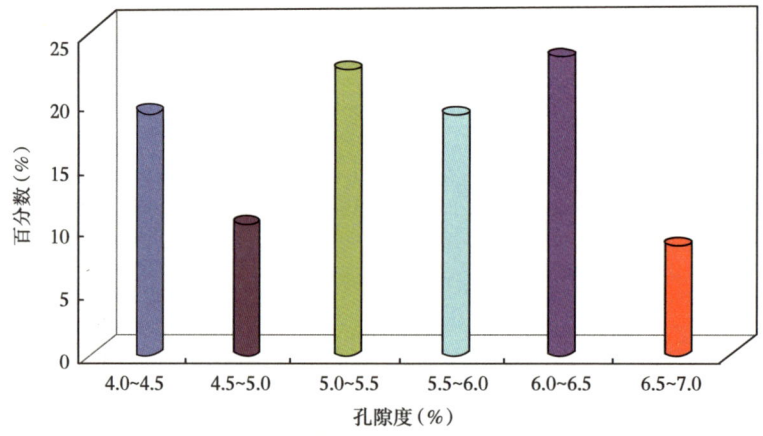

图 7-14 雷三段Ⅱ类储层孔隙度分布直方图

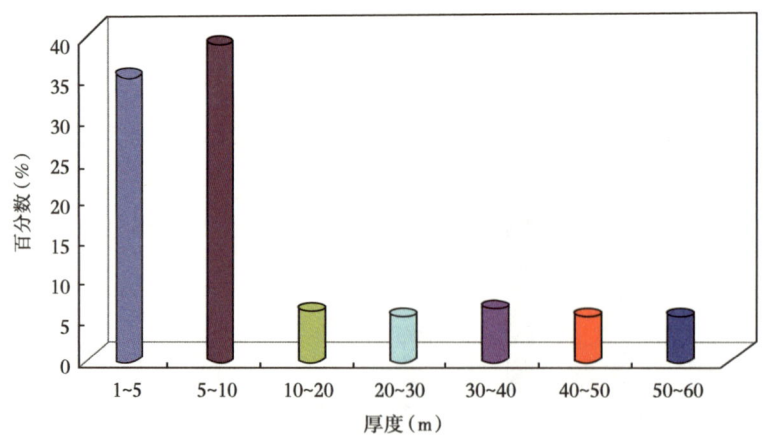

图 7-15 雷三段Ⅱ类储层有效厚度分布直方图

Ⅲ类储层特征：属于低孔低渗透储层（图7-16和图7-17）。这类储层孔隙度在1.5%~4%，平均值为2.69%，孔隙度主要分布在3%~4%之间，占总数的47.69%。渗透率小于0.30mD，平均值为0.19mD。毛细管压力曲线一般为小喉型，毛细管中值压力为5~50MPa。孔隙结构为粗孔小喉型或细孔小喉型。主要孔隙类型为晶间孔、晶间溶孔、粒间孔，以及少量微裂缝。这类储层厚度小，一般不大于3m，最大厚度为13.16m，最小厚度为0.5m，平均值为2.58m。最大含气饱和度73.9%，平均含气饱和度45.62%。岩性主要是细粉晶白云岩，含少量亮晶白云岩、溶孔粗粉晶鲕粒云岩。

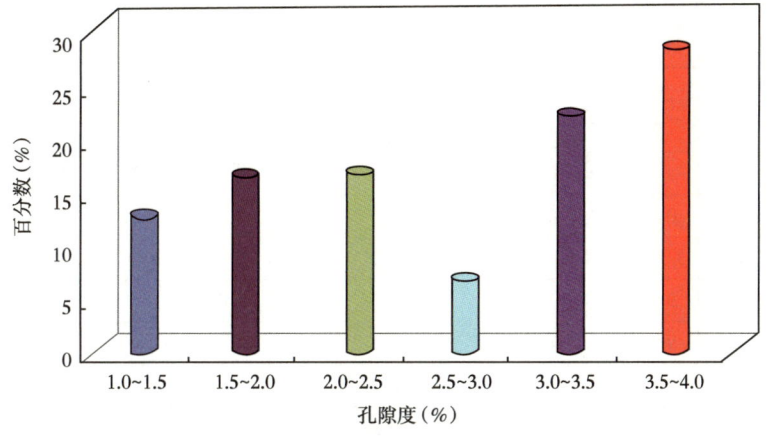

图7-16 雷三段Ⅲ类储层孔隙度分布直方图

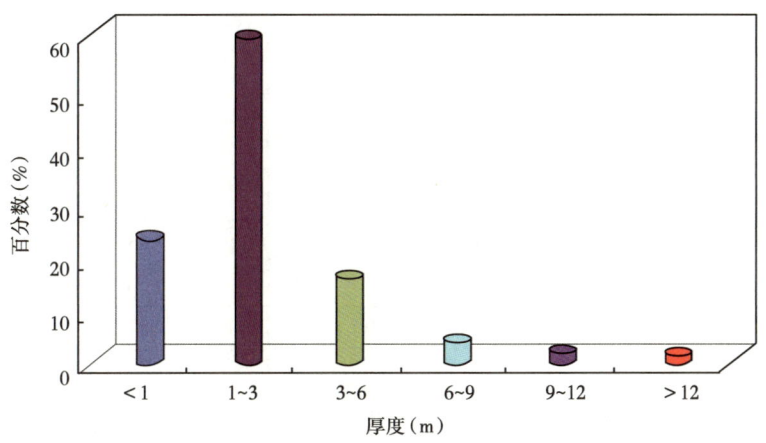

图7-17 雷三段Ⅲ类储层有效厚度分布直方图

Ⅳ类储层特征：属于储渗能力很低的非储层，孔隙度、渗透率都小于下限值，孔隙度小于1.5%，渗透率小于0.05mD。毛细管压力曲线为细歪微喉型，排驱压力一般大于5MPa，大于0.04μm的孔喉体积小于20%，主要孔隙类型为晶间孔。岩性主要为粉晶白云岩、亮晶藻团粒白云岩。

4. 裂缝发育特征

整体上，雷三下亚段裂缝比较发育，是形成气藏高产的重要因素，空间上各种产状、各种规模的裂缝互相交织，形成裂缝网络，构成孔隙之间的流体通道，气藏不同部位裂缝发育存在不均质性（表7-10、图7-18和图7-19）。

表7-10 雷三段岩心裂缝观察记录

	井号	中6井	中7井	中24井	中80井	中46井	中81井	中42井	川参1井	中3井	中8井
全段	心长（m）	25.08	9.40	3.52	100.00	108.36	21.11	34.32	31.84	9.70	37.86
	进尺（m）	28.20	24.62	12.85	100.00	108.36	106.70	40.37	72.21	16.0	56.92
	总裂缝（条）	19	136	岩心破碎	岩心破碎	1058	岩心破碎	493	864	1	162
	张开缝（条）	7	136			151		76	830	1	43
	充填缝（条）	12	未统计			907		417	34	未统计	119
	取心段线密度（条/m）	0.70	14.47			9.76		14.36	27.14	0.10	4.13
第一小层	底界井深（m）	3734.0	3451.0		3105.5	3075.2	3219.2	3367.7	3354.6		3415.0
	心长（m）	9.36	1.40		21.50	28.06	8.49	21.47	8.69		13.94
	进尺（m）	9.36	1.62	未取心	21.50	28.06	28.06	27.45	15.08	未取心	21.94
	总裂缝（条）	14	11		18 局部较破碎	366	岩心破碎	353	126		113
	张开缝（条）	2	11		14	71		72	103		14
	充填缝（条）	12	未统计		4	295		281	23		99
	有效缝线密度（条/m）	0.21	7.86		0.65	2.53		3.35	11.85		1.00
第二小层	底界井深（m）	3779.0	3497.0	3219.5	3154.4	3126.5	3276.0	3410.0	3402.4	3460.0	3450.0
	心长（m）	8.80	8.00	3.52	4.89	51.30	7.62	12.85	16.40	9.70	23.92
	进尺（m）	9.33	23.00	12.85	48.90	51.30	42.00	12.92	36.84	16.00	34.98
	总裂缝（条）	5	125	岩心破碎	岩心破碎	562 较破碎	岩心破碎严重	140	610	局部破碎	49
	张开缝（条）	5	125			55		4	603	1	29
	充填缝（条）	0	未统计			507		136	7	未统计	20
	有效缝线密度（条/m）	0.57	15.63			1.07		0.31	36.80	0.10	1.21
第三小层	底界井深（m）	3810.0	3531.0	3250.0	3184.0	3155.0	3310.0		3426.5		
	心长（m）	6.92			29.60	29.00	5.00		6.75		
	进尺（m）	9.51			29.60	29.00	35.50	未钻	20.29	未钻	未钻
	总裂缝（条）	0	未取心	未取心	岩心破碎严重	130	岩心破碎严重		128 局部破碎		
	张开缝（条）	0				25			124		
	充填缝（条）	0				105			4		

1）气藏裂缝整体较发育

雷三下亚段裂缝线密度为0.1~125条/m，水区较低，主体气区较稳定，一般在10~15条/m；裂缝缝宽0.1~3mm，缝长3~85cm；裂缝类型丰富，按成因以构造缝为主，其

图 7-18 中坝气田雷三段岩心裂缝照片

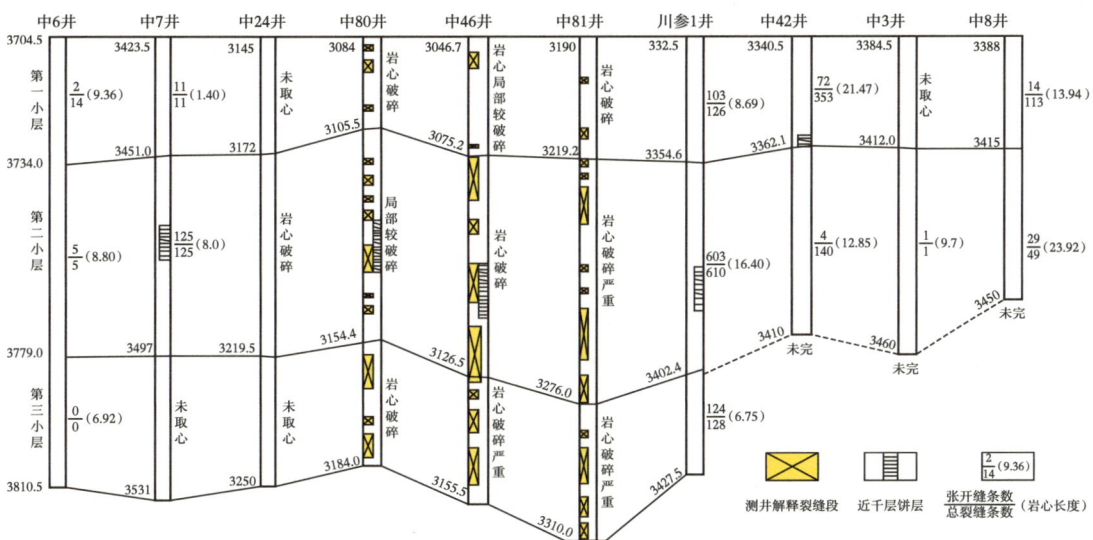

图 7-19 中坝气田雷三气藏取井产层裂缝对比图

次是压溶缝,充填缝也较发育,按产状以高角度斜交缝、立缝为主,其次为水平缝,少量低角度斜交缝;裂缝充填物以方解石、白云石为主,少量有机质填充。

中 46 井共发现裂缝 453 条,其中构造缝 344 条,占 75.9%,缝合线 109 条,占 24.1%,按充填物情况分,被方解石和白云石充填的裂缝 139 条,占裂缝总数的 30.7%,被有机质充填的裂缝 125 条,占 27.6%,半充填缝 189 条,占 41.7%,这些缝主要为高角度缝,低平缝少。各类裂缝密度平均每米 5~14 条,缝宽 0.1~3mm,长 3~39cm,多为小缝和微缝。中 46 井发现的 453 条裂缝中未充填缝和有机质充填缝占裂缝总数的 69.3%,表明雷三下亚段储层裂缝发育较好。

2) 局部裂缝发育存在差异

在气藏整体裂缝较发育的大背景下,局部裂缝发育也存在差异性。气区西北端中 42 井、川参 1 井、中 21 井区裂缝发育不均一,从岩心、测井和产能测试结果得以证实,中 42 井裂缝最不发育,川参 1 井次之,中 21 井裂缝发育。中 21 井钻遇第一小层时出现蹩跳钻现象,且钻遇 3297~3303.35m 井段时发生井喷,该段岩屑镜下鉴定微细裂缝非常发育,测井解释为高渗透层。中81井、中18井、中46井区总体裂缝较发育，取出岩心严重破碎，但纵向上也不均衡，主产层在下部。气藏西南端的中24井、中80井、中40井第二小层、第三小层岩心严重破碎，裂缝发育，尤以中80井产能最高。

总体来看，气区总体上储层裂缝发育，水区储层裂缝不发育，气区范围内裂缝发育还存在差异。

平面上：构造主体部位-2871m气水界面以上裂缝发育远好于构造边部水域，含气范围内的裂缝较外围发育；中18井、中21井、中23井、中24井、中46井、中80井、中81井裂缝发育，并且横向对比性较好；裂缝发育的高值区在中81井—中21井—川参1井一线，延伸向北和东南翼鄢明断层附近的中81井—中40井区间，顶部中46井裂缝也较发育。

纵向上：裂缝发育主要集中在第二小层、第三小层，其中第二小层中部发育10m左右千层饼状储层，属高渗透层，横向对比好，在取心较完整的中80井、中46井、川参1井均可对比。

5. 储集类型

气藏中部的中46井第一层裂缝发育，孔隙发育稍差，第二层和第三层孔隙较第一层发育，但裂缝发育比第一层差；气藏边部的川参1井裂缝和孔隙的发育程度比中46井差（表7-11）。总的来看，气藏储层的裂缝和孔隙的搭配关系较好，储集类型为裂缝—孔隙型（图7-20）。

表7-11 岩心样品鉴定裂缝与面孔率的关系统计

类别	中46井（155个样品）				川参1井（59个样品）			
	样品数	百分数	裂缝条数	面孔率(%)	样品数	百分数	裂缝条数	面孔率(%)
有缝无孔	51	32.9	233		6	10.2	20	
有孔无缝	44	28.4		1.2	40	67.8		3.4
有孔有缝	60	38.7	124	0.7	13	22.0	27	2.1

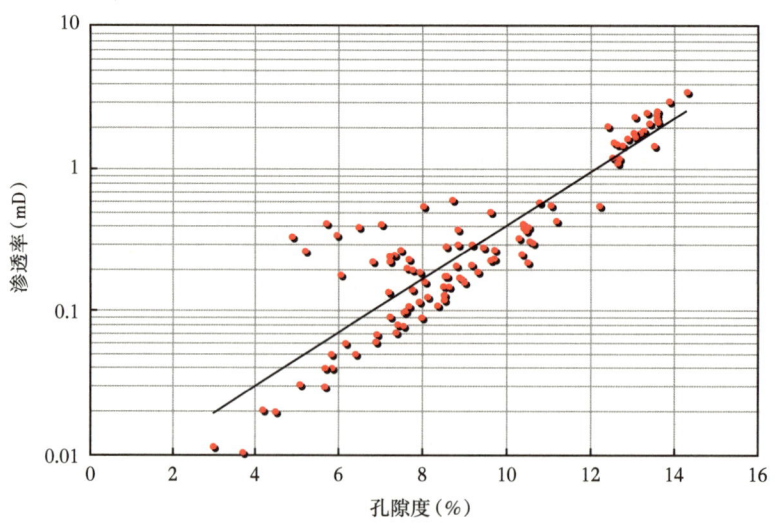

图7-20 雷三段岩心分析孔隙度与渗透率交会图

四、流体性质及流体分布

中坝气田雷三气藏各井天然气性质接近，甲烷含量 83.02%~85.57%，乙烷含量 1.40%~1.96%，硫化氢含量高达 6.48%~7.88%（99.68~121.25g/m³），二氧化碳含量高达 4.10%~5.42%，属高含硫化氢的湿气气藏。

天然气中含凝析油量为 60g/m³ 左右，含硫量重，相对密度 0.773~0.784，初馏点53~90℃，总馏出体积 94%~98%。

各井地层水性质接近，为氯化钙型，总矿化度 63.7~117.17g/L（表 7-12）。

表 7-12　中坝构造雷三段水井及邻区构造同段水井水性对比表

井号	出水井段 (m)	取样日期	离子含量（mg/L）								水型	矿化度 (g/L)
			K^++Na^+	Ca^{2+}	Mg^{2+}	Ba^{2+}	Cl^-	SO_4^{2-}	HCO_3^-	CO_3^{2-}		
中6井							37975				$CaCl_2$	63.70
中7井		1973-08-26	40783	2314	320		65902	1109	2015		$CaCl_2$	117.17
中8井							64634				$CaCl_2$	107.22
中11井	3768.0~3900.0	1975-07-04	34732	5569	1700		66544	835	2077		$CaCl_2$	111.64
中12井	4020.0~4022.8	1976-10-17	7665	446	239		10152	5937			Na_2SO_4	24.44
江12井	3119.2~3215.1	1980-05-06	12775	1138	164		20921	808	1147		$CaCl_2$	36.45

中3井钻遇气水界面，确定气藏原始气水界面海拔为-2871m，气水界面以外的中8井为气水井，中6井、中7井、中11井为水井，说明气藏外围分布着一定范围的水域。由于气藏周边断层对气藏起到了封闭作用，致使邻区构造中12井、江12井等井雷三段地层水的水性与构造内雷三段的水性完全不同。从气藏生产过程来看，北部中3井区及气藏南端的中7井区地层水较为活跃，在两个方向均存在明显的水侵响应。气藏为较为典型的受狭长背斜和断层共同控制的复合圈闭弱边水气藏（图 7-21）。

五、压力与温度

中坝雷三气藏具有统一的压力系统，原始地层压力 35.304MPa，地层温度86℃，属于常温、常压气藏。

六、动态特征

1. 产能特征

1）产能分布特征

中坝气田雷三气藏累计获测试产量 567.78×10⁴m³/d，获无阻流量 1745.21×10⁴m³/d，单井平均无阻流量达 174.52×10⁴m³/d，产能上百万立方米的气井占气井总数的 50%（表 7-1）。从原始产能分布来看，处于构造轴部的气井产能明显高于两翼，表明受构造应力作用，轴部裂缝发育程度明显高于两翼（图 7-3）。

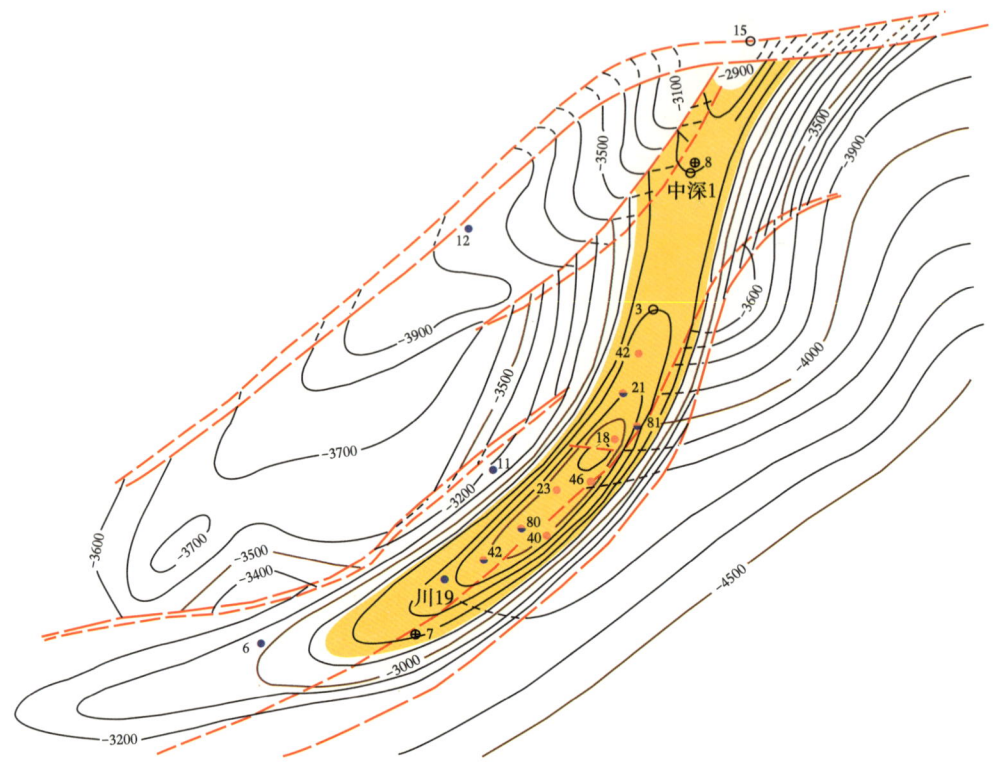

图 7-21 中坝雷三气藏含气面积图

2）产能变化特征

中坝气田雷三气藏自 1982 年投入试采以来，试采阶段以 $60×10^4m^3/d$ 规模生产，1985—1989 年以 $80×10^4m^3/d$ 规模生产，1990—2000 年以 $120×10^4m^3/d$ 规模生产，生产稳定，产水量变化不大。2001 年进入递减阶段后，实施增压开采，产气量平缓下降，由 $120×10^4m^3/d$ 逐渐降至 $11.22×10^4m^3/d$，产水量由 $10m^3/d$ 最高上升到 $40m^3/d$，之后逐渐降至 $10m^3/d$ 左右（图 7-4）。

3）产水对产能的影响

递减期气藏边部生产井产能受地层水影响快速下降，虽然水对地层能量有一定补充，但由于气相渗透率降低导致气井产能快速下降，加之开发后期地层压力的持续下降，导致气藏边部产水井积液，影响产能。而主体区生产井受水侵影响较小，产能递减主要受地层压力下降影响，递减速率明显低于气藏边部产水井。

2. 气藏连通性

中坝雷三气藏有较好的物性条件，平面上均质性较好，试采前各井折算原始地层压力基本一致，投产后各井压力下降趋势一致，关井后压力恢复也基本一致，说明各井间连通关系好。开采过程中井间干扰测试结果表明，从构造北端的中 42 井到南端的中 24 井连通性都好。随着气藏进入开发后期，部分高产井对邻井的干扰也逐渐凸显，气藏具有统一压力系统，内部连通关系较好。

3. 水侵特征

中坝气田雷三气藏自 1982 年 3 月投入生产以来，至 2017 年已有 36 年开采历史，经历了 1990—2000 年地层水稳定产出阶段，2001—2017 年水气比上升阶段。整体上看，气藏各井产水量不大，但气井出水后对产能有一定的影响，尤其是靠近水区的生产井见水后产能快速降低。由于雷三气藏整体渗透性能较好，地层水侵整体上较为均匀推进，随着地层压力的降低和气藏规模的递减，水侵逐渐减缓。2006 年气藏产水量达到最高的 $40m^3/d$ 左右。2015 年以后产水量相对稳定，维持在 $10m^3/d$ 左右。

中坝气田雷三气藏为边水气藏，受东西两翼断层限制，边水能量有限。气藏水侵强度不大，表现出弱水驱特征，整体上从外向内推进。气藏水体储量不大（$3000×10^4 \sim 7000×10^4 m^3$）、水体能量较弱。采用非线性物质平衡法计算，气藏累计水侵量 $547×10^4 m^3$，水侵指数 9.8。由于气藏整体渗透性能较为均匀，水区压力与气区压力同步下降，水体沿边部向气藏内均匀推进，表现出一定的水驱效用。

第三节 气藏开发主要做法及效果

中坝气田雷三气藏的开发是高速和高效的，在总体开发年限缩短的情况下，采收率并未降低，取得了显著的经济效益，主要表现在：稀井高产（开井总数 10 口，连续生产气井 8 口），气藏采速高（$3.16\% \sim 4.3\%$）、生产规模大（$80×10^4 \sim 120×10^4 m^3/d$）、稳产年限长（16 年）、稳产期末采出程度高（68.09%），开发过程中气藏压降均匀，未形成明显的压降漏斗。截至 2017 年底气藏累计产气 $81.02×10^8 m^3$，采出程度高达 93.88%，累计产凝析油 $38.99×10^4 t$，累计产水 $15.36×10^4 m^3$。雷三气藏的高效、经济、合理开发，与长期以来针对气藏各个开发阶段的不同特点制定科学合理的开发措施是密不可分的。

气藏钻探初期，由于对气水分布认识不足，除发现井中 19 井外，在主体构造外围钻探的中 3 井、中 6 井、中 7 井、中 8 井、中 11 井、中 12 井、中 15 井均未获工业气流，且部分井测试产水，而在主体构造高部位钻探的中 18 井获高产工业气流，无阻流量高达 $610.4×10^4 m^3/d$。初步认识了气藏气水分布规律，为之后该气藏的井位部署提供了依据，随后钻探的井均分布于主体构造，均获工业气流，获气成功率 100%（表 7-1 和图 7-3）。截至 1979 年底，中坝雷三气藏获工业气井 6 口（中 18 井、中 21 井、中 23 井、中 24 井、中 40 井、中 42 井），其中高产气井 5 口，中产气井 1 口。由于脱硫厂未建成，天然气中硫化氢无法处理，各井试油结束后采用钻井液压井或打水泥塞封堵。

1980 年 6 月完成《中坝气田雷三气藏试采设计方案》编制工作，确定气藏投产井数 6 口，日产气规模 $65×10^4 m^3$。同时利用 6 口气井所处构造部位，结合静态地质资料，得出气藏为底水气藏的认识，综合分析认为中坝雷三底水气藏满足均匀开发的要求。

1981 年针对气藏低含凝析油的特点，为提高气藏开发经济效益，开展了凝析油低温分离工艺论证工作，提出在地面集输过程中进行低温分离，提高凝析油回收量的工艺措施，并在气藏投产后正式实施。截至 2000 年 7 月低温站拆除低温回收凝析油装置，累计回收凝析油 $34.66×10^4 t$，提高了气藏的开发效益。

一、试采阶段(1982—1984年)

1982年3月30日,中21井、中23井、中24井、中40井投产,1982年3月31日中42井投产,共投产5口井,气藏日产气58.94×10⁴m³。

1982年9月完成中42井修井工作,1983年10月完成中7井修井工作,将中42井、中7井作为气藏内部纯气区和南部水区的观察井,定期开展测压工作,监测气藏内部和水区的压力变化情况。

1982—1983年先后进行6次井间干扰试井(成功4次),结果表明,从构造北端的中42井到南端的中24井连通性都好(表7-13),全气藏为同一压力系统。

表7-13 中坝气田雷三气藏井间干扰测试数据表

序号	日期	激动井		观察井		压力变化(MPa)		压降 (MPa/d)
		井号	日产气量 ($10^4 m^3$)	井号	观察天数 (d)	井口	井底	
1	1982-05-17至 1982-07-02	中21井,中23井,中42井	48.8	中40井	46	-0.12	-0.13	0.00293
2	1983-05-09至 1983-07-12	中23井,中40井,中24井	62.6	中21井	64	-0.22	-0.26	0.00413
3	1983-05-09至 1983-07-18	中21井,中23井,中40井,中24井	62.9	中42井	70	-0.09	-0.11	0.00164
4	1983-09-28至 1983-12-02	中40井,中23井,中21井	40.8	中24井	65	-0.17	-0.2	0.00310

1984年8月补钻气藏资料补充井中46井,采用油基钻井液对雷三段—雷二段上段进行取心。通过对雷三上、下亚段和雷二段岩心的综合研究认为,雷三上、下亚段和雷二段构成一个完整的储集单元,雷三下亚段为储层,雷三上亚段为盖层,雷二段为气藏隔层。通过中46井雷二段专层试油证实雷二段为致密千层,不产流体,证实气藏为边水气藏,改变了气藏为底水气藏的认识。

试采期间有计划地开展了稳定试井8井次,不稳定试井15井次。结合静态地质研究成果,在试采期内基本掌握了气藏的开发地质特征,明确了气藏类型。同时认识到气藏原始产能高,只是由于气藏投产前因钻井液长期压井,气层伤害严重,导致产能明显降低。1984年12月完成《中坝气田雷三气藏开发设计》,推荐6口井按日产气80×10⁴m³规模生产。

中坝气田雷三气藏在试采阶段及时实施了资料补充井的钻探工作,建立了完善的动态监测系统并积极开展动态监测工作,通过有计划地开展各种试井工作,结合静态地质研究成果,在试采期内基本掌握了气藏的开发地质特征,修正了气藏为底水气藏的错误认识,圆满完成试采方案规定的任务。在此基础上编制了合理的开发方案,为气藏的高效开发奠定了基础。

二、80×10⁴m³/d稳产阶段(1985—1989年)

1985年3月15日中18井投产,1986年11月13日中46井投产,气藏生产井数增加至 7 口，日产气量稳定在 $80×10^4m^3$，日产水量 $5m^3$ 左右，生产平稳。

由于气藏产水，且高含硫化氢和二氧化碳等酸性气体，硫化氢体积百分含量 6.8%（约 $106g/m^3$），二氧化碳体积百分含量 4.6%（约 $29g/m^3$），地层水矿化度高，腐蚀性强，在开采过程中对气井及集输设备腐蚀严重，仅 1982 年 3 月至 1987 年 7 月期间，地面设备就发生穿孔腐蚀 22 次，说明地面设备腐蚀严重，且随着开采时间的增加腐蚀程度不断增加，井下油、套管腐蚀无疑也是存在的，限于当时技术水平，井筒完整性情况很难摸清。低温分离站和净化厂每年必须开展一次设备及装置停产检修工作，仅此一项每年需花费检修费用近 1000 万元。此外，由于气藏含硫化氢、硫醇、硫醚等有机硫化物，泄漏后存在极大的安全隐患。为提高气藏开发效益，降低安全隐患，有必要提高气藏采速，缩短气藏开采年限。

为此，针对气藏开发特征开展了大量的研究工作，深化了气藏认识，于 1988 年 8 月完成了《中坝气田雷三气藏提高开采速度可行性方案论证》，提出了气藏开采规模由 $80×10^4m^3/d$ 提高到 $120×10^4m^3/d$ 的科学决策。主要开展了以下几方面的研究工作：

1. 多次计算气藏储量，确保储量落实可靠

1978—1986 年多次计算了中坝气田雷三气藏地质储量，计算结果在 $77.31×10^8 \sim 86.30×10^8m^3$ 之间，以 1986 年计算的 $86.30×10^8m^3$ 作为气藏探明地质储量。该气藏含气面积 $13.4km^2$，含气丰度达 $6.44108m^3/km^2$。1988 年再次进行储量复算，计算结果相近，证实气藏储量可靠，具备提高采气速度的储量基础（表 7—14）。

表 7-14 中坝雷三气藏历次储量计算结果对比表

计算年份	计算方法	储量（10^8m^3）	备注
1978	容积法	82.40	川西北矿区
1983—1984	容积法	83.87	开发设计
	压降法	79.98	
	数值模拟	77.31	
1986	压降法	86.30	储量公报
1988	压降法（不考虑水）	86.57	提高采速论证
	有水气藏物质平衡	90.79	
	数值模拟	89.90	

2. 加强气井产能特征分析，为提高采气速度提供保障

从《中坝气田雷三气藏开发设计》执行情况来看，方案动态预测与气藏实际生产情况基本吻合，在产气量高于预测产气量的情况下地层压力高于方案预测压力，气藏实际生产情况优于预测指标，气藏开发效果良好。

在气藏开采过程中，加强了气藏产能变化特征的分析总结工作。从原始产能分布来看，处于构造轴部的气井产能明显高于两翼，表明受构造应力作用，构造轴部裂缝发育程度高于两翼（图 7-22）。气藏获得总无阻流量 $1745.21×10^4m^3/d$，单井平均无阻流量 $174.52×10^4m^3/d$，产能上百万立方米的气井占到气井总数的 50%，高产能气井为提高气藏

采气速度提供了保障。

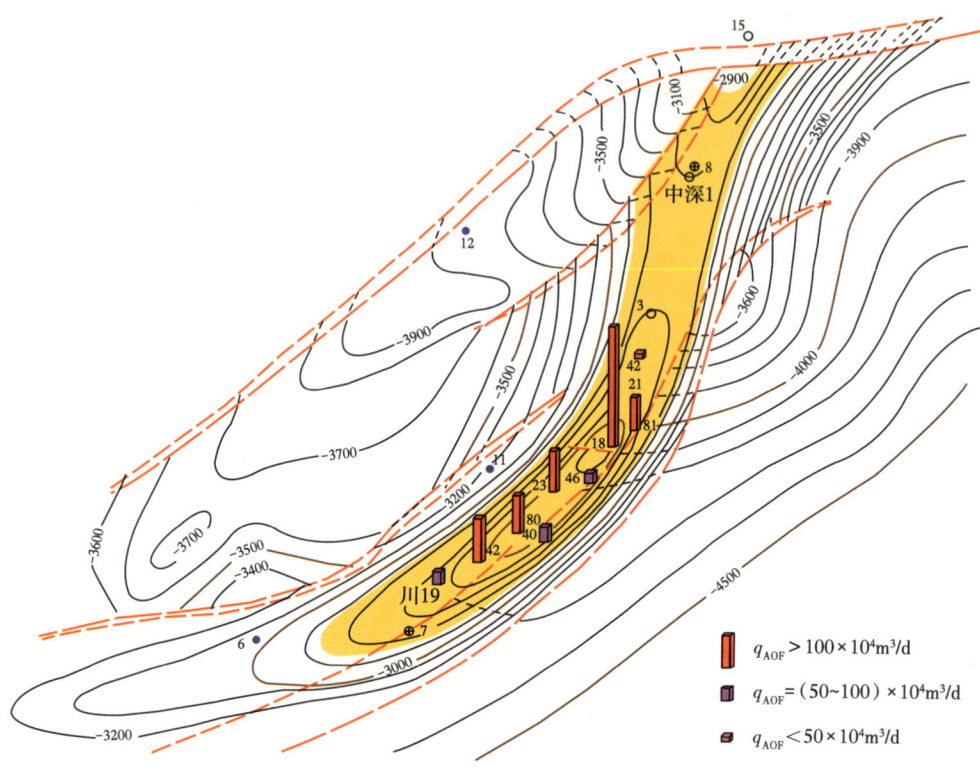

图 7-22 中坝雷三气藏气井原始产能分布图

3. 定期监测各井地层压力变化，落实井间连通关系

1982—1983 年井间干扰试井结果表明中坝气田雷三气藏各井间连通性好（表 7-13）。1985—1987 年加强了气藏各井地层压力监测工作，各井同期折算地层压力基本一致（图 7-23），证实气藏为同一压力系统。总体而言，雷三气藏较好的物性条件和平面上较好的均质性保证了气藏具有较好的整体连通关系，这也是气藏提高采速的先决条件。

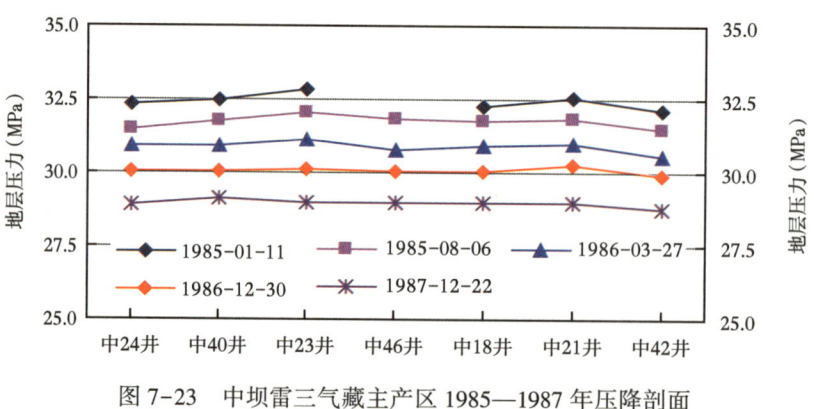

图 7-23 中坝雷三气藏主产区 1985—1987 年压降剖面

4. 开展气藏边水封闭条件、边水能量研究

通过对气藏历年的动态资料综合分析计算认为，气藏边水能量小，水侵不活跃，不会对气藏提高采气速度产生严重影响。

1) 边水封闭性研究

气藏边水受东西两翼断层的限制，到北边中8井已气水同产。南边以构造低鞍为界。在水域内所钻水井产量不大，中3井测试水量$2m^3/d$，中7井测试水量为$3.7m^3/d$，说明边水流动能力差。

将中7井历年观察测压资料与气藏各井测压资料都折算到原始气水界面(-2871m)可以看出，中7井压力与气藏压力同步下降，表现出有界面封闭地层拟稳定状态的典型特征，说明气藏边水封闭是有限的，水体能量小且得到了及时释放，气藏生产未受到边水影响，提高采速后不会造成恶性水侵(图7-24)。

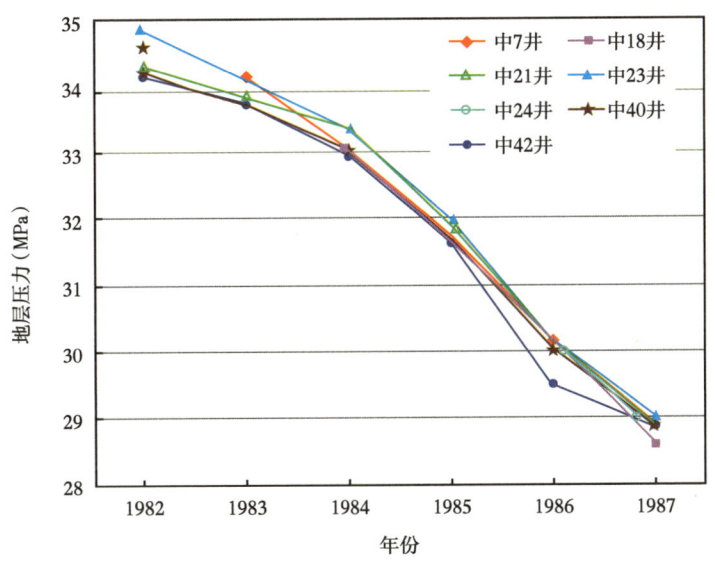

图7-24 中坝雷三气藏各井地层压力变化图

2) 水体能量研究

采用物质平衡非线性处理计算边水储量为$3067.33×10^4m^3$，截至1987年底累计水侵量为$14.88×10^4m^3$，$120×10^4m^3/d$方案计算稳产期末水侵量为$73.53×10^4m^3$，仅占气藏原始容积$3029.13×10^4m^3$的2.43%。随着气藏开采，水的驱替系数很快趋近常数且没有明显的增加，表现出弱弹性水驱的特征。驱替系数的最大值为3%，说明水的能量相当弱。水驱替系数很快趋于常数，与观察水井压力很快呈拟稳定状态的特征是相呼应的。数值模拟计算边水储量$8790×10^4m^3$(含束缚水)，截至1987年底累计水侵量为$20.9×10^4m^3$，$120×10^4m^3/d$方案计算稳产期末水膨胀量为$99.99×10^4m^3$，仅占气藏原始容积$3029.13×10^4m^3$的3.3%，说明到稳产期末不会有大量的水进入气藏。分析认为中坝气田雷三气藏边水能量小，提高采速后不会对气藏开采产生严重影响。

3)边水影响程度研究

中坝气田雷三气藏边水能量小,水侵不活跃,水体沿边部向气藏内均匀推进,表现出弱水驱特征,气井生产未受到地层水的影响。主要表现在:

(1)气藏各井生产稳定,井口压力正常下降。

(2)历次稳定试井折算无阻流量无明显变化。将气藏各井历次稳定试井的无阻流量折算到原始条件下,可以看出历年折算的原始无阻流量稳定,无明显变化(表7-15)。

表7-15 中坝雷三气藏各井历年折算原始无阻流量对比表　　单位:$10^4 m^3/d$

年份	中18井	中21井	中23井	中24井	中40井	中42井	中46井
1982		49.8	32.3		61.5		
1983		56.2	39.3	42.3	85.1	14.7	
1984				36.8		12.6	
1985	63.4	66.4			75.3		
1986	67.3				86.1		
1987	68.3	73.5	45.8	37.9	72.2		89.8

(3)历次不稳定试井解释的流动系数(Kh)值和边界没有变化,气藏生产未受到边水影响。

(4)气井历次压力恢复曲线形态没有变化。气井受水影响后,由于两相流动在地层中出现,压力恢复曲线形态往往会发生不同程度的变化。雷三气藏各气井历年压力恢复曲线形态几乎不变,说明气井未受水的影响。

(5)试井解释各井井底无高导流裂缝存在。

(6)各井历年产水量相对稳定。无论是单井还是气藏,水气比都非常稳定,水量没有发生变化。

通对中坝气田雷三气藏地质特征、开采特征及边水活动研究,认为气藏储层分布稳定、次生溶孔及网状微细裂缝发育、井间连通性好、单井产能高、边水不活跃,因此提高气藏采气速度是可行的。在此基础上于1988年8月编制完成了《中坝气田雷三气藏提高开采速度可行性方案论证》,提出了9套开采方案。优选后推荐采取均衡开采、控制边水推进的开采措施,天然气生产规模由$80\times10^4 m^3/d$增大到$120\times10^4 m^3/d$作为最优开采方案。为保证该方案的顺利实施,主要开展了以下工作:

(1)补钻开发补充井2口(中80井、中81井)。两口井于1989年7月开钻,1990年1—3月首次采用国产插管封隔器带油管传输射孔完井获得成功,有效地保护了油层套管不受硫化氢腐蚀。两口井完井试油均获高产工业气流,有效补充了气藏产能。

(2)老井利用、挖潜,1989年10月中19井修井作业后作为生产井使用。

(3)扩建改造低温分离站和净化厂,1990年5月完成,解除了气藏提高采速后的天然气输配和净化瓶颈。

(4)修复气藏北端水区中8井并作为北部观察井,1990年9月实施,进一步完善了气藏动态监测系统。

(5)开展中 80 井、中 81 井雷三下亚段全层取心工作，开展中 46 井、中 80 井、中 81 井储层综合评价研究，利用各类静、动态资料，继续深化储层认识，指导气藏合理配产。

(6)对中 23 井、中 24 井进行油、套管腐蚀检查，并进行酸化试验及生产测井。

三、$120 \times 10^4 \mathrm{m}^3/\mathrm{d}$ 稳产阶段（1990—2000 年）

提速初期进行了气藏相态研究、气藏水性监测、气藏地质研究、井筒排液方法研究、防腐工艺研究、试井方法研究等大量的分析研究工作。研究表明，气藏气区储层受地层水影响弱，虽然不存在高导流大裂缝，但网状微细裂缝极为发育，是气藏高产的重要原因。水区裂缝不甚发育，孔隙度及渗透率均较气区差，但与气区不存在稳定遮挡层。气藏边水受东西两翼断层限制，边水能量有限。水区压力与气区压力同步下降，水体不活跃。气藏各井生产稳定，历次不稳定试井解释气藏储渗参数、边界值及压力恢复曲线形态无明显变化，气井生产未受地层水的影响，气藏开采不会发生恶性水侵，气藏具备进一步提高采速的条件。

1990 年 1 月开始实施《中坝气田雷三气藏提高开采速度可行性方案论证》最优开采方案。1990 年 6 月 13 日中 81 井投产，1990 年 9 月 15 日中 80 井投产，1990 年 12 月 29 日中 19 井投产，气藏生产井数增加至 10 口，日产气量稳定在 $120 \times 10^4 \mathrm{m}^3$，日产水量 10～15$\mathrm{m}^3$，生产平稳（表 7-16）。

表 7-16 中坝雷三气藏开发方案指标对比

项 目	开发方案预测	提高采速方案预测	气藏实际生产情况
生产井数（口）	7	9	10
开采规模（$10^4\mathrm{m}^3/\mathrm{d}$）	80	120	120
稳产时间（a）	13.5	8.5	11.0
稳产期末累计产气（$10^8\mathrm{m}^3$）	46.31	50.02	58.76
稳产期末采出程度（%）	59.89	57.96	68.09
递减期末累计产气（$10^8\mathrm{m}^3$）	60.46	67.24	82.04
递减期末采出程度（%）	78.21	78.74	88.04
井口定压（MPa）	2.45	4.45	2.20
数模储量（$10^8\mathrm{m}^3$）	77.31	85.40	92.35

由于边水逐渐侵入气藏，气藏整体产能有所下降，1994 年 7 月开展了《中坝气田雷三气藏水体活动性研究及监测》研究工作。在此基础上，1996 年 12 月编制完成了《中坝气田雷三气藏开发调整方案》，编制调整方案的依据主要有：

(1)1991 年 8 月 29 日中 19 井水淹停产，1993 年 10 月 7 日中 42 井油管堵塞关井停产，气藏生产井数减少。

(2)1996 年 9 月 1 日中 21 井开始产地层水，边水逐渐侵入气藏内部，产水井数逐渐增加，气藏整体产能有所下降。

(3)《中坝气田雷三气藏提高开采速度可行性方案论证》中预测气藏于 1997 年结束稳产，有必要对继续实施原方案气藏产能是否递减进行论证。

(4)补钻的开发补充井中 80 井、中 81 井单井产能为其他井的 2~3 倍,气藏各井产能格局的变化需要气井配产措施进行相应改变。

(5)气藏动态资料进一步增多,有必要核实气藏储量。

(6)地面设备腐蚀严重,井下油套管腐蚀情况不清,必须提出一种既满足开采环境,又能适合气藏地质特征的开发方案。

《中坝气田雷三气藏开发调整方案》首次采用了三维多组分数值模拟方法对凝析气藏进行模拟,拟合误差在 5% 以内,对同类型气藏开发问题的研究提供了新的手段。本方案主要开展了凝析气藏三维地质模型研究,复核气藏储量为 $97.02×10^8 m^3$,充分利用气藏动态监测资料从不同角度分析了气藏水侵特征及对其气藏开发的影响,认为气藏边水能量小且封闭有限,水侵方式为由下往上、由外往内的均匀推进方式(图 7-25),对气藏开采产生恶性影响的可能性很小。提出了"适当加大顶部开采,控制边部开采"的边水气藏开采原则,调整了各井配产,最终推荐气藏生产井数 8 口,井口输压 2.5MPa,生产规模 $120×10^4 m^3/d$ 的方案为最佳方案。该调整方案的实施对维持气藏高速开采起到了积极的作用,气藏仍然保持 $120×10^4 m^3/d$ 的生产规模稳定生产至 2000 年。

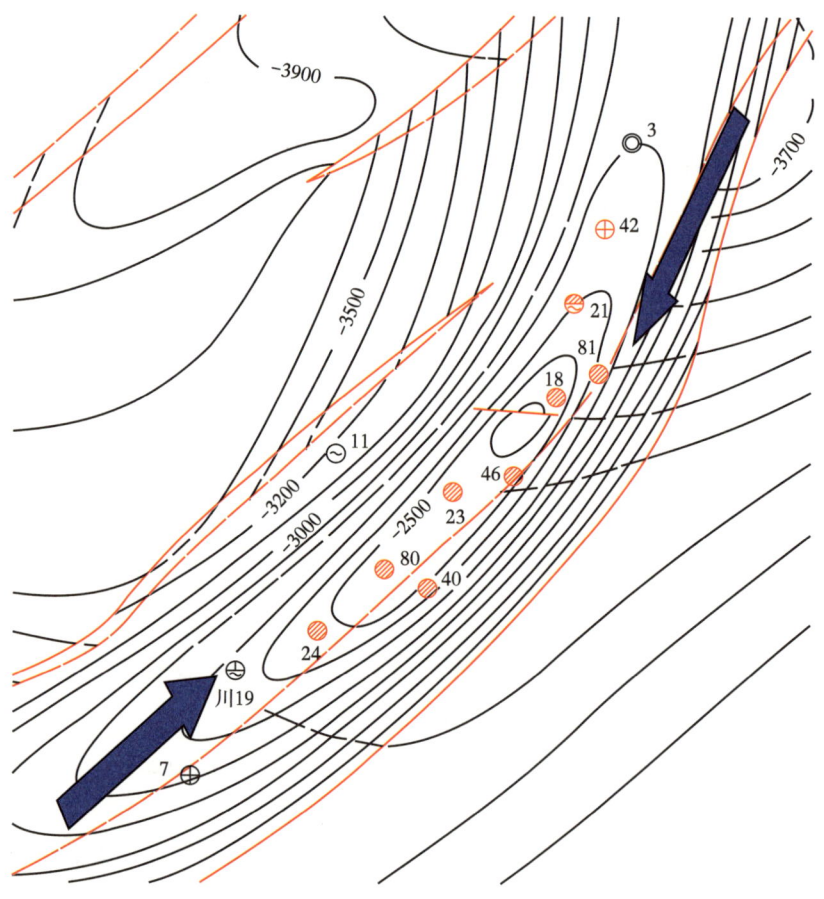

图 7-25 中坝雷三气藏地层水水侵示意图

提高采气速度是在对中坝气田雷三气藏开发特征进一步认识基础上的科学决策，通过提高采速开采，缩短了气藏开采年限，节约了气藏开发投资，减小了各类安全事故的发生概率，取得了明显的社会效益和经济效益。提速后气藏按日产气量 $120\times10^4m^3$ 稳定生产了11年，稳产期末累计采气 $58.76\times10^8m^3$，采出程度68.09%，地层压力12.353MPa。实际生产情况表明，气藏提高采速后实际生产优于提高采速方案预测指标，取得了良好的开发效果。

2000年3月，在1996年《中坝气田雷三气藏开发调整方案》基础上，根据气藏的生产动态，再次进行了《中坝气田雷三气藏开发调整方案》的编制工作。再次编制调整方案的依据主要有：

（1）气藏各井井口流压接近天然气净化厂进站压力下限（4.0MPa）。各井井口流压6~9MPa，若继续维持 $120\times10^4m^3/d$ 的生产规模，气藏仅能开采1年左右，若要保持气藏稳产，必须进行气藏开发调整。

（2）1996年开发调整方案执行期间，位于构造北端的中21井于1996年9月产出地层水，较方案预测提前了4年，加之位于构造南端的中19井已水淹，给气藏开发带来两个问题：一是中21井出水后，产能发生了较大变化，气藏要维持 $120\times10^4m^3/d$ 的生产规模，配产需做相应调整；二是中21井见水表明边水已侵入气藏内部，边水对气藏是否会带来危害，对气藏开采的影响有多大，需做深入的研究。

（3）气藏开采的下一步工作是进行地面工程调整改造，针对地面工程改造所需的投资分析计算经济效益，要求利用最新的动态资料，用较准确的计算方法复核气藏储量，计算气藏剩余可采储量和最终可采储量。

本次方案调整应用裂缝—孔隙型三维双孔介质模型进行了气藏数值模拟研究，计算物质平衡法储量 $90.41\times10^8m^3$，数模储量 $91.78\times10^8m^3$。通过再次对气藏边水活动规律的研究认为，气藏水区储层裂缝不发育，渗透性能差，水体不活跃，边水储量不大，气藏宏观上表现为由外向内的水侵方式。综合研究后选择井口定压1.7MPa，产气 $100\times10^4m^3/d$ 的增压开采方案作为最优方案，推荐采用4台增压机组（3台运转，1台备用）的增压建设方案。开发方案的及时调整及增压开采的实施最终获得了较好的经济效益和社会效益。

四、递减增压开采阶段（2001—2017年）

2001年中80井、中24井相继出地层水，2003年中81井出地层水，2004年中18井、中40井相继出地层水，加之1996年出地层水的中21井和水淹井中19井，中坝气田雷三气藏产水井数增加到7口，占投产井数的70%（表7-17），气藏产水量由 $10m^3/d$ 逐渐增加到最高的 $40m^3/d$ 左右，水气比迅速增加到 $13m^3/10^4m^3$。由于地层水的影响，气藏产能迅速下降，进入开发递减阶段。

表7-17　中坝气田雷三气藏生产井出水统计表

井号		中18井	中19井	中21井	中23井	中24井	中40井	中42井	中46井	中80井	中81井
井底海拔（m）		-2658	-2866	-2732	-2618	-2723	-2595	-2783	-2597	-2650	-2720
距气水界面的距离	平面距离	700	500	400	350	700	1700	400	550	500	2000
	垂直距离	212	4.94	138	252	147	275	87	273	220	150
出水年份		2004	水淹	1996		2001	2004			2001	2003

气藏出水前,各生产井压力压降一致,出水后边部产水井压降变缓,气藏形成了以主体区为中心的压降漏斗,表现出一定的水驱特征。由于气藏内未见到明显的局部水封高压区,表明水侵较均衡,气藏未形成局部水封水锁(图7-26)。

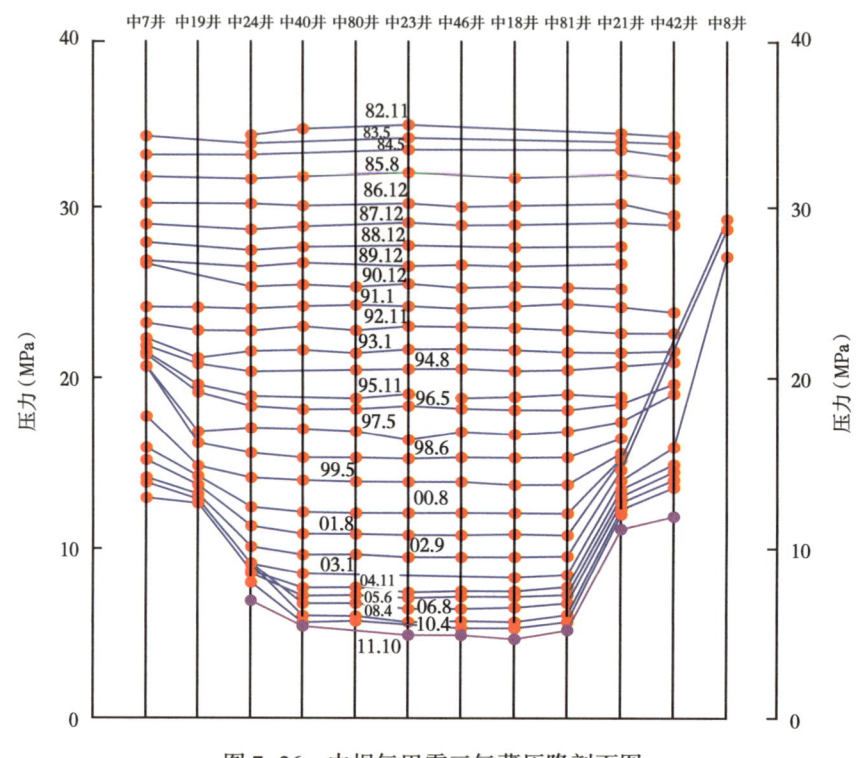

图 7-26 中坝气田雷三气藏压降剖面图

图中数据表示时间,如 "82.11" 表示 1982 年 11 月

储层综合研究表明,气藏气区储层无高导流大裂缝,但网状微细裂缝极为发育,是气藏高产的重要原因。水区裂缝不甚发育,孔渗性能较气区差,但与气区不存在稳定遮挡层。气藏在开发后期地层压力大幅下降后,地层水在压差作用下沿网状裂缝向气区推进,造成气井出水,气藏在开发后期发生水侵是不可避免的。随着水侵范围的扩大,气藏剩余气井也有产水的可能。整体上看,气藏水侵具有较强的规律性和方向性,从气井出水先后及出水特征分析,气藏北部和南端均存在边水,随着地层压力的降低逐步向气藏内部侵入。由于气藏整体渗透性好,无明显的地层水指进或舌进现象,水体推进较为缓慢和均匀。

气藏的产水特点决定了局部点式排水不能缓解气藏水侵,开发后期合理的开发方式应为适当降低气藏生产规模,实施"稳水采气",同时利用产水气井自身能量带水生产,并积极开展气藏单井排水采气工艺的论证和试验工作,避免产水气井因带液能力不足而水淹。气藏进入开发递减阶段后,为延缓递减,提高开发效益,根据 2000 年调整方案成果,实施了以下工作:

(1)气藏整体增压开采。气藏于 2001 年 9 月实施增压开采方案,截止到 2005 年 9 月底，气藏增压开采累计采气 $8.33\times10^8\mathrm{m}^3$，增压开采初步应用便取得了明显的增产效果。

（2）开展气藏生产测井工作。通过生产测井证实中 80 井第三小层水淹，同时也证明 2000 年调整方案中关于水侵方式"由外向内整体推进"的认识是正确的。

（3）根据生产动态分析，地层水对气藏开采起到了一定的驱替作用，但随着多口气井相继见水，地层水的侵入对气井产能造成了严重影响，产能快速下降，进一步加快了气藏的递减。从气井递减规律上看，气井越靠近水区、出水量越大，其递减速率越快，如中 21 井、中 80 井、中 81 井见水后均在短期内产能递减幅度超过 50%。因此，实施"稳水采气"对于延缓气藏递减很有必要。

（4）2002 年 12 月完成《中坝气田雷三气藏水侵动态预测》研究，复核气藏地质储量 $92.35\times10^8\mathrm{m}^3$，水体储量 $0.74\times10^8\mathrm{m}^3$（含束缚水），通过对气藏水侵及对气藏后期开采效果的影响、合理开采规模和增压开采措施研究后认为适当降低气藏开采规模，减小气区与水区的压差，有利于缓解气藏水侵。

（5）油套管腐蚀检测。气藏由于酸性气体含量较高，多次发生地面设备腐蚀穿孔，但对井下油套管腐蚀情况不清楚。1990 年对中 8 井和中 19 井进行套管多臂测径检测，结论是"管壁不太光滑，没有发生严重坑蚀"，但未检查油管。2003 年采用 KINLEY 15 臂井径腐蚀检测仪对中 21 井进行油管腐蚀检测，结论为"油管总体状况良好，无严重刻蚀伤害"。说明气藏采用环空加注缓蚀剂和下环空封隔器保护油套管是成功的。气井具备开发后期修井作业及排水采气工艺措施的条件，为进一步提高气藏采收率奠定了基础。

（6）开展 4 口气井维护作业。中坝气田雷三气藏生产井自投产以来长期加注缓蚀剂，并且气井产水量较小，有少量凝析油，大部分生产井在生产近 30 年来井下无异常，维护性作业主要以化学解堵为主，因 2008 年汶川大地震的影响，2009 年至 2011 年期间，多口井井下出现异常，开展了 3 口井修井作业及 1 口井连续油管作业，修井作业结合酸化改造，解决这几口井的井下异常情况，并进一步挖掘了气藏的生产潜力：

①中 18 井自 1985 年投产以来一直未开展修井作业，2008 年地震后该井生产出现异常并逐渐停产。2009 年对该井进行油管打捞工作，重新下入带封隔器的新油管完井，采用泡沫酸酸化改造储层后排液复产，复产后产量达到 $9\times10^4\mathrm{m}^3/\mathrm{d}$，效果佳，之后产量稳步递减。

②中 42 井自 1982 年投产以来一直未开展修井作业，2010 年对该井酸化解堵时发现环空钻井液窜漏将井压死，2010 年对该井进行油管打捞工作，重新下入带封隔器的新油管完井，常规酸酸化改造储层后排液复产，复产后产量达到 $6.4\times10^4\mathrm{m}^3/\mathrm{d}$。

③中 23 井自 2009 年开始出现生产异常情况无法正常生产，分析认为油管内存在严重堵塞。2010 年采用连续油管冲砂后采用泡沫酸酸化改造储层，排液后顺利复产，复产后产量达到 $6.4\times10^4\mathrm{m}^3/\mathrm{d}$。

④中 81 井自 2009 年 10 月份因产量低，地层压力系数仅有 0.169，水淹停产，之后一直关井。2011 年起出原井油管，重新下入带封隔器的完井气举管柱，采用常规酸酸化改造储层后复产。

（7）排水采气工艺试验及推广应用。2004 年，对多口井实施了以泡排为主的排水采气工艺措施，整体上看，仅中 21 井取得了较为明显的效果。其余井不尽如人意，主要有以下几个方面原因：

①雷三气藏地层水矿化度高，同时含有凝析油，影响泡排效果。

②地层压力低，影响带液效果。

③气井产能低，生产流压低，对气举要求较高。

（8）地层水回注论证及实施。中坝雷三气藏地层水矿化度高，且含硫化氢及硫醇、硫醚等有机硫化物，采用处理后达标外排成本高，回注至封闭地层是较妥善的处理方法，但因硫化物对人、畜均有较大毒性，因此对回注地层的要求十分严格，2000年以来，雷三气藏地层水采用罐车拉运的方式在邻区海棠铺构造江12井雷二段—雷三段回注。综合地质分析表明，注水层段为含低矿化度层间水的半封闭性地层，由于中坝雷三气藏水质恶劣，不适宜长期回注。通过气藏地层水同层回注专题研究后认为，在气藏南端的中7井开展同层回注不会对气藏开采造成大的影响，而且有利于保持南端的地层压力。中7井地层水回注站于2005年12月建成投运，在地面不加泵压的情况下依靠液柱自身形成的压力即可进行回注，注水情况良好，彻底解决了中坝雷三气藏的地层水回注问题，实现了"北控南注"治水措施。

（9）天然气净化装置适应性改造。雷三气藏进入递减开发阶段后，气藏产量及井口压力逐年下降，需要对原有净化装置进行适应性改造，确保其安全、平稳、经济运行，为气藏的安全高效开发提供保障。2006年10月实施了净化厂适应性改造工作，较好地满足了中坝雷三气藏后期生产要求。

通过以上工作的开展，有效地延缓了气藏递减。截至2017年底，中坝雷三气藏累计产气 $81.02 \times 10^8 m^3$，累计产凝析油 $38.99 \times 10^4 t$，累计产水 $15.36 \times 10^4 m^3$，天然气采出程度高达93.88%，取得了非常好的开发效果。

第四节 经验与认识

中坝气田雷三气藏属于地层水不活跃、水侵强度不大的边水气藏，储层较均质、物性较好、横向分布稳定、连通性好，地层水具有较强的毒性和腐蚀性。针对此类气藏，正确的治水对策是加强对气藏地质特征的全面研究、加强动态监测与方案调整工作、加强气井及集输设备的检测和防腐工作、完善地层水回注系统，在无水采气期具备提高采速的前提下，可适当提高气藏采气速度，通过提高采速，缩短气藏开采年限，节约气藏开发投资。气藏出水后，可采取"适当加大顶部开采，控制边部开采"的边水气藏开采原则，尽量维持高采速的生产规模。进入递减期后，可适当降低气藏生产规模，实施"稳水采气"的开发模式，缓解气藏水侵，同时利用气井自身能量带水或实施单井排水采气工艺，避免产水气井因带液能力不足而水淹，尽量延缓气藏的产量递减，最终达到提高采收率的目的。

中坝雷三气藏在长期的开发实践中，形成了独具特色的开发技术，取得了良好的开发效果。气藏具有天然气产量高、硫化氢含量高及低含凝析油三大特点，地处城郊人口稠密区，气藏开发必须实现安全生产。气井在试油过程中普遍采用抗硫管材，对早期未下抗硫套管的气井，采用封隔器完井保护套管。1982年3月投入试采后，及时钻探资料补充井，逐步建立起完善的动态监测系统；在地面集输过程中实施提高凝析油回收量的低温分离工艺措施。1990年1月，针对气藏特点及时实施提高气藏采速的开发方案，日产天然气规模由 $80×10^4m^3$ 提高到 $120×10^4m^3$，稳产至2000年底，稳产期11年，稳产期末采出程度达68.09%。2001年以后，通过实施增压开采取得了良好的开发效果。在高含硫气藏开发实践中，建立起了一套完善的安全生产管理制度，投产以来未发生过重大安全事故。在总采出量未减少的情况下，有效缩短了高含硫气藏的开采年限，为高含硫气藏安全、高效开发提供了借鉴。

第一，加强科研攻关、不断深化气藏认识是实现气藏高效开发的保证。

气藏在开发过程中，要正确制定开发方案和调整方案，除需要可靠的基础资料和丰富的测试成果外，还需要不断地进行科研攻关，深化气藏认识。通过科学研究，不断深化对气藏静、动态特征的认识，筛选出有效的新方法，为气藏高效开发作贡献。

中坝雷三气藏在早期勘探阶段开展了大量的地质研究工作，但由于各种原因，这方面的工作不是很完善，致使气藏在投产后相当长一段时间内被认为是底水气藏。因此对后来开钻的中46井、中80井、中81井都进行了整段取心，并且对中46井雷三段—雷二上亚段油基钻井液全取心，通过综合研究，对气藏储盖组合有了全面的认识，证实气藏为边水气藏，气水界面-2871m。在此基础上采用二维二相数值模拟技术，完成了气藏开发方案设计，1985年正式实施后气藏压降均匀，开发效果良好，说明只有在对气藏地质进行全面研究的基础上，才有可能编制合理、完善的开发方案，确保气藏高效开发。

气藏投产后，通过储产层综合研究，深化了对储层的综合认识，为气藏地质模型的建立和开发方案、调整方案的正确编制奠定了基础。根据气藏开发过程中出现的新情况，先后开展地层水、凝析油专项分析研究，对边水活动规律和凝析油相态变化进行了深入研究。通过这些工作的开展，取得了"气藏在开采中形不成压降漏斗、边部井采取控制生产避免边水突进、边部气井（中19井）被水淹和后期中21井等带水生产不影响气藏采收率"等正确的气藏开采特点认识，不仅为合理开发好气藏提供了依据，也为深化认识气藏，自始至终开发好气藏奠定了良好的基础。

第二，井位部署科学合理，确保气藏储量有效控制是气藏高效开发的良好基础。

雷三气藏构造为狭长背斜构造，气藏沿构造长轴布井。中坝气田雷三气藏1990年达到完全开发后投产井10口，连续生产井8口。雷三气藏10口生产气井中有7口气井在气藏投产前已完钻多年，有1口井是在试采初期开钻，均位于气藏的有利位置，中80井、中81井是开发补充井，这两口井布井时充分考虑了雷三气藏内部储层横向非均质性不强的特点，因此气井布在井距较大的中23井—中24井及中21井—中18井井间。雷三气藏整个含气面积上布井10口，除去气藏边部的中19井和中42井，其余8口井控制了整个气藏的有利含气面积，平均单井控面积 $1.4km^2$，井距 $0.8～1.2km$ 之间（平均井距0.9km），离边界最大井距1km，一般井距0.5km。在这样的井网条件下，气藏以 $(80～120)×10^4m^3/d$ 生产规模（采速3.16%～4.3%）稳产了16年，稳产期末采出程度高达68.09%，开发过程中气藏压降均匀，边水侵入平稳缓慢，未见明显的局部水窜、水侵。这样的部井模式既减少了钻井成本，又最大限度地控制了整个含气构造，为雷三气藏的高效开采构建了良好的基础。

第三，完善的动态监测体系与及时编制开发调整方案是气藏保持高产、稳产的关键。

动态监测是评价一个开发方案和工艺措施是否合理的重要手段。气藏在实施某个开发方案或工艺措施后，只有通过动态监测，才能及时、准确地了解气藏的各种变化，从而确定工艺、方案是否合理。

动态监测很重要的基础工作就是气井生产过程中的常规资料录取和采集，通过制定一系列的规范和考核办法保证了各项生产资料的取全取准。

气藏在投产初期就建立起了以南端中7井、北高点中8井为水区观察井，中42井为气区观察井的动态监测系统，积累了丰富的气、水区观察资料。除此之外，每年利用净化厂检修时机开展气藏试井工作，取得了大量的动态资料。这些工作的开展为了解边水的活动情况、气藏压力变化趋势和检验各阶段开发方案是否合理提供了切实可靠的依据。

实时进行方案调整是气藏开发中出现问题后的必由之路，它是建立在动态监测和可靠的资料分析基础之上的。雷三气藏自投产以来先后进行过多次生产规模调整，1988年在提高采速论证基础上将气藏生产规模增至$120\times10^4\text{m}^3/\text{d}$，依据中80井、中81井新增产能，1996年进行了第一次方案调整，2000年依据气藏提前见水进行了第二次方案调整。通过这些工作的开展，虽然气藏提前产水，气藏产能有所下降，但1990—2000年11年间气藏仍然保持$120\times10^4\text{m}^3/\text{d}$的生产规模稳定生产，气藏稳产年限及稳产期采出程度均达到了开发方案及调整方案的指标，实现了气藏的高效开发。

第四，加强气藏气水关系研究，确定合理的开发方针，进一步降低边水的影响是实现气藏高效、平稳开发的重要条件。

中坝气田雷三气藏自1982年3月投入生产以来，已有36年开采历史。由于开采过程中加强了气藏水侵特征研究，尽管经历了1990—2000年地层水稳定产出阶段，2001—2016年水气比上升阶段，气藏仍然保持了平稳、高效开发。

通过对生产动态资料综合分析，认为气藏边水受东西两翼断层限制，边水能量有限。气藏水侵强度不大，表现出弱水驱特征。整体上从外向内推进，局部沿裂缝水窜。气藏水体储量不大（$3000\times10^4\sim7000\times10^4\text{m}^3$）、水体能量较弱。采用非线性物质平衡法计算气藏累计水侵量$547\times10^4\text{m}^3$，水侵指数$B=9.8$（B值越接近于1，水侵越强，当其大于4，水侵很弱）。由于气藏整体渗透性能较为均匀，水区压力与气区压力同步下降，水体沿边部向气藏内均匀推进，表现出一定的水驱效用，而未见到明显的局部水侵，构造轴部气井生产受地层水的影响较小。通过对气藏水侵特征的研究，得出了"开采中期提高气藏采气速度不会发生恶性水侵""递减阶段实施稳水采气可以延缓气藏递减"等正确认识。

同时，根据气藏不同时期的特点制定不同的开采方针，合理的开采规模及配产有效地控制了边水向气藏内部的推进。试采期雷三气藏以$60\times10^4\text{m}^3/\text{d}$的开采规模生产；1985年中18井、中46井投产后气藏生产规模提至$80\times10^4\text{m}^3/\text{d}$；1990年中80井、中81井、中19井投产后气藏的生产规模提至$120\times10^4\text{m}^3/\text{d}$。气藏每次提速都有新井投产，各生产气井并没有因为气藏提速而被迫高强度开采，而是在其合理配产下生产。气藏的合理开采规模、气井的合理配产保证了气藏的均衡开发，防止了边水指进或突进。

在减少边水影响方面，根据气藏生产情况制定的开发方针也起了重要作用，提速开发阶段在中19井有出水迹象后，开始采取"适当加大顶部开采，控制边部开采"制度进行开采，雷三气藏的整个开采过程中，各井的压降均衡，在气藏内部未出现明显的压降漏斗。

对气水关系的深入研究及各阶段合理的配产，有效防止了气藏边水水窜、水侵的情况发生，也是雷三气藏高效开发的重要原因。

第五，采取有效的增产措施，进一步提高气藏最终采收率是气藏高效开发的延续。

2001年1月中坝雷三气藏进入递减生产阶段，产气量持续递减。针对主力气井相继见水，水侵范围扩大，在气藏产能快速递减的情况下，积极开展气藏开发后期开发模式研究并实施增压开采，通过降低气藏生产规模，实施"稳水采气"，延缓了气藏递减，进一步挖掘气藏潜力。

从2002年1月起雷三气藏正式进入增压生产阶段。截至2017年底，雷三气藏已增压生产16年。增压措施一是降低了雷三气藏的废弃压力，提高雷三气藏后期的开采速度和最终采收率，雷三气藏七口主要生产气井在增压生产期间，日增产天然气约$10\times10^4m^3$，气藏增压生产时的采气速度远高于未增压生产时的采气速度；二是起到了抽汲排液的作用，提高气水同产井的带液能力。

同时，针对气水同产井的积液情况，采取泡排工艺提高了气水同产井的携液能力，延长了气井的生命期，从而也提高了气井的最终采收率。在雷三气藏实施泡排工艺的气井有中21井、中81井，例如中21井采取泡排措施前积液严重，气井被迫间歇生产，采取泡排措施后，该井恢复连续生产，气井积液情况得到明显缓解，气井生产情况明显改善。

雷三气藏储层为针孔状白云岩，酸化后气井增产显著，雷三气藏10口生产气井中早期有5口（中18井、中23井、中24井、中80井、中81井）在投产前进行了酸化，晚期有4口气井进行了酸化增产措施，酸化后气井的井口压力、产气量、无阻流量都明显上升。

各类增产措施，生产初期有效提高了气井生产能力，生产后期通过酸化、增压开采、泡沫排水等有效降低了气藏递减率，提高了气藏采收率，延续了气藏的高效开发。

第六，实施同层回注，既解决了气田水处理问题，又可保持地层压力，有利于气藏生产。

中坝雷三气藏地层水矿化度高，且含硫化氢及硫醇、硫醚等有机硫化物，采用处理后达标外排成本高，回注至封闭地层是较妥善的处理方法，但因硫化物对人、畜均有较大毒性，因此对回注地层的要求十分严格。2000年以来，地层水采用罐车拉运的方式在邻区海棠铺构造江12井雷二段—雷三段回注，该注水层段为含低矿化度层间水的半封闭性地层，由于中坝雷三气藏水质恶劣，不适宜长期回注。

通过对中坝雷三气藏水侵特征及地层水同层回注专题研究认为，气藏整体渗透性能较为均匀，水区压力与气区压力同步下降，水体沿边部向气藏内均匀推进，在气藏南端的中7井开展同层回注能够保持南端的地层压力，有利于气藏生产。中7井地层水回注站于2005年12月建成投运，在地面不加泵压的情况下依靠液柱自身形成的压力即可进行回注，注水情况良好，彻底解决了中坝雷三气藏的地层水回注问题，实现了"北控南注"治水措施。

第七，综合防腐技术的推广应用是气藏高产、稳产的有力保障。

雷三气藏由于天然气酸性气体含量高（H_2S：6.8%，CO_2：4.6%），地层水 Cl^- 含量高（58367mg/L），在开采过程中，对井下油套管、工艺设备、管线腐蚀严重。气藏投产后，通过多年的不断探索，应用设备、管材耐腐蚀材质优选，油套环空定期加注缓蚀剂，油套管腐蚀检测，管线、设备内涂、内衬等综合防腐技术，见效显著，并积累了丰富的经验，确保了气藏的安全生产。并且，充分利用了凝析油防腐，减缓了气藏流体对油套管、工艺设备、管线的腐蚀。另外，重视腐蚀监测工作，不仅开展在线监测工作，而且每年进行一次壁厚检测，一旦检测发现有问题，则及时进行处理。健全的腐蚀监测制度，结合多项防腐技术的配合应用，有力地保障了气藏开发的安全进行。

第八章 安岳须家河组气藏开发实践

安岳气田须家河组气藏是一含局部封存水和隔层水，低孔、低渗透、高含水饱和度的砂岩有水凝析气藏。区块构造平缓，断裂不发育，储层类型主要为孔隙型，局部发育裂缝—孔隙型储层。至 2017 年 12 月，气藏共完钻 237 口井，获工业气井 125 口，上报地质储量 $2081.91 \times 10^8 m^3$。气藏储层低孔、低渗透、高含水且含凝析油，开发难度大，在勘探开发的各个阶段开展了大量科研攻关和应用研究，取得了一定的效果，治水的宝贵经验也为类似有水气藏的勘探开发提供了借鉴。

第一节 勘探开发简况

一、地理位置与构造位置

安岳气田位于四川省资阳市境内，位处资阳市区东 70km 和遂宁市区西南 50km。地面出露侏罗系上统遂宁组紫红色砂泥岩地层，丘陵地貌，地面海拔 300~500m，相对高差不大，气候温和，年平均气温 18℃（图 8-1）。

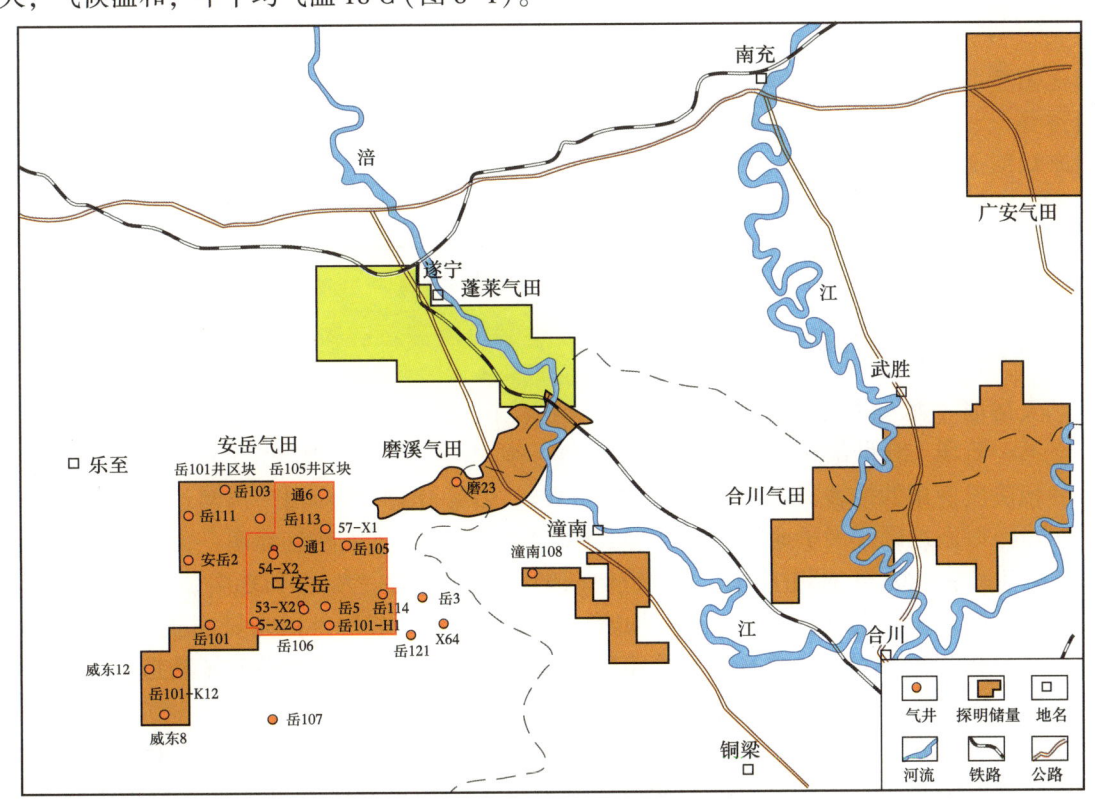

图 8-1 安岳气田须二气藏地理位置图

安岳气田经历了四川盆地的沉积—构造演化史,相继沉积了中三叠统以下以碳酸盐岩为主的海相地层和上三叠统—新近系以砂泥岩为主的陆相地层。历经了加里东、海西、印支、燕山及喜马拉雅等多次构造运动,其中印支运动、燕山运动、喜马拉雅造山运动对安岳须二气藏的形成具有重要的影响。在构造区划上安岳须二气田位于四川盆地川中古隆中斜平缓构造带磨溪—龙女寺构造带西南部,东邻合川气田,东北与磨溪气田相接,西南与荷包场气田相望(图8-2)。

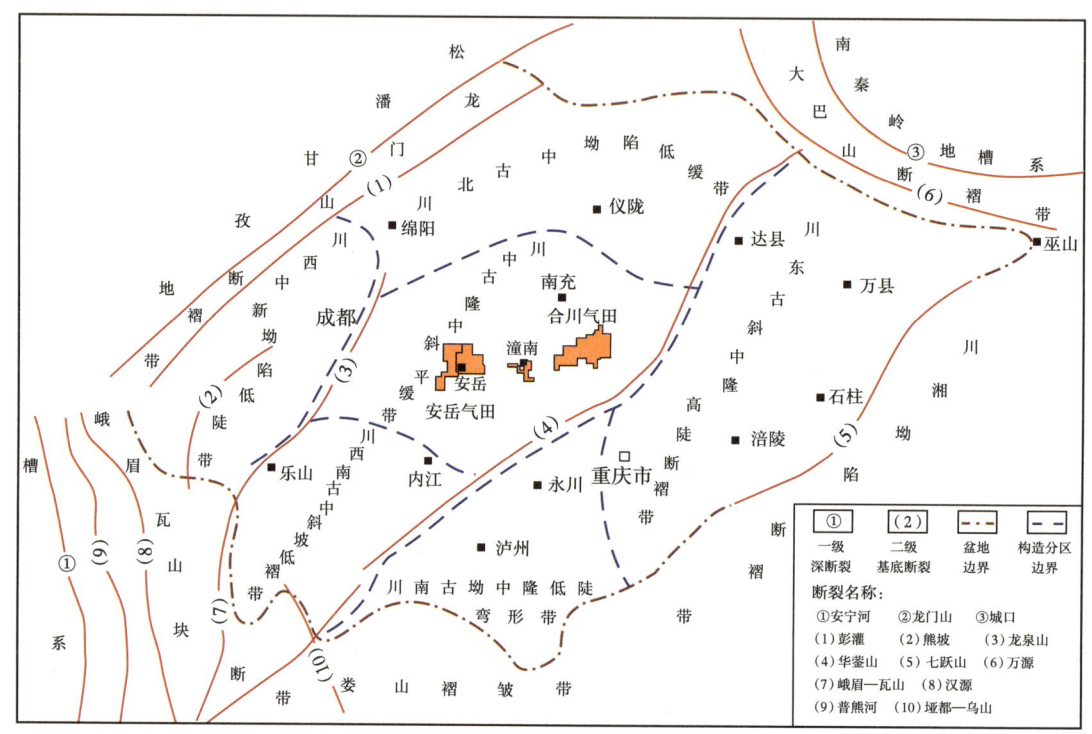

图8-2 安岳气田区域构造位置图

二、地震勘探简况

安岳地区须二气藏的地震勘探可分为以下两个阶段:

第一阶段(20世纪60年代至2005年底):须家河组勘探发现阶段。

该阶段使用的地震资料均为二维地震资料。1978—1979年对川中川南过渡带地区的安岳—潼南以南地区开展了地震连片普查工作;1989年开展了安岳—潼南—大足地区地震连片详查工作;2003年对川中川南过渡带地区的安岳—潼南—大足开展了30次覆盖的区域连片大剖面工作,完成了地震详查和加密详查,并开展了二维地震老资料重新处理解释,提供有1:100000须二段顶界和须家河组底界地震反射构造图,基本落实了构造展布特征。

第二阶段(2006—2011年):须家河组重点勘探突破阶段。

2005年以后,随着四川盆地须家河组低孔、低渗透砂岩钻、试、采工艺技术的提高和研究程度的不断深入,须家河组勘探进入新时期。2005—2007年重新对安岳地区进行了40次覆盖二维地震加密详查,测网密度1.5km×1.5km,覆盖本区的测线总计52条,总测线长2966km。在2006年，利用已取得的勘探成果和安岳地区须二段地震储层预测成果，部署探井安岳1井、安岳2井、岳2井和岳3井共4口探井，获工业气井两口，提交了计算面积400km^2，凝析气预测地质储量1146.60×10^{8}m^3。

2007年以后，利用2005—2006年度新采集的40次覆盖二维地震勘探储层反演成果，以及2006—2007年威东7井区控制面积115.72km^2，满覆盖面积50.80km^{2}的三维地震储层预测成果，以须家河组须二段为主要目的层部署了岳5井等8口探井，获工业气流5口。特别是2009年度部署的岳103井、岳105井、威东12井在须二段获得高产工业油气流，展示了安岳研究区内须二段良好的油气勘探潜力，申报了岳101井区凝析气控制地质储量1093.92×10^{8}m^{3}和岳105井区凝析气预测地质储量1080.99×10^{8}m^3。

2010年对安岳—潼南—合川地区二维地震资料重新进行了统一连片处理解释，进一步落实了构造形态及细节情况，并同时对连片区须二段进行了储层精细预测工作。

三、钻探简况

安岳地区须家河组钻探始于1960年9月26日通1井。1961年4月25日，通1井钻至须二段（井段2376.00~2478.00m）气侵，1962年1月16日钻至井深2789.40m（层位雷一1亚段）完钻，完井对须二井段2374.00~2428.00m试油，测试产气1.71×10^{4}m^3/d、产油2.3m^3/d，至此发现了须家河组气藏。

首钻通1井获油气后，在该区先后部署了通2井、通3井等以嘉陵江组、雷口坡组、须家河组为目的层的探井。至2005年底钻达或钻穿须二段的探井共16口，多数井在须二段的钻井中见到井喷、气侵、气测异常等不同程度的油、气、水、漏显示。完井对须二段试油测试获油气井5口和小产量油气井1口，钻探成功率31.25%。2010年部署了岳104井等探井和开发评价井共计23口井，完钻试油获工业油气流井8口，特别是岳101-X12井在须二段获得日产91.84×10^{4}m^3、128.64t的高产油气流。

四、开发简况

1. 开发阶段划分

安岳地区须二气藏的开发可分为以下三个阶段：

1）第一阶段（2010年至2012年3月）：试采及开发评价阶段

在安岳须二气藏岳101井、岳105井等井获气后，开发早期即开展试采和开发评价工作。2010—2011年依据二维地震资料部署并实施完成19口开发评价井，获气井9口，获气成功率47.3%。获气井平均单井测试产气6.59×10^{4}m^3/d，产油1.62t/d。其中，以裂缝—孔隙型储层为对象部署17口井，钻遇裂缝7口，裂缝钻遇率41.11%，获气井9口，获气成功率52.94%；以孔裂型储层为对象部署井2口，均未获气。

2011—2012年先后完成了安岳地区威东区块岳103井区控制面积1000km^2，满覆盖面积600km^{2}和岳101井区控制面积350km^2，满覆盖面积220km^{2}的三维地震资料的采集与处理解释，落实了构造细节、构造形态及断层展布基本情况，并同时开展了安岳地区须二段储层精细预测、裂缝预测、气水分布探索工作，为该区须二气藏开发奠定了基础。依据安岳地区三维地震预测成果部署并实施46口开发评价井,已完成试油井42口,获气井32口,获气成功率76.1%。获气井平均测试产气18.43×10⁴m³/d,产油18.57t/d。其中,以裂缝—孔隙型储层为对象部署41口井,钻遇裂缝33口,裂缝钻遇率80.5%,获气井31口,获气成功率75.6%;以孔隙型储层为对象部署井5口,均未获气。

试采方面,2009年8月至2012年3月,岳101井、岳103井等12口获气探井和岳101-11井等13口开发评价井先后投入试采,试采期间最大规模达到73.8×10⁴m³/d。

2012年3月,根据所取得的静、动态资料,完成了《安岳区块须二气藏初步开发方案》编制工作。

2)第二阶段(2012年4月至2014年):初步开发方案实施开发阶段

2012年4月至2014年5月底,开发井完成试油73口井,获工业油气井55口,开发井获气成功率75.34%,累计测试获气1381.99×10⁴m³/d。须二气藏先后有72口井投入生产,累计投入生产井103口,其中岳1井、威东7井、通1井、通2井、通3井、通6井等6口老井完全停产,部分井间开。气藏于2013年8月10日达到最高生产规模,日产气280.74×10⁴m³,日产油285.17t,日产水290.6m³,之后气藏产气量开始递减,至2014年5月底,安岳须二气藏已投产井103口,保持连续生产井74口。日产气119.47×10⁴m³、日产水474.5m³、日产油191.88t,累计产气20.83×10⁸m³、累计产水39.56×10⁴m³、累计产油28.2×10⁴t。综合油气比1.35t/10⁴m³,综合水气比1.9m³/10⁴m³(图8-3)。

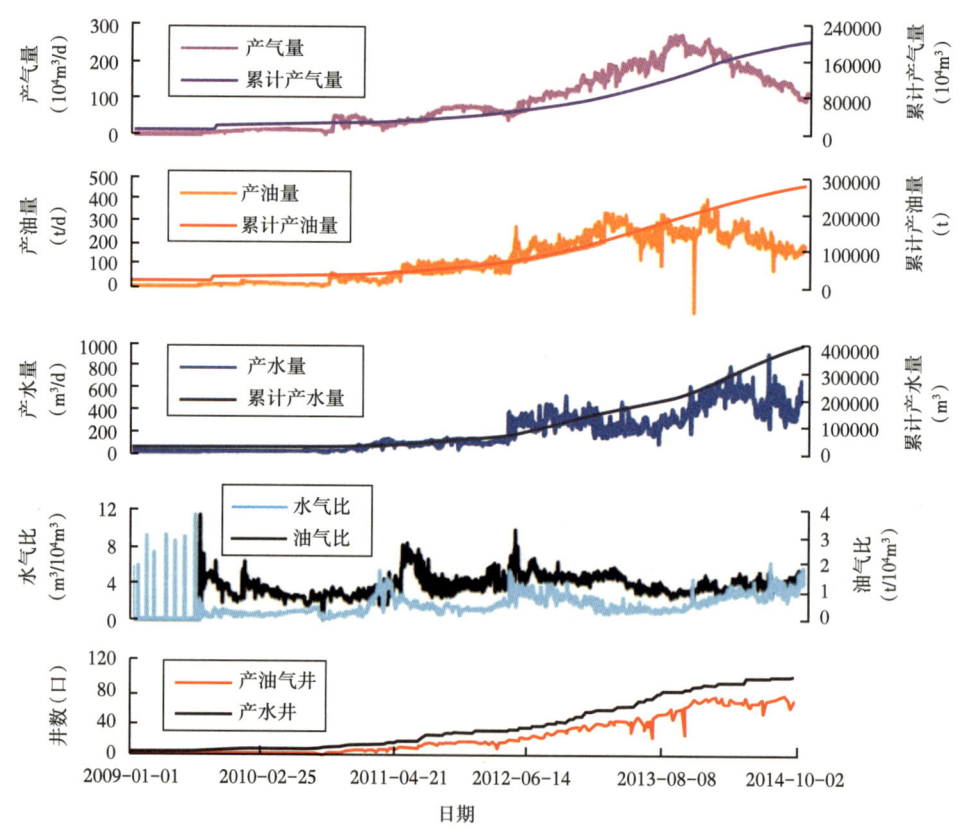

图8-3 安岳气田须二气藏采气曲线

3)第三阶段(2014年至今):气藏开发调整挖潜阶段

2014年开始,对安岳气田须二气藏进行气藏精细描述,明确了气藏剩余储量分布情况,开展了气藏提高储量可动用性研究,以及泡排、电潜泵、车载压缩机气举、柱塞气举等工艺措施,对气藏进行挖潜,有效地缓解了气藏递减。2017年在三维地震资料叠前重新处理解释的基础上,新部署两口开发补充井岳101-105井和岳101-106井。截至2017年12月底,安岳气田共获须二气藏工业气井125口,投产气井115口,累计产气28.54×10^8m^3,累计产油36.92×10^4t,累计产水70.12×10^4m^3。

2. 气藏类型

安岳气田须家河组气藏构造平缓,断裂不发育,沉积了以砂岩、泥岩为主的须家河组三角洲—湖泊沉积体系。岩石类型以长石岩屑砂岩、岩屑砂岩为主,其次为岩屑石英砂岩,储层储集空间以残余原生孔、粒间粒内溶孔为主,低孔、致密、高含水饱和度,储层类型主要为孔隙型储层,局部发育裂缝—孔隙型储层。

安岳须二气藏储层可动水主要包括小孔喉可动水、局部封存水和高含水层水三种赋存方式。须二上亚段储渗体上倾端含有少量地层水,这部分地层水以小孔喉可动水为主。须二上亚段储渗砂体下倾端含气性较差,由于成藏分异,形成局部封存水。下伏层段水量较大,地层水沿裂缝水窜,导致气井产大水。气藏类型为弹性气驱、高压、中含凝析油、构造背景下的致密岩性圈闭有水气藏。

3. 气藏储量申报情况及主要开发指标

2009—2011年,安岳气田须二气藏分井区先后4次向国家储委申报了各级别的储量,合计探明气藏含气面积749.35km^2、干气储量2081.91×10^8m^3、凝析油储量3185.01×10^4t。对安岳已投产的115口井,根据各井资料情况,计算单井动态储量,气藏合计动态控制储量为53.53×10^8m^3。

截至2017年12月底,安岳气田共完钻井237口(不含高石梯以寒武系及震旦系为目的层的完钻井),获须二气藏工业气井125口、小气井25口,共获井口测试气产量2189.5×10^4m^3/d、油产量1602.0t/d,共投产气井115口,累计产气28.54×10^8m^3,累计产油36.92×10^4t,累计产水70.12×10^4m^3,动态储量采出程度53.32%。

第二节 气藏主要特征

一、地层与沉积相特征

1. 地层特征

安岳区块地面出露地层为侏罗系上统遂宁组暗紫红色泥岩。自上而下依次揭穿侏罗系上统遂宁组、中统沙溪庙组、下统凉高山组和自流井组,上三叠统须家河组,中三叠统雷口坡组。钻井资料揭示须家河组及以上地层层序正常,与邻区具有较好的可对比性。

须家河组上覆侏罗系陆相地层,下伏中三叠统雷口坡组海相地层,由于须家河组沉积前的中三叠统侵蚀面（雷口坡组残丘和洼地）地形起伏变化较大，须家河组沉积时对雷口坡组顶部古地貌有填平补齐作用，须家河组厚度差异较大（480~780m），呈现由西北向南东逐渐减薄趋势。

根据岩性组合、电性特征和沉积旋回可将区内须家河组地层自下而上划分为须一段至须六段等六段。其中须一段、须三段、须五段以黑色页岩夹薄煤层、粉砂岩为主，是须家河组含油气层的重要烃源层；须二段、须四段、须六段以厚层中粒长石石英砂岩为主，是须家河组含油气层的主要储集岩段。

目前安岳地区须家河组气藏的主要工业产气层位为须二段。须二段的沉积是在须一段沉积时对雷口坡组侵蚀面填平补齐的背景下开始的，同样受雷口坡组古残丘控制，沉积厚度变化较大，分布范围在80~200m之间，中部平均埋深2200m。

安岳地区须二段地层岩性主要为灰白色、灰色细—中粒砂岩、粗砂岩夹少量薄层状黑色泥岩与煤线，底与下伏须一段黑色页岩、顶与上覆须三段灰黑色页岩分界明显。电性特征表现为低自然伽马、中—高电阻，易于划分对比。据取心井的岩类统计可知，各井砂岩累计厚度占须二段厚度的百分比在80%以上，泥质岩所占比例普遍小于20%。

根据须二段岩性组合、电性特征、主要标志层、沉积旋回性等可将须二段自下而上划分为下亚段（须二^1）和上亚段（须二^2）两个亚段。

由于目前安岳须二气藏储层主要分布在须二上亚段（须二^2），为便于进行开发地质研究和现场应用需要，利用高分辨率层序地层学原理，通过井间对比，以须二上亚段内识别出的两套基本可对比追踪的薄层泥、页岩或泥质砂岩为界（其顶界对应两次湖泛面），在此基础上可再将须二上亚段（须二^2）自下而上划分为须二$_1^2$、须二$_2^2$、须二$_3^2$等三个砂层组。

2. 沉积相特征

中三叠世末的印支运动使四川盆地基本结束了海相沉积的历史而进入了陆相盆地沉积阶段，晚三叠世沉积了以砂泥岩为主的上三叠统须家河组。当时沉积地貌呈西低东高的总趋势，安岳区块当时处于稳定地台上的内陆平缓斜坡，北部秦岭—大巴山古陆、东南部江南古陆提供充足的物源，在区域古构造和古气候的控制下沉积了以砂岩、泥岩为主的须家河组三角洲—湖泊沉积体系。其中，须一段、须三段、须五段以湖泊沉积为主，须二段、须四段、须六段为三角洲沉积。

安岳区块须二段沉积相发育有三角洲平原、三角洲前缘和浅湖沉积，在浅湖沙坝之间发育浅湖沉积，对浅湖沙坝起着分隔作用（表8-1）。其有利沉积微相以三角洲前缘水下分支河道、河口坝为主，发育的三角洲前缘水下分支河道—河口坝砂体厚、储渗性能良好，且分布相对广泛、稳定，形成须家河组主要砂岩储集体；须二段的烃源岩主要来自下伏须一段和上覆须三段，烃源条件较好。须二段储层紧邻烃源层，成藏条件优越。此外，须二段直接盖层为上覆须三段的厚层泥页岩，区域盖层为须四段—须六段大套砂岩和巨厚侏罗系，盖层条件好，利于油气保存。因此，安岳须二气藏纵向上生、储、盖配置较好，具有良好的生、储、盖组合，各成藏要素匹配好，有利于气藏的形成。

表 8-1 安岳区块须二段沉积相类型划分表

相	亚 相	微 相
三角洲	三角洲平原	水上分支河道，分支河道间洼地，三角洲平原沼泽
	三角洲前缘	水下分支河道，河口坝，分流间湾，远沙坝，前缘席状砂
	前三角洲	前三角洲泥
湖泊	滨浅湖	湖滩，泥坪，浅湖沙坝

二、构造与圈闭特征

1. 构造形态特征

安岳气田地腹构造与地表一致，为一自南西向北东倾的平缓斜坡，地层倾角一般在10°以内；发育闭合度低和面积小的潜高和平缓洼地；具岳 101 井—106 井和岳 116 井—103 井两个鼻突。构造高程差达 500m，最高处为威东 8 井区海拔-1600m，最低处为岳 125 井区海拔-2100m。

其中相对较大的潜高为：岳 88-X1 井南西潜高、岳 6 井北潜高。岳 88-X1 井南西潜高须二段顶闭合高度 8m，闭合面积 2.8km²；岳 6 井北潜高闭合高度 13m，闭合面积 3.89km²（表 8-2）。

表 8-2 安岳气田须二段顶界潜高构造要素表

| 圈闭名称 | 高点位置 | | 高点海拔（m） | 最低圈闭线海拔（m） | 闭合度（m） | 面积（km²） | 轴长 | | 走向 |
	测线号	CDP					长轴（km）	短轴（km）	
岳 88-X1 井南西			-1808	-1800	8	2.80	2.35	1.46	西东
岳 6 井北	06WW28	2057	-1950	-1960	10	3.89	2.50	1.80	北西

气田幅度较小的洼地主要分布在北部岳 125 井区，中部岳 115 井区和南部高石 1 井南井区，面积最大的闭合度在-30m 左右（表 8-3）。

表 8-3 安岳气田须二段顶界洼地构造要素表

| 向斜名称 | 闭合度（m） | 低点海拔（m） | 面积（km²） | 轴长 | | 走向 |
				长轴（km）	短轴（km）	
岳 125 井北 1 号	-30	-2100	22.81	7.95	3.93	南东
岳 125 井北 2 号	-30	-2100	26.28	10.46	2.57	北东
高石 1 井南	-10	-1960	7.21	3.34	2.44	南北
岳 115 井	-13	-1960	20.11	7.67	2.86	北东

2. 断层裂缝特征

气田地质、地震、钻井资料揭示，虽经历过多次构造运动，但均以升降运动为主，喜

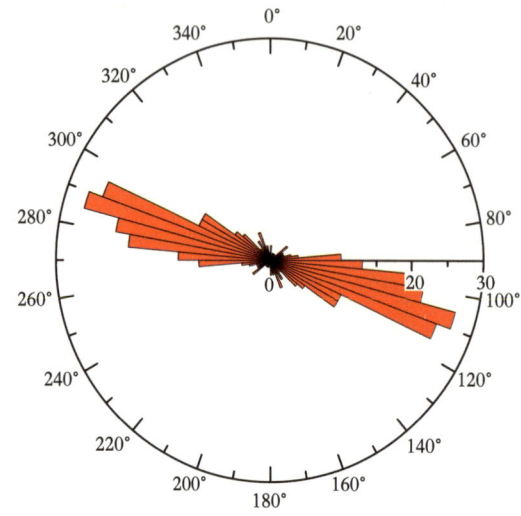

马拉雅造山运动褶皱也不强烈,致使构造平缓,断裂不发育。断裂主要呈北西向或近东西向展布,均为逆断层,断开层位少,且大都发育在潜高翼部和构造扭曲部位。

须家河组共有断裂187条,主要发育近东西向的小断裂(图8-4和图8-5)。

断裂发育方位与断裂延伸长度关系分析表明,断裂方位小于90°和大于120°的断裂多为延伸长度小于1000m的小型断裂,平面上主要分布在岳101-47-H1井—岳125井区、岳101-26-X1井区和威东区块,在90°~120°之间断裂延伸长度分布在300~6500m之间,在全区均有分布(图8-6)。

图8-4 断裂走向分布玫瑰花图

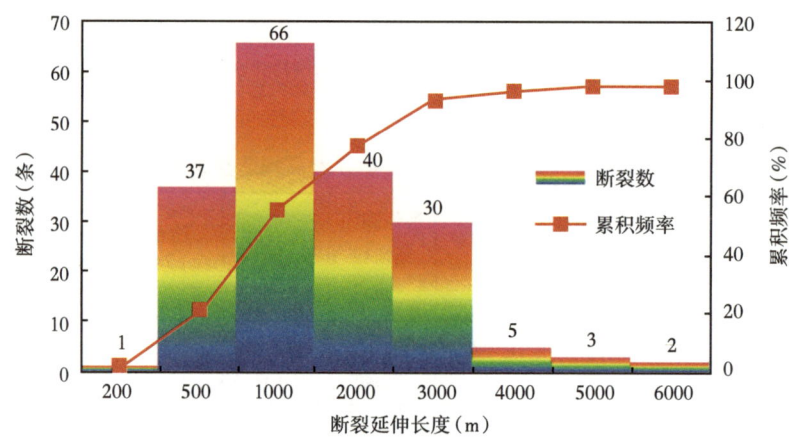

图8-5 断裂延伸长度分布直方图

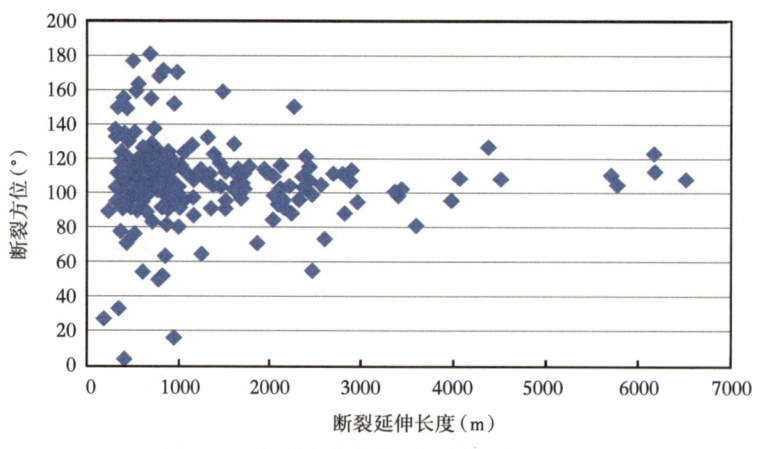

图8-6 断裂方位与断裂延伸长度关系图

三、储层特征

1. 岩性特征

岩屑、岩心分析及薄片鉴定结果表明,须二段储层岩性以岩屑长石砂岩及长石岩屑砂岩为主。粒度以中粒为主,次为细—中粒、细粒,分选中等—好,磨圆较好,多呈孔隙—接触式胶结。

2. 物性特征

1) 孔隙度

11 口井岩心获得的 1774 个须二段砂岩孔隙度样品数据统计表明,砂岩孔隙度集中分布于 6%~9% 的区间,占样品总数的 79.25%,其次为 10%~11% 区间,占样品总数的 11.42%(图 8-7a)。以 6% 作为储层孔隙度下限,528 个储层砂岩孔隙度样品统计表明,储集砂岩孔隙度主要分布于 6%~9%,占样品总数的 94.2%(图 8-7b)。

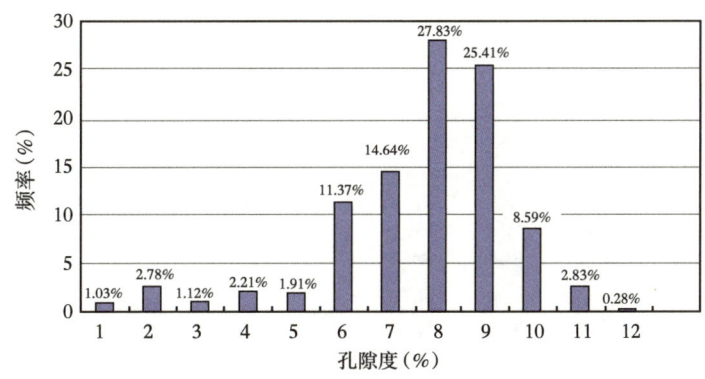

(a)安岳地区须二段砂岩孔隙度分布直方图

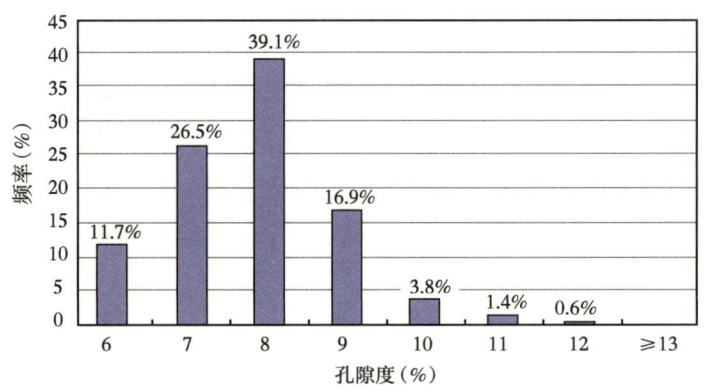

(b)安岳地区须二段储层孔隙度分布直方图

图 8-7 孔隙度分布图

2) 渗透率

11 口井岩心收集的 1491 个须二段砂岩渗透率值样,单井砂岩渗透率在 0.001~

43.5mD 之间，单井平均渗透率值在 0.054~2.1mD 之间，说明砂岩的储层渗透率较低。从渗透率分布直方图（图 8-8）可知，砂岩渗透率主要集中分布在 0.01~0.4mD 之间，占 82.0%。而储层（孔隙度大于 6%）的样品渗透率仍主要集中在 0.01~0.4mD 之间，占 81.7%，储层渗透率平均为 0.41mD。

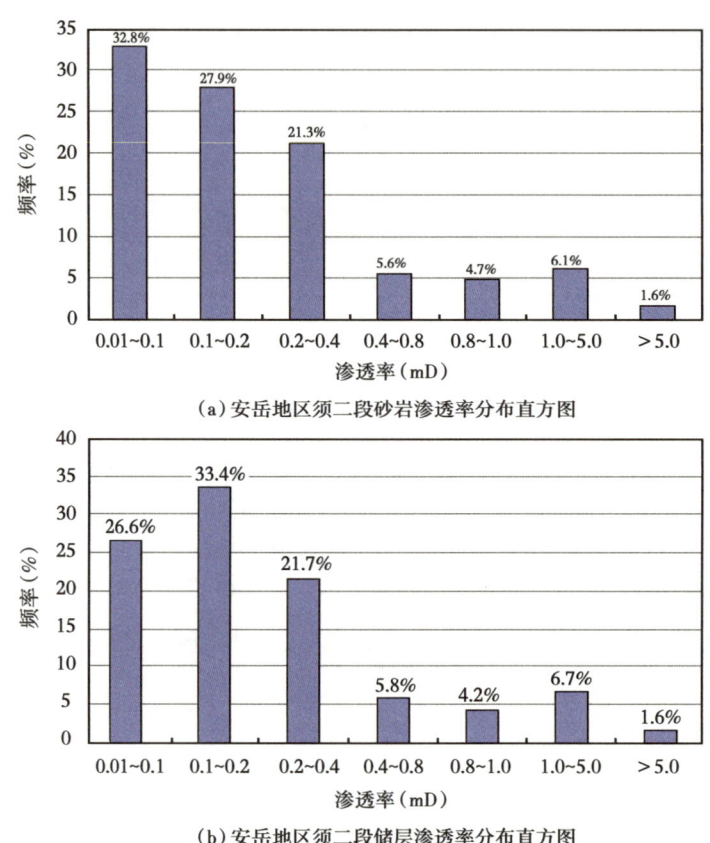

图 8-8　渗透率分布图

3）含水饱和度

根据岳 113 井、岳 114 井、通 9 井等 6 口井须二段储层段 563 个取心岩样（孔隙度大于 6%），利用烘干法测定含水饱和度值综合进行分析，须二段储层岩心分析含水饱和度在 30%~90% 之间，从储层含水饱和度分布直方图上（图 8-9）可见，含水饱和度主要集中分布在 50%~80% 之间。安岳 2 井 2179~2188m 测试产层段含水饱和度值平均为 55%。

另据岳 101-26-X1 井须二段全井段油基钻井液取心，须二段无论非储层段、还是储层段含水饱和度均高。井段 2573~2626m 为储层较发育段，184 个样，孔隙度 4.86%~10.69%，平均 8.79%；192 个含水饱和度样，含水饱和度一般 60%~65%，平均 63.69%；致密砂岩非储层段 436 个含水饱和度样，含水饱度一般 55%~60%，平均 59.66%。无论是油基钻井液还是水基钻井液取心，安岳地区须二段储层段均具较高含水饱和度特征，因而含水饱和度分析揭示了安岳地区须二段储层具有较高束缚含水饱和度特征。

第八章 安岳须家河组气藏开发实践

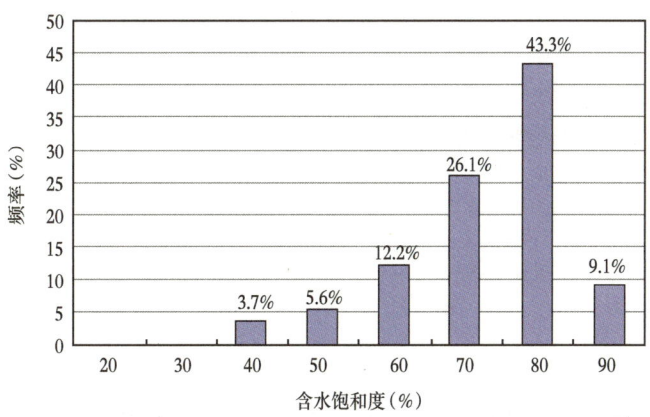

图 8-9 安岳须二段储层含水饱和度分布直方图

3. 孔隙与裂缝特征

1）孔隙特征

（1）孔隙类型：据岩心观察、薄片镜下鉴定、铸体薄片、扫描电镜等分析，安岳须二段储层储集空间类型以粒间孔、粒内溶孔为主，多为中—小孔，面孔率中等，其发育程度对储集岩的物性好坏影响较大，是评价须二段储集条件的最重要因素。

（2）喉道类型：安岳须二段储层喉道类型以孔隙缩小型、片状喉道为主，见粒间隙、少量缩颈型喉道（图 8-10）。

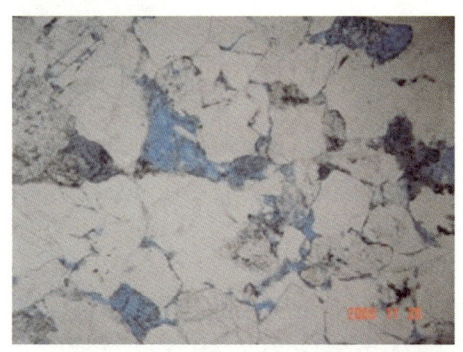 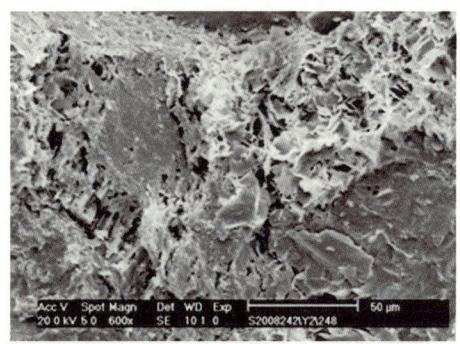

(a) 安岳2井，2235.26m，孔隙度7.97%，渗透率0.083mD，长石粒内溶孔、粒间孔，片状喉道为主

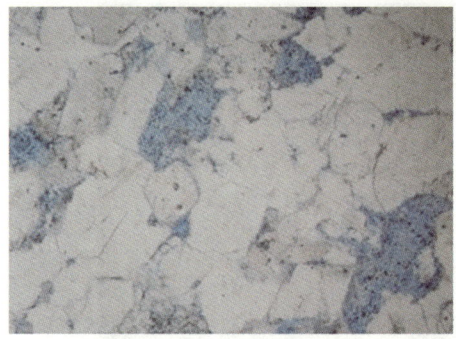 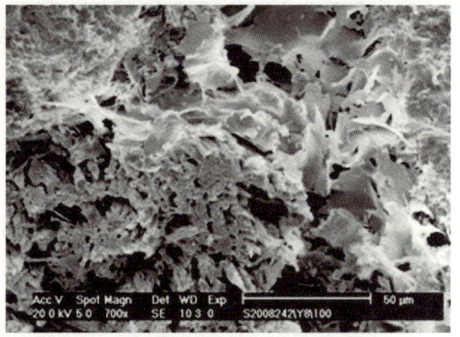

(b) 岳8井，2252.69m，孔隙度9.42%，渗透率0.279mD，长石粒内溶孔特别发育，片状喉道为主

图 8-10 须二段储层主要孔隙及喉道特征

(3)孔隙结构特征:根据压汞分析、铸体薄片及扫描电镜分析,安岳须家河组储层孔隙形态多呈不规则状,仅个别呈椭圆状或长条状,孔径较小。门槛压力平均为 1.04MPa,中值压力平均为 9.96MPa,最大孔喉连通半径平均为 0.501μm,中值孔喉半径平均为 0.093μm,储层孔隙结构主要表现为小孔、中喉、中分选、连通较好的特征,孔隙结构为小孔中喉型。

2)裂缝特征

对于安岳须二段低孔低渗透砂岩储层来说,裂缝的发育程度对储层渗透性和单井产能的改善具有相当重要的作用。安岳区块须二段由于构造平缓,裂缝欠发育,但是在一些小高点、小断层附近裂缝相对较为发育,多为中小缝,可分为构造缝和层间缝两类(图8-11)。

(a)层间缝:岳104井,2256.70~2257.04m　　(b)构造缝:岳113井,2288.99~2289.17m

图 8-11　须二段不同类型裂缝岩心照片

根据取心井岩心观察得知,层间缝多为泥碳质充填低角度小缝(图8-12),常顺层理面发育呈薄饼状,大多是无效的。高角度的构造缝大多是有效的,在钻井过程中裂缝钻井

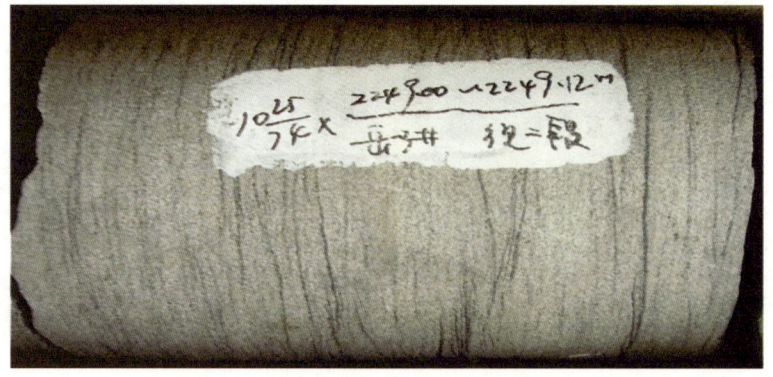

图 8-12　岳3井须二段泥碳质充填低角度层间缝(2249.00~2249.12m)

显示相当发育，常出现井喷、井漏及放空等显示，岩屑录井中常见次生石英、方解石晶体，测井声波曲线表现出明显的跳波特征（图8-13），测试往往能获得高产油气流。

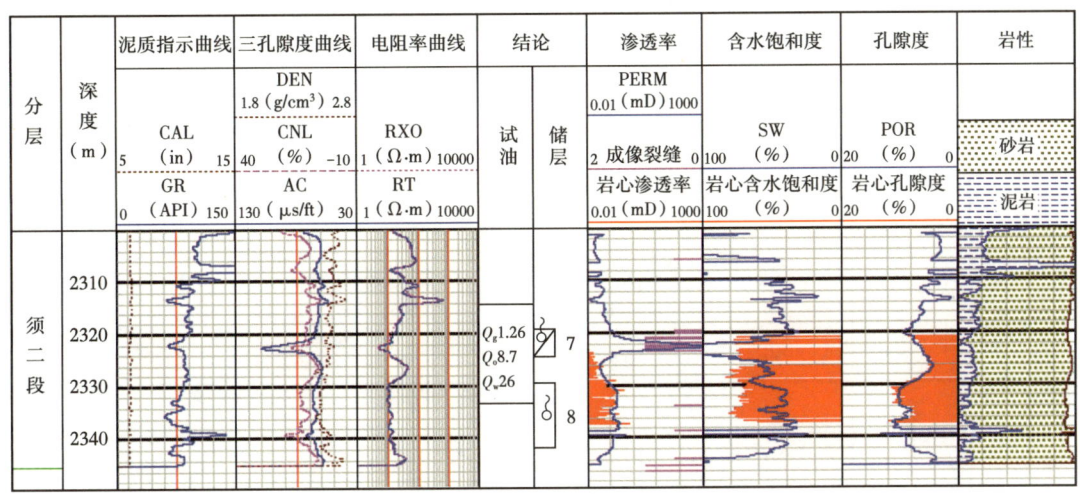

图8-13　岳3井须二段裂缝电性响应特征

4. 电性特征

安岳须二段储层具有如下测井响应特征：

自然伽马（GR）：比泥页岩低，但比钙质砂岩、煤线高，一般为40~90API。本区局部存在高伽马砂岩储层，但只能依靠自然伽马能谱中的钾含量来较准确区分。

补偿声波（AC）：比泥页岩、碳质页岩低，但比致密砂岩高，孔隙型储层一般在65~70μs/ft，而裂缝—孔隙型储层一般大于75μs/ft。

补偿中子（CNL）：比泥页岩、碳质页岩低，但比致密砂岩高，气层一般在6%~12%，而水层一般大于10%，但当钻井液侵入较深时其值偏大。

补偿密度（DEN）：比致密砂岩低，孔隙型储层一般在2.3~2.55g/cm³，而裂缝—孔隙型储层一般小于2.4g/cm³。由于补偿密度探测深度极浅，受井径影响极大，因此误差较大。

深浅双侧向（RT、RXO）：常常比泥页岩和致密砂岩低，一般在5~50Ω·m之间，差异多不明显，当呈现高阻，且有明显正差异时，多为非储层。斜坡地带须二段储层电阻率高于低洼地带，特别是威东地区明显高于其他地区。

井径（CAL）：相对于泥页岩层，除非裂缝特别发育，储层井径一般较规则。

自然电位（SP）：相对于泥页岩和致密砂岩，一般储层段有偏负现象，好的孔隙型储层的自然电位形态多为钟形、箱形或漏斗形。但对于欠平衡钻井，幅度差通常较小，甚至会出现偏正现象。

典型测井曲线如图8-14所示。

5. 储层类型

安岳区块须二段储层储集空间以残余原生孔、粒间粒内溶孔为主，裂缝局部较发育；孔渗关系具双重介质特征，在高孔段具有明显的孔隙型储层特征（图8-15）；此外，绝大部分气井压裂才获产，也有部分井未压裂能获得较高产量，试井分析未表现出双重介质特征。

有水气藏开发实践

安岳区块须二段储层类型可分为孔隙型储层和裂缝—孔隙型储层两大类。

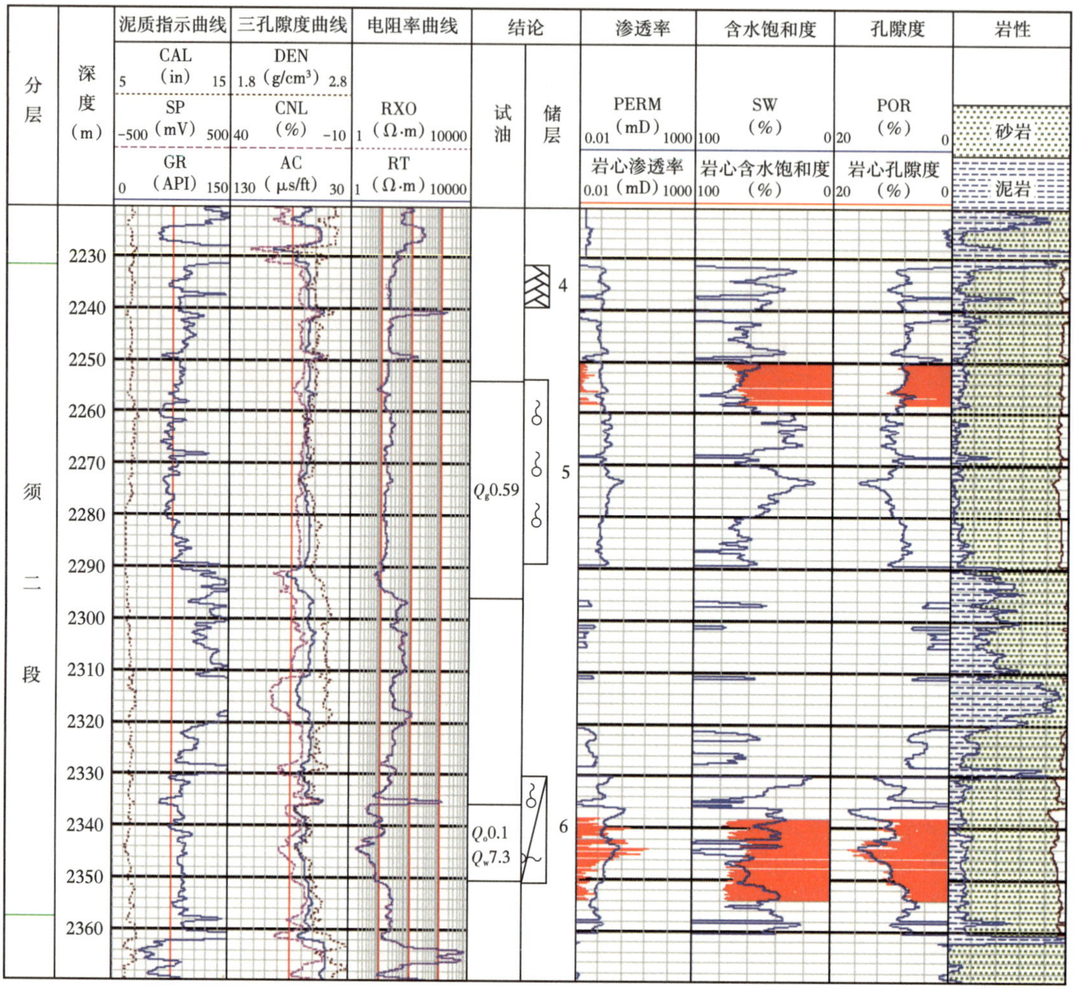

图 8-14　岳 5 井须二段测井图

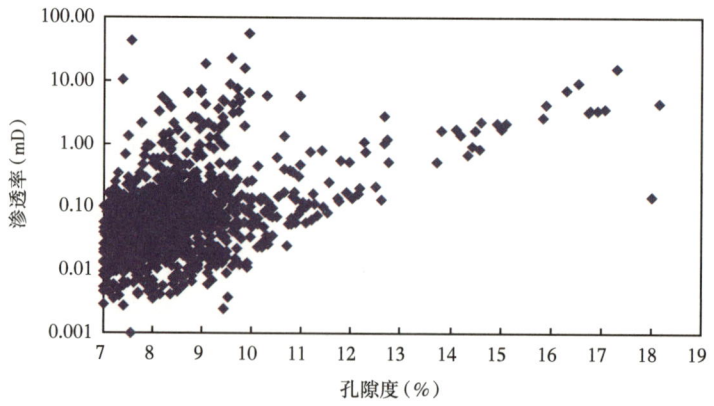

图 8-15　须二段岩心样品孔隙度与渗透率关系图

6. 储层分类

安岳区块须二段砂岩储层低孔、致密,根据探明储量报告中多种方法综合确定的气藏有效储层孔隙度下限值为7.0%,可将孔隙度下限值7%以上的须二段储集岩依据不同的孔隙结构参数和平均毛细管压力曲线,储层分为Ⅰ、Ⅱ、Ⅲ类等三类(表8-4)。

表8-4 安岳区块须二段储层分类表

类别	粒度	孔隙类型	喉道类型	孔隙度(%)	渗透率(mD)	门槛压力(MPa)	中值压力(MPa)	最大孔喉半径(μm)	中值孔隙半径(μm)	储集岩评价
Ⅰ	中砂岩	粒间孔为主	缩颈	≥12	0.10~0.65	0.4~0.6	1.0~3.0	1.23~1.84	0.35~0.45	好,低孔
Ⅱ	中砂岩	粒间孔为主	缩颈、片状	9~12	0.02~0.10	0.6~0.8	3.0~5.0	0.92~1.23	0.25~0.35	较好,特低孔
Ⅲ	中、细砂岩	粒间孔、粒内溶孔为主	片状	7~9	0.01~0.02	0.8~1.0	5.0~8.0	0.74~0.92	0.15~0.25	一般,特低孔

Ⅰ类储层为孔隙型储层,可产出工业油气流;Ⅱ类储层为孔隙型、裂缝—孔隙型储层,在自然状态下一般能产出工业油气流;Ⅲ类储层为裂缝—孔隙型储层,通过对储层进行加砂压裂可产出工业油气流。

测井解释表明,安岳区块须二段储层以Ⅱ类、Ⅲ类储层为主。

四、流体性质与气水关系

1. 流体性质

安岳区块须二气藏产出流体有油、气、水三相,以天然气为主,凝析油是天然气伴生产物,普遍产出少量地层水。

1) 天然气

安岳区块须二气藏产出的天然气气质较好,CH_4含量为85.34%,天然气相对密度0.67,不含硫化氢。

2) 凝析油

凝析油的主要成分是C_5—C_8烃类的混合物,其重质烃类和非烃组分的含量比原油低,挥发性好,气藏中其含量约为137g/m³,属中含凝析油凝析气藏。凝析油平均相对密度0.748;平均黏度0.97mPa·s;平均初馏点48.9℃。从馏程馏量上看,在205℃时平均67.20%,属轻质油类。

3) 地层水

气藏各井测试及投产后普遍有地层水产出,地层水性质为$CaCl_2$型,pH值平均5.64;平均矿化度168.92g/L,含有少量I、Br、B等微量元素。

2. 气水关系

安岳须二气藏构造上为一平缓单斜构造,须二上亚段整体含气性好,气层位于储层上倾端,厚度薄,横向分布不连续,形成局部岩性圈闭,聚集天然气。储层可动水主要包括局部封存水、隔层水和少量可动孔隙水。其中，局部封存水存在于单个储渗体的下倾端中，气水分异差、电阻率较低，酷似边、底水而非边、底水，严格意义上说，是单砂体内因气水分异形成的局部含水饱和度较高的气层；隔层水位于裂缝系统的中下部，易沿裂缝形成水体突进（图 8-16）。

气藏产水井主要分布在构造相对低的岳 101-52-X2 井—岳 113 井—岳 101-X4 井—岳 101-58-X1 井区和岳 101-47-H1 井—岳 101-47-H2 井区域，以及威东区块和断裂断穿目的层的岳 101-49-H1 井区、岳 101-94-H2 井区和岳 101-87-X1 井区等。产水井出水层位主要为须二下亚段，纵向上没有统一气水界面。

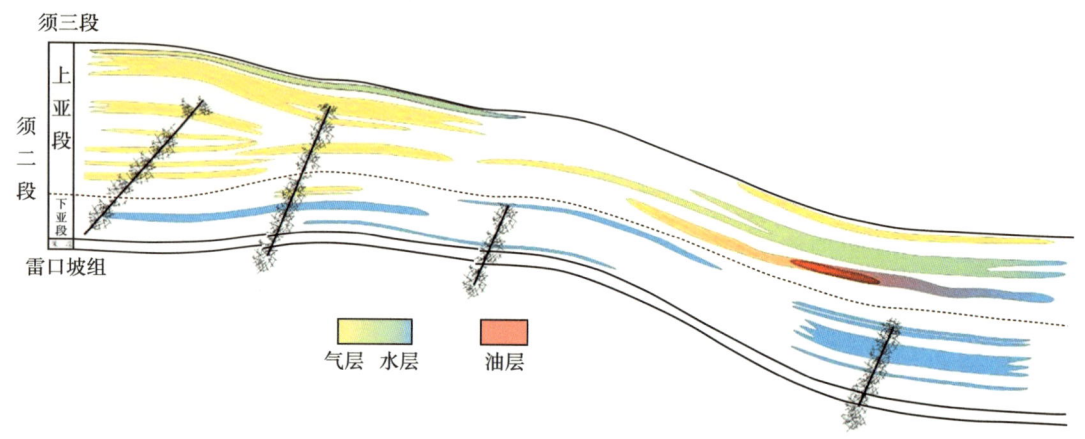

图 8-16　安岳气田须二气藏气水分布模式示意图

1）须二上亚段储渗体上倾端含有少量孔隙可动水

测井解释和试油结果表明，横向上气层分布不连续，但在局部砂体上倾端含气性好，气水分异相对彻底，所含孔隙水少，含气饱和度高，仅有小孔、喉内存在少量可动水。在砂体上倾端构造高部位，天然气相对富集，含气性较好。该类地层水在较大压差下产出，低压差条件下甚至不产水。

2）须二上亚段储渗砂体下倾端含气性较差，由于成藏分异形成局部封存水

安岳气田须二气藏构造上为一平缓单斜构造，单斜上局部有闭合度低和面积小的潜高。受沉积、成岩作用影响纵横向展布范围有限，气水分异过程中，部分地层水滞留于储渗砂体下倾端，形成局部封存水。如位于砂体下倾端的岳 113 井生产测井显示，在 2294~2300m 井段测试升温，显示有水产出；岳 101-X4 井 2362~2365m，2377~2382m，2394~2398m 段测试仅产微气，产水 17.2m³/d。此外，构造较低部位砂体下倾端的岳 101 井、岳 101-H1 井须二上亚段测试为不产水的气井。由于下倾端水的侵入，生产过程中气水同产，气产量持续下降，水气比持续上升。但由于地层水能量有限，气井还能维持较长时间的连续生产。

3）下伏层段存在隔层水，水量较大，地层水沿裂缝水窜，导致气井产大水

须二下亚段处于气藏的下部，在须一段的填平补齐基础上沉积，低洼处为气水分异提供了有效的储水空间。测试、生产主要产水井大部分射开了须二段下亚段，或钻遇的断裂沟通了下伏水层。岳 101-52-X2 井单独测试须二下亚段 2644~2664m，产水 19m³/d。岳 3 井

单独测试须二下亚段 2314~2325m，2329~2333m，测试产气 $1.26\times10^4m^3/d$，产水 $26m^3/d$。该井于 2011 年 1 月投产，投产后不足 1 月即被水淹，产气量在 $0.1\times10^4m^3/d$ 以下，产水量最大达 $15m^3/d$，证实其须二下亚段产水，且产水量较大。

五、气藏压力及温度

安岳区块须二气藏各井压力 31.43~35.37MPa，压力系数为 1.46~1.53，均大于 1.30，属于高压气藏。

安岳区块地面常年平均温度 18°C，地层地温梯度为 2.387°C/100m。根据岳 101 井、安岳 2 井实测温度资料，折算到气藏中部海拔 -1835m，气藏温度为 77.8°C。

六、动态特征

1. 产气特征

1) 气藏生产无稳产期，达产后快速递减

2012 年 3 月，根据所取得的静、动态资料，完成了《安岳区块须二气藏初步开发方案》编制工作。方案采用"整体部署、择优建产、分批实施、动态调整"的开发思路，集中建产一类、二类区，评价三类区；采用一套开发井网、先期衰竭式开发、后期增压开采方式，700~1100m 井距，按丛式井部署，以水平井、斜井开发为主，设计动用含气面积 $373.83km^2$，动用凝析气地质储量 $940.12\times10^8m^3$（干气地质储量 $904.6\times10^8m^3$、凝析油地质储量 2269.56×10^4t）。

方案设计总井数 203 口（水平井 109 口），其中利用探井 16 口、已部署的开发评价井 42 口（水平井 4 口）、新钻井 145 口（水平井 102 口）；投产井 188 口（水平井 96 口），其中利用探井投产 16 口、已部署的开发评价井投产 42 口（水平井 4 口）、新钻井投产 130 口（水平井 92 口）（表 8-5）。

表 8-5 推荐方案投产井数与开发规模

年份		2012	2013	2014	2015	2016	2017	2018	2019	2020
一类区投产井数（口）		31	9	10	2					
二类区投产井数（口）		25	14	9	20	15	15	15	14	
三类区投产井数（口）		4	1							4
新钻井（口）	水平井	14	22	18	8	14	10	12	4	
	斜井	8	3	1	6	3	7	4	11	
	小计	22	25	19	14	17	17	16	15	
投产井（口）	水平井	8	19	18	15	12	9	11	4	
	斜井	52	5	1	7	3	6	4	10	4
	小计	60	24	19	22	15	15	15	14	4
累计投产井（口）		60	84	103	125	140	155	170	184	188
产气规模（10^4m^3）		180	240	240	240	240	240	240	240	240
开发阶段		集中建产	接替稳产							

方案设计气藏产能建设期 2 年，累计投产井 84 口，2013 年底建成年生产能力 $8\times10^8\mathrm{m}^3$；2014 年投产井达到 103 口（表 8-5），保持 $8\times10^8\mathrm{m}^3$ 的年产规模稳产生产 7.1 年；预测期末（2033 年底），累计产气 $123.54\times10^8\mathrm{m}^3$、累计产油 $100.86\times10^4\mathrm{t}$、累计产水 $115.15\times10^4\mathrm{m}^3$，天然气采出程度 13.66%。

方案设计于 2013 年底日产气达到 $240\times10^4\mathrm{m}^3$ 规模，气藏截至 2013 年 10 月投产井数 87 口，日产规模 $270\times10^4\mathrm{m}^3$，仅 2013 年 8 月 7 日日产气达到最高 $280\times10^4\mathrm{m}^3$，日产气略高于方案预测，生产至 2014 年 1 月底，气藏日产气量达到 $200\times10^4\mathrm{m}^3$，相对方案设计的 $240\times10^4\mathrm{m}^3/\mathrm{d}$ 略有下降，随后日产气量大幅度下降，2014 年 12 月底，日产气降至 $119.7\times10^4\mathrm{m}^3$，气藏投产前 3 个月日产水与预测日产水量一致，之后日产水快速增大，日产水随生产时间递进而增大，2014 年底，实际日产水量是预测日产水量的 3 倍（图 8-17 和图 8-18）。

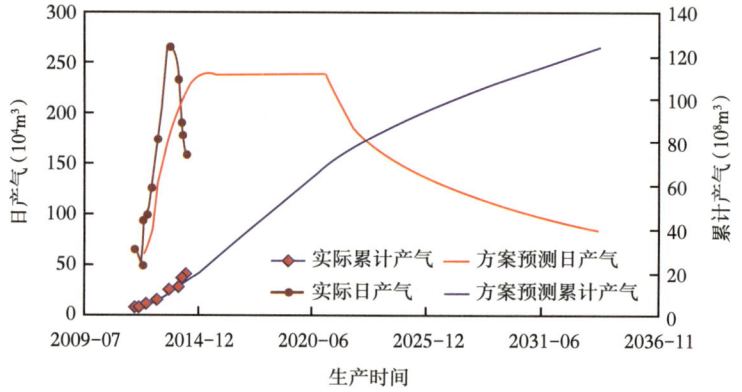

图 8-17 气藏实际产气与方案预测对比图

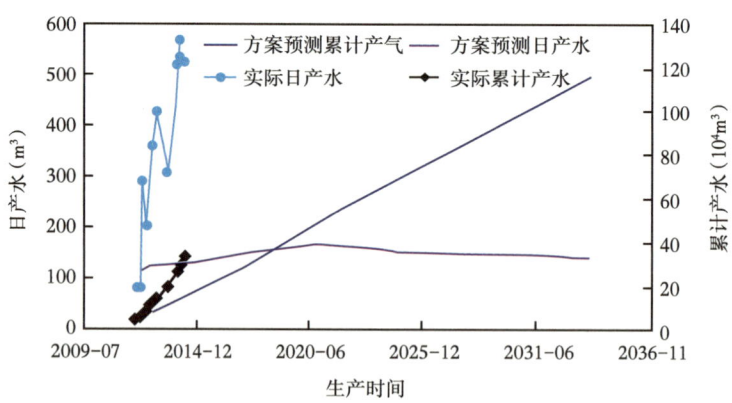

图 8-18 气藏实际产水与方案预测对比图

分析认为：气藏的开采强度过大是造成产能迅速递减的主要原因。此外，气藏自身孔渗条件差，地层能量供给不足，单井控制储量普遍较小；生产过程中受地层水和反凝析污染影响，三相渗流阻力增大；油气水混输造成的生产输压高，不利于气井稳产等，也是造成递减过快的重要原因。

2) 单井产量差异大，以低产井为主

气藏投产井初期日产气量差异较大，介于 $(0.1\sim20)\times10^4m^3$ 之间，初期日产气低于 $5\times10^4m^3$ 气井占 63.44%。按照初期日产气量，将气藏生产井分为三类，初期日产气大于 $5\times10^4m^3$ 为高产井，介于 $(2\sim5)\times10^4m^3$ 为中产井，小于 $2\times10^4m^3$ 为低产井，高、中、低产井井数分别为 38 口、28 口、27 口，目前产能比例分别为 39.86%、45.54%、14.60%（表 8-6）。

表 8-6 不同类型气井分类对比

分类		井数（口）	产量所占百分比（%）
高产井	$\geqslant 5\times10^4m^3/d$	38	39.86
中产井	$(2\sim5)\times10^4m^3/d$	28	45.54
低产井	$<2\times10^4m^3/d$	27	14.60

按气井投产初期日产气量划分，高、中、低产井分别占 40.86%、30.11%、29.03%，由于气井稳产能力差，投产后产量快速下降，尤其是高产井产量递减最快，高产井初期日产气量为 $9.55\times10^4m^3$，目前平均日产气量为 $1.11\times10^4m^3$，产量递减了 88.38%，中产井目前日产气量相对初期产量下降了 45.74%，低产井由于初期配产较低，产量递减较缓。

3) 气井稳产能力差，以无阻流量的 1/5 配产无法稳产

安岳须二气藏属于低渗透高含水致密气藏，分析生产时间在 1 年以上的近年投产井，产量第一年递减很快，年递减率在 51.8%~94.6% 之间，之后递减率降低，以 15%~25% 的速度缓慢递减；井口压力下降较快，目前井口套压低于 10MPa，井口油压低于 5MPa（图 8-19），气井的稳产能力差。如岳 101-X12 井，受产水的影响，第一年产量递减率高达 92.2%，由于水体能量的补充，地层压力下降相对较慢，只有 27.98%（图 8-20）；裂缝和储层均较发育的岳 114 井生产能力相对较强，开井后持续提产，但压力下降相对较缓，第一年压力递减率为 23.13%；裂缝与储层搭配较差的岳 101-34-X11 井不仅第一年产量递减在 60% 以上，压力递减也在 50% 以上（图 8-20）。

截至目前，安岳气田须二气藏计算无阻流量气井 145 口，单井无阻流量介于 $(0.03\sim404.3)\times10^4m^3/d$，共获无阻流量 $3912.33\times10^4m^3/d$，平均单井无阻流量 $27.17\times10^4m^3/d$。虽然气井完井测试产能高，但投产后生产井普遍不具有稳定生产阶段，生产井初期产量快速递减。为了综合反映生产初期综合生产能力，将生产井投产后 30d、90d、180d 的日产气量进行平均，与无阻流量进行相关分析发现，两者的比值大都小于 1/5。

将单井生产数据归一化处理后，气藏生产井未见稳定生产阶段，曲线形态呈阶梯状，不同生产阶段生产情况不一样，投产前两月为调产阶段，产量不稳定，随后半年，气产量快速下降，年递减率为 62.84%，然后再以 28.11% 的递减率生产两年，气产量降至 $2\times10^4m^3/d$ 以下后生产井保持小产量缓慢递减生产（图 8-21）。总体来说，生产井未见有稳定生产阶段，因此，以气井完井测试无阻流量为基础，按照方案设计 1/5 配产气井不能稳产。

4) 气井满足两段式递减，总体表现出先快后慢的趋势，递减率符合指数递减

由于气藏大多数井经过储层改造，储层改造形成两个渗流区：高渗透区和低渗透区（图 8-22），气井投产初期高渗透区将主要供气，随着生产的进行，压力波及范围将扩展

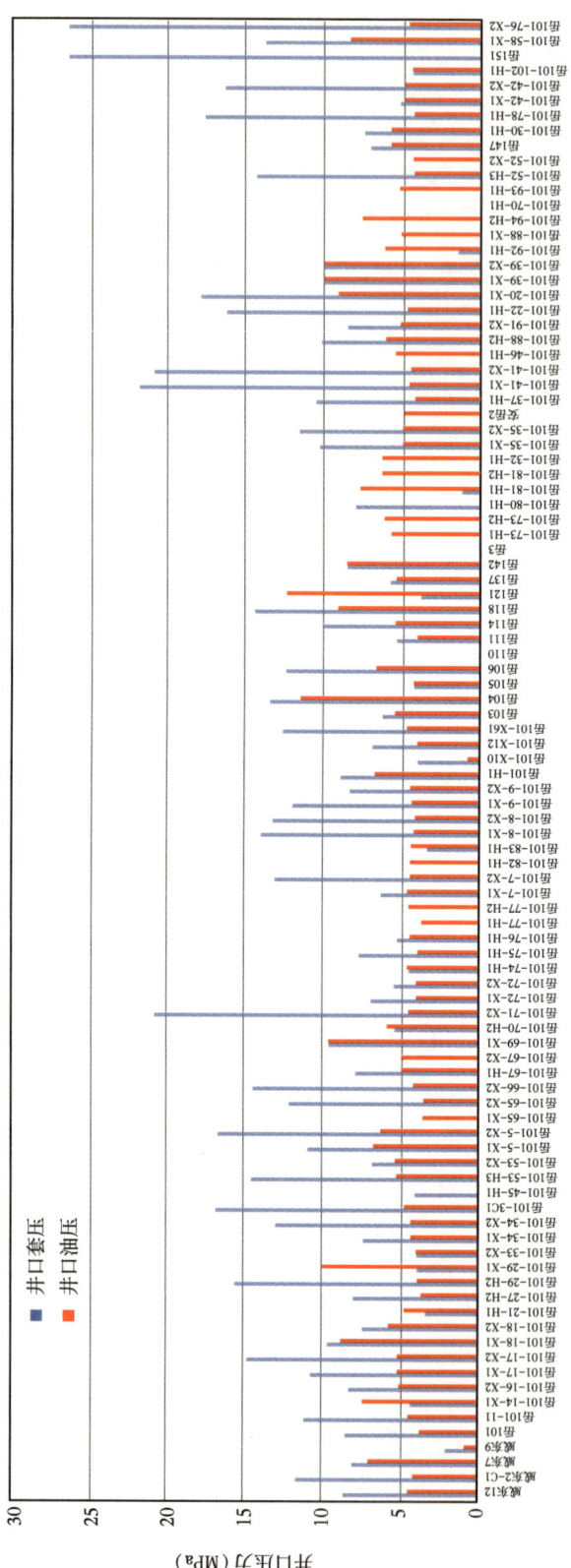

图 8-19 安岳须二气藏投产井目前井口压力简况

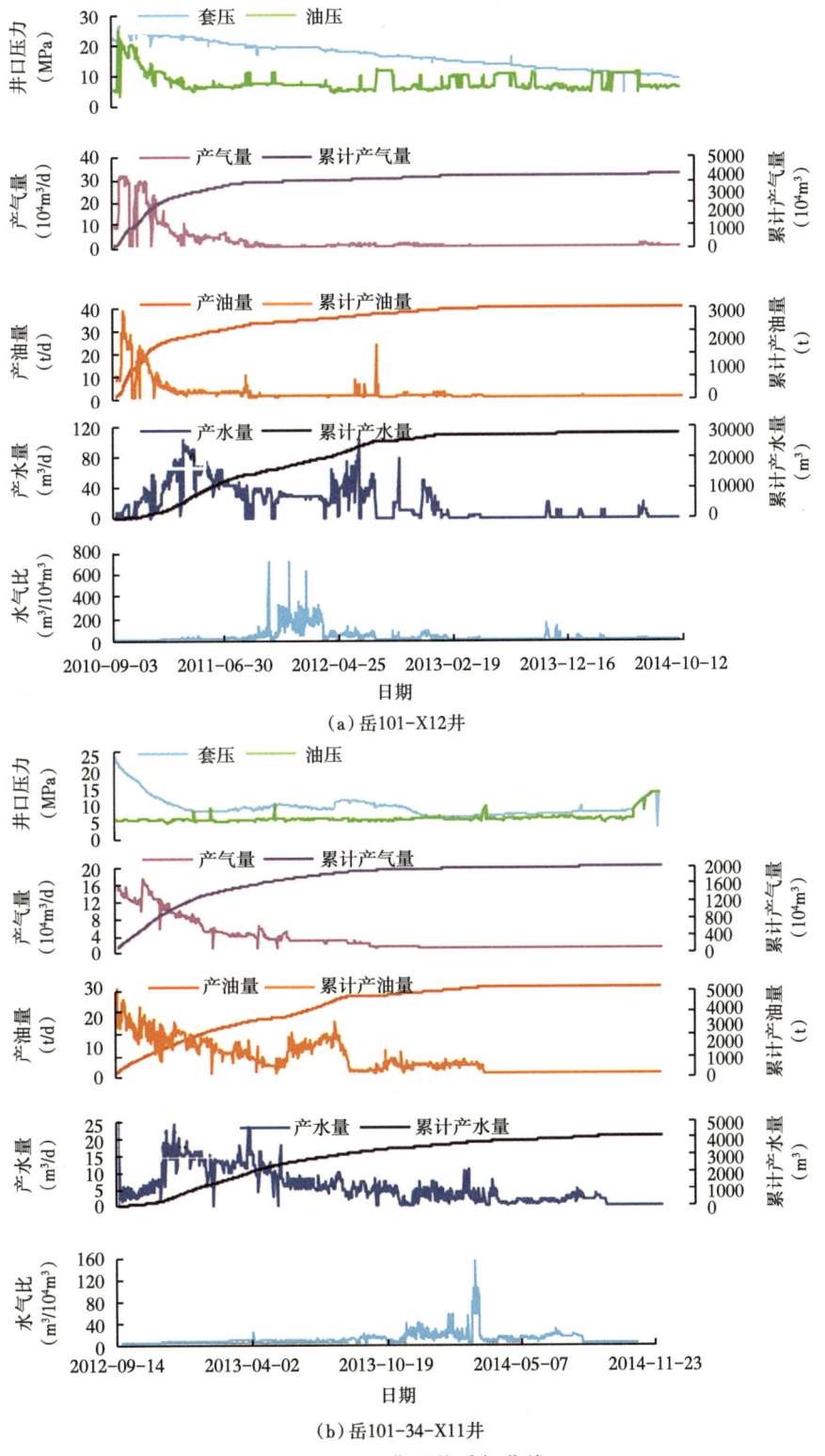

(a)岳101-X12井

(b)岳101-34-X11井

图8-20 典型井采气曲线

至高渗透区外,由低渗透区供气。根据投产时间、生产时间,以及不同气井类型,分别绘制递减分析拟合曲线(图 8-23 和图 3-24)。可见,总体表现出先快后慢的趋势,递减率符合指数递减。

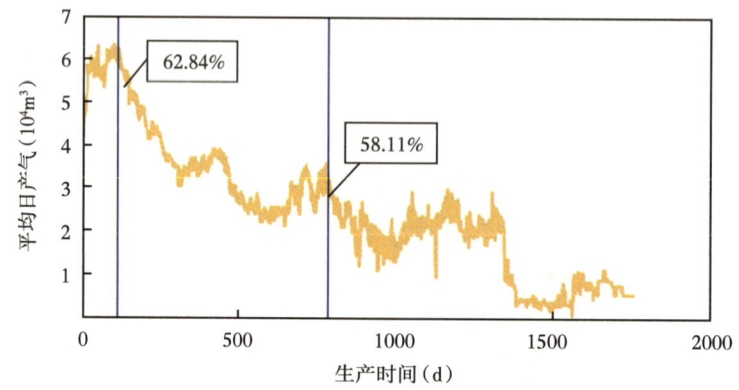

图 8-21 安岳须二气藏递减分析拟合曲线

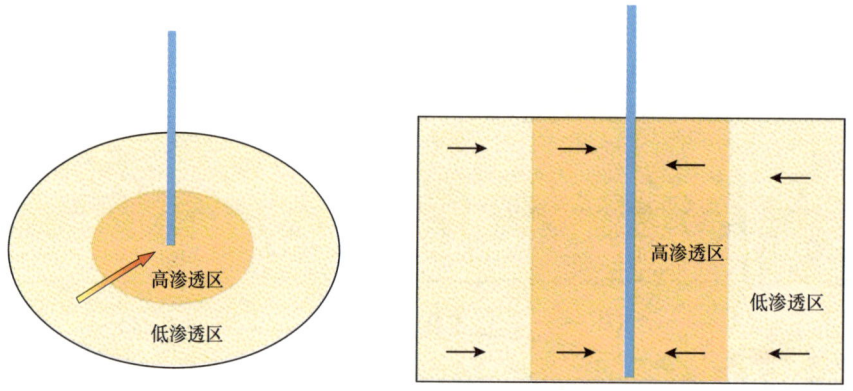

图 8-22 单井储层改造后供气机理地质模型

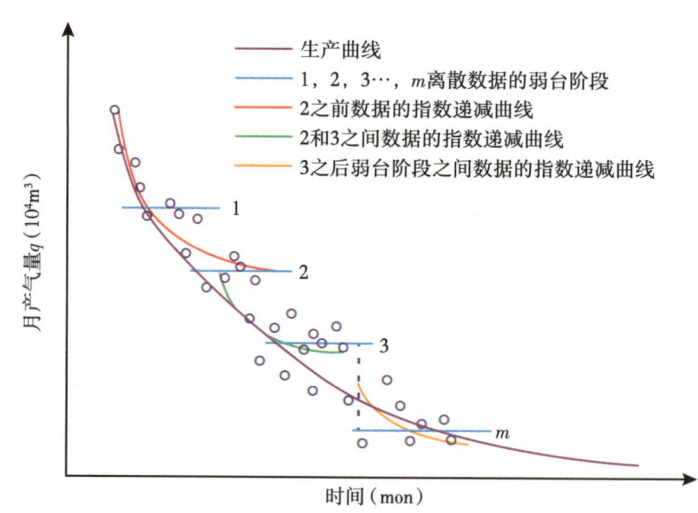

图 8-23 实际数据的分段递减标准偏差分析示意

第八章 安岳须家河组气藏开发实践

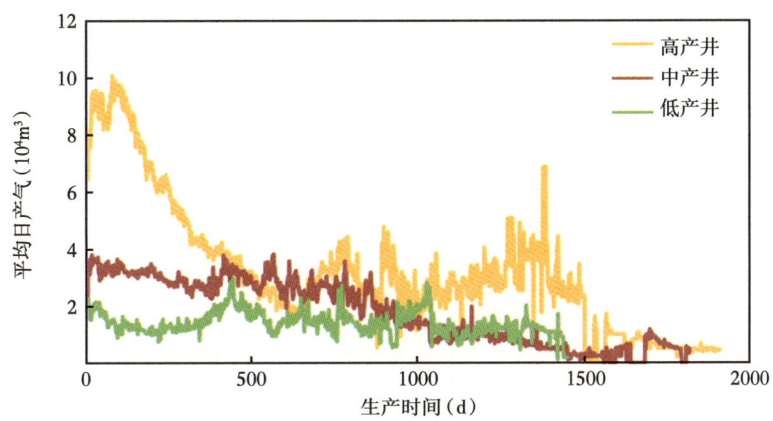

图 8-24 安岳须二气藏不同类型井递减分析拟合曲线

2. 产水特征

1) 气井测试时间较短，仅 27.6% 的测试井产水

气井测试时间较短，共 52 口井测试产水，占总井数的 27.6%，测试产水范围为 0.72~583.2m³/d。其中，水平井测试产水 14 口，5 口水平井测试产水大于 100m³/d；纯水井和测试产大水的气井主要集中在威东区块，水淹井也集中在威东区块。

2) 多数气井初期配产较高，地层水锥进较快，投产后气井普遍产水

截至 2017 年 12 月底，气藏投产的 115 口井中产水井 98 口，未产水井 17 口。通过对比两类井的生产特征可见（表 8-7），产水井初期产量相对较高，达 6.5×10⁴m³/d，但递减较快，初期递减率为 52.76%；未产水井初期产量较低，仅为 2.2×10⁴m³/d，递减相对较缓，为 37.42%。地层水窜对气藏开发效果有较大影响。

表 8-7 产水井和未产水井基本情况对比

生产类型	井数（口）	初期产气量（10⁴m³/d）	初期递减率（%）
产水井	98	6.5	52.76
未产水井	17	2.2	37.42

目前 98 口不同程度的产水气井中，日产水在 0.3~31m³ 之间，生产水气比在 0.03~156 m³/10⁴m³ 之间。气井产水初期的时间和产水强度不同，按照气井生产水气比变化趋势，将产水气井主要分为局部封存水和隔层水。

3) 部分井排水工艺措施效果减弱

如油管注氮是目前针对水淹井复产的主要手段，但气井注氮复产后自喷生产期逐渐缩短，部分水淹井通过油管注氮已无法恢复生产（图 8-25）。

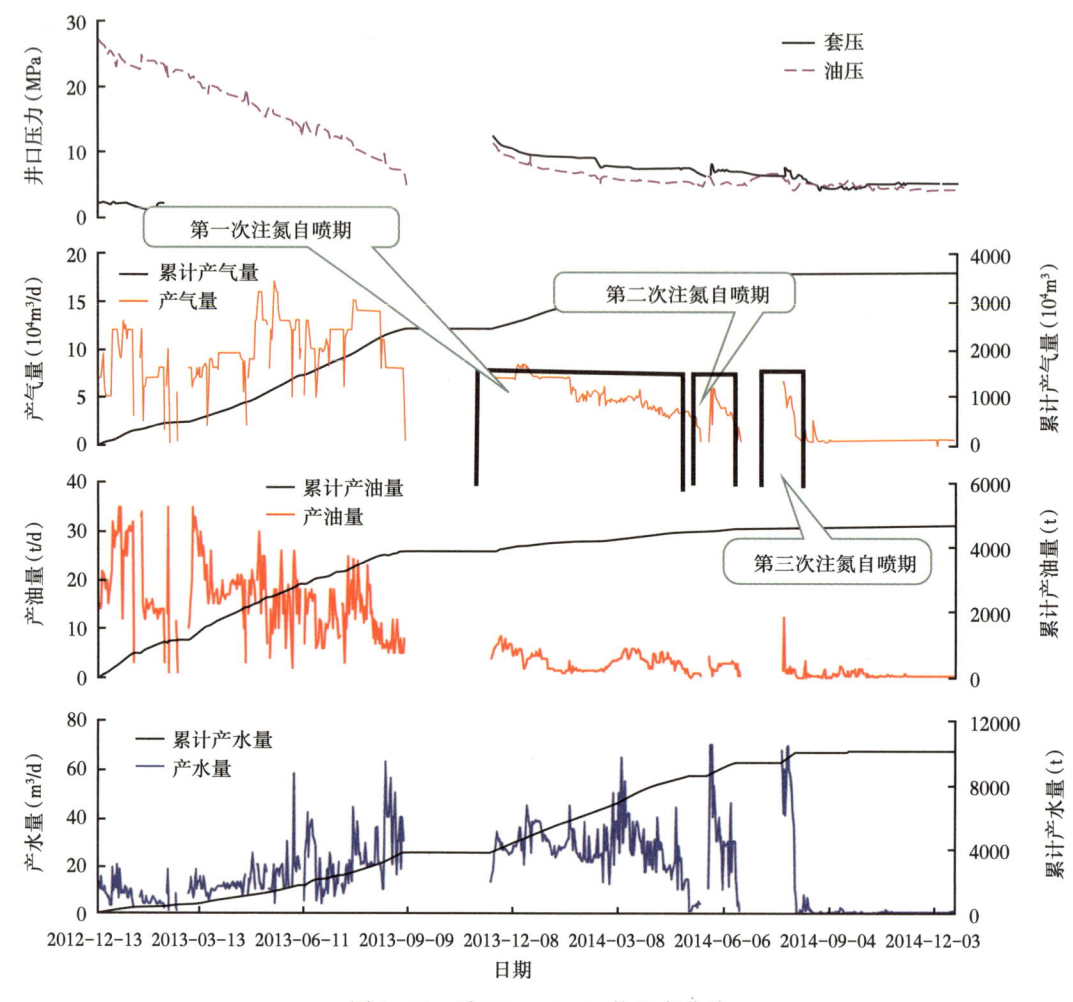

图 8-25 岳 101-76-H1 井生产曲线

3. 水侵规律

安岳须二气藏气井在生产早期就产出水，根据气井生产水气比的变化趋势，可以分为局部封存水和隔层水。由于安岳的投产井以裂缝—孔隙型储层为目标，随着气井生产时间延长，井底压力降已经波及断裂带中，在断裂带中形成一个低能带。于是地层水便沿裂缝这个通道快速窜至井底，从而造成气井大量出水。裂缝发育程度及其与水体连通程度决定了出水时间的早晚和出水量的大小。

4. 水侵对气藏开发效果的影响

安岳须二气藏气井出水已经成为普遍现象，对气井稳产、动态储量两方面造成了不利的影响。

5. 井间连通性分析

1）区域间连通性分析

虽然安岳须二气藏具有相同成藏背景，但是由于气藏不同区域沉积物源、沉积微相、压力均存在较大差异,导致威东区块、岳105区块和岳103区块之间气井产气、产水动态表现较大差异,区域间连通性差或不连通。

2)区域内连通性分析

由于砂体横向连续性差、储层致密高含水、渗流受阈压效应的影响、裂缝发育局限等因素,三个区块内部或井间连通性差异大。威东区块内部连通性较好,岳103区块和岳105区块连通性较差。

6. 气藏储量、单井控制储量与分布

2009—2011年,安岳气田须二气藏分井区先后4次向国家储委申报了各级别的储量,合计探明气藏含气面积749.35km^2、干气储量2081.91×10^{8}m^3、凝析油储量3185.01×10^{4}t(表8-8)。

表8-8 安岳气田须二气藏历年申报储量简表

申报时间	区块	面积 (km^2)	干气储量 (10^{8}m^3)	凝析油储量 (10^{4}t)	储量 级别	备注
2009年	岳101井区	415.80	1061.00	1665.00	控制	已核销
2009年	岳103井区	518.20	1048.56	1645.00	预测	已核销
2010年	岳101井区	360.80	1171.19	1791.74	探明	已批准
2011年	岳105井区	388.55	910.72	1393.27	探明	已批准
2012年	岳107区块	112.58	259.89	397.59	探明	未批准
2012年	岳121区块	143.34	277.70	424.83	探明	未批准
总计	已批准两区	749.35	2081.91	3185.01	探明	

对安岳已投产的115口井,根据各井资料情况,计算单井动态储量,得到目前生产情况下气藏合计动态控制储量为53.53×10^{8}m^3。

从目前单井动态储量计算情况来看,安岳须二气藏单井动态储量差异较大,单井动态储量介于(0.01~2.78)×10^{8}m^3,总体较低,平均单井动态储量为0.47×10^{8}m^3。单井控制储量较大的气井都位于裂缝较为发育的位置,而裂缝欠发育区域单井控制储量则十分有限。气藏控制储量为53.53×10^{8}m^3,单井动态储量差异大,单井控制储量小,控制范围小,大部分地质储量尚未采出。

单井储量介于(0.01~2.78)×10^{8}m^3,单井控制储量大于1.00×10^{8}m^{3}的井仅7口,占6.09%;单井控制储量小于0.5×10^{8}m^{3}的井占63.48%(表8-9和图8-26)。

表8-9 安岳须二气藏储量分类统计表

储量分级 (10^{8}m^3)	井数 (口)	井数所占比例 (%)	储量 (10^{8}m^3)
≥1.0	7	6.09	11.27
0.5~1.0	35	30.43	25.09
<0.5	73	63.48	17.17
合计	115	100.00	53.53

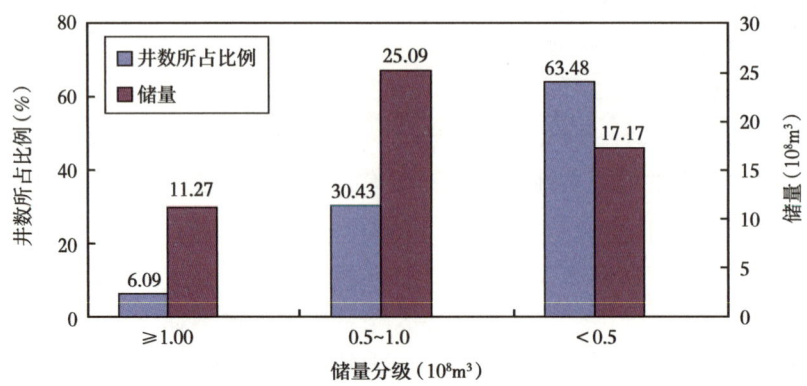

图 8-26 安岳须二气藏单井动态储量分类柱状图

第三节 气藏开发主要做法

从气藏特征描述可以看出安岳须二气藏的开发存在以下难点：(1)气藏为砂岩气藏，孔隙度低，孔隙结构差；(2)高含水饱和度；(3)气藏为凝析气藏，油气水三相渗流，且存在反凝析现象；(4)须二上亚段为孔隙水和局部封存水，须二下亚段为可动隔层水。针对气藏开发的难点，在气藏的勘探开发各个阶段开展了以下工作。

一、勘探阶段

钻井勘探过程中，取心显示高含水饱和度，部分井测井水显示，测试产水，储层流体识别难度大，该阶段试气成功率较低。

根据安岳气田须二段储层段563个取心岩样（孔隙度大于6%），利用烘干法测定含水饱和度值综合统计分析，须二段储层岩心分析含水饱和度在30%~90%之间，含水饱和度主要集中分布在50%~80%之间。测试气井共52口井测试产水，占总井数的27.6%，测试产水为0.72~583.2m³/d，纯水井和测试产大水的气井主要集中在威东区块。

该阶段虽然认识到了气藏含水的事实，但由于须二气藏储层非均质性强、孔隙结构复杂，属于低孔、低渗透—特低渗透、高含束缚水饱和度储层，加之受到构造、岩性的影响，气水分异程度差，气层、气水同层、水层的测井响应特征差异不明显，致使储层流体性质识别难度大，试气成功率较低。

针对勘探阶段，储层流体识别难度大的问题，措施及做法如下：

(1)开展了低孔低渗透碎屑岩储层流体性质测井识别技术专项技术攻关。

利用测井试气等资料，结合须家河组储层特点，系统地分析了储层气水测井响应特征；采用饱和度重叠法，电阻率—孔隙度交会法，侧向—感应电阻率比值法，纵横波速度比法，从不同角度反映储层物性和气层、水层、干层之间的差异，综合判别安岳气田须二段的储层性质。通过对2011—2012年的新井跟踪对比分析，最终优选出以饱和度重叠法、电阻率—孔隙度交会法为主的流体性质判别技术，在对该区46层的储层流体性质识别中，测井解释符合率由60%提高到了83%，试气成功率也明显提高。该套技术实用性强，具可操作性,对川中地区其他区块也具有很好的指导作用。

(2)利用地震老资料解释反演成果和三维地震储层预测成果,明确了断层的规模和分布情况,了解了横向上气水的分布,在井位部署时尽量避开北部低洼含水断裂带。

通过2003年对川中川南过渡带地区的安岳—潼南—大足开展了30次覆盖的区域连片大剖面工作,完成了地震详查和加密详查,并开展了二维地震老资料重新处理解释,基本落实了构造展布特征。2005—2007年重新对安岳地区进行了40次覆盖二维地震加密详查,利用已取得的勘探成果和安岳地区须二段地震储层预测成果,以及2006—2007年威东7井区控制面积115.72km²,满覆盖面积50.80km²的三维地震储层预测成果,在井位部署时尽量避开低洼含水区。

二、试采与开发前期评价阶段

该阶段(截至2012年2月底),安岳气田须二气藏共完钻井151口,其中探井93口,开发井58口。探井完成试油67口,获工业气井28口,成功率41.8%,测试产量累计达167.57×10⁴m³/d;开发井完成试油50口,获工业气井29口,成功率58%,测试产量累计达490.63×10⁴m³/d。气藏共投产31口井,日产气60.0×10⁴m³,日产油74.6t,日产水86.1m³,累计产气4.79×10⁸m³,累计产油6.51×10⁴t,累计产水5.65×10⁴m³,综合油气比为1.36t/10⁴m³。

通过试采,得到以下认识:

(1)气藏产出流体包括天然气、凝析油、原油和地层水。含气性较好,产水井出水层位主要为须二下亚段,储层可动水主要包括局部封存水和隔层水。

(2)少数井产水,产水大小受裂缝发育状况、构造部位、储层物性、配产大小等因素综合影响,出水气井可分为三种出水类型,即小孔喉孔隙水型、局部封存水型和裂缝水侵型。

(3)安岳须二气藏储层致密高含水,裂缝为气井主要渗流通道,统计表明,裂缝与储层搭配好,水侵对气井单井控制储量影响较大,裂缝欠发育,且受局部封存水影响的气井,单井控制范围和储量相对较小。

针对试采与开发前期评价阶段对水的认识,在编制《安岳区块须二气藏初步开发方案》时从以下几个方面作出了相应的调整。

1. 钻完井工艺

基于对气藏基础地质特征的认识:须二上亚段储渗体上倾端含有少量地层水,地层水以小孔喉可动水为主;须二上亚段储渗砂体下倾端含气性较差,由于成藏分异形成局部封存水;下伏层段水量较大,地层水沿裂缝水窜,导致气井产大水。在钻完井过程中严格控制固井质量,完井射孔过程中提高避射高度,避免射开须二下亚段的水层,以达到有效开发气藏的目的。在油管的选择上,充分考虑影响油管携液能力的因素,为后期气井排水提供条件。

2. 排液采气工艺

生产初期,由于目前地层压力较高,产水气井产量在最小携液量以上,自喷生产。气井出水后，受产液影响，无法自喷生产时，首先采用井口增压工艺，降低最小井口油压要求，延长气井自喷带液期。后期地层压力下降或气井无法自喷带液时，实施人工举升工艺；如生产初期有一定地层能量，产液量较小的气井，可实施优选管柱（连续油管）、泡排、柱塞气举等工艺，但由于气藏带有凝析油，对泡沫具有很强的消泡作用，因此，应对泡排剂进行筛选，以适应带凝析油的泡沫排水需要。生产中后期地层能量下降、产液量较大的气井，可实施螺杆泵排液采气工艺。针对丛式井组，在有条件的情况下，可实施井间互联气举排液采气工艺（井组中压力高、产量大、生产稳定的气井作为其他排液采气井的气源井）等。

3. 气藏动态监测

除常规监测外，强化了对流体性质的动态监测和试井工作，深化对气藏水侵动态的研究。增加了生产剖面监测项目，研究产出剖面和气井产水情况，了解储层动态特征，了解不同工作制度下流体在油管中的分布规律，为带水采气提供依据。

4. 地面工程

根据气藏预测产水量为180m^3/d，新增气田水处理、集输、回注等工艺流程。新增岳116井、岳117井作为气田开发初期的回注井。气田水产量增加后，利用岳119井、岳124井并新钻岳101-U1回注井、岳101-U2回注井，共6口回注井，用于气田水回注。产出的凝析油和气田水在集气站分离装置气、液分离后，油、水经泵混输至处理厂后再进行油、水分离，气田水输至回注站，在回注站内经过除油、过滤处理，达到回注水质指标后由回注泵泵入回注管道进行回注。

三、开发生产及调整挖潜阶段

2012年4月至2016年12月底，开发井完成试油73口井，获工业油气井55口，开发井获气成功率75.34%，累计测试获气1381.99×$10^4 m^3$/d。须二气藏先后有72口井投入生产，累计投入生产井103口。气藏于2013年8月10日达到最高生产规模，日产气280.74×$10^4 m^3$，日产油285.17t，日产水290.6m^3，之后气藏产气量开始递减，至2016年12月底，安岳须二气藏共投产井115口，生产井52口，日产气55.90×$10^4 m^3$、日产水265.7m^3、日产油53.5t，累计产气27.12×$10^8 m^3$，累计产油35.97×10^4t，累计产水64.73×$10^4 m^3$，综合油气比1.326t/$10^4 m^3$，综合水气比2.39m^3/$10^4 m^3$。

通过大规模的开发生产，得到以下认识：

1. 气藏水侵特征及水侵影响

气井测试产水井较少，投产后期绝大多数均产地层水，且初步开发方案预测的水量远远小于实际生产的水量，该阶段明确了气藏的水侵特征及水侵对气藏开发影响大。

测试过程中有27.6%的气井产水，测试产水为0.72~583.2m^3/d，投产后85%以上的气井产地层水，且水量较大（400~600m^3/d），远远高于初步开发方案预测的180m^3/d。

1）威东区块水侵动态分析

安岳须二气藏水侵导致气井产量递减过快已是不争的事实，为了分析气藏气井的出水规律，选取出水早、产水量大的威东区块作为水侵动态的剖析对象。威东区块储层须二下亚段高含水层,气井出水时间相对较早,单井日产水和累计产水量大,且有三维地震资料。目前威东区块有生产井18口,其中带水生产气井11口,日产气11.68×10⁴m³,日产水28.4m³,累计产水11.16×10⁴m³。为便于单井分析,将气井划分为5个区块(图8-27),各气井产水情况与控制因素见表8-10。

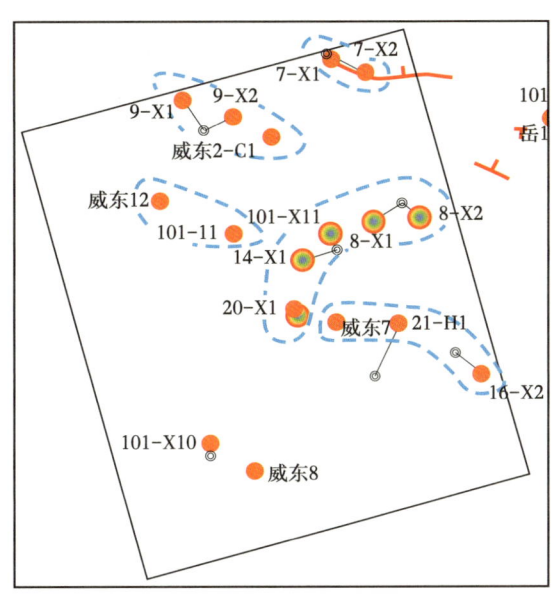

图 8-27　威东区块产水气井分析图

表 8-10　威东区块生产井产水状况简表

井名	地层水赋存状态	气藏控制因素	产水状况
岳 101-16-X2 井	孔隙可动水	岩性裂缝	投产初期不产水,后期产水量渐增
岳 101-X10 井	隔层水	岩性裂缝	投产初期产水,后期产水量较猛
岳 101-X12 井	隔层水	岩性裂缝	投产初期产水,产水量逐渐增加
岳 101-7-X1 井	隔层水	岩性裂缝	投产初期产水,产水量逐渐增加
岳 101-7-X2 井	隔层水	岩性裂缝	投产初期产水,产水量逐渐增加
岳 101-9-X2 井	隔层水	岩性裂缝	投产初期产水,产水量逐渐增加
岳 101-14-X1 井	隔层水	岩性裂缝	开井产大水,随着生产压差变化而变化
岳 101-21-H1 井	隔层水	岩性裂缝	投产初期产大水,产水量逐渐增加
岳 101-20-X1 井	隔层水	岩性裂缝	开井产大水,一直关井
威东 12 井	局部封存水	岩性裂缝	裂缝自由水
威东 7 井	局部封存水	岩性裂缝	投产初期产水,后期不产水

2)产水气井分类

由于威东区块气井以裂缝孔隙型储层为目标层,断裂发育带附近发育不同程度的裂缝,导致气井在生产后期地层水沿裂缝纵窜横侵。针对受水侵影响较强的11口气井(岳

101-X10井、岳101-7-X1井、岳101-7-X2井、岳101-16-X2井、岳101-X12井、岳101-9-X1井、岳101-9-X2井、岳101-14-X1井、岳101-21-H1井、岳101-20-X1井、威东12井），利用动静结合，从定性到定量的方法分析其水侵强度和水侵量大小，从而为治水对策的合理制定和优化提供必要的理论支撑。

根据气井动态资料并结合水侵特征图版来分析威东区块气井水侵特征，利用累计产气量（G_p）与累计产水量（W_p）的关系曲线，将产水气井分为以下三类：

一类：G_p-W_p线性指数型，代表井有岳101-7-X1井、威东12井等。水侵特征：(1) G_p-W_p早期呈线性关系，后期呈指数关系；(2) 产气量一定，早期产水量也一定，后期产水快速增长，水气比（WGR）早期缓慢增加，后期快速上升；(3) 水侵强烈，地层水对气井生产影响大；(4) 生产初期水侵属于沿基质孔喉弱舌进，后期逐渐变化为沿高导裂缝窜入（图8-28和图8-29）。

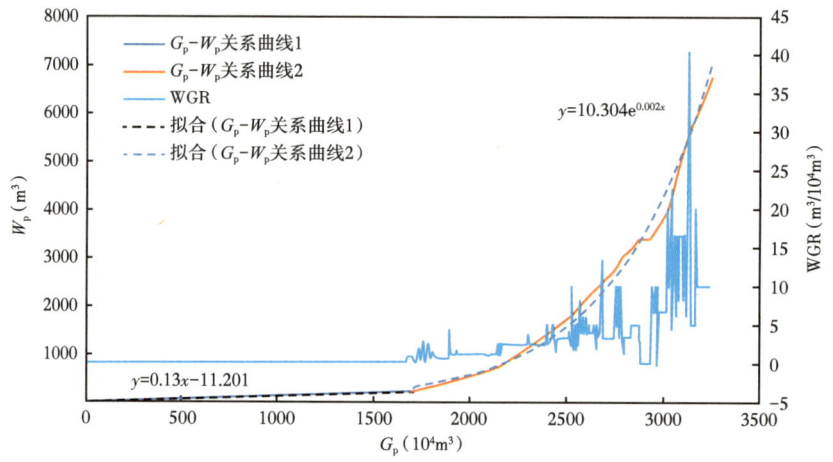

图8-28　岳101-7-X1井W_p-G_p曲线

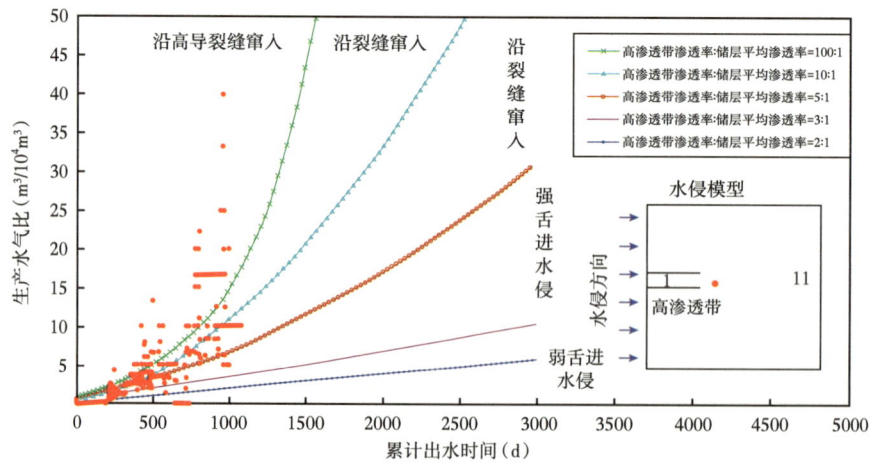

图8-29　岳101-7-X1井水侵特征图版

二类：G_p-W_p 线性平方型，代表井有岳 101-7-X2 井、岳 101-9-X2 井。水侵特征：(1) G_p-W_p 早期呈线性关系，后期呈平方关系；(2) 产气量一定，早期产水量也一定，后期产水快速增长，水气比早期缓慢增加，后期快速上升；(3) 水侵较强烈，地层水对气井生产影响大，但相比第一类水侵类型后期水侵强度要弱；(4) 生产初期水侵属于沿基质孔喉弱舌进，后期逐渐变化为沿高导裂缝窜入（图 8-30 和图 8-31）。

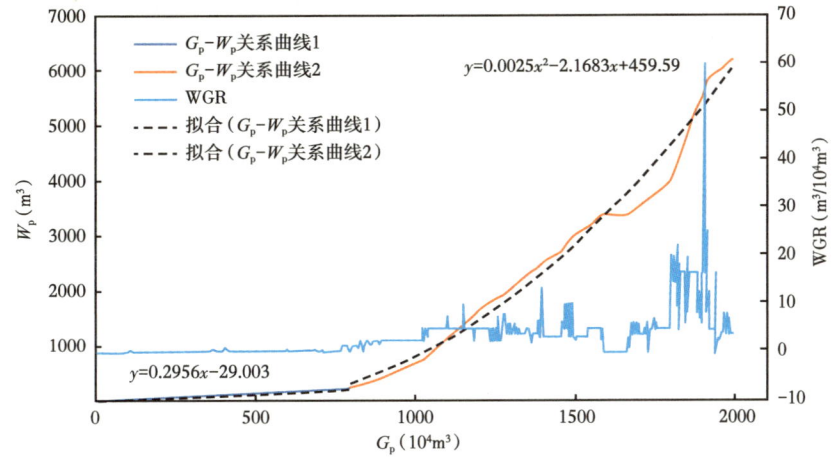

图 8-30 岳 101-7-X2 井 W_p-G_p 曲线

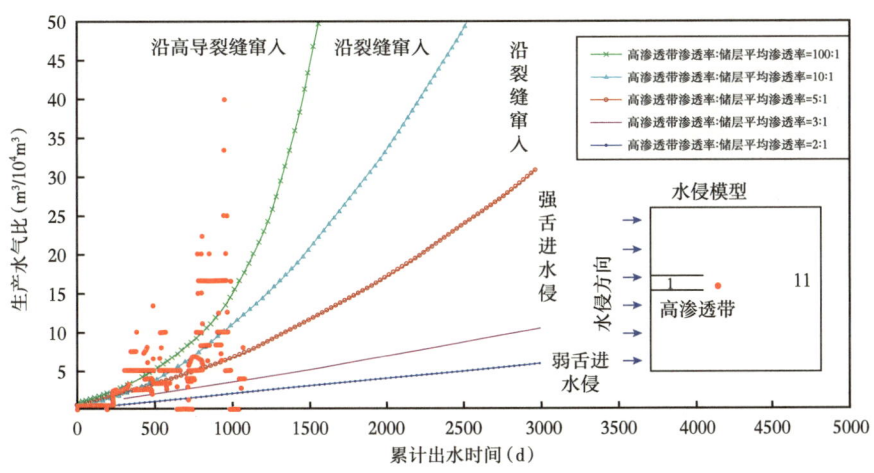

图 8-31 岳 101-7-X2 井水侵特征图版

三类：G_p-W_p 平方型，代表井有岳 101-14-X1 井。水侵特征：(1) G_p-W_p 呈平方关系；(2) 产气量一定，产水量随着时间的增加不断增大，水气比上升速度较快；(3) 随着水侵程度加剧，地层水对气井生产影响逐渐增加；(4) 生产初期水侵就沿高导裂缝窜入，对气井造成不可逆的伤害（图 8-32 和图 8-33）。

3）水侵计算

传统计算水侵量的方法如视地层压力法、水侵体积系数法、视地质储量法等都要求有

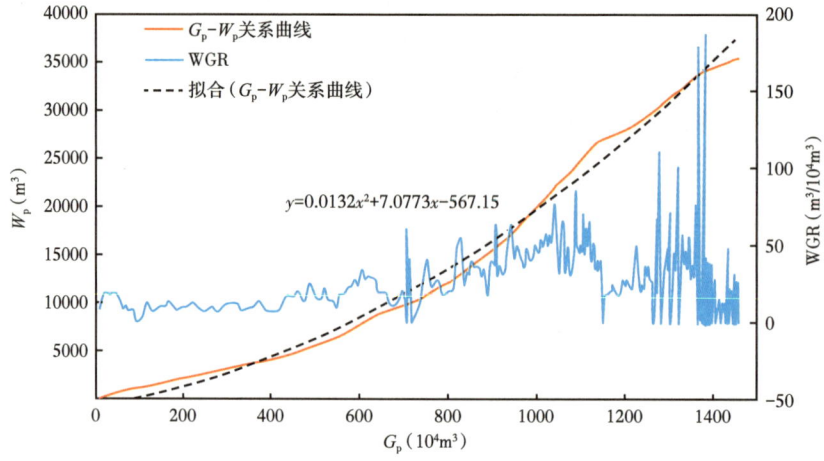

图 8-32 岳 101-14-X1 井 W_p-G_p 曲线

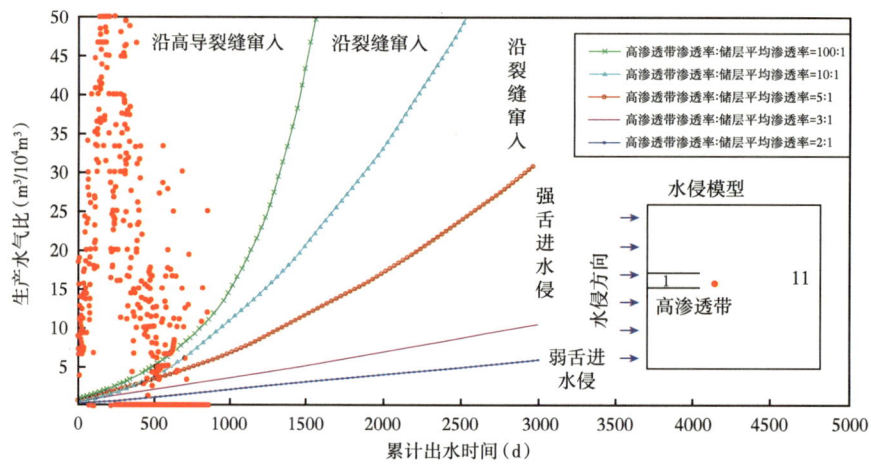

图 8-33 岳 101-14-X1 井水侵特征图版

气井水侵前后的连续压力监测资料,而这正是安岳须二气藏大部分气井所缺乏的,因此无法使用传统方法计算水侵量。

针对安岳须二气藏储层致密高含水,气水不能正常分异,出现上水下气、水包气、气水共存的特殊赋存状态(图 8-34),部分高含水层中的封闭气或死气,随着气井生产地层压力逐渐下降,自身弹性膨胀会驱替出孔隙或者喉道处的地层水,从而额外增加储层中的可动水,导致气井实际产水量远远大于侵入的地层水量(图 8-35)。

为了分析天然气体积膨胀带来的影响,通过拟合安岳须二气藏天然气压缩系数变化曲线(图 8-36),得到天然气压缩系数与压力的关系:

$$C_g = 2.6541 p^{-1.113} \tag{8-1}$$

再结合天然气压缩系数定义式式(8-2),对式(8-1)进行积分运算:

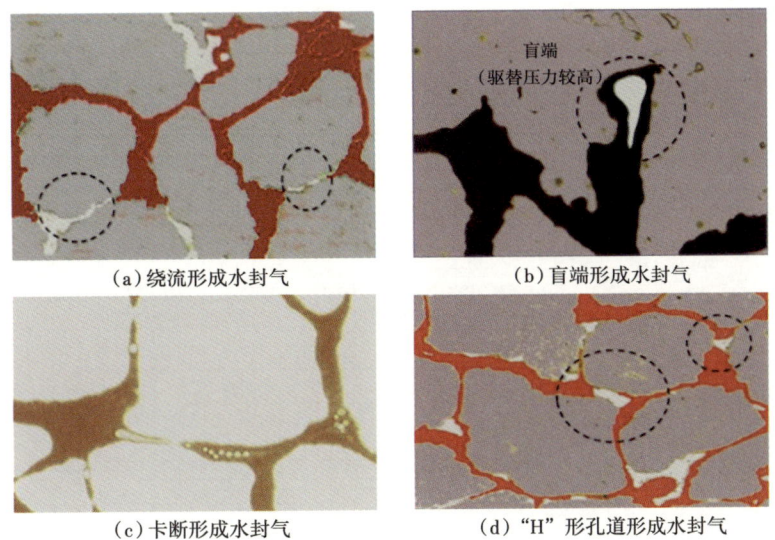

(a)绕流形成水封气　　　　　(b)盲端形成水封气

(c)卡断形成水封气　　　　(d)"H"形孔道形成水封气

图8-34　绕流、盲端等形成封闭气的现象

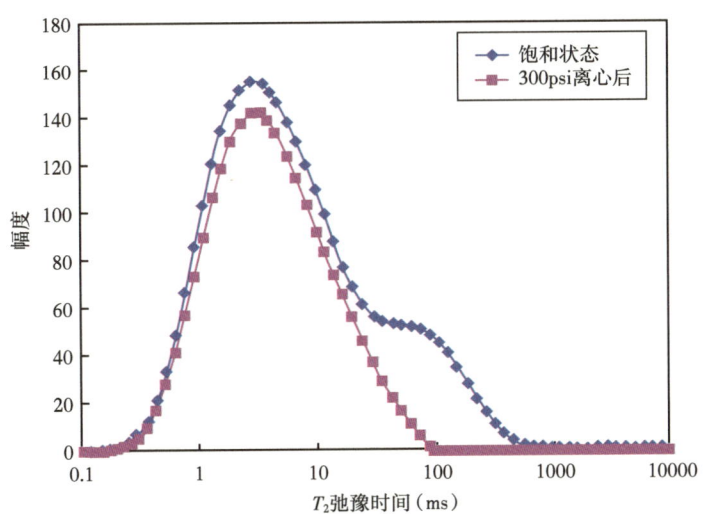

图8-35　安岳须二岩样核磁共振实验图

$$C_g = -\frac{\partial V_g}{V_g \partial p} \tag{8-2}$$

$$\int C_g \mathrm{d}p = \int \frac{\mathrm{d}p}{V_g} \tag{8-3}$$

得到不同地层压力下，安岳须二气藏天然气体积恒温膨胀计算公式[式(8-4)]，由于储层基质、地层水的压缩性与天然气相比小几个数量级，可以忽略。

$$23.49(p_p^{-0.113} - p_i^{-0113}) = \ln V_p - \ln V_i \tag{8-4}$$

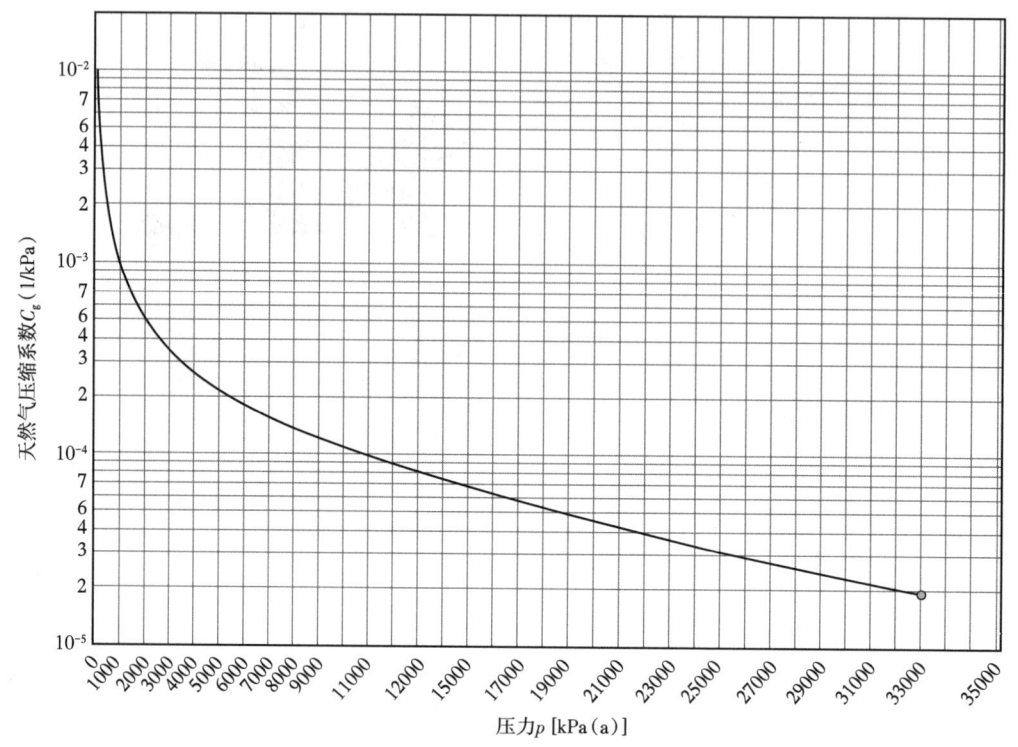

图 8-36 安岳须二气藏天然气压缩系数变化趋势图

式中 C_g——天然气压缩系数，kPa^{-1}；

p——地质压力，kPa；

V_g——天然气体积，$10^4 m^3$；

p_i——原始地层压力，kPa；

V_i——原始天然气体积，$10^4 m^3$；

p_p——目前地层压力，kPa；

V_p——目前天然气体积，$10^4 m^3$。

通过计算可以获得天然气体积随地层压力下降的膨胀变化情况。由于高含水层中气体体积大小未知，为了方便计算，假设高含水层中天然气体积分别为 $0.5×10^4 m^3$、$1×10^4 m^3$、$5×10^4 m^3$、$10×10^4 m^3$、$50×10^4 m^3$、$100×10^4 m^3$、$500×10^4 m^3$，地层压力从威东区块原始地层压力 30MPa 分别下降至 25MPa、20MPa、15MPa、10MPa、5MPa 时，天然气体积膨胀大小见表 8-11。

从图 8-37 中可以看出，地层压力从 30MPa 下降至 5MPa 的过程中，天然气体积可以膨胀 1.66~42.89 倍。地层压力低于 15MPa 后，天然气体积膨胀几乎是呈指数增加，即后期膨胀量远远大于早期膨胀量。通过拟合不同地层压力下天然气原始体积与膨胀后增加体积的函数曲线（图 8-38），可以得到不同地层压力下天然气体积与净增天然气体积的关系式，即天然气在不同地层压力下能够驱替的地层水体积（表 8-12）。

表 8-11　天然气体积随地层压力降低膨胀计算表

天然气体积 ($10^4 m^3$)	当前地层压力（MPa）				
	25	20	15	10	5
	天然气膨胀后体积（$10^4 m^3$）				
0.5	0.83	1.26	2.18	4.92	21.49
1.0	1.66	2.51	4.37	9.83	42.98
5.0	8.28	12.56	21.84	49.15	214.92
10.0	16.56	25.12	43.69	98.30	429.84
50.0	82.79	125.62	218.44	491.50	2149.21
100.0	165.58	251.23	436.88	983.01	4298.42
500.0	827.89	1256.16	2184.38	4915.03	21492.11

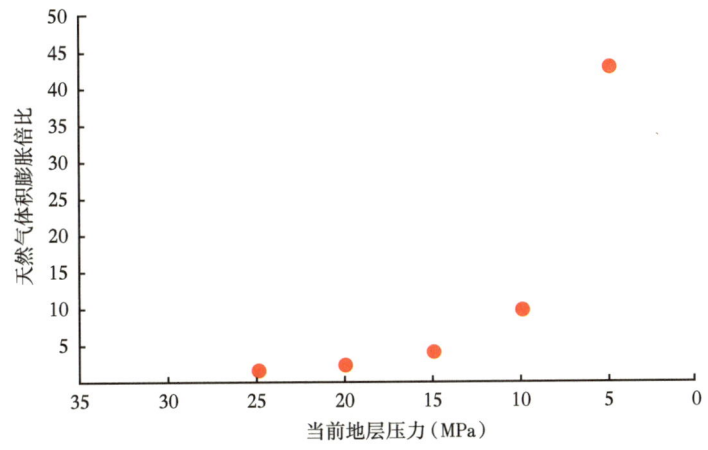

图 8-37　安岳须二气藏天然气体积膨胀倍比变化图

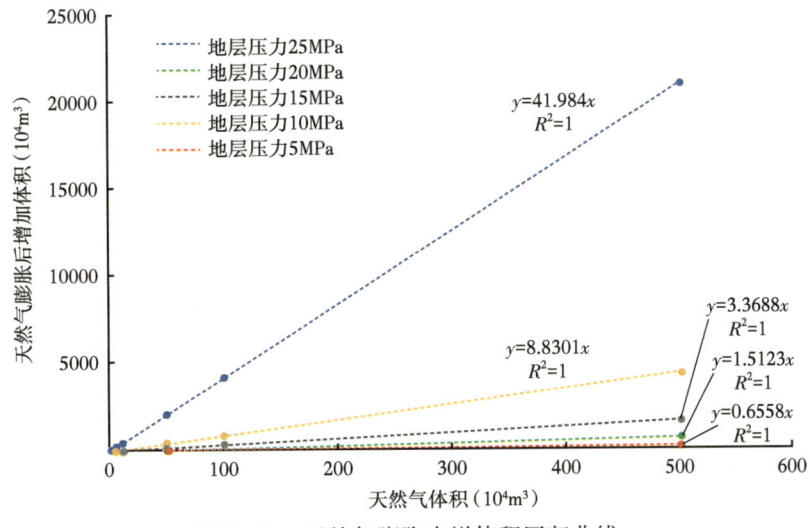

图 8-38　天然气膨胀净增体积回归曲线

表 8-12　威东区块不同地层压力下天然气体积与驱替地层水关系

地层压力（MPa）	天然气体积与驱替地层水关系式
25	$W = 0.6558 \times G$
20	$W = 1.5123 \times G$
15	$W = 3.3688 \times G$
10	$W = 8.8301 \times G$
5	$W = 41.984 \times G$

注：W 为驱替地层水体积；G 为天然气体积。

井底地层压力分布是一个压降漏斗，近井区由于人工压裂渗透性较高，远离井底的低渗透区地层压力高于近井地带，为了描述这种压力变化趋势，根据安岳须二气藏气井的试井解释三区复合模型，将单井压降漏斗剖面划分为三个区域（图 8-39），并结合动态分析来进行刻画。

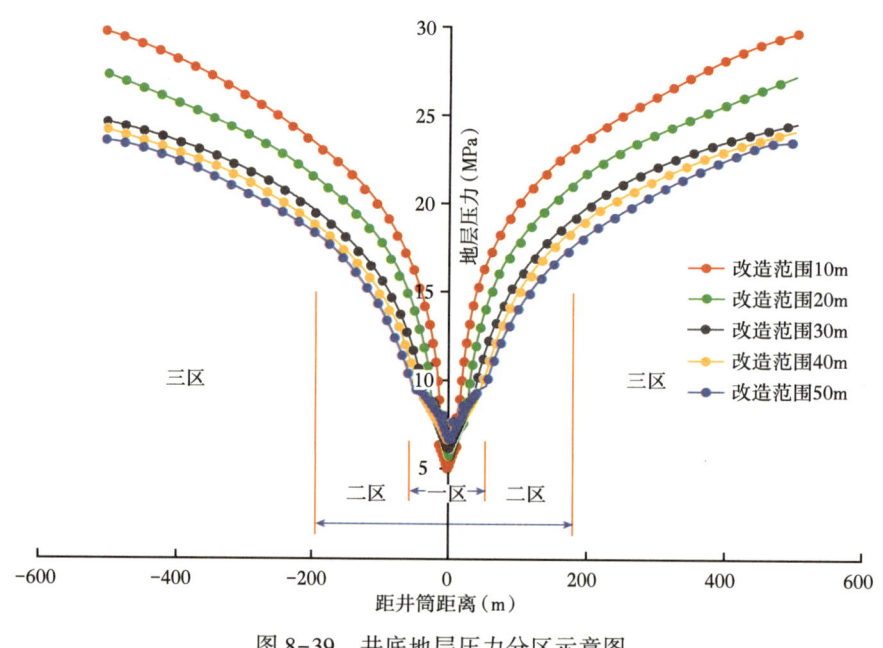

图 8-39　井底地层压力分区示意图

通过统计安岳须二气藏 6 口气井的试井解释结果，一区平均半径 92m，平均渗透率 12.48mD；二区平均半径 183m，平均渗透率 3.56mD；三区半径使用动态储量折算为井控半径，平均渗透率为 0.6mD。威东区块 6 口气井（岳 101-X10 井、岳 101-X12 井、岳 101-8-X1 井、岳 101-8-X2 井、威东 12 井、岳 101-21-H1 井）2014 年点测静压显示，当前威东区块地层压力在 11.41～17.52MPa，平均 14.79MPa。根据一区、二区、三区平均地层渗透率对地层压力进行划分：一区平均地层压力 14.79MPa，二区平均地层压力 25.66MPa，三区平均地层压力 29.27MPa。

根据威东地区单井测井解释水层厚度、含气饱和度、孔隙度，结合不同压降区域半径与单井动态储量折算井控半径（表8-13），运用容积法计算一区、二区、三区的水层封闭气体积，再根据不同地层压力下天然气体积与驱替水关系式，可以定量计算单井井控范围内，高含水层中封闭天然气随地层压力下降膨胀，可以驱替出的可动水体积（表8-14）。

表8-13 气井水层物性参数与压降分区统计表

井名	水层有效厚度（m）	水层体积（$10^4 m^3$）	含气饱和度（%）	孔隙度（%）	一区半径（m）	二区半径（m）	井控半径（m）
岳101-7-X1井	15.0	387.64	30	8.58	92	183	286.81
威东12井	15.0	672.18	30	8.33	92	183	377.68
岳101-16-X2井	15.0	99.23	30	8.85	92	—	145.12
岳101-X12井	23.0	727.48	30	8.90	92	183	317.30
岳101-X10井	8.0	1251.18	30	7.98	92	183	705.57
岳101-7-X2井	10.6	97.07	30	9.72	92	—	170.74
岳101-9-X2井	15.0	341.79	30	9.03	92	183	269.32
岳101-14-X1井	28.1	1698.18	30	9.98	92	183	438.60
岳101-21-H1井	18.6	182.76	30	8.57	92	—	176.86
岳101-20-X1井	6.1	66.24	30	8.97	92	183	185.92

表8-14 气井水层封闭气膨胀增加可动水计算表

井名	一区水层封闭气体积（$10^4 m^3$）	二区水层封闭气体积（$10^4 m^3$）	三区水层封闭气体积（$10^4 m^3$）	一区气体膨胀增加可动水体积（$10^4 m^3$）	二区气体膨胀增加可动水体积（$10^4 m^3$）	最终增加可动水体积（$10^4 m^3$）
岳101-7-X1井	1.03	3.04	5.92	3.46	1.99	5.45
威东12井	1.00	2.95	12.85	3.36	1.93	5.29
岳101-16-X2井	1.06	1.58	—	3.57	1.03	4.60
岳101-X12井	1.63	4.83	12.96	5.50	3.17	8.67
岳101-X10井	0.51	1.51	27.94	1.72	0.99	2.71
岳101-7-X2井	0.82	2.01		2.77	1.32	4.09
岳101-9-X2井	1.08	3.19	4.98	3.64	2.10	5.74
岳101-14-X1井	2.24	6.61	41.99	7.54	4.34	11.88
岳101-21-H1井	1.27	3.43	—	4.28	2.25	6.53
岳101-20-X1井	0.44	1.29	0.06	1.47	0.85	2.32

一区地层压力下降相对较大，气体膨胀增加的可动水也大于二区气体膨胀增加的可动水，如威东12井一区气体膨胀增加可动水$3.36×10^4 m^3$，二区气体膨胀增加可动水$1.93×10^4 m^3$，最终增加可动水$5.29×10^4 m^3$，截至目前威东12井累计产水$0.54×10^4 m^3$；岳101-14-X1井一区气体膨胀增加可动水$7.54×10^4 m^3$，二区气体膨胀增加可动水$4.34×10^4 m^3$，最终增加可动水$11.88×10^4 m^3$，截至目前岳101-14-X1井累计产水$4.02×10^4 m^3$。三区当

前地层压力仅下降 0.73MPa，气体膨胀体积可以忽略不计，因此没有对三区增加可动水体积进行计算。

4）水侵对气藏开发效果的影响

目前安岳须二气藏气井出水已经成为普遍现象，对气井稳产、动态储量两方面造成了不利影响。

（1）投产气井递减速度逐渐加快。

2010 年、2011 年投产气井 22 口，目前已经停产 9 口，生产井日产气量 $0.1\times10^4 \sim 5.46\times10^4 m^3$，平均 $1.46\times10^4 m^3$，综合递减率为 28.11%，自然递减率为 38.94%；2012 年投产气井 28 口，已停产气井 7 口，生产井日产气量 $0.05\times10^4 \sim 6.06\times10^4 m^3$，平均日产气 $1.74\times10^4 m^3$，综合递减率为 62.84%，自然递减率为 51.92%；2013 年投产气井 37 口，已停产气井 7 口，生产井日产气量 $0.1\times10^4 \sim 10.03\times10^4 m^3$，平均日产气量 $3.18\times10^4 m^3$，综合递减率 80.79%，自然递减率 55.85%（表 8-15）；气藏受水侵的影响，表现出递减逐年加快的趋势（表 8-16）。

表 8-15 不同时间投产气井年综合递减率

生产年份	投产井数（口）	年综合递减率（%）
2010—2011	22	28.11
2012	28	62.84
2013	37	80.79

表 8-16 不同时间投产气井自然递减率简表

时间		累计产油气量（$10^4 m^3$）	自然递减率（%）
2011 年	截至 2010 年 12 月底	27222.98	38.94
	截至 2011 年 12 月底	37822.82	
2012 年	截至 2011 年 12 月底	47216.86	51.92
	截至 2012 年 12 月底	71732.83	
2013 年	截至 2012 年 12 月底	87321.30	55.85
	截至 2013 年 12 月底	136098.18	

（2）产水气井初期递减率明显高于未产水气井。

目前气藏 80% 的投产井产水，产水气井初期平均产量为 $6.5\times10^4 m^3/d$，生产初期递减率高达 52.76%，未产水气井初期平均产量仅为 $2.2\times10^4 m^3/d$，生产初期递减率只有 37.42%（表 8-17）。

表 8-17 产水气井与未产水气井生产情况对比

生产类型	井数（口）	初期产气量（$10^4 m^3/d$）	初期递减率（%）
产水气井	79	6.5	52.76
未产水气井	20	2.2	37.42

如岳 101-80-H1 井于 2013 年 7 月 8 日以 $10 \times 10^4 m^3/d$ 产气量投产，累计生产时间 9 个月，投产后保持 $10 \times 10^4 m^3/d$ 的气产量稳定生产 4 个月快速下降至 $2 \times 10^4 m^3/d$ 后关井；该井投产就有水产出，初期产水量为 $5 m^3/d$，随生产时间推进，产水量持续增大，7 个月后产水量上升至 $20 m^3/d$；同时该井压力也快速下降，投产初期套压为 23.85MPa，关井时套压为 5.55MPa，月压降 2MPa，目前该井已被水淹关井（图 8-40）。

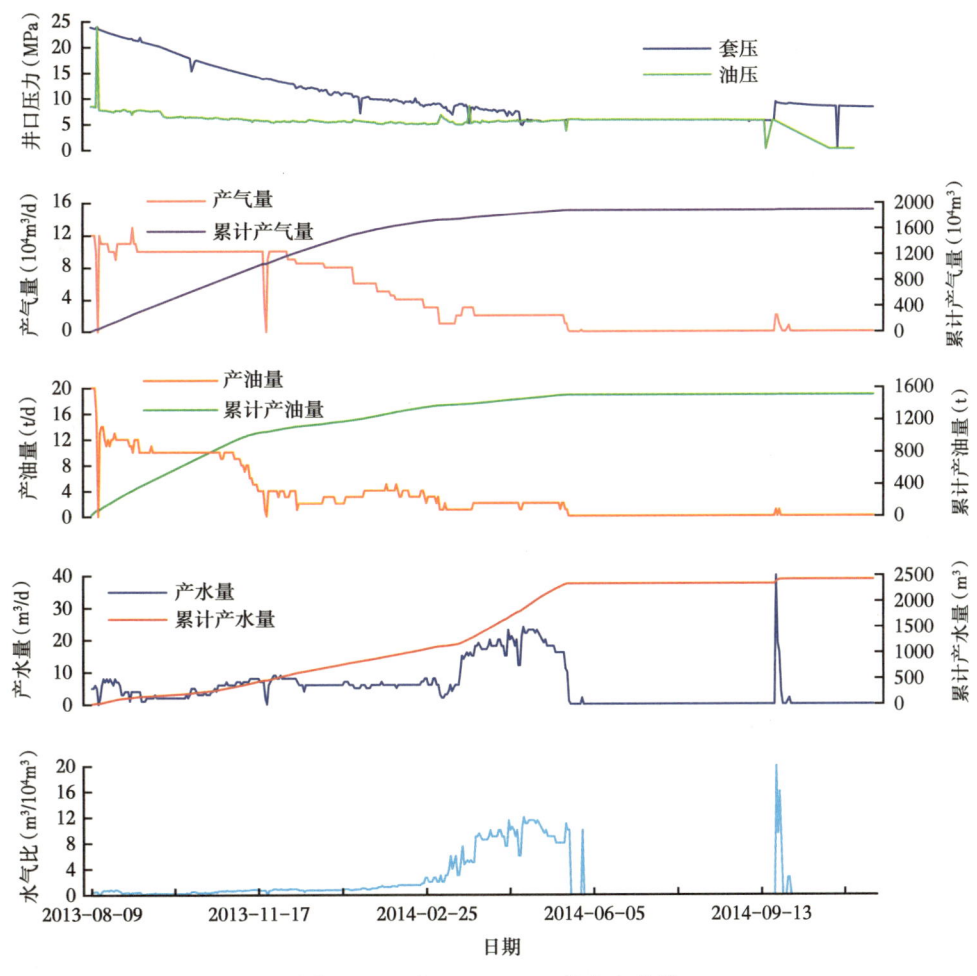

图 8-40 岳 101-80-H1 井生产曲线

（3）水侵对动态储量的影响。

水侵对气井产能造成了不利影响，势必也会影响单井的动态储量。运用现代产能递减分析方法结合 RTA 动态分析软件，定量计算安岳须二气藏受地层水影响较大的 30 口气井产水前后动态储量。与川东石炭系气藏气井水侵后关井压降储量曲线出现"下掉"的现象相似，通过作归一化产量与时间的双对数曲线，可以得到井底流压达到拟稳态后产量递减曲线。气井发生较强水侵时，曲线会出现下掉，这是因为安岳须二气藏储层低孔低渗透，非均质性强，水侵造成"水锁"，使得那些处于相对低渗透区的天然气被分割封闭，造成封闭气不能向气井补给，从而造成产气区压力下降速度加快，地层能量的消耗也加快。

威东12井生产曲线如图8-41所示,生产前800d受产水影响较小,此时计算动态储量$0.85×10^8m^3$,估算最终可采储量$0.6×10^8m^3$。生产1600d后,气井产水严重,运用此时动态数据计算动态储量$0.74×10^8m^3$,估算最终可采储量$0.43×10^8m^3$,动态储量较水侵强度较弱时减少$0.11×10^8m^3$,最终可采储量减少$0.17×10^8m^3$。

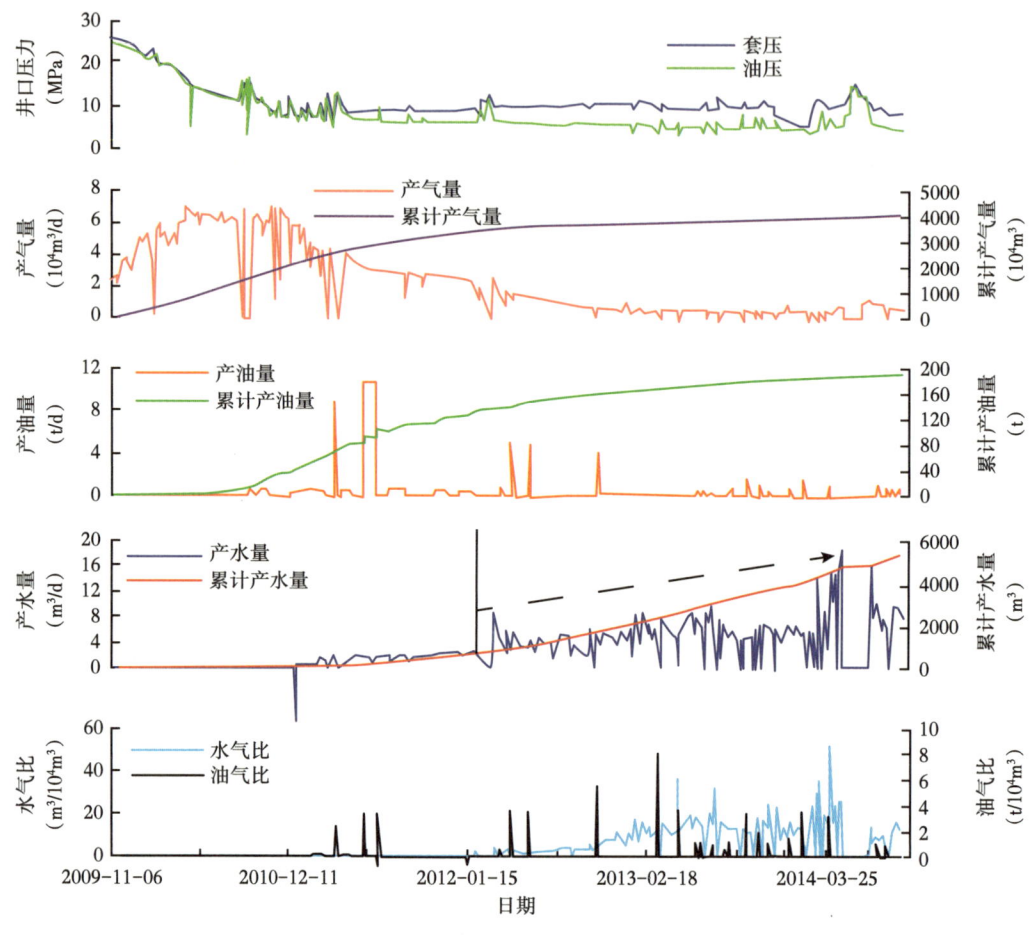

图8-41 威东12井生产曲线示意图

安岳须二气藏气井动态储量受地层水影响显著,产水后气井动态储量平均降低20%,可采储量平均下降35%。其中,产水后水平井动态储量降低幅度最大,斜井次之,直井下降幅度最小(表8-18)。

表8-18 气井产水前后动态储量对比

井型	产水前储量(10^8m^3)		产水后储量(10^8m^3)		动态储量下降幅度(%)	可采储量下降幅度(%)
	动态储量	可采储量	动态储量	可采储量		
直井(10口)	1.45	1.06	1.26	0.76	15.27	27.56
斜井(15口)	0.71	0.51	0.56	0.31	19.89	36.68
水平井(5口)	0.58	0.47	0.42	0.25	28.00	46.25
综合(30口)	0.77	0.45	0.93	0.69	19.70	35.24

2. 区块连通性

通过静、动态资料分析发现威东区块整体裂缝较发育，区块连通性较好，纯水井和测试产大水的气井、水淹井也主要集中在威东区块。其他区块连通性相对较差。

1) 区域间连通性分析

虽然安岳须二气藏具有相同成藏背景，但是由于气藏不同区域沉积物源、沉积微相、压力均存在较大差异，导致威东区块、岳105区块和岳103区块之间气井产气、产水动态表现较大差异，区域间连通性差或不连通。

(1) 沉积特征研究表明，威东区块、岳103区块处于西南物源控制砂体上，而岳105区块处于东南物源控制砂体上，受沉积控制，三个区块之间的储层横向不连续。

(2) 各区块折算压力存在差异，岳103区块折算压力比威东区块、岳105区块高约2MPa，而岳105区块又高于岳101区块。根据单井早期测压资料，把各井的原始完井测试静压折算至海拔-1810m，从平面上看岳103区块、岳105区块，以及威东区块各自为一个压力系统：岳103区块原始折算压力在31.99~35.75MPa之间，岳105区块原始折算压力在26.15~33.35MPa之间，威东区块原始折算压力在25.58~32.38MPa之间。

(3) 区块间流体性质也存在差异，威东7—岳101区块凝析油密度具有随着埋深增加而增大趋势，天然气甲烷含量威东7—岳101区、岳103—岳111区块较岳105区块高3%~5%。

2) 区域内连通性分析

由于砂体横向连续性差、储层致密高含水、渗流受阈压效应的影响、裂缝发育局限等因素，上述三个区块内部或井间连通性差异大。

首先，气藏储层展布受沉积、成岩作用控制，储层主要发育在分流河道、河口坝有利沉积微相砂体中，受压实、溶蚀等成岩作用影响，常呈块状、条带状、透镜状展布，储渗砂体纵横向展布范围和大小受到限制，是造成气藏储层或井间连通性差的地质基础。储层对比显示井间连续仅限于1~2口井，连通范围有限，最大可能连通距离在5km左右，在裂缝不发育区域储层连通性更差。

其次，通过压恢试井，得到不同井的控制半径，数据显示局部裂缝发育区井间连通性较好，但总体控制范围都不大(表8-19)。

表8-19 压恢试井得到的各井控制半径

井名	岳101-X12井	岳103井	岳101井	岳105井	威东12井	岳106井	岳114井	岳101-X10井
控制半径(m)	370.70	253.73	223.00	512.03	315.22	205.50	136.11	358.74

(1) 威东区块连通性分析。

① 威东区块岳101-X12井、岳101-8-X1井、岳101-8-X2井、岳101-14-X1井四口井存在连通性可能。

岳101-X12井、岳101-8-X1井、岳101-8-X2井、岳101-14-X1井四口井平面上两两相距1km，均处于威东区块同一类裂缝发育区内(图8-42)，各井情况见表8-20。

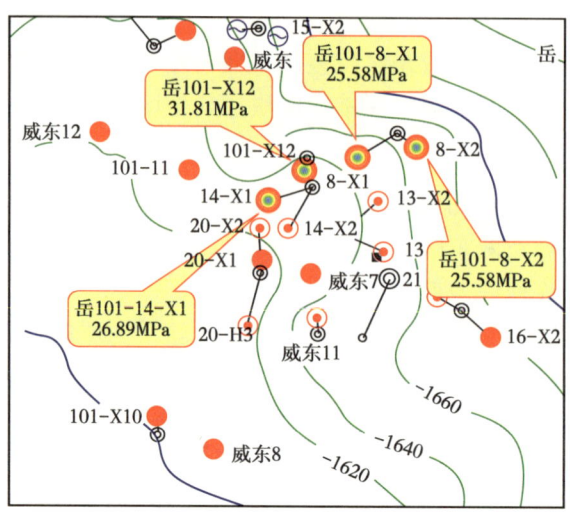

图 8-42 威东区块放大图

表 8-20 气井情况对比表

气井	投产时间	实测地层压力 （折算至-1810m） （MPa）	最新测压 （折算至-1810m） （MPa）	最新测压 时间	累计产气 （10⁴m³）	累计产水 （m³）	累计产油 （t）
岳101-X12井	2010-09-03	31.81	10.58	2014-03-08	4051.14	28631	2998
岳101-8-X1井	2011-09-27	25.58	15.69	2013-07-19	144.47	1268	3
岳101-8-X2井	2011-09-27	25.58	11.29	2014-03-30	1384.95	2	1222
岳101-14-X1井	2012-04-11	26.89			1779.20	38549	971

岳101-8-X1井关井后压力持续下降，分析认为岳101-8-X1井与岳101-8-X2井或者是岳101-X12井连通（表8-21和图8-43）。

表 8-21 岳101-8-X1井关井后压力变化表

测压日期	关井天数（d）	投产日期	产层中部海拔（m）	地层压力（MPa）	累计采气（10⁴m³）
2013-01-30	200	2011-09-06	-1692.64	17.665	119.9
2013-04-11	14	2011-09-06	-1692.64	17.288	120.1

②岳101-20-X1井与岳101-14-X1井连通。

两井相距1.4km。岳101-14-X1井2012年4月8日投产，2013年4月11日至10月16日累计采气$207.5×10^4m^3$，邻井岳101-20-X1井在投产前2次实测地层压力，下降了1.98MPa，说明两口井是连通的（表8-22）。

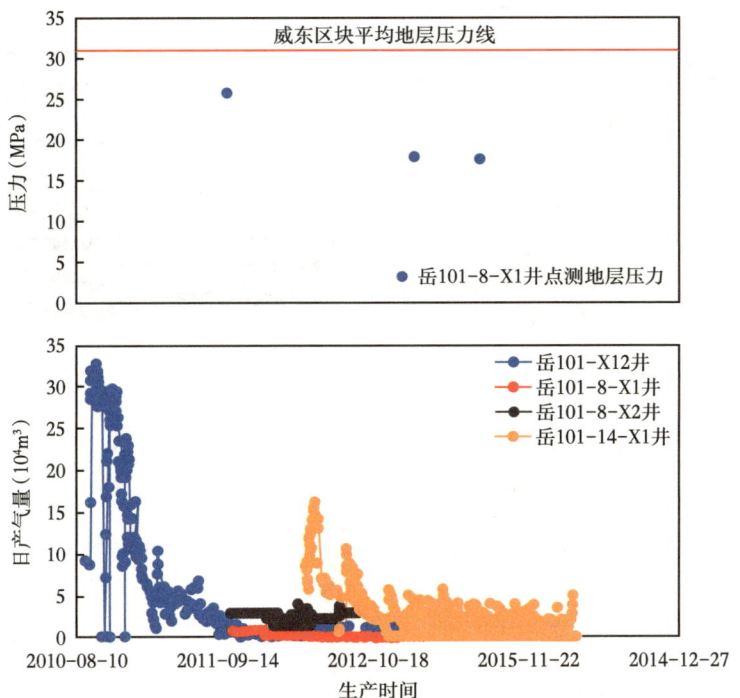

图 8-43　岳 101-8-X1 井地层压力与生产曲线对比图

表 8-22　岳 101-20-X1 井在投产前 2 次实测地层压力分析

测压日期	仪器下深（m）	产层中深（m）	静压（MPa）	静液面（m）	备注
2012-12-18	2140.37	2092.66	30.765	1222.07	投产井测压
2013-04-11	2066.71	2092.66	28.782	1326.88	投产井测压
2014-08-19	2066.71	2092.66	26.934	142.96	关井不足 1d，气井累计产气 12.8×10⁴m³

③威东 12 井与岳 101-11 井连通性分析。

威东 12 与岳 101-11 井属于同一裂缝发育带，井间距为 1.9km（图 8-44 和图 8-45）；威东 12 井干气吞吐关井期间，岳 101-11 井日产气不变，套压从 10MPa 缓慢上升至 12MPa 左右；威东 12 井重新开井生产后，套压下降较快，岳 101-11 井套压仍然在缓慢上升（图 8-46）。

（2）岳 103 区块连通性分析。

①岳 111 井、岳 101-75-H1 井可能通过一条断裂连通，岳 101-74-H1 井、岳 101-28-H1 井与其不连通。

岳 111 井于 2011 年 4 月 1 日投产，岳 101-75-H1 井、岳 101-74-H1 井、岳 101-28-H1 井投产前压力分析发现，岳 101-75-H1 井有先期压降，岳 101-74-H1 井与岳 101-28-H1 井无明显影响（表 8-23），说明岳 111 井、岳 101-75-H1 井可能通过一条断裂连通，岳 101-74-H1 井、岳 101-28-H1 与其不连通。

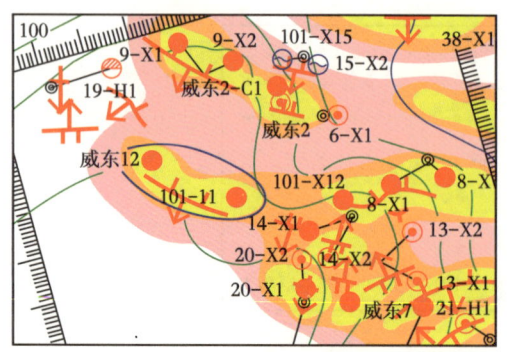

图 8-44 威东 12 井局部区域构造图

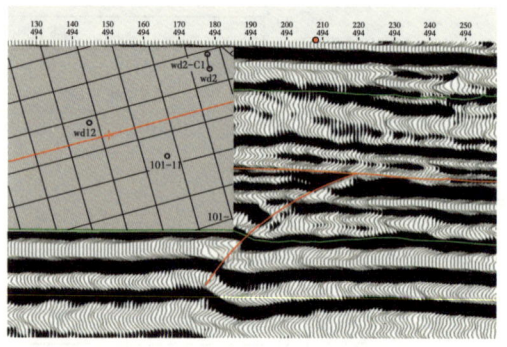

图 8-45 威东 12 井过井地震剖面

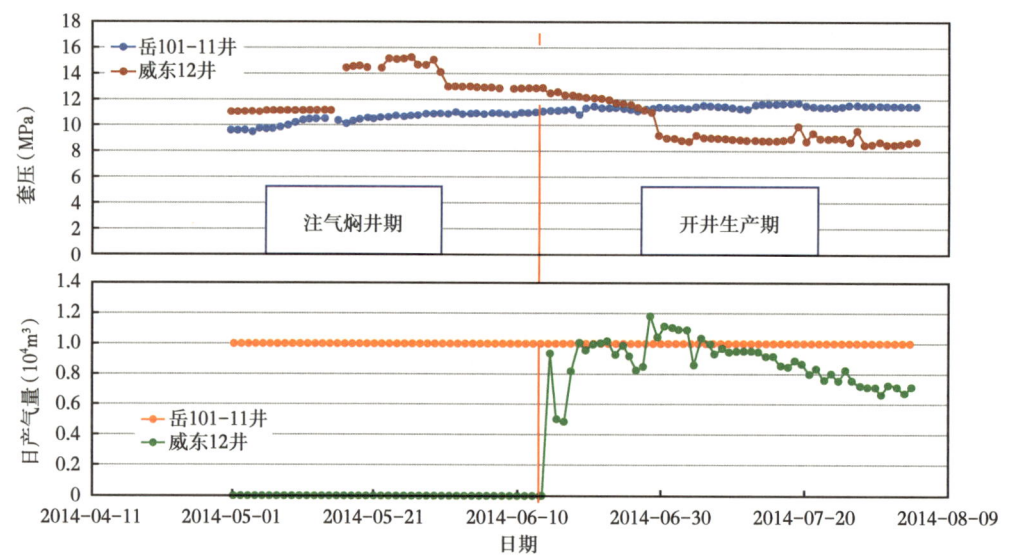

图 8-46 威东 12 井与岳 101-11 井套压、日产气对比

表 8-23 岳 111 井、岳 101-75-H1 井、岳 101-74-H1 井、岳 101-28-H1 压力对比

井号	投产日期	测压日期	产层中部海拔（m）	地层压力（MPa）	折算至-1810m 压力（MPa）
岳 111 井	2011-04-01	投产前	-1924.84	36.330	35.750
岳 101-75-H1 井	2012-11-04	投产前	-2588.52	23.600	19.707
岳 101-74-H1 井	2012-12-14	投产前	-1942.46	36.153	35.863
岳 101-28-H1 井	未投产	2013-10-24	-1954.09	32.841	31.476

②岳 103 井与岳 101-60 井之间存在连通的可能。

岳 101-60 井共点测静压两次，2013 年 1 月测试压力 34.06MPa，12 月测试压力 21.65MPa，累计产气 298.08×10⁴m³，压降 12MPa（表 8-24 和图 8-47）。

表 8-24 气井情况对比

气井	投产时间	实测地层压力折算至-1810m（MPa）	累计产气（$10^4 m^3$）	累计产水（m^3）	累计产油（t）
岳 103 井	2010-09-22	34.900	12417.69	2511	11155.98
岳 101-60 井	2013-04-01	34.601	298.08	0	0

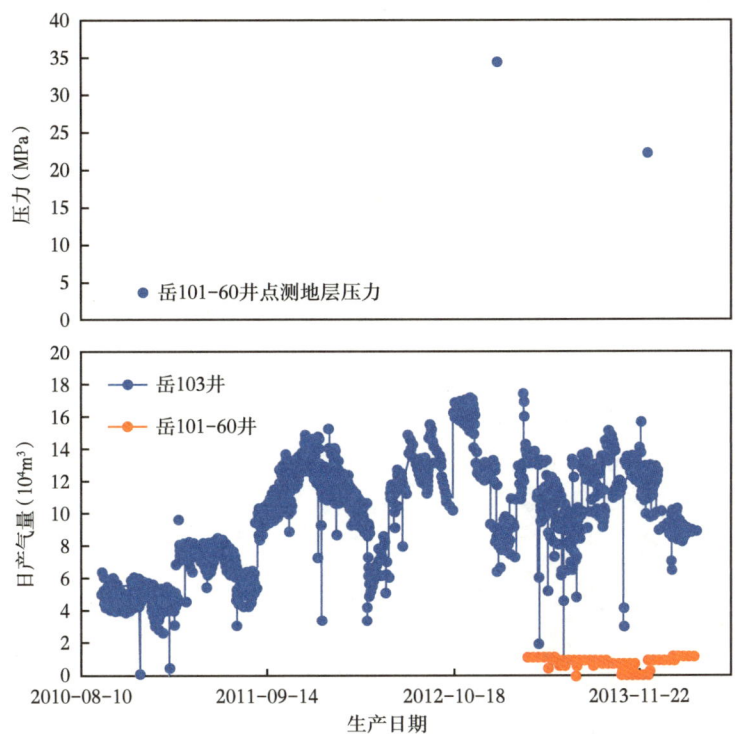

图 8-47 岳 103 井与岳 101-60 井地层压力与生产曲线对比图

从构造平面上看，两口井相距 2km，但处于同一裂缝发育条带，存在连通的条件，从地震剖面分析，岳 103 井和岳 101-60 井井底断裂延伸距离均为 5000m。

测井解释该区砂体纵向多层，岳 103 井储层累计厚度 14.7m，岳 101-60 井储层累计厚度 20.5m。

（3）岳 105 区块。

岳 105 井区内的连通性目前还缺乏资料验证。

①通 6 井与岳 101-52-X2 井连通。

通 6 井生产 30 多年，累计产气 $5557.4 \times 10^4 m^3$、累计产油 6213t、累计产水 $4478.91 m^3$，距该井 1280m 的岳 101-52-X2 井钻井证实存在先期压降，两口井连通。

②岳 101-27-H2 井可能与岳 101-94-X1 井连通。

岳 101-27-H2 井与岳 101-94-X1 井位于同一条断层。

岳 101-27-H2 井 2013 年 1 月 17 日投产，生产至 9 月 18 日累计产气 $3672 \times 10^4 m^3$，投产前测得原始地层压力 32.872MPa，折算原始地层压力为 32.418MPa。距该井较近的岳

101-94-X1 井 2013 年 9 月 18 日测得原始地层压力 28.013MPa，折算原始地层压力 27.477MPa，存在先期压降，两口井连通（表 8-25）。

表 8-25　岳 101-27-H2 井、岳 101-94-X1 井折算原始地层压力对比表

井号	投产日期	测压日期	产层中部海拔（m）	地层压力（MPa）	折算至-1810m 压力（MPa）
岳 101-27-H2 井	2013-01-17	投产前	-2017.3	32.872	32.418
岳 101-94-X1 井	未投产	2013-09-18	-2163.6	28.013	27.477

③岳 105 井区非均质性强。

从岳 105 井区原始地层压力看，很难找到规律，该区井数多，压力变化不一致，井区不存在先期压降规律。后投产的井未必受先投产井影响而压力下降，因此初步判断该井区各井基本上不属于同一压力系统，就算相隔很近的井，如岳 105 井和岳 101-70-H2 井，相距 1km 左右，岳 105 井原始地层压力折算到海拔-1810m 是 28.01MPa，于 2009 年 12 月 17 日投产，而岳 101-70-H2 井于 2012 年 10 月 15 日投产，之前对应的原始地层压力折算到海拔-1810m 是 29.7MPa，明显高于岳 105 井，说明该区块非均质性较强，岳 105 井近两年的生产都没有对岳 101-70-H2 井的压降造成影响，两口井不在同一裂缝上，应该不存在连通关系（图 8-48 和表 8-26）。建议运用井间干扰试井，进一步确定各井井间连通性。

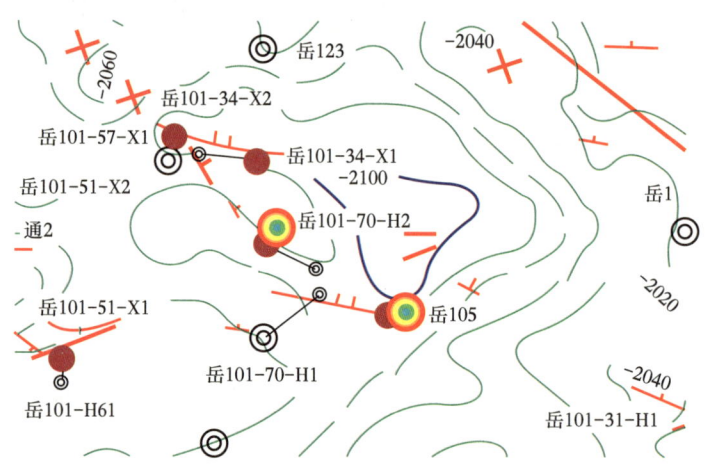

图 8-48　岳 105 井与岳 101-70-H2 井位置示意图

表 8-26　岳 105 井区产层中部压力折算

井号	测压日期	投产日期	井下实测			产层中部位置及压力		折算至-1810m 压力（MPa）
			测深（m）	压力值（MPa）	压力梯度（MPa/m）	中深（m）	中部地层压力（MPa）	
岳 105 井	2009-10-28	2009-12-17	2200	34.0450	0.0155		26.8660	28.01
岳 114 井	2010-05-13	2010-11-25	2200	33.5270	0.0152	2248.0	31.8809	27.58
岳 101-3 井	2010-10-28	干井	2200	33.1370	0.0151	2243.0	33.5900	27.27
岳 106 井	2010-11-03	2011-04-01	2150	33.2860	0.0155	2222.5	33.6110	28.02

续表

井号	测压日期	投产日期	井下实测			产层中部位置及压力		折算至-1810m压力（MPa）
			测深（m）	压力值（MPa）	压力梯度（MPa/m）	中深（m）	中部地层压力（MPa）	
岳101-51-X1井	2011-05-19	未投产	2580	31.8120	0.0131	2729.0	32.9350	23.71
岳118井	2011-09-09	2012-01-02	2150	33.7811	0.0157	2277.0	34.1671	28.49
岳101-X61井	2012-03-23	2012-05-22	2500	33.2378	0.0144	2590.0	33.9828	26.15
岳101-65-X1井	2012-03-23	2012-05-23	2350	34.4803	0.0155			28.00
岳101-65-X2井	2012-03-23	2012-05-23	2050	29.2204	0.0148			26.83
岳101-72-X1井	2012-06-22	2012-07-03	2300	33.5750	0.0164		34.2793	29.67
岳101-70-H2井	2012-10-15	2012-11-14	2000	32.7610	0.0164	2865.0/2268.9	33.5140	29.72

气藏连通性分析结果详见表8-27。

表8-27 安岳气田须二气藏通连性分析结果汇总表

区块	井号	连通性分析
威东区块	岳101-X12井、岳101-8-X1井、岳101-8-X2井、岳101-14-X1井	存在连通性可能
	岳101-20-X1井、岳101-14-X1井	连通
岳103区块	岳111井、岳101-75-H1井、岳101-74-H1井、岳101-28-H1井	岳111井、岳101-75-H1井可能通过一条断裂连通，岳101-74-H1井、岳101-28-H1井与其不连通
	岳103井、岳101-60井	存在连通性可能
岳105区块	通6井、岳101-52-X2井	连通
	岳101-27-H2井、岳101-94-X1井	存在连通性可能

3. 排水采气

由于对气藏地层水认识不足，导致井筒、地面等配套设施不匹配，排水采气工艺实施难度大。气藏没有统一气水界面、出水规律性差，且采用轮换计量和气液混输，产气、产油、产水量不能准确劈分，排水采气工艺参数选择困难；井型多样、井身结构、生产管柱复杂，大多数井下有封隔器和节流器，给动态监测和后期排水采气工艺实施增加了难度。不具备高压气源井，气举工艺成本高；地面气田水转运和回注压力大。

针对开发生产存在的问题，采取了以下措施，取得了较好的效果。

（1）针对安岳高含水中含凝析油致密砂岩的特点，开展了气藏开发机理实验评价研究。通过室内实验评价研究阈压效应、应力敏感、气水两相渗流、油气水三相渗流等，建立高含水中含凝析油致密砂岩气藏开发机理实验评价技术，解决高含水中含凝析油致密砂岩气藏特殊开发特征认识的关键难题。在此基础上，确定该类气藏宜采用非常规储量评价方法进行单井可采储量评价。

阈压效应微观渗流实验表明：对于安岳须二气藏，储层致密及高含水饱和度是渗流过程中产生阈压梯度的主要原因，致密储层的渗透率越小，致密储层的含水饱和度越高，储层的阈压梯度就越大。根据安岳须二气藏储层类型的划分，Ⅰ类储层（渗透率0.1~0.65mD）的阈压效应在含水饱和度20%~75%的范围内表现均不明显；Ⅱ类储层（渗透率0.02~0.1mD）的阈压效应在含水饱和度大于55%时显现；Ⅲ类储层（渗透率0.01~0.02mD）的阈压效应在含水饱和度43.5%时表现明显；Ⅳ类储层（渗透率小于0.01mD）在含水饱和度各区间阈压梯度值都较大。

对储层应力敏感的研究表明，安岳须二气藏在储层压力条件下具有以下几点应力敏感规律：储层越致密，应力敏感性就越强，储层损害程度就越高；致密储层渗透率损害率为50.5%~68.3%，应力敏感性为中等偏强；低渗透储层渗透率损害率为31.6%~57.2%，应力敏感性为中等偏弱。针对含水岩心，储层含水饱和度越高，储层应力敏感性越强，0.012mD含水饱和度为40.8%时为中等偏强，含水饱和度为50%以上时为强应力敏感性。

储层压力条件下高压气水两相渗流实验结果表明，安岳须二段储层具有以下几点气水两相渗流规律：储层气水共渗区间较窄，气水共渗区间在含水饱和度45%~90%之间；储层共渗点在含水饱和度60%~70%的范围内，相对渗透率为10%；储层的束缚水饱和度为36%~50%，束缚水饱和度下气相相对渗透率为20%~40%；储层的束缚水饱和度为36%~50%，储层束缚水饱和度与孔隙度之间无明显的正相关关系；储层的孔隙度越低，在束缚水饱和度下的气相相对渗透率就越低，二者之间呈线性关系。

通过研究不同的束缚油饱和度下气、水渗流规律，并进行归一化处理，得出油气水三相渗流特征：①有凝析油存在的气水渗流特征。模拟含凝析油条件下气水两相渗流实验的实验结果表明：安岳须二段储层内含凝析油后，在残余液相饱和度下的气相相对渗透率并没有发生改变。而是在渗流过程中逐渐由气—水两相转变为油—气—水三相，在转变的过程中渗流阻力不断地大幅增加，残余气饱和度下的液相相对渗透率不断降低，所以液相渗流能力显著降低，导致液相不断地聚集，液相饱和度持续增加。分析含模拟凝析油条件下气水两相渗流实验的实验结果，并通过数值拟合得出安岳须二段储层在含模拟凝析油条件下的气水两相渗流规律：安岳须二气藏储层随着液相饱和度的增加，气相相对渗透率呈指数关系递减；液相饱和度在束缚状态基础上每增加10%，气相渗流能力就降低20%~50%。②油气水三相渗流特征。由油气两相渗流实验研究分析可知，安岳须二气藏油气两相流动范围约为50%，比气水两相渗流范围宽；等渗点饱和度在60%左右，说明储层岩石具有一定的亲水性，油气共渗能力比气水共渗能力强。由油水两相渗流实验研究分析可知，油气相渗得到的残余油饱和度较油水相渗低。安岳须二气藏油水两相流动范围较窄，仅为20%左右。等渗点油相/水相相对渗透率在0.05~0.1之间，油水两相流动能力较气水强，较油气弱。结合安岳须二气藏流体PVT高压物性实验结论：凝析油含量为250g/m³样品定容衰竭至压力18MPa就达到最大反凝析液饱和度10.14%。反凝析油饱和度小于凝析油临界流动饱和度，因此在开发过程中气相若发生反凝析的现象，其产生的凝析油并不会参与到气水两相渗流之中。

(2)结合对气藏的认识，制定了"整体治水+单井治水"的气藏治水对策。

通过前期对气藏的深化认识，在明确气藏储层分布特征、连通关系的基础上，提出了

"整体治水+单井治水"的气藏开发对策。具体做法：

对连通关系较好的威东区块实施整体治水，威东区块储层下伏高含水层，出水时间较早，日产水和累计产水量大，气井生产处于中后期，地层能量较低，底水沿裂缝水窜至产层，井底存在不同程度的积液。针对剩余储量较大的气井，采取控水采气、排水采气的措施来提高气井最终采出程度。根据区块内各井间连通关系，控排相结合，优选潜力气井开展区块整体治水。优选排水采气工艺，可提高储量采出程度2%~5%。治水措施实施后，区块内可日增产气量$5×10^4m^3$。

对连通关系较弱的气井实施以中心站为单位的单井治水，由于对岳101中心站、岳103中心站等7个中心井站实施治水，打捞产水井节流器，根据气井实际的生产情况，选取合适的排水采气工艺，对近40口井开展单井治水。全部工艺实施后，预计可增加气量$(20~30)×10^4m^3/d$。

（3）根据气井的实际情况，选取经济可行的排水采气措施，部分措施取得了不错的排水增产效果。

针对安岳气田须二气藏油、气、水三相复杂渗流的特点，开展了泡排、电潜泵、车载压缩机气举、柱塞气举等排水采气工艺技术试验，部分工艺取得了较好的效果。

①抗油起泡剂泡排试验：共开展了3口井（岳101-65-X2井、岳106井和岳103井）的泡排试验，有一定的效果：

a. 岳101-65-X2井：

生产情况：岳101-65-X2井所产气液混输至岳118井分离处理。2012年7月12日投产，初期日产气$3×10^4m^3$、凝析油0.5t、地层水$0.5m^3$。2013年11月8日套压由11.1MPa上涨至13.8MPa，日产气量由$2.5×10^4m^3$降至$0.2×10^4m^3$，2014年4月水淹。分析该井为带液能力不足，井筒积液严重，急需采取泡沫排水工艺。

加注方案：第一阶段：开井生产，施工周期预计7d。第一天关井状态下从套管注入50kg起泡剂+300kg水，油管注入20kg起泡剂+150kg水。24h后站内预备消泡剂，在配液池中加入50kg消泡剂+100kg清水，注入位置为进站汇管压力表接口处。第二天套管注入30kg起泡剂+200kg水，注完起泡剂后开井。观察产量、出液情况，若未出液，且气量较低，从油管投起泡棒5~8支，直至出液为止。出液后站内开启消泡剂注入，排量10L/h。第二阶段，维护阶段：从套管注入25kg起泡剂+200kg水，每天一次，连续三天，消泡剂排量10L/h，24h不间断。

效果分析：2014年6月3日关井时从套管压力旋塞阀分批次加注HY-3K泡排剂200kg，焖井1d后再开井生产，利用岳118井站内柱塞泵向汇管加注HY-X消泡剂200kg。2014年6月5日开井生产3h，累计产气$0.5×10^4m^3$，井口温度无明显上升，气井未复活。2014年6月6日再次从油管加注100kg，开井后仍未能复产，结束试验。

b. 岳106井：

生产情况：岳106井2010年2月15日开钻，2012年10月解除封隔器。岳106井采用常温集输工艺流程，气井所产天然气经井口针阀节流降压后，会同岳101井站来气进入岳106井—岳105井输气管线。岳106井站内分离出的液体首先进入两个$30m^3$油罐，再通过油水分离器，将水分离进入一个$30m^3$水罐。岳106井2014年1月至2014年9月气井生产平均油压 5.1MPa，套压 7.3MPa，平均日产量 $0.62\times10^4\text{m}^3$，日均产液量 0.25m^3。2014 年 10—11 月气井油压从 5.1MPa 下降至 4.2MPa，套压从 7.3MPa 上升至 12.5MPa，无气无水，气井产量下降速率大于自然递减率。气井生产到后期产能低，流速慢，低于临界携液量。气井井筒及井周大量积液后，单纯依靠气井自身能量无法将积液带出，致使大量积液停留至井筒，气井无法正常生产。

加注方案：首次加注：结合气井选型报告建议加注浓度为积液的 5.00‰，取 UT-11C 油气田用泡沫排水剂 15kg，用清水稀释至 150kg，连接管线，起泵，快速向油管内加注；取 UT-11C 油气田用泡沫排水剂 20kg，用清水稀释至 200kg，连接管线，起泵，快速向套管内加注，加注结束后至次日开井。开井前 1h 先从套管加注泡排剂，再将气井针阀全开，带出积液；如带不出井筒积液，将气井倒入放空，以带出气井积液。生产过程中加注方案：气井在首次加注泡排剂、带出井底积液后，产层周边积液会大量推进，气井产水量也会相应增加。注：参照气井 7 月气举时平均日产水量为 20m^3，按照推荐使用浓度计算，因此泡排剂加注量定为 100kg，用清水稀释至 500kg，连接管线，向套管内连续性加注。后期每天按该制度实施，如生产中产气量、压力下降，水不能被连续带出时，可根据现场情况调整泡排剂加注制度。消泡剂加注方案：根据该井实验现场的具体情况分析，由于气井需加注大量泡排剂带出积液，可能出现泡沫较多的现象，甚至可能进入汇管及管线。开井生产前，取 FG-2A 型消泡剂 100kg 放入消泡泵储液池，用清水稀释至 1000kg，搅拌均匀。检查并导通加注流程，以排量 40L/h 连续加注，注完后停泵。破乳剂加注方案：考虑加注大量泡排剂后，带出大量积液，积液中含凝析油会与泡排剂乳化，影响凝析油的回收效率。需加注破乳剂使油水分离，提高凝析油回收率，结合气井积液量 7.1m^3，选型报告建议加注浓度为积液的 2%，取 PR-3 油气田用破乳剂 140kg，向井口针阀至分离管线上加注（因该井与其他气井来液混合进入油罐，可在施工前先拉油）。

效果分析：2014 年 10 月 20 日开井生产 1h，井口油压由 9.5MPa 迅速降至 4.5MPa，气井未复活。结束试验。岳 101-65-X2 井及岳 106 井分别采用不同类型泡排剂开展试验，但均未能使气井复活。

c. 岳 103 井：

生产情况：2017 年 1 月 10 日气井生产套压为 4.5MPa，生产油压为 3.1MPa（油套压差 1.4MPa），日产气量为 $2\times10^4\text{m}^3$，日产油量 0.5t，日产水量 $3\sim7\text{m}^3$，生产至 2017 年 1 月 25 日气井进行关井复压。2017 年 2 月 8 日气井开井生产（关井复压时间 13d），生产至 2 月 12 日气井油套压差逐步增大（油套压差由 0.5MPa 上升至 1.6MPa），气井日产气量出现下滑趋势（由 $2.2\times10^4\text{m}^3/\text{d}$ 下降至 $1.2\times10^4\text{m}^3/\text{d}$），气井生产至 2017 年 2 月 25 日气井再次关井复压。

加注方案：岳 103 井在开井生产时油水比例最高为 10%，为满足现场抗油泡排试验，优选 UT-6 型固体抗油泡排棒（适用于 30% 以下的凝析油），推荐使用浓度 0.1%。结合气井之前的生产数据进行分析，该井最大日产水量为 7m^3，正常生产下每天需要投加 7kg（折算泡排棒需投加 10 根）。消泡剂型号为 FG-1，推荐使用浓度 0.2%，每天需要加注 14kg；破乳剂型号为 PR-3，推荐使用浓度 0.2%，每天需要加注 14kg。

效果分析：2017 年 3 月 22 日、23 日在岳 103 井共计投加 UT-6 型抗油泡排棒 20 根，在泡排试验期间内气井生产稳定，生产套压为 3.8MPa，生产油压为 2.9MPa（油套压差 0.9MPa），日产气量 $3.2×10^4m^3$，日产油量 0.5t，日产水量 $10m^3$。通过在岳 103 井开展抗油泡排试验，对比未加注泡排剂时气井油、套压差，从 1.6MPa 下降至 0.9MPa，日产气量从 $2×10^4$ 上升至 $3.2×10^4m^3$，日产油量由 0.2t 上升至 0.5t，日产水量由 $3m^3$ 上升至 $10m^3$，有一定的效果。

工艺效果评价：通过 3 口井的现场泡排试验结果可以看出，抗硫起泡剂泡排在安岳气田须二气藏的效果不理想，对于无产能的水淹气井，该工艺无法使气井复产，而对间歇生产的气井，抗硫起泡剂泡排工艺有助于气井携液生产，有一定的效果。

②电潜泵排水工艺试验：针对威东区块水量较大、片区水侵较为严重的情况，开展了 2 口井（岳 101-X10 井和岳 101-14-X1 井）的电潜泵排水采气工艺先导性试验，均取得了成功，增产效果明显。

a. 岳 101-X10 井：

生产情况：2011 年 7 月 9 日定产 $5.0×10^4m^3/d$ 投入生产，开井前套压 25.2MPa，油压 25.2MPa，开井后气井见水，日产水量 $3～5m^3$。8 月 3 日，日产气量 $5.7×10^4m^3$，日产水量 $11×10^4m^3$，为完成产量任务，井口多次进行产量调节，最高日产气量达到 $7.5×10^4m^3$，井口油套压下降较快，井口单位压降仅采气 $32.8×10^4m^3/MPa$。9 月 2 日，下入设计日产气量 $7.0×10^4m^3$ 固定式井下节流器，产量下降迅速，至 9 月 25 日，井口套压 16.0MPa，油压 6.0MPa，水淹停产关井。后 10 月 2 日、6 日曾两次开井，在岳 101-X12 井对该井放喷带液，均未能复活气井。10 月 16 日，取出井下节流器。

工艺实施情况：2013 年 8 月 17 日下入经优化设计的电潜泵机组，泵挂深度为 2091m。9 月 23 日开始以 47Hz 频率运行，排水量为 $50～60m^3/d$，运行平稳。

效果分析：岳 101-X10 井从 2013 年 9 月 25 日开始产气，电潜泵运行平稳，日排水 $60～70m^3$，日产气 $7000～9000m^3$，排水增产效果明显。

b. 岳 101-14-X1 井：

生产情况：2012 年 4 月 8 日开始投产，投产当月生产套压 15.76MP，生产油压 8.97MPa，日产气 $9.62×10^4m^3$，日产水 $91.7m^3$，日产油 6.4t。生产至 2014 年 4 月水淹停产前，生产套压降至 11.70MP，生产油压降至 3.46MPa，日产气量 $0.15×10^4m^3$。

工艺实施情况：2014 年 6 月该井完成电潜泵机组入井施工，泵挂垂深 1838m（斜深 2070m，井斜角 43°），为川渝气田电潜泵泵挂井斜角最大的一口井。2014 年 8 月，该井开始投运，进行电潜泵排水采气现场试验，经历了生产摸索和稳定生产两个阶段。该井运行初期，受"股水股气"影响较为严重，电潜泵容易因"气锁"停机；受气体干扰，电潜泵出现频繁欠载停机，机组难以连续运行，从而影响气井的生产。通过跟踪该井生产情况，决定改变该井的电潜泵运行模式，由原先的单纯频率控制变为"电流限制+降频躲气"模式，降低因"气锁"而引起的停机次数，延长了机组的使用寿命，保证气井的连续稳定运行。

效果分析：该井电潜泵运行平稳，日排水 $50～60m^3$，日产气 $9000m^3$ 左右，应用效果较好。

工艺效果评价：通过 2 口井的现场试验结果可以看出，电潜泵排水在安岳气田须二气藏的效果较好，能有效排出井底积液恢复气井产能，但由于该工艺对气井供液能力要求较高，对于渗透性较好、产水量较大且生产稳定的气井效果较好，实际生产中此类气井较少，推广应用的难度大。

③车载压缩机气举：车载压缩机气举作为一种常用的排水工艺措施，在安岳气田须二气藏应用较为广泛，共开展了30余口气井的气举工作。以岳110井和岳101-76-H1井为例。

a. 岳110井：

2011年4月30日投产，产层须家河组（井深2181~2210m）。投产初期生产套压26.5MPa，油压6.8MPa，日产气$10.0\times10^4m^3$左右，日产凝析油5~15t，日产水$2m^3$左右。连续自喷生产至2012年2月，日产水上升至40~70m^3，日产气降至$2.8\times10^4m^3$左右。2012年8月21日日产气$0.5\times10^4m^3$，水淹关井。关井复压后于9月10日开井，间歇生产至11月21日再次水淹关井。11月27日，利用车载压缩机配合制氮车开展氮气气举排液，12月4日恢复正常生产，日产气$4.5\times10^4m^3$，日产水$100m^3$左右。

b. 岳101-76-H1井：

岳101-76-H1井于2012年12月13日投产，2013年9月7日油压平输压，水淹停产。2013年9月30日测得地层压力16.2MPa，液面1705.5m。分析认为该井还有生产潜力。于11月12日在油管2240m射孔，连通油、套管。11月18日通过2台氮气车、1台压缩机氮气气举复活，初期日产气$7\times10^4m^3$，日产油7t，日产水$30m^3$。

工艺效果评价：车载压缩机气举能够有效清除井底积液，在实际生产过程中效果较好，但受到压缩机数量和经济效益的制约，在气田开发生产中无法连续气举，仅在气井复产前诱喷使用。

④柱塞气举：柱塞气举实际是一种间歇式气举，在安岳气田须二气藏实施1口井（岳101-45-H1井），应用效果好，且取得了柱塞工艺试验的四项第一，即：一是川渝气田第一口在水平井中实施柱塞举升工艺的气井；二是川渝气田第一次在通径88.9mm油管中实施柱塞举升工艺的气井；三是蜀南气矿中含凝析油气田成功投运的第一口柱塞气举井；四是蜀南气矿第一口采用远传远控的柱塞控制系统的气井，该井无需现场人员操作，即可对其运行参数进行远程调整。

岳101-45-H1井生产情况：2012年12月28日正式投产，初期为连开生产，产气量$20\times10^4m^3/d$，产凝析油5~8t/d，产水2~3m^3/d；2013年1月，产凝析油10~30m^3/d，产水上升至5~8m^3/d；2013年5月，因地层压力下降，携液能力变差，产气量下降至$10\times10^4m^3/d$，产凝析油7~13t/d，产水4~8m^3/d；2014年1月至8月，采用24h连开生产，期间套压4~5.5MPa，油压4.3~4.5MPa，产气量$(1.7~3.5)\times10^4m^3/d$，产凝析油1~2t/d，产水量6~10m^3/d。2014年8月底，因携液困难关井。此后采用每月开井2次的生产制度，一次产气约$0.1\times10^4m^3/d$。

2014年11月11日，由于该井封隔器未完全解封，对该井实施压液柱"焖井"作业。即关闭套管阀门，通过车载式压缩机从油管注气，憋压至12MPa左右，待将油管液柱完全压入地层后，再开井将水带出来。开井后瞬时产气量达$17\times10^4m^3/d$，套压5.2MPa左右，油压7MPa左右，后稳定产气量$(4~5)\times10^4m^3/d$，产水量15~20m^3/d。

工艺实施：2015年4月1日，采用 φ73.5mm×500mm 全尺寸模拟通井规通井至2300m，无阻卡。14:30开始下放卡瓦式卡定器缓冲弹簧总成，投放工具串，通过该井压力及周边压力数据分析，结合该井在通井过程中在1170m左右悬重变化明显，判断为目前该井液面位置。因此在下入卡瓦式卡定器缓冲弹簧过程中充分考虑地层压力、液面深度、后期井下工具维护等因素，现场对卡定器下深进行了一些调整，将卡瓦式卡定器缓冲弹簧总成坐放于2090m处，预计井斜为13°。

效果分析：柱塞气举实施前，2015年6月初仅对该井采用气举诱喷复产，初期恢复产气量达 $4×10^4m^3/d$，6月13日产气量降低到 $2.1×10^4m^3/d$，产水量降低到 $10m^3/d$ 左右，井口油压出现大幅波动。柱塞气举实施后，2015年6月26日，对该井实施柱塞举升工艺，初期日产气 $9×10^4m^3$，日产水 $35m^3$，日产油 1t，实现日净增产气量近 $5×10^4m^3$，日增排水量近 $15m^3$。目前该井日产气一直稳定在 $4×10^4m^3$ 以上，日排水 $20m^3$ 以上，日均产油约 0.5t，增产效果显著。

工艺效果评价：岳101-45-H1井完成了通井、坐放卡定器缓冲弹簧总成、安装井口柱塞流程等工艺施工，成功运用模拟通井规进行通井作业，确保卡定器缓冲弹簧的成功坐放。岳101-45-H1水平气井作为柱塞工艺试验井成功投产，初期日产天然气 $5×10^4m^3$，截至2016年12月，措施增产天然气 $1002.5×10^4m^3$、油118t、排水 $5201m^3$。该井取得了柱塞工艺试验四项第一，也为后期推广研究奠定了基础。总之，柱塞气举操作简单，能依靠气井自身能量达到携液生产的目的，应用效果好，2018年将继续在岳101-32-H1井、岳101-16-X2井、岳137井等井开展柱塞气举推广应用。

综合分析，车载压缩机气举、柱塞气举是较为适合安岳气田须二气藏开发的排水采气工艺技术。

第四节 经验与认识

安岳气田须二气藏储量资源丰富，是迄今为止探明储量规模最大的川中须家河组气藏，储层较前期发现的广安、合川须家河组气藏更为致密，岩心分析含水饱和度多在50%以上，含凝析油量按照生产油气比折算达 $148g/m^3$，属中含凝析油，开发难度更大，由于对气藏认识不足，配套开发技术瓶颈仍未全面突破，钻井成功率、单井期初平均产量和气藏整体稳产能力未达预期，储量动用率低，开发效果不甚理想。但气藏的开发有力缓解了川渝地区天然气供需矛盾，且安岳气田须家河组气藏在勘探开发的各个阶段开展的大量科研攻关和应用研究，形成了一系列治水的宝贵经验，为类似有水气藏的勘探开发提供了借鉴。

第一，三维地震储层预测技术和储层流体识别技术等关键技术的成功攻关为气藏早期勘探避开高含水层，获气成功率的提高提供了技术保障。

在安岳气田须二气藏早期勘探过程中为避开含水层，提高获气成功率，开展了地震老资料解释、三维地震储层预测、储层流体性质测井识别技术等专项技术攻关研究。

通过2003年对川中川南过渡带地区的安岳—潼南—大足开展了30次覆盖的区域连片大剖面工作，完成了地震详查和加密详查，并开展了二维地震老资料重新处理解释，基本落实了构造展布特征。2005—2007 年重新对安岳地区进行了 40 次覆盖二维地震加密详查，利用已取得的勘探成果和安岳地区须二地震储层预测成果，以及 2006—2007 年威东 7 井区控制面积 115.72km²，满覆盖面积 50.80km² 的三维地震储层预测成果，在井位部署时尽量避开低洼含水区。

利用测井试气等资料，结合须家河组储层特点，系统地分析了储层气水测井响应特征；采用饱和度重叠法、电阻率—孔隙度交会法、侧向—感应电阻率比值法、纵横波速度比法，从不同角度反映储层物性和气层、水层、干层之间的差异，综合判别安岳气田须二段的储层性质。通过对 2011—2012 年的新井跟踪对比分析，最终优选出以饱和度重叠法、电阻率—孔隙度交会法为主的流体性质判别技术，在对该区 46 层的储层流体性质识别中，测井解释符合率由 60% 提高到了 83%，试气成功率也明显提高。

第二，安岳气田须二气藏钻完井过程中，提高避射高度，有效避开了须二下亚段高含水层，达到了有效开发气藏的目的。

基于对气藏基础地质特征的认识：须二上亚段储渗体上倾端含有少量地层水，地层水以小孔喉可动水为主；须二上亚段储渗砂体下倾端含气性较差，由于成藏分异，形成局部封存水；下伏层段水量较大，地层水沿裂缝水窜，导致气井产大水。在钻完井过程中严格控制固井质量，完井射孔过程中提高避射高度，避免射开须二下亚段的高含水层，以达到有效开发气藏的目的。

第三，安岳气田须二气藏部分气井配产偏高，导致过早水淹，影响了气井产能和开发效果。

随着三维地震及储层改造技术的进步，以及钻采工艺技术的提高，使得单井测试产量较初期大幅提升。但由于须家河组气藏低孔、低渗透、高含水等复杂的地质特性，使得单井控制范围有限（试井解释单井控制半径 136~512m），单井控制动态储量低（单井平均控制储量 $0.45 \times 10^8 m^3$）。由于部分开发井配产偏高，导致生产中生产压差较大，地层水过早侵入气藏，水侵引起气藏内地层水饱和度增加，气相有效渗透率降低，气相渗流阻力增大，从而导致气井产量下降，气井出水后井筒流动阻力增大，随着开采过程中地层能量下降，出水气井容易停喷，导致稳产期缩短，影响气井开发效果。

第四，"整体治水+单井排水"的气藏治水对策符合安岳气田须二气藏开发地质特征，为气藏后期挖潜指明了方向。

通过前期对气藏的深化认识，在明确气藏储层分布特征、连通关系的基础上，提出了"整体治水+单井排水"的气藏开发对策。对连通关系较好的威东区块实施整体治水。威东区块储层下伏高含水层，出水时间较早，日产水和累计产水量大，气井生产处于中后期，地层能量较低，底水沿裂缝水窜至产层，井底存在不同程度的积液。针对剩余储量较大的气井，采取控水采气、排水采气的措施来提高气井最终采出程度。根据区块内各井间连通关系，控排相结合，优选潜力气井开展区块整体治水。优选排水采气工艺，可提高储量采出程度 2%~5%。治水措施实施后，区块内可日增产气量 $5 \times 10^4 m^3$。对连通关系不好的气井实施单井排水采气。对连通关系较弱的气井实施以中心站为单位的单井治水，对岳 101 中心站、岳 103 中心站等 7 个中心井站实施治水，打捞产水井节流器，根据气井实际的生产情况，选取合适的排水采气工艺，对近 40 口井开展单井治水。全部工艺实施后，预计日产气量可增加气量$(20\sim30)\times10^4\mathrm{m}^3$。

第五，车载压缩机气举是安岳气田须家河组气藏最重要的排水采气工艺措施之一，柱塞气举在安岳气田须家河组气藏有较好的应用前景，有望规模推广。

针对安岳气田须二气藏油、气、水三相复杂渗流的特点，开展了泡排、电潜泵、车载压缩机气举、柱塞气举等排水采气工艺技术试验，抗油起泡剂泡排试验效果不理想，对于无产能的水淹气井，该工艺无法使气井复产，而对间歇生产的气井，抗硫起泡剂泡排工艺有助于气井携液生产，有一定的效果。电潜泵排水在安岳气田须二气藏的效果较好，能有效排出井底积液、恢复气井产能，但由于该工艺对气井供液能力要求较高，对于渗透性较好、产水量较大且生产稳定的气井效果较好，实际生产中此类气井较少，推广应用的难度大。车载压缩机气举作为一种常用的排水工艺措施，在安岳气田须二气藏应用较为广泛，共开展了30余口气井的气举工作。车载压缩机气举能够有效清除井底积液，在实际生产过程中效果较好，但受到压缩机数量和经济效益的制约，在气田开发生产中无法连续气举，仅在气井复产前诱喷使用。柱塞气举应用效果好，且取得了柱塞工艺试验的四项第一，也为后期推广研究奠定了基础。柱塞气举操作简单，能依靠气井自身能量达到携液生产的目的，应用效果好，2018年将继续在岳101-32-H1井、岳101-16-X2井、岳137井等井开展柱塞气举推广应用。综合分析，车载压缩机气举、柱塞气举是较为适合安岳气田须二气藏开发的排水采气工艺技术。

第六，提前介入，提前部署，地层水相关技术设施配备，是气藏高效开发的重要保障。

由于对地层水认识不足，应用于安岳须二气藏的井下节流和地面集输工艺，虽然大大简化了气田地面集输系统，节省了运行能耗，降低了工程投资，但仍存在一定的问题。主要体现在：一是井下管柱复杂，大部分井都带有封隔器和节流器，节流器频繁失效且打捞困难，造成后期排水采气工艺实施难度大；二是区块地面采气管网采用气液混输，在井口压力降低和气井出水增加后，管网运行效率降低；三是气藏生产除监测井外，大部分气井采用井口轮换计量和气液混输，无法按照开发要求对每口气井进行气液实时连续计量，增加了生产井动态分析和制定后期排水采气工艺方案的难度。因此，在编制有水气藏开发方案时，应该提前介入，提前部署，充分考虑地层水可能对开发存在的影响，从井位部署、排水采气工艺措施、地面气田水输送系统和回注井选井等方面均进行了细致的考量，并与产能建设同时进行，为气藏后期开发提供重要保障。

总体来说，对于安岳气田须家河组气藏这一含局部封存水和隔层水的有水气藏，在勘探阶段，要充分利用三维地震储层预测技术和储层流体识别技术，尽量避开高含水层；在钻完井过程中，提高避射高度，有效避开须二下亚段的隔层水；在开发过程中，针对气藏的小孔喉可动水和局部封存水，对于连通性较差的区域，合理配产，充分利用天然能量实施单井排水采气，对于连通性较好的区域，实施控排相结合的整体治水，气井生产后期可选用车载压缩机气举、柱塞气举等适合气井本身的排水采气工艺措施辅助气井带液生产。总之，安岳气田须二气藏的开发应该提前介入，提前部署，充分考虑地层水可能对开发存在的影响，从井位部署，动态监测，排水采气工艺措施，地面气田水输送系统和回注井选井等各个方面细致考量，并与产能建设同时进行，为气藏的高效开发提供重要保障。

参 考 文 献

[1] 夏崇双. 有水气藏提高采收率的途径和方法［J］. 天然气勘探与开发，2000（3）：7-11.

[2] 胡浩，周鸿，隆辉，等. 四川盆地老气田开发后期综合潜力分析及开发建议——以 W 气田震旦系气藏为例［J］. 油气藏评价与开发，2022，12（6）：877-885.

[3] 曾敏，胡南，尹小红，等. 四川盆地整装型有水气藏开发技术效果评价［J］. 天然气勘探与开发，2018，41（3）：70-74.

[4] 罗炫，杨通水，杨曦. 致密凝析有水气藏断层特征及其对开发效果的影响——以安岳气田须二气藏为例［J］. 石油钻采工艺，2018，40（4）：447-482.

[5] 王世谦，陈更生，董大忠，等. 四川盆地下古生界页岩气藏形成条件与勘探前景［J］. 天然气工业，2009，29（5）：8.

[6] 朱瑜，桑琴，吴昌龙，等. 威远气田震旦系灯影组储层特征研究［J］. 重庆科技学院学报（自然科学版），2010，12（5）：12.

[7] 刘树根，马永生，孙玮，等. 四川盆地威远气田和资阳含气区震旦系油气成藏差异性研究［J］. 地质学报，2008（3）：328-337.

[8] 桑琴，未勇，程超，等. 蜀南地区茅口组气藏气水分布特征及其控制因素［J］. 中国地质，2012，39（3）：634-644.

[9] 谭乔. 宋家场气田茅口组开发动态及开发潜力分析［J］. 内蒙古石油化工，2010，36（22）：46.

[10] 罗蛰潭，王允诚. 油气储集层的孔隙结构［M］. 北京：科学出版社，1986.

[11] 王玉文. 中坝气田须二气藏排水采气开发效果分析及开发前景展望［J］. 天然气工业，1995（5）：4.

[12] 张晋海，刘鹏，蒋德生. 中坝气田雷三段气藏剩余储量及分布研究［J］. 天然气技术与经济，2012，6（5）：10-14，77.

[13] 徐颖洁，聂权，韩琦，等. 安岳有水凝析气藏开发中后期产能挖潜研究［J］. 钻采工艺，2023，46（1）：169-173.

[14] 金涛，陈玲. 四川安岳地区须二段致密砂岩气藏流体分布规律探讨［J］. 天然气勘探与开发，2010，33（3）：5-9，79.

[15] 李颖川. 采油工程［M］. 北京：石油工业出版社，2002.

[16] 韦先海. 四川盆地天然气开发利用保护现状及对策［J］. 天然气资源，2002（3）：6.

[17] 唐泽尧. 气田开发地质［M］. 北京：石油工业出版社，1997.

[18] 李明诚. 石油与天然气运移：第 2 版［M］. 北京：石油工业出版社，1992.

[19] 米尔扎占扎捷. 天然气开采工艺［M］. 朱恩灵，译. 北京：石油工业出版社，1993.

[20] T 艾哈迈德. 油藏工程手册［M］. 冉新权，译. 北京：石油工业出版社，2002.

[21] 姜汉桥，姚军，姜瑞忠. 油藏工程原理与方法［M］. 青岛：中国石油大学出版社，2006.

[22] 四川石油管理局. 天然气工程手册［M］. 北京：石油工业出版社，1989.

[23] 李士伦. 气田开发方案设计［M］. 北京：石油工业出版社，2006.

[24] Schilthuis R J. Active oil and Reservoir Energy［J］. Published in Petroleum Transactions, AIME. 1936, 118：33-52.

[25] Shiqi, Hong Haitao, Li Xiang. The reservoir characteristic and disciplinarian of Sinian in Sichuan basin. Natural Gas Exploraiton & Development, 2002, 25（4）：1-5.

[26] Fetkovich M J, Fetkovish E J, Fetkovish M D. Useful Concepts for Decline Curve Forecasting Reserve Estimation and Analysis［J］. Spe Reservoir Engineering, 1996, 11（1）：13-22.